건설안전기사
실기

시대에듀

무조건 단기에 뽀개기

건설안전기사 실기

시대에듀는 항상 독자의 마음을 헤아리기 위해 노력하고 있습니다. 늘 독자와 함께하겠습니다.

Always with you!

합격의 공식 ▶ 온라인 강의

보다 깊이 있는 학습을 원하는 수험생들을 위한
시대에듀의 동영상 강의가 준비되어 있습니다.
www.youtube.com ➡ 시대에듀 ➡ 구독

PREFACE

건설업은 현장 특성상 공사기간을 단축하고, 비용을 절감해야 하는 등의 이유로 사업주와 건축주들이 근로자의 보호를 소홀히 할 수 있습니다. 그렇기 때문에 정부에서는 건설현장의 재해요인을 예측하고 재해를 예방하기 위하여 건설안전 분야에 대한 전문지식을 갖춘 전문인력을 양성하고자 자격제도를 제정하여 시행하고 있습니다. 그중에서도 건설안전기사는 고용노동부에 안전관리자로 등록하여 건설재해예방계획 수립, 작업환경의 점검 및 개선, 유해·위험방지 등의 안전에 관한 기술적인 사항을 관리하며 건설물이나 설비작업의 위험에 따른 응급조치, 안전장치 및 보호구의 정기점검, 정비 등의 직무를 수행하도록 하고 있습니다. 다시 말해 건설현장에서 가장 빛날 수 있는 위치에 있는 안전관리자를 하기 위해서는 건설안전기사 자격을 취득하는 것이 필수입니다.

이 책은 건설안전기사 실기시험에 자주 출제되는 법령만을 모아 핵심이론으로 추렸으며, 다년간의 필답형, 작업형 기출복원문제를 현행 법령에 맞게 수정하여 자세한 해답과 함께 수록하였습니다. 다음과 같이 학습하신다면 쉽고 빠르게 시험에 합격할 수 있을 것입니다.

첫째, 이 책으로 공부하기 전에 국가법령정보센터에 접속해서 산업안전보건법령을 찾아보길 바랍니다. 산업안전보건법에는 시행령과 시행규칙, 기준에 관한 규칙, 각종 표준안전 작업지침 등이 있습니다. 체계가 어떻게 되고 어떤 식으로 구성되어 있는지 한번 훑어본 다음 이 책을 보기를 권합니다.

둘째, 기출복원문제를 풀기 전에 핵심이론 부분을 3번 정도 큰소리로 읽고 한번 써보시길 바랍니다. 오감을 통해 요약 내용을 뇌에 저장하면 시험시간에 뇌에 저장된 부분에서 찾아내어 답을 정확하게 쓸 수 있습니다.

셋째, 기출복원문제를 여러 번 풀어보기를 바랍니다. 모르거나 이해가 안 되는 문제는 일단 넘어가고 전체적으로 3~4번 정도 풀어보면 모르던 문제도 눈에 익어 쉽게 이해될 것입니다. 모르는 문제를 계속 보는 것은 시간만 소비하는 것입니다.

위와 같이 학습하신다면 건설안전기사 시험에 한 번에 합격할 수 있을 것입니다. 또한 건설안전기사에서 한발 더 나아가 높은 레벨의 자격증인 건설안전기술사, 산업안전지도사 취득 시에 중요한 밑거름이 될 것이며 현장에 안전관리자로서 안전 관련 실무 적용에도 도움이 될 것입니다.

부족한 점은 차후에 수정·보완할 것을 약속드리며, 시험을 준비하는 모든 수험생 여러분이 합격하는 그날까지 함께하겠습니다.

편저자 씀

건설안전기사 시험의 모든 것

건설안전기사란?

건설현장의 재해요인을 예측하고 재해를 예방하기 위하여 건설안전 분야에 대한 전문지식을 갖춘 전문인력을 양성하고자 제정된 자격으로 건설재해예방계획 수립, 작업환경의 점검 및 개선, 유해·위험방지 등의 안전에 관한 기술적인 사항을 관리하며 건설물이나 설비작업의 위험에 따른 응급조치, 안전장치 및 보호구의 정기점검, 정비 등을 수행하는 직무이다.

시험일정

구분	필기 원서접수	필기시험	필기합격 (예정자) 발표	실기 원서접수	실기시험	최종합격자 발표일
제1회	1.13~1.16	2.7~3.4	3.12	3.24~3.27	4.19~5.9	6.13
제2회	4.14~4.17	5.10~5.30	6.11	6.23~6.26	7.19~8.6	9.12
제3회	7.21~7.24	8.9~9.1	9.10	9.22~9.25	11.1~11.21	12.24

※ 상기 시험일정은 한국산업인력공단(www.q-net.or.kr)의 사정 등에 따라 변경될 수 있으니 반드시 시행처에서 변경된 일정을 확인하시기 바랍니다.

시험 관련 세부정보

❶ **시행처** : 한국산업인력공단

❷ **시험과목**
- 필기 : 산업안전관리론, 산업심리 및 교육, 인간공학 및 시스템안전공학, 건설재료학, 건설시공학, 건설안전기술
- 실기 : 건설안전 실무

❸ **검정방법**
- 필기 : 객관식 4지 택일형, 과목당 20문항(과목당 30분)
- 실기 : 복합형(필답형 1시간 30분, 작업형 50분 정도)

❹ **합격기준**
- 필기 : 100점을 만점으로 하여 과목당 40점 이상, 전 과목 평균 60점 이상
- 실기 : 100점을 만점으로 하여 60점 이상

연도별 합격자 현황

구분		2018	2019	2020	2021	2022	2023	2024
필기	응시자	10,421	13,212	12,389	17,526	26,556	34,908	31,594
	합격자	3,806	6,388	6,607	8,044	12,837	17,932	15,477
실기	응시자	5,384	7,584	8,995	10,653	14,674	19,937	22,247
	합격자	3,244	4,607	4,694	5,539	10,321	12,564	12,341

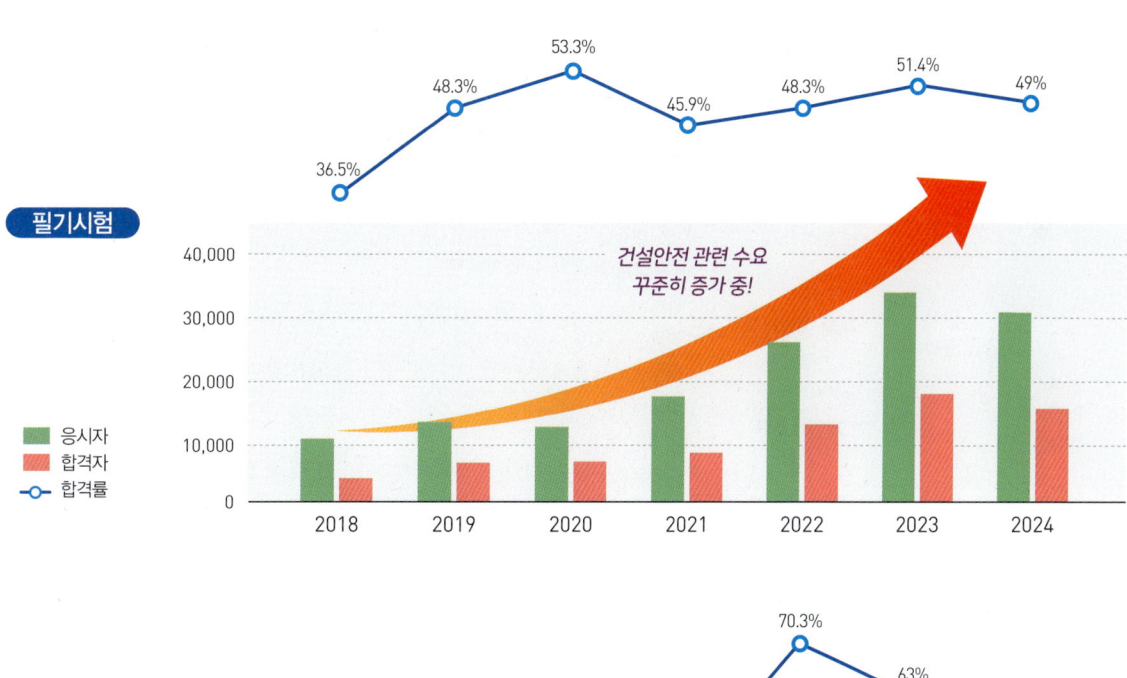

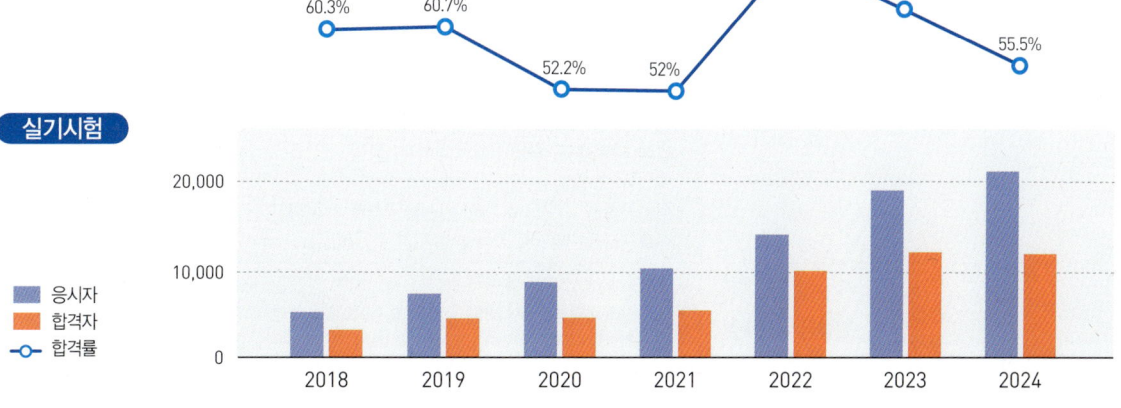

건설안전기사 실기 출제기준

실기 과목명	주요항목	세부항목	세세항목
건설 안전 실무	안전 관리	안전관리 조직 이해하기	• 안전보건관리조직의 유형을 이해할 수 있어야 한다. • 안전책임과 직무 및 안전보건관리 규정을 알고 적용할 수 있어야 한다.
		안전관리 계획 수립하기	• 공사에 필요한 안전관리계획을 수립하기 위하여 건설안전 관련 법령에서 정하는 사항을 확인할 수 있다. • 공종별 안전 시공계획, 안전 시공절차, 주의사항에 대하여 구체적으로 제시할 수 있다. • 안전점검계획은 재해예방지도기관, 안전진단기관과 계약을 체결하여 공사기간 중 안전점검이 이루어지도록 계획할 수 있다. • 각종 관련 서식, 안전점검표를 건설안전 관련 법령을 참조하여 작성하고, 현장의 특수성을 검토하여 계획 확인단계까지 보완할 수 있다. • 건설안전 관련 법령 외의 안전관리사항을 안전관리계획서에 반영할 수 있다. • 안전관리계획 수립에 있어서 중대사고 예방에 관한 사항을 우선으로 고려하여 계획에 반영할 수 있다.
		산업재해 발생 및 재해조사 분석하기	• 재해발생 모델을 알고 이해할 수 있어야 한다. • 사고예방원리를 이해할 수 있어야 한다. • 재해조사를 실시할 수 있어야 한다. • 재해발생의 구조를 이해할 수 있어야 한다. • 재해분석을 실시할 수 있어야 한다. • 재해율을 분석할 수 있어야 한다.
		재해 예방대책 수립하기	• 사고장소에 대한 증거물과 관련자와의 면담 등을 통하여 사고와 관련된 기인물과 가해물을 규명할 수 있다. • 사고조사를 통해 근본적인 사고원인을 규명하여 개선 대책을 제시할 수 있다.
		개인보호구 선정하기	• 산업안전보건법령에 의해 안전인증받은 보호구를 선정하고, 성능시험의 적합 여부를 확인할 수 있다. • 개인보호구를 근로자가 적정하게 착용하고 있는지를 확인할 수 있다.
		안전시설물 설치하기	• 건설공사의 기획, 설계, 구매, 시공, 유지관리 등 모든 단계에서 건설안전 관련 자료를 수집하고, 세부공정에 맞게 위험요인에 따른 안전시설물 설치계획을 수립할 수 있다. • 산업안전보건법령에 기준하여 안전인증을 취득한 자재를 사용할 수 있다.
		안전보건교육 계획하기	• 안전교육에 관련한 법령을 검토할 수 있다. • 교육종류에 따른 교육대상자를 선정할 수 있다.
		안전보건교육 실시하기	• 안전보건교육의 연간일정계획에 따라 교육을 실시할 수 있다. • 작업 상황사진, 동영상을 참고하여 불안전한 행동, 상태를 예방하기 위한 안전기술과 시공을 교육프로그램에 반영할 수 있다. • 건설안전 관련 법령에 따라 교육일지를 작성하고 피교육자의 서명과 사진을 부착하여 교육 실시 여부를 기록할 수 있다. • 법적 자료를 고려하여 교육대상자, 적정 시간과 횟수를 제대로 준수하고 있는지를 확인할 수 있다. • 작업공종을 기준으로 해당 안전담당자를 지정하고, 교육대상자가 의식과 행동의 변화를 가져올 때까지 교육을 실시할 수 있다.
	건설 공사 안전	건설공사 특수성 분석하기	• 설계도서에서 요구하는 특수성을 확인하여 안전관리계획 시 반영할 수 있다. • 공정관리계획 수립 시 해당 공사의 특수성에 따라 세부적인 안전지침을 검토할 수 있다. • 공사장 주변 작업환경이나 공법에 따라 안전관리에 적용해야 하는 특수성을 도출할 수 있다. • 공사의 계약조건, 발주처 요청 등에 따라 안전관리상의 특수성을 도출할 수 있다.

실기 과목명	주요항목	세부항목	세세항목
건설 안전 실무	건설 공사 안전	가설공사 안전을 이해하기	• 가설공사 안전에 관한 일반을 이해할 수 있어야 한다. • 통로의 안전에 관한 사항을 이해할 수 있어야 한다. • 비계공사의 안전에 관한 사항을 이해할 수 있어야 한다.
		토공사 안전을 이해하기	• 사전점검 사항을 알고 적용할 수 있어야 한다. • 굴착작업의 안전조치 사항을 적용할 수 있어야 한다. • 붕괴재해 예방대책을 수립할 수 있어야 한다.
		구조물공사 안전을 이해하기	• 철근공사의 안전에 관한 사항을 이해할 수 있어야 한다. • 거푸집공사의 안전에 관한 사항을 이해할 수 있어야 한다. • 콘크리트공사의 안전에 관한 사항을 이해할 수 있어야 한다. • 철골공사의 안전에 관한 사항을 이해할 수 있어야 한다.
		마감공사 안전을 이해하기	• 마감공사의 안전에 관한 사항을 이해할 수 있어야 한다.
		건설기계·기구 안전을 이해하기	• 차량계 건설기계에 관한 안전을 이해할 수 있어야 한다. • 토공기계에 관한 안전을 이해할 수 있어야 한다. • 차량계 하역운반기계에 관한 안전을 이해할 수 있어야 한다. • 양중기에 관한 안전을 이해할 수 있어야 한다.
		사고형태별 안전을 이해하기	• 떨어짐(추락) 재해에 관한 안전을 이해할 수 있어야 한다. • 낙하물 재해에 관한 안전을 이해할 수 있다. • 토사 및 토석 붕괴 재해에 관한 안전을 이해할 수 있다. • 감전재해에 관한 안전을 이해할 수 있다. • 건설 기타 재해에 관한 안전을 이해할 수 있다. • 사고조사 후 도출된 각각의 사고원인들에 대하여 사고 가능성 및 예상 피해를 감소시키기 위해 필요한 사항들을 검토할 수 있다. • 사고조사를 통해 근본적인 사고원인을 규명하여 개선대책을 제시할 수 있다.
	안전기준	건설안전 관련 법규 적용하기	• 산업안전보건법을 적용할 수 있어야 한다. • 산업안전보건법 시행령을 적용할 수 있어야 한다. • 산업안전보건법 시행규칙을 적용할 수 있어야 한다.
		안전기준에 관한 규칙 및 기술지침 적용하기	• 작업장의 안전기준을 적용할 수 있어야 한다. • 기계·기구 설비에 의한 위험예방에 관한 안전기준 및 기술지침을 적용할 수 있어야 한다. • 양중기에 관한 안전기준 및 기술지침을 적용할 수 있어야 한다. • 차량계 하역운반기계에 관한 안전기준 및 기술지침을 적용할 수 있어야 한다. • 컨베이어에 관한 안전기준 및 기술지침을 적용할 수 있어야 한다. • 차량계 건설기계 등에 관한 안전기준 및 기술지침을 적용할 수 있어야 한다. • 전기로 인한 위험방지에 관한 안전기준 및 기술지침을 적용할 수 있어야 한다. • 건설작업에 의한 위험예방에 관한 안전기준 및 기술지침을 적용할 수 있어야 한다. • 중량물 취급 시 위험방지에 관한 안전기준 및 기술지침을 적용할 수 있어야 한다. • 하역작업 등에 의한 위험방지에 관한 안전기준 및 기술지침을 적용할 수 있어야 한다. • 기타 기술지침을 적용할 수 있어야 한다.

가장 빠른 합격을 위해 준비된 이 책의 구성

❶ 내용 구성
가장 최근의 출제기준에 맞게 중요한 내용만을 이론으로 구성하였습니다.

❷ 핵심이론
본격적인 기출문제 풀이에 앞서 시험에 자주 출제되는 관련 법들을 핵심이론으로 수록하여 쉽고 빠르게 살펴볼 수 있도록 하였습니다.

❸ 모범 답안
해답에는 산업안전보건법에 근거하여 가능한 답을 모두 제시하였으며, 수험생은 이 중 문제에서 제시한 가짓수만큼 정답을 작성하면 됩니다.
※ 출제 오류 및 법령·기준이 개정된 문제는 학습에 적합하도록 최근 개정된 법령에 맞게 수정하여 수록하였습니다.

❹ 관련 법령
해답에 근거가 되는 관련 법과 안전기준 및 기술지침을 표기하였습니다.

CHAPTER   PART 01. 핵심이론

01 ❶ 안전관리

제1절 | 안전관리조직

❷ ■ 안전 관련 용어 정의(산업안전보건법 제2조)
① **산업재해** : 노무를 제공하는 사람이 업무에 관계되는 건설물·설비·원재료나 작업 또는 그 밖의 업무로 인하여 사망 또는 부상하거나 질병에 걸리
② **중대재해** : 산업재해 중 사망 등 재해 정도가 심하거나 다수의 재해자가 발정하는 재해

2024년   PART 02. 필답형

제 1 회 최근 기출복원문제

01 건설기계에 대한 다음 물음에 답하시오.

(1) 훅이나 그 밖의 달기구 등을 사용하여 화물을 권상 및 횡행 또는 권상동작만을 쓰시오.
(2) 달기 발판 또는 운반구, 승강장치, 그 밖의 장치 및 이들에 부속된 기계부품에 의 또는 달기 강선에 의하여 달기 발판 또는 운반구가 전용 승강장치에 의하여 오르내
(3) 리프트 종류 3가지를 쓰시오.

해답
(1) 호이스트
(2) 곤돌라
❸ (3) 리프트의 종류
　① 건설용 리프트
　② 산업용 리프트
　③ 자동차정비용 리프트
　④ 이삿짐운반용 리프트

❹ **관련 법령** 산업안전보건기준에 관한 규칙 제132조(양중기)

❺ 최다 복원문제 수록

풍부한 문제풀이는 합격으로 가는 지름길입니다. 한 회차에서 3번 이루어지는 시험의 문제를 모두 복원하여 최다 문제를 수록하였습니다.

❻ 빈출 표시

기출 데이터를 기반으로 자주 출제되는 문제에 빈출 표시를 하였습니다. 반복되는 문제들을 눈에 익혀 학습방향 설정에 도움이 되도록 하였습니다.

❼ 올컬러의 동영상 사진 & 그림

작업형 문제는 동영상으로 출제되기 때문에 교재에 관련 사진과 그림을 컬러로 수록하고, 동영상에 대한 자세한 설명으로 표기하여 실제 시험에서 다양한 영상이 나오더라도 당황하지 않고 문제를 풀 수 있도록 하였습니다.

❽ 더 알아보기

문제에 해당하는 법령 중 추가적으로 확인해야 할 사항을 더 알아보기로 정리하여 자세한 내용을 확인할 수 있게 하였습니다.

2부 │ 기출복원문제

빈출 01 동영상은 굴착기를 이용하여 굴착한 흙을 덤프트럭으로 운반하는 작업을 하고 있다. 굴착작업 시 사전조사 내용 3가지를 쓰시오.

해답
① 형상, 지질 및 지층의 상태
② 균열, 함수, 용수 및 동결의 유무 또는 상태
③ 매설물 등의 유무 또는 상태
④ 지반의 지하수위 상태

관련 법령 산업안전보건기준에 관한 규칙 별표 4(사전조사 및 작업계획서 내용)

더 알아보기 사전조사 및 작업계획서 내용

작업명	사전조사 내용	작업계획서 내용
	가. 형상·지질 및 지층의 상태 나. 균열·함수·용수 및 동결의 유무 또는 상태 다. 매설물 등의 유무 또는 상태	가. 굴착방법 및 순서, 토사 등 반출방법 나. 필요한 인원 및 장비 사용계획 다. 매설물 등에 대한 이설·보호대책

이 책의 목차 & 학습플랜

PART 01	핵심이론

CHAPTER 01　안전관리 ··· 3
CHAPTER 02　건설공사 안전 ································· 40
CHAPTER 03　안전기준 ······································· 56

학습플랜 체크란

☑ 7월 25일, 1회독

PART 02	실기(필답형)

2015년　1, 2, 4회 과년도 기출복원문제 ····················· 79
2016년　1, 2, 4회 과년도 기출복원문제 ····················· 95
2017년　1, 2, 4회 과년도 기출복원문제 ··················· 111
2018년　1, 2, 4회 과년도 기출복원문제 ··················· 127
2019년　1, 2, 4회 과년도 기출복원문제 ··················· 144
2020년　1, 2, 3회 과년도 기출복원문제 ··················· 160
2021년　1, 2, 4회 과년도 기출복원문제 ··················· 176
2022년　1, 2, 4회 과년도 기출복원문제 ··················· 192
2023년　1, 2, 4회 과년도 기출복원문제 ··················· 207
2024년　1, 2, 3회 최근 기출복원문제 ····················· 222

PART 03 | 실기(작업형)

			학습플랜 체크란
2015년	1, 2, 4회 과년도 기출복원문제	243	☐
2016년	1, 2, 4회 과년도 기출복원문제	298	☐
2017년	1, 2, 4회 과년도 기출복원문제	355	☐
2018년	1, 2, 4회 과년도 기출복원문제	412	☐
2019년	1, 2, 4회 과년도 기출복원문제	466	☐
2020년	1, 2, 3회 과년도 기출복원문제	518	☐
2021년	1, 2, 4회 과년도 기출복원문제	573	☐
2022년	1, 2, 4회 과년도 기출복원문제	625	☐
2023년	1, 2, 4회 과년도 기출복원문제	681	☐
2024년	1, 2, 3회 최근 기출복원문제	737	☐

안전보건표지의 종류와 형태

1 금지표지

출입금지	보행금지	차량통행금지	사용금지	탑승금지

금연	화기금지	물체이동금지

2 경고표지

인화성물질경고	산화성물질경고	폭발성물질경고	급성독성물질경고	부식성물질경고

방사성물질경고	고압전기경고	매달린물체경고	낙하물경고	고온경고

저온경고	몸균형상실경고	레이저광선경고	발암성·변이원성·생식독성·전신독성·호흡기과민성 물질경고	위험장소경고

3 지시표지

보안경착용	방독마스크착용	방진마스크착용	보안면착용	안전모착용

귀마개착용	안전화착용	안전장갑착용	안전복착용

4 안내표지

녹십자표지	응급구호표시	들것	세안장치	비상용 기구

비상구	좌측비상구	우측비상구

무단뽀 건설안전기사 실기
PART 1

핵심이론

CHAPTER 01 안전관리
CHAPTER 02 건설공사 안전
CHAPTER 03 안전기준

합격의 공식 시대에듀 www.sdedu.co.kr

CHAPTER 01 안전관리

PART 01. 핵심이론

제1절 | 안전관리조직

■ **안전 관련 용어 정의(산업안전보건법 제2조)**

① **산업재해** : 노무를 제공하는 사람이 업무에 관계되는 건설물·설비·원재료·가스·증기·분진 등에 의하거나 작업 또는 그 밖의 업무로 인하여 사망 또는 부상하거나 질병에 걸리는 것
② **중대재해** : 산업재해 중 사망 등 재해 정도가 심하거나 다수의 재해자가 발생한 경우로서 고용노동부령으로 정하는 재해
　㉠ 사망자가 1명 이상 발생한 재해
　㉡ 3개월 이상 요양을 요하는 부상자가 동시에 2명 이상 발생한 재해
　㉢ 부상자 또는 직업성 질병자가 동시에 10명 이상 발생한 재해
③ **근로자** : 직업의 종류와 관계없이 임금을 목적으로 사업이나 사업장에 근로를 제공하는 자
④ **사업주** : 근로자를 사용하여 사업을 하는 자
⑤ **근로자대표** : 근로자의 과반수로 조직된 노동조합이 있는 경우에는 그 노동조합을, 근로자의 과반수로 조직된 노동조합이 없는 경우에는 근로자의 과반수를 대표하는 자
⑥ **도급** : 명칭에 관계없이 물건의 제조·건설·수리 또는 서비스의 제공, 그 밖의 업무를 타인에게 맡기는 계약
⑦ **도급인** : 물건의 제조·건설·수리 또는 서비스의 제공, 그 밖의 업무를 도급하는 사업주(건설공사발주자 제외)
⑧ **수급인** : 도급인으로부터 물건의 제조·건설·수리 또는 서비스의 제공, 그 밖의 업무를 도급받은 사업주
⑨ **관계수급인** : 도급이 여러 단계에 걸쳐 체결된 경우에 각 단계별로 도급받은 사업주 전부
⑩ **건설공사발주자** : 건설공사를 도급하는 자로서 건설공사의 시공을 주도하여 총괄·관리하지 아니하는 자(도급받은 건설공사를 다시 도급하는 자 제외)
⑪ **건설공사**
　㉠ 건설산업기본법에 따른 건설공사
　㉡ 전기공사업법에 따른 전기공사
　㉢ 정보통신공사업법에 따른 정보통신공사
　㉣ 소방시설공사업법에 따른 소방시설공사
　㉤ 국가유산수리 등에 관한 법률에 따른 국가유산 수리공사
⑫ **안전보건진단** : 산업재해를 예방하기 위하여 잠재적 위험성을 발견하고 그 개선대책을 수립할 목적으로 조사·평가하는 것

안전보건관리조직의 유형

유형	line형 조직(직계식 조직)	staff형 조직(참모식 조직)	line-staff형(직계-참모식 조직)
정의	안전관리에 관한 계획에서 실시, 평가에 이르기까지 안전의 모든 것을 line을 통하여 행하는 관리방식이다.	안전관리를 담당하는 staff(안전관리자)를 통해 안전관리에 대한 계획, 조사, 검토, 권고, 보고 등을 하도록 하는 안전조직이다.	line형과 staff형의 장점을 취한 조직 형태로 안전업무를 전담하는 staff를 두는 한편, 생산 line의 각 층에도 겸임 또는 전임의 안전담당자를 배치해 기획은 staff에서, 실무는 line에서 담당하도록 한 조직 형태이다.
도식	경영자 → □ → 작업자	경영자 → □ ← staff → □ ← 작업자	경영자 ← staff, 경영자 → □ → 작업자
특징	• 생산조직 전체에 안전관리 기능을 부여한다. • 안전을 전문으로 분담하는 조직이 없다. • 근로자수 100명 이하의 소규모 사업장에 적합하다.	• 안전과 생산을 분리된 개념으로 취급할 우려가 있다. • staff의 성격상 계획안의 작성, 조사, 점검 결과에 따른 조언 및 보고수준에 머물 수 있다. • 근로자수 100명 이상의 중규모 사업장에 적합하다.	• 안전관리, 계획 수립 및 추진이 용이하다. • 근로자수 1,000명 이상의 대규모 사업장에 적합하다.

안전관리의 책임과 직무

① **정부의 책무(산업안전보건법 제4조)**
  ㉠ 산업안전 및 보건 정책의 수립 및 집행
  ㉡ 산업재해 예방 지원 및 지도
  ㉢ 직장 내 괴롭힘 예방을 위한 조치기준 마련, 지도 및 지원
  ㉣ 사업주의 자율적인 산업안전 및 보건 경영체제 확립을 위한 지원
  ㉤ 산업안전 및 보건에 관한 의식을 북돋우기 위한 홍보·교육 등 안전문화 확산 추진
  ㉥ 산업안전 및 보건에 관한 기술의 연구·개발 및 시설의 설치·운영
  ㉦ 산업재해에 관한 조사 및 통계의 유지·관리
  ㉧ 산업안전 및 보건 관련 단체 등에 대한 지원 및 지도·감독
  ㉨ 노무를 제공하는 사람의 안전 및 건강의 보호·증진

② **지방자치단체의 책무(산업안전보건법 제4조의2, 제4조의3)**
  ㉠ 정부의 정책에 적극 협조하고, 관할 지역의 산업재해를 예방하기 위한 대책 수립·시행
  ㉡ 관할 지역 내 산업재해 예방을 위하여 자체 계획의 수립, 교육, 홍보
  ㉢ 안전한 작업환경 조성을 지원하기 위한 사업장 지도 등 필요한 조치

③ 사업주 등의 의무(산업안전보건법 제5조)
　㉠ 산업안전보건법과 이 법에 따른 명령으로 정하는 산업재해 예방을 위한 기준
　㉡ 근로자의 신체적 피로와 정신적 스트레스 등을 줄일 수 있는 쾌적한 작업환경의 조성 및 근로조건 개선
　㉢ 해당 사업장의 안전 및 보건에 관한 정보를 근로자에게 제공
④ 안전보건조정자의 업무(산업안전보건법 제68조, 산업안전보건법 시행령 제57조)
　㉠ 2개 이상의 건설공사가 같은 장소에서 행해지는 경우에 작업의 혼재로 인하여 발생할 수 있는 산업재해 예방
　㉡ 같은 장소에서 이루어지는 각각의 공사 간에 혼재된 작업의 파악
　㉢ 혼재된 작업으로 인한 산업재해 발생의 위험성 파악
　㉣ 혼재된 작업으로 인한 산업재해를 예방하기 위한 작업의 시기·내용 및 안전보건 조치 등의 조정
　㉤ 각각의 공사 도급인의 안전보건관리책임자 간 작업 내용에 관한 정보 공유 여부의 확인
　㉥ 필요한 경우 해당 공사의 도급인과 관계수급인에게 자료의 제출 요구
⑤ 근로자의 의무(산업안전보건법 제6조)
　㉠ 근로자는 산업안전보건법과 이 법에 따른 명령으로 정하는 산업재해 예방을 위한 기준 준수
　㉡ 사업주 또는 근로감독관, 공단 등 관계인이 실시하는 산업재해 예방에 관한 조치 준수
⑥ 안전보건총괄책임자의 의무(산업안전보건법 제62조)
　㉠ 도급인의 근로자와 관계수급인 근로자의 산업재해를 예방하기 위한 업무 총괄 관리
　㉡ 안전보건총괄책임자를 지정한 경우에는 건설기술 진흥법에 따른 안전총괄책임자를 둔 것으로 본다.
⑦ 안전보건관리책임자(산업안전보건법 제15조)
　㉠ 사업장의 산업재해 예방계획의 수립에 관한 사항
　㉡ 안전보건관리규정의 작성 및 변경에 관한 사항
　㉢ 안전보건교육에 관한 사항
　㉣ 작업환경측정 등 작업환경의 점검 및 개선에 관한 사항
　㉤ 근로자의 건강진단 등 건강관리에 관한 사항
　㉥ 산업재해의 원인 조사 및 재발 방지대책 수립에 관한 사항
　㉦ 산업재해에 관한 통계의 기록 및 유지에 관한 사항
　㉧ 안전장치 및 보호구 구입 시 적격품 여부 확인에 관한 사항
　㉨ 안전관리자와 보건관리자를 지휘·감독
⑧ 관리감독자(산업안전보건법 제16조, 산업안전보건법 시행령 제15조)
　㉠ 사업장의 생산과 관련되는 업무와 그 소속 직원을 직접 지휘·감독(관리감독자가 있는 경우에는 건설기술 진흥법에 따른 안전관리책임자 및 안전관리담당자를 각각 둔 것으로 본다)
　㉡ 사업장 내 관리감독자가 지휘·감독하는 작업과 관련된 기계·기구 또는 설비의 안전·보건 점검 및 이상 유무의 확인

ⓒ 관리감독자에게 소속된 근로자의 작업복・보호구 및 방호장치의 점검과 그 착용・사용에 관한 교육・지도
　　　ⓔ 해당 작업에서 발생한 산업재해에 관한 보고 및 이에 대한 응급조치
　　　ⓜ 해당 작업의 작업장 정리・정돈 및 통로 확보에 대한 확인・감독
　　　ⓗ 사업장의 안전관리자, 보건관리자, 안전보건관리담당자, 산업보건의 등의 지도・조언에 대한 협조
　　　ⓢ 위험성평가에 관한 유해・위험요인의 파악에 대한 참여, 개선조치의 시행에 대한 참여 업무
　⑨ 안전관리자의 업무 등(산업안전보건법 시행령 제18조)
　　　㉠ 산업안전보건위원회 또는 노사협의체에서 심의・의결한 업무와 해당 사업장의 안전보건관리규정 및 취업규칙에서 정한 업무
　　　ⓛ 위험성평가에 관한 보좌 및 지도・조언
　　　ⓒ 안전인증대상기계 등과 자율안전확인대상기계 등 구입 시 적격품의 선정에 관한 보좌 및 지도・조언
　　　ⓔ 해당 사업장 안전교육계획의 수립 및 안전교육 실시에 관한 보좌 및 지도・조언
　　　ⓜ 사업장 순회점검, 지도 및 조치 건의
　　　ⓗ 산업재해 발생의 원인 조사・분석 및 재발 방지를 위한 기술적 보좌 및 지도・조언
　　　ⓢ 산업재해에 관한 통계의 유지・관리・분석을 위한 보좌 및 지도・조언
　　　ⓞ 산업안전보건법 또는 법에 따른 명령으로 정한 안전에 관한 사항의 이행에 관한 보좌 및 지도・조언
　　　ⓩ 업무 수행 내용의 기록・유지
　⑩ 안전보건관리담당자의 업무(산업안전보건법 시행령 제25조)
　　　㉠ 안전보건교육 실시에 관한 보좌 및 지도・조언
　　　ⓛ 위험성평가에 관한 보좌 및 지도・조언
　　　ⓒ 작업환경측정 및 개선에 관한 보좌 및 지도・조언
　　　ⓔ 각종 건강진단에 관한 보좌 및 지도・조언
　　　ⓜ 산업재해 발생의 원인 조사, 산업재해 통계의 기록 및 유지를 위한 보좌 및 지도・조언
　　　ⓗ 산업안전・보건과 관련된 안전장치 및 보호구 구입 시 적격품 선정에 관한 보좌 및 지도・조언

■ 안전보건관리규정(산업안전보건법 시행규칙 별표 3)
　① 총칙
　　　㉠ 안전보건관리규정 작성의 목적 및 적용 범위에 관한 사항
　　　ⓛ 사업주 및 근로자의 재해 예방 책임 및 의무 등에 관한 사항
　　　ⓒ 하도급 사업장에 대한 안전・보건관리에 관한 사항
　② 안전・보건 관리조직과 그 직무
　　　㉠ 안전・보건 관리조직의 구성방법, 소속, 업무 분장 등에 관한 사항
　　　ⓛ 안전보건관리책임자(안전보건총괄책임자), 안전관리자, 보건관리자, 관리감독자의 직무 및 선임에 관한 사항
　　　ⓒ 산업안전보건위원회의 설치・운영에 관한 사항

ⓔ 명예산업안전감독관의 직무 및 활동에 관한 사항
　　　ⓜ 작업지휘자 배치 등에 관한 사항
③ **안전·보건교육**
　　　㉠ 근로자 및 관리감독자의 안전·보건교육에 관한 사항
　　　㉡ 교육계획의 수립 및 기록 등에 관한 사항
④ **작업장 안전관리**
　　　㉠ 안전·보건관리에 관한 계획의 수립 및 시행에 관한 사항
　　　㉡ 기계·기구 및 설비의 방호조치에 관한 사항
　　　㉢ 유해·위험기계 등에 대한 자율검사프로그램에 의한 검사 또는 안전검사에 관한 사항
　　　㉣ 근로자의 안전수칙 준수에 관한 사항
　　　㉤ 위험물질의 보관 및 출입 제한에 관한 사항
　　　㉥ 중대재해 및 중대산업사고 발생, 급박한 산업재해 발생의 위험이 있는 경우 작업 중지에 관한 사항
　　　㉦ 안전표지·안전수칙의 종류 및 게시에 관한 사항과 그 밖에 안전관리에 관한 사항
⑤ **작업장 보건관리**
　　　㉠ 근로자 건강진단, 작업환경측정의 실시 및 조치절차 등에 관한 사항
　　　㉡ 유해물질의 취급에 관한 사항
　　　㉢ 보호구의 지급 등에 관한 사항
　　　㉣ 질병자의 근로 금지 및 취업 제한 등에 관한 사항
　　　㉤ 보건표지·보건수칙의 종류 및 게시에 관한 사항과 그 밖에 보건관리에 관한 사항
⑥ **사고 조사 및 대책 수립**
　　　㉠ 산업재해 및 중대산업사고의 발생 시 처리 절차 및 긴급조치에 관한 사항
　　　㉡ 산업재해 및 중대산업사고의 발생원인에 대한 조사 및 분석, 대책 수립에 관한 사항
　　　㉢ 산업재해 및 중대산업사고 발생의 기록·관리 등에 관한 사항
⑦ **위험성평가에 관한 사항**
　　　㉠ 위험성평가의 실시 시기 및 방법, 절차에 관한 사항
　　　㉡ 위험성 감소대책 수립 및 시행에 관한 사항

■ 건설업의 상시근로자수, 안전관리자수 및 선임방법(산업안전보건법 시행령 별표 3)

① 안전관리자의 수 및 선임방법

사업장의 상시근로자수	안전관리자의 수
공사금액 50억원 이상(관계수급인은 100억원 이상) 120억원 미만(토목공사업의 경우에는 150억원 미만)	1명 이상
공사금액 120억원 이상(토목공사업의 경우에는 150억원 이상) 800억원 미만	1명 이상
공사금액 800억원 이상 1,500억원 미만	2명 이상. 다만, 전체 공사기간 중 전후 15에 해당하는 기간 동안은 1명 이상
공사금액 1,500억원 이상 2,200억원 미만	3명 이상. 다만, 전체 공사기간 중 전후 15에 해당하는 기간은 2명 이상
공사금액 2,200억원 이상 3,000억원 미만	4명 이상. 다만, 전체 공사기간 중 전후 15에 해당하는 기간은 2명 이상
공사금액 3,000억원 이상 3,900억원 미만	5명 이상. 다만, 전체 공사기간 중 전후 15에 해당하는 기간은 3명 이상
공사금액 3,900억원 이상 4,900억원 미만	6명 이상. 다만, 전체 공사기간 중 전후 15에 해당하는 기간은 3명 이상
공사금액 4,900억원 이상 6,000억원 미만	7명 이상. 다만, 전체 공사기간 중 전후 15에 해당하는 기간은 4명 이상
공사금액 6,000억원 이상 7,200억원 미만	8명 이상. 다만, 전체 공사기간 중 전후 15에 해당하는 기간은 4명 이상
공사금액 7,200억원 이상 8,500억원 미만	9명 이상. 다만, 전체 공사기간 중 전후 15에 해당하는 기간은 5명 이상
공사금액 8,500억원 이상 1조원 미만	10명 이상. 다만, 전체 공사기간 중 전후 15에 해당하는 기간은 5명 이상
1조원 이상	11명 이상[매 2,000억원(2조원 이상부터는 매 3,000억원)마다 1명씩 추가한다]. 다만, 전체 공사기간 중 전후 15에 해당하는 기간은 선임 대상 안전관리자 수의 1/2(소수점 이하는 올림한다) 이상

※ 전체 공사기간 중 전후 15에 해당하는 기간 : 전체 공사기간을 100으로 할 때 공사 시작에서 15에 해당하는 기간과 공사 종료 전의 15에 해당하는 기간

② 안전관리자의 자격(산업안전보건법 시행령 별표 4)
  ㉠ 산업안전지도사 자격을 가진 사람
  ㉡ 산업안전산업기사 이상의 자격을 취득한 사람
  ㉢ 건설안전산업기사 이상의 자격을 취득한 사람
  ㉣ 4년제 대학 이상의 학교에서 산업안전 관련 학위를 취득한 사람 또는 이와 같은 수준 이상의 학력을 가진 사람
  ㉤ 전문대학 또는 이와 같은 수준 이상의 학교에서 산업안전 관련 학위를 취득한 사람
  ㉥ 이공계 전문대학 또는 이와 같은 수준 이상의 학교에서 학위를 취득하고, 해당 사업의 관리감독자로서의 업무를 3년(4년제 이공계 대학 학위 취득자는 1년) 이상 담당한 후 고용노동부장관이 지정하는 기관이 실시하는 교육을 받고 정해진 시험에 합격한 사람. 다만, 관리감독자로 종사한 사업과 같은 업종의 사업장이면서, 건설업의 경우를 제외하고는 상시근로자 300명 미만인 사업장에서만 안전관리자가 될 수 있다.
  ㉦ 공업계 고등학교 또는 이와 같은 수준 이상의 학교를 졸업하고, 해당 사업의 관리감독자로서의 업무를 5년 이상 담당한 후 고용노동부장관이 지정하는 기관이 실시하는 교육을 받고 정해진 시험에 합격한 사람. 다만, 관리감독자로 종사한 사업과 같은 종류인 업종의 사업장이면서, 건설업의 경우를 제외하고는 운수 및 창고업, 우편 및 통신업을 하는 사업장(상시근로자 50명 이상 1천명 미만인 경우만 해당한다)에서만 안전관리자가 될 수 있다.

ⓞ 공업계 고등학교를 졸업하거나 공학 또는 자연과학 분야 학위를 취득하고, 건설업을 제외한 사업에서 실무경력이 5년 이상인 사람으로서 고용노동부장관이 지정하는 기관이 실시하는 교육을 받고 정해진 시험에 합격한 사람. 다만, 건설업을 제외한 사업의 사업장이면서 상시근로자 300명 미만인 사업장에서만 안전관리자가 될 수 있다.

ⓩ 다음의 어느 하나에 해당하는 사람
- 고압가스를 제조·저장 또는 판매하는 사업에서 선임하는 안전관리 책임자
- 액화석유가스 충전사업·액화석유가스 집단공급사업 또는 액화석유가스 판매사업에서 선임하는 안전관리책임자
- 도시가스사업자가 선임하는 안전관리 책임자
- 교통안전관리자의 자격을 취득한 후 해당 분야에 채용된 교통안전관리자
- 화약류를 제조·판매 또는 저장하는 사업에서 선임하는 화약류제조보안책임자 또는 화약류관리보안책임자
- 전기사업자가 선임하는 전기안전관리자

ⓩ 전담 안전관리자를 두어야 하는 사업장(건설업 제외)에서 안전 관련 업무를 10년 이상 담당한 사람

ⓚ 종합공사를 시공하는 업종의 건설현장에서 안전보건관리책임자로 10년 이상 재직한 사람

ⓔ 토목·건축 분야 건설기술인 중 등급이 중급 이상인 사람으로서 고용노동부장관이 지정하는 기관이 실시하는 산업안전교육을 이수하고 정해진 시험에 합격한 사람

ⓟ 토목산업기사 또는 건축산업기사 이상의 자격을 취득한 후 해당 분야에서의 실무경력이 다음 구분에 따른 기간 이상인 사람으로서 고용노동부장관이 지정하는 기관이 실시하는 산업안전교육을 이수하고 정해진 시험에 합격한 사람
- 토목기사 또는 건축기사 : 3년
- 토목산업기사 또는 건축산업기사 : 5년

■ 산업안전보건법상 안전관리 조직도 예시

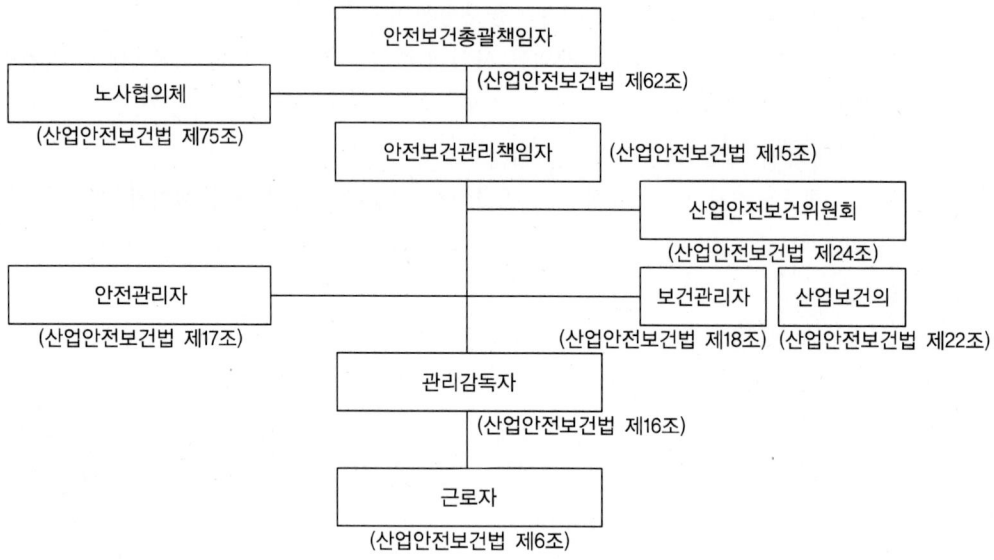

■ 건설현장 안전관리 조직도 예시

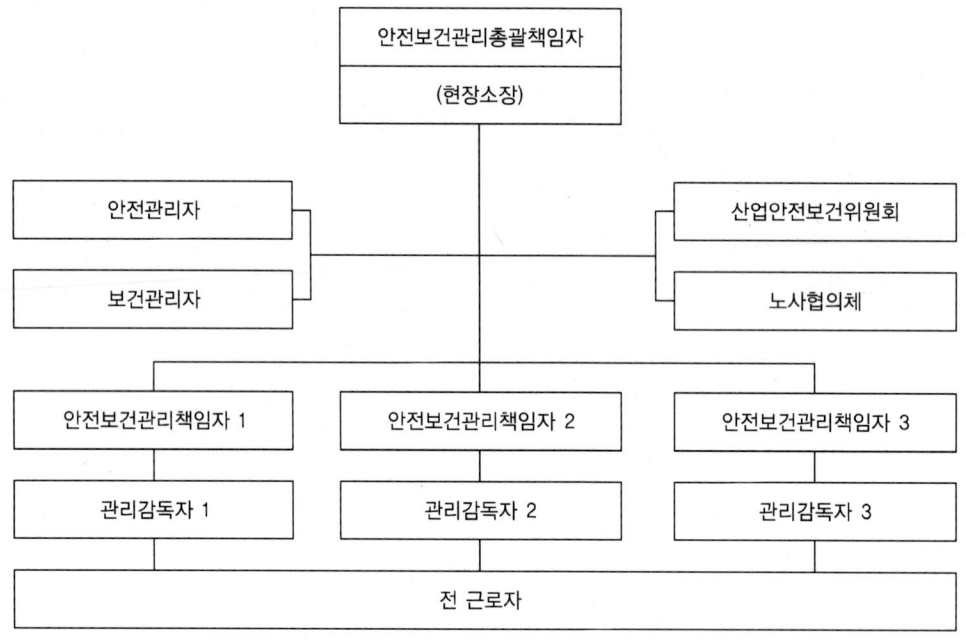

■ 산업안전보건위원회
   ① 산업안전보건위원회의 구성(산업안전보건법 시행령 제35조)

근로자위원	• 근로자대표 • 명예산업안전감독관이 위촉되어 있는 사업장의 경우 근로자대표가 지명하는 1명 이상의 명예산업안전감독관 • 근로자대표가 지명하는 9명(명예산업안전감독관이 있는 경우에는 9명에서 그 위원의 수를 제외한 수) 이내의 해당 사업장의 근로자
사용자위원	• 해당 사업의 대표자(같은 사업으로서 다른 지역에 사업장이 있는 경우에는 그 사업장의 안전보건관리책임자) • 안전관리자 1명 • 보건관리자 1명 • 산업보건의(해당 사업장에 선임되어 있는 경우) • 해당 사업의 대표자가 지명하는 9명 이내의 해당 사업장 부서의 장(단, 상시근로자 50명 이상 100명 미만을 사용하는 사업장에서는 제외하고 구성할 수 있음)

   ② 건설공사도급인이 안전 및 보건에 관한 협의체 구성 시 산업안전보건위원회의 구성(산업안전보건법 시행령 제35조)
      ㉠ 근로자위원 : 도급 또는 하도급 사업을 포함한 전체 사업의 근로자대표, 명예산업안전감독관 및 근로자대표가 지명하는 해당 사업장의 근로자
      ㉡ 사용자위원 : 도급인 대표자, 관계수급인의 각 대표자 및 안전관리자
   ③ 심의 의결사항(산업안전보건법 제24조)
      ㉠ 사업장의 산업재해 예방계획의 수립에 관한 사항
      ㉡ 안전보건관리규정의 작성 및 변경에 관한 사항
      ㉢ 안전보건교육에 관한 사항
      ㉣ 작업환경측정 등 작업환경의 점검 및 개선에 관한 사항
      ㉤ 근로자의 건강진단 등 건강관리에 관한 사항
      ㉥ 산업재해에 관한 통계의 기록 및 유지에 관한 사항
      ㉦ 중대재해의 원인 조사 및 재발 방지대책 수립에 관한 사항
      ㉧ 유해하거나 위험한 기계·기구·설비를 도입한 경우 안전 및 보건 관련 조치에 관한 사항
   ④ 산업안전보건위원회의 위원장(산업안전보건법 시행령 제36조)
      위원 중에서 호선하며 근로자위원과 사용자위원 중 각 1명을 공동위원장으로 선출
   ⑤ 산업안전보건위원회의 회의(산업안전보건법 시행령 제37조)
      ㉠ 정기회의와 임시회의로 구분하되, 정기회의는 분기마다 산업안전보건위원회의 위원장이 소집하며, 임시회의는 위원장이 필요하다고 인정할 때에 소집
      ㉡ 회의는 근로자위원 및 사용자위원 각 과반수의 출석으로 개의하고 출석위원 과반수의 찬성으로 의결
      ㉢ 근로자대표, 명예산업안전감독관, 해당 사업의 대표자, 안전관리자 또는 보건관리자는 회의에 출석할 수 없는 경우에는 해당 사업에 종사하는 사람 중에서 1명을 지정하여 위원으로서의 직무 대리
      ㉣ 회의록 작성
         • 개최 일시 및 장소
         • 출석위원

- 심의 내용 및 의결·결정 사항
- 그 밖의 토의사항

⑥ **의결되지 않은 사항 등의 처리(산업안전보건법 시행령 제38조)**
산업안전보건위원회에서 의결하지 못한 경우, 산업안전보건위원회에서 의결된 사항의 해석 또는 이행방법 등에 관하여 의견이 일치하지 않는 경우는 근로자위원과 사용자위원의 합의에 따라 산업안전보건위원회에 중재기구를 두어 해결하거나 제3자에 의한 중재로 해결

⑦ **회의 결과 등의 공지(산업안전보건법 시행령 제39조)**
산업안전보건위원회의 위원장은 산업안전보건위원회에서 심의·의결된 내용 등 회의 결과와 중재 결정된 내용 등을 사내방송이나 사내보, 게시 또는 자체 정례조회, 그 밖의 적절한 방법으로 근로자에게 신속히 공지

▌노사협의체

① **노사협의체의 구성(산업안전보건법 시행령 제64조)**

근로자위원	• 도급 또는 하도급 사업을 포함한 전체 사업의 근로자대표 • 근로자대표가 지명하는 명예산업안전감독관 1명. 다만, 명예산업안전감독관이 위촉되어 있지 않은 경우에는 근로자대표가 지명하는 해당 사업장 근로자 1명 • 공사금액이 20억원 이상인 공사의 관계수급인의 각 근로자대표
사용자위원	• 도급 또는 하도급 사업을 포함한 전체 사업의 대표자 • 안전관리자 1명 • 보건관리자 1명 • 공사금액이 20억원 이상인 공사의 관계수급인의 각 대표자

※ 노사협의체의 근로자위원과 사용자위원은 합의하여 노사협의체에 공사금액이 20억원 미만인 공사의 관계수급인 및 관계수급인 근로자대표를 위원으로 위촉 가능

② **노사협의체의 운영 등(산업안전보건법 시행령 제65조)**
㉠ 노사협의체의 회의는 정기회의와 임시회의로 구분하여 개최하되, 정기회의는 2개월마다 노사협의체의 위원장이 소집하며, 임시회의는 위원장이 필요하다고 인정할 때에 소집
㉡ 노사협의체 위원장의 선출, 노사협의체의 회의, 노사협의체에서 의결되지 않은 사항에 대한 처리방법 및 회의 결과 등의 공지는 산업안전보건위원회와 동일하게 준용

▌도급에 따른 산업재해 예방조치(산업안전보건법 제64조)

① 도급인과 수급인을 구성원으로 하는 안전 및 보건에 관한 협의체의 구성 및 운영
② 작업장 순회점검
③ 관계수급인이 근로자에게 하는 안전보건교육을 위한 장소 및 자료의 제공 등 지원
④ 관계수급인이 근로자에게 하는 안전보건교육의 실시 확인

⑤ 다음의 어느 하나의 경우에 대비한 경보체계 운영과 대피방법 등 훈련
　㉠ 작업 장소에서 발파작업을 하는 경우
　㉡ 작업 장소에서 화재·폭발, 토사·구축물 등의 붕괴 또는 지진 등이 발생한 경우
⑥ 위생시설 등 고용노동부령으로 정하는 시설의 설치 등을 위하여 필요한 장소의 제공 또는 도급인이 설치한 위생시설 이용의 협조
⑦ 같은 장소에서 이루어지는 도급인과 관계수급인 등의 작업에 있어서 관계수급인 등의 작업시기·내용, 안전조치 및 보건조치 등의 확인
⑧ ⑦에 따른 확인 결과 관계수급인 등의 작업 혼재로 인하여 화재·폭발 등 대통령령으로 정하는 위험이 발생할 우려가 있는 경우 관계수급인 등의 작업시기·내용 등의 조정
⑨ 자신의 근로자 및 관계수급인 근로자와 함께 정기적으로 또는 수시로 작업장의 안전 및 보건에 관한 점검 실시

제2절 | 유해·위험방지계획 수립

■ 유해위험방지계획서 제출 대상(산업안전보건법 시행령 제42조)
① **전기 계약용량이 300kW 이상인 다음의 사업**
　㉠ 금속가공제품 제조업(기계 및 가구 제외)
　㉡ 비금속 광물제품 제조업
　㉢ 기타 기계 및 장비 제조업
　㉣ 자동차 및 트레일러 제조업
　㉤ 식료품 제조업
　㉥ 고무제품 및 플라스틱제품 제조업
　㉦ 목재 및 나무제품 제조업
　㉧ 기타 제품 제조업
　㉨ 1차 금속 제조업
　㉩ 가구 제조업
　㉪ 화학물질 및 화학제품 제조업
　㉫ 반도체 제조업
　㉬ 전자부품 제조업
② **기계·기구 및 설비**
　㉠ 금속이나 그 밖의 광물의 용해로
　㉡ 화학설비
　㉢ 건조설비

② 가스집합 용접장치

⑩ 근로자의 건강에 상당한 장해를 일으킬 우려가 있는 물질로서 고용노동부령으로 정하는 물질의 밀폐・환기・배기를 위한 설비

③ **크기, 높이 등에 해당하는 다음의 건설공사**

㉠ 다음의 어느 하나에 해당하는 건축물 또는 시설 등의 건설・개조 또는 해체 공사
- 지상높이가 31m 이상인 건축물 또는 인공구조물
- 연면적 30,000m^2 이상인 건축물
- 연면적 5,000m^2 이상인 시설로서 다음의 어느 하나에 해당하는 시설
    - 문화 및 집회시설(전시장 및 동물원・식물원 제외)
    - 판매시설, 운수시설(고속철도의 역사 및 집배송시설 제외)
    - 종교시설
    - 의료시설 중 종합병원
    - 숙박시설 중 관광숙박시설
    - 지하도 상가
    - 냉동・냉장 창고시설

㉡ 연면적 5,000m^2 이상인 냉동・냉장 창고시설의 설비공사 및 단열공사

㉢ 최대 지간길이가 50m 이상인 다리의 건설 등 공사

㉣ 터널의 건설 등 공사

㉤ 다목적댐, 발전용댐, 저수용량 2천만톤 이상의 용수 전용 댐 및 지방상수도 전용 댐의 건설 등 공사

㉥ 깊이 10m 이상인 굴착공사

유해위험방지계획서 첨부서류(산업안전보건법 시행규칙 별표 10)

① **공사 개요 및 안전보건관리계획**

㉠ 공사 개요서

㉡ 공사현장의 주변 현황 및 주변과의 관계를 나타내는 도면

㉢ 전체 공정표

㉣ 산업안전보건관리비 사용계획서

㉤ 안전관리조직표

㉥ 재해 발생 위험 시 연락 및 대피방법

② 작업 공사 종류별 유해·위험방지계획

대상 공사	작업 공사 종류	주요 작성대상
건축물 또는 시설 등의 건설·개조 또는 해체공사	• 가설공사 • 구조물공사 • 마감공사 • 기계 설비공사 • 해체공사	• 비계 조립 및 해체작업 • 높이 4m를 초과하는 거푸집 동바리 조립 및 해체작업 또는 비탈면 슬래브의 거푸집 동바리 조립 및 해체작업 • 작업발판 일체형 거푸집 조립 및 해체작업 • 철골 및 PC 조립작업 • 양중기 설치·연장·해체작업 및 천공·항타작업 • 밀폐공간 내 작업 • 해체작업 • 우레탄폼 등 단열재 작업 • 같은 장소에서 둘 이상의 공정이 동시에 진행되는 작업
냉동·냉장창고시설의 설비공사 및 단열공사	• 가설공사 • 단열공사 • 기계 설비공사	• 밀폐공간 내 작업 • 우레탄폼 등 단열재 작업 • 설비작업 • 같은 장소에서 둘 이상의 공정이 동시에 진행되는 작업

다리 건설 등의 공사	• 가설공사
	• 다리 하부 공사
	• 다리 상부 공사
		• 하부공 작업
		  - 작업발판 일체형 거푸집 조립 및 해체작업
		  - 양중기 설치·연장·해체작업 및 천공·항타작업
		  - 교대·교각 기초 및 벽체 철근조립 작업
		  - 해상·하상 굴착 및 기초작업
		• 상부공 작업
		  - 상부공 가설작업
		  - 양중기 설치·연장·해체작업
		  - 상부 슬래브 거푸집 동바리 조립 및 해체작업

터널 건설 등의 공사	• 가설공사
	• 굴착 및 발파 공사
	• 구조물공사
		• 터널굴진공법(NATM)
		  - 굴진(갱구부, 본선, 수직갱, 수직구 등) 및 막장 내 붕괴·낙석 방지계획
		  - 화약 취급 및 발파작업
		  - 환기작업
		  - 작업대(굴진, 방수, 철근, 콘크리트 타설 포함) 사용 작업
		• 기타 터널공법(TBM공법, 실드공법, 추진공법, 침매공법 등)
		  - 환기작업
		  - 막장 내 기계·설비 유지·보수작업

댐 건설 등의 공사	• 가설공사
	• 굴착 및 발파 공사
	• 댐 축조공사
		• 굴착 및 발파작업
		• 댐 축조작업
		  - 기초 처리작업
		  - 둑 비탈면 처리작업
		  - 본체 축조 관련 장비 작업(흙쌓기 및 다짐만 해당)
		  - 작업발판 일체형 거푸집 조립 및 해체작업(콘크리트 댐만 해당)

굴착공사	• 가설공사 • 굴착 및 발파 공사 • 흙막이 지보공 공사	• 흙막이 가시설 조립 및 해체작업(복공작업을 포함) • 굴착 및 발파작업 • 양중기 설치·연장·해체작업 및 천공·항타작업

■ 제출서류 등(산업안전보건법 시행규칙 제42조)
  ① 건축물 각 층의 평면도
  ② 기계·설비의 개요를 나타내는 서류
  ③ 기계·설비의 배치도면
  ④ 원재료 및 제품의 취급, 제조 등의 작업방법의 개요
  ⑤ 그 밖에 고용노동부장관이 정하는 도면 및 서류

■ 심사 결과의 구분(산업안전보건법 시행규칙 제45조)
  ① **적정** : 근로자의 안전과 보건을 위하여 필요한 조치가 구체적으로 확보되었다고 인정되는 경우
  ② **조건부 적정** : 근로자의 안전과 보건을 확보하기 위하여 일부 개선이 필요하다고 인정되는 경우
  ③ **부적정** : 건설물·기계·기구 및 설비 또는 건설공사가 심사기준에 위반되어 공사착공 시 중대한 위험이 발생할 우려가 있거나 해당 계획에 근본적 결함이 있다고 인정되는 경우

제3절 | 산업재해 발생 및 재해 조사 분석

■ 재해 발생 모델

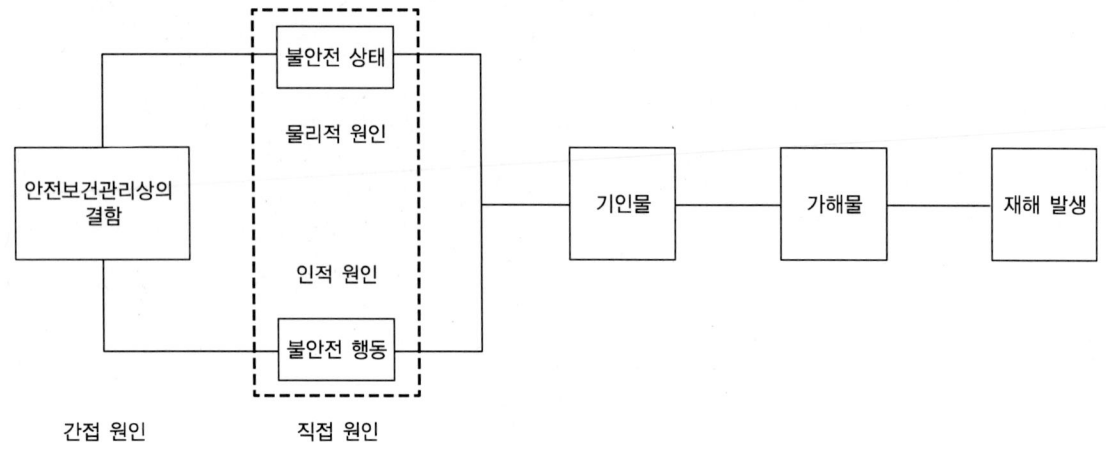

▌사고예방대책 기본원리 5단계

단계		내용
1단계	안전관리조직	안전관리조직을 구성하고 안전관리계획을 수립하여 조직을 통해 안전활동을 준비하는 단계이다.
2단계	사실의 발견	재해 및 활동 등의 기록을 검토하고 분석하여 불안전한 요소를 발견하는 단계이다.
3단계	원인 규명 (분석 및 평가)	재해 발생현장에 대한 조사 및 분석, 관계 자료 등을 분석하여 재해 발생 원인을 도출해내는 단계이다(4M 요소 적용 : Man, Machine, Media, Management).
4단계	대책의 선정 (시정책의 선정)	전문적 기술, 훈련, 규정 및 제도 개선 등을 통해 효과적인 대책을 수립하는 단계이다.
5단계	대책의 적용 (시정책의 적용)	3E를 통한 기술적(Engineering), 교육적(Education), 관리적(Enforcement) 측면의 대책을 적용하는 단계이다.

▌재해율 분석(산업재해통계업무처리규정 제3조, 산업안전보건법 시행규칙 별표 1)

① **재해율**

㉠ 재해율이란 산재보험적용근로자수 100명당 발생하는 재해자수의 비율이다.

㉡ 재해율 = $\dfrac{재해자수}{산재보험적용근로자수} \times 100$

※ 재해자수는 근로복지공단의 유족급여가 지급된 사망자 및 근로복지공단에 최초 요양신청서를 제출한 재해자 중 요양승인을 받은 자를 말하며, 산재보험적용근로자수는 산업재해보상보험법이 적용되는 근로자수를 말한다.

② **사망만인율**

㉠ 사망만인율이란 산재보험적용근로자수 10,000명당 발생하는 사망자수의 비율을 말한다.

㉡ 사망만인율(‱) = $\dfrac{사망자수}{상시근로자수} \times 10,000$

여기서, 상시근로자수 = $\dfrac{연간\ 국내공사\ 실적액 \times 노무비율}{건설업\ 월평균임금 \times 12}$

③ **도수율(빈도율)**

㉠ 도수율이란 1,000,000 근로시간당 재해 발생 건수를 말한다.

㉡ 도수율(빈도율) = $\dfrac{재해건수}{연근로시간수} \times 1,000,000$

④ **강도율**

㉠ 강도율이란 근로시간 합계 1,000시간당 요양재해로 인한 근로손실일수를 말한다.

㉡ 강도율 = $\dfrac{총요양근로손실일수}{연근로시간수} \times 1,000$

⑤ 연천인율
   ㉠ 연간 평균임금근로자 1,000명당 재해자수의 비율이다.
   ㉡ 연천인율 = $\dfrac{\text{연간재해자수}}{\text{연평균근로자수}} \times 1{,}000$ = 도수율 × 2.4

⑥ 환산강도율
   ㉠ 평생(100,000시간) 근로하는 동안 재해에 의해 발생할 수 있는 근로손실일수이다.
   ㉡ 환산강도율 = $\dfrac{\text{근로손실일수}}{\text{연평균근로시간수}} \times 100{,}000$ = 강도율 × 100

⑦ 환산도수율
   ㉠ 평생(100,000시간) 근로하는 동안 발생할 수 있는 재해건수이다.
   ㉡ 환산도수율 = $\dfrac{\text{재해건수}}{\text{연근로시간수}} \times 100{,}000$ = $\dfrac{\text{도수율}}{10}$

⑧ 평균도수율
   ㉠ 재해 1건당 평균근로손실일수이다.
   ㉡ 평균강도율 = $\dfrac{\text{강도율}}{\text{도수율}} \times 1{,}000$

⑨ 종합재해지수(FSI ; Frequency Severity Index)
   ㉠ 빈도강도지수로 안전 성적을 나타내는 지표이다.
   ㉡ 종합재해지수 = $\sqrt{\text{도수율} \times \text{강도율}}$

⑩ 휴업재해율
   ㉠ 임금근로자 100명당 발생한 휴업재해자수를 나타내는 지표이다.
   ㉡ 휴업재해율 = $\dfrac{\text{휴업재해자수}}{\text{임금근로자수}} \times 100$
   ㉢ 휴업재해자수란 근로복지공단의 휴업급여를 지급받은 재해자수를 말한다.
   ㉣ 임금근로자수는 통계청의 경제활동인구조사상 임금근로자수를 말한다.

■ 산업재해 발생보고

① 중대재해 원인조사 등(산업안전보건법 제56조)
   ㉠ 고용노동부장관은 중대재해가 발생하였을 때에는 그 원인 규명 또는 산업재해 예방대책 수립을 위하여 그 발생 원인을 조사할 수 있다.
   ㉡ 고용노동부장관은 중대재해가 발생한 사업장의 사업주에게 안전보건개선계획의 수립·시행, 그 밖에 필요한 조치를 명할 수 있다.
   ㉢ 누구든지 중대재해 발생 현장을 훼손하거나 고용노동부장관의 원인조사를 방해해서는 아니 된다.

② 중대재해가 발생한 사업장에 대한 원인조사의 내용 및 절차, 그 밖에 필요한 사항은 고용노동부령으로 정한다.

② **중대재해 발생 시 보고(산업안전보건법 시행규칙 제67조)**

중대재해가 발생한 사실을 알게 된 경우 지체 없이 다음 사항을 사업장 소재지를 관할하는 지방고용노동관서의 장에게 전화·팩스 또는 그 밖의 적절한 방법으로 보고해야 한다.

㉠ 발생 개요 및 피해 상황
㉡ 조치 및 전망
㉢ 그 밖의 중요한 사항

③ **산업재해 기록 등(산업안전보건법 시행규칙 제72조)**

㉠ 사업장의 개요 및 근로자의 인적사항
㉡ 재해 발생의 일시 및 장소
㉢ 재해 발생의 원인 및 과정
㉣ 재해 재발방지 계획

제4절 | 재해 예방대책 수립

■ 기인물과 가해물

① **기인물(起因物)** : 직접적으로 재해를 유발하거나 영향을 끼친 에너지원(운동, 위치, 열, 전기 등)을 지닌 기계·장치, 구조물, 물체·물질, 사람 또는 환경 등
② **가해물(加害物)** : 근로자(사람)에게 직접적으로 상해를 입힌 기계, 장치, 구조물, 물체·물질, 사람 또는 환경 등

> 예시 1. 작업자가 작업장을 걸어가던 중 작업장 바닥에 쌓여있던 자재에 걸려 넘어지면서 바닥에 머리를 부딪쳐 사망하였다.
> → 기인물 : 자재, 가해물 : 바닥
> 예시 2. 작업자가 벽돌을 손으로 운반하던 중, 벽돌을 떨어뜨려 발등을 다쳤다.
> → 기인물 : 벽돌, 가해물 : 벽돌

■ 재해 발생 형태(KOSHA GUIDE A-G-8-2025 산업재해 기록·분류에 관한 기술지원규정)

① **떨어짐** : 인력(중력)에 의하여 건축물, 구조물, 가설물, 수목, 사다리 등의 높은 장소에서 떨어지는 것
② **넘어짐** : 평면 또는 경사면, 층계 등에서 구르거나 넘어지는 경우
③ **깔림·뒤집힘** : 벽에 기대어져 있거나 세워져 있는 물체 등이 쓰러져 깔린 경우 및 건설기계 등이 운행 또는 작업 중 뒤집어진 경우

④ **부딪힘·접촉** : 재해자 자신의 움직임, 동작으로 인하여 기인물에 접촉 또는 부딪히거나, 물체가 고정부에서 이탈하지 않은 상태로 움직임 등에 의하여 부딪히거나 접촉한 경우
⑤ **맞음** : 고정되어 있던 물체가 고정부에서 이탈하거나 또는 설비 등으로부터 물질이 분출되어 사람을 가해하는 경우
⑥ **끼임** : 두 물체 사이의 움직임에 의하여 일어난 것으로 직선 운동하는 물체 사이의 끼임, 회전부와 고정체 사이의 끼임, 롤러 등 회전체 사이에 물리거나 또는 회전체·돌기부 등에 감긴 경우
⑦ **무너짐** : 토사, 적재물, 구조물, 건축물, 가설물 등이 전체적으로 허물어져 내리거나 또는 주요 부분이 꺾어져 무너지는 경우
⑧ **불균형 및 무리한 동작** : 물체의 취급 없이 일시적이고 급격한 행위·동작 등 신체동작(반응)에 의한 경우나 물체의 취급과 관련하여 근육의 힘을 많이 사용하는 경우로서 밀기, 당기기, 지탱하기, 들어올리기, 돌리기, 잡기, 운반하기 등과 같은 행위·동작을 말한다.
⑨ **이상온도 접촉** : 고·저온 환경 또는 물체에 노출·접촉된 경우를 말한다.
⑩ **화학물질 누출·접촉** : 유해·위험물질에 노출·접촉 또는 흡인한 경우를 말한다.
⑪ **산소 결핍** : 유해물질과 관련 없이 산소가 부족한 상태·환경에 노출되었거나 이물질 등에 의하여 기도가 막혀 호흡기능이 불충분한 경우를 말한다.
⑫ **화재** : 가연물에 점화원이 가해져 비의도적으로 불이 일어난 경우를 말한다.
⑬ **폭발·파열** : 건축물, 용기 내 또는 대기 중에서 물질의 화학적·물리적 변화가 급격히 진행되어 열, 폭음, 폭발압이 동반하여 발생하는 경우를 말하며, 파열은 배관, 용기 등이 물리적인 압력에 의하여 찢어지거나 터진 경우로서 폭풍압이 동반되지 않은 경우를 말한다.
⑭ **감전** : 전기설비의 충전부 등에 신체의 일부가 직접 접촉하거나 유도전류의 통전으로 근육의 수축, 호흡곤란, 심실세동 등이 발생한 경우 또는 특별고압 등에 접근함에 따라 발생한 섬락 접촉, 합선·혼촉 등으로 인하여 발생한 아크에 접촉된 경우를 말한다.
⑮ **폭력행위** : 의도적인 또는 의도가 불분명한 위험행위(마약, 정신질환 등)로 자신 또는 타인에게 상해를 입힌 폭력·폭행을 말하며, 협박·언어·성폭력 등을 포함한다.
⑯ **절단·베임·찔림** : 사람과 물체 간의 직접적인 접촉에 의한 것으로서 칼 등 날카로운 물체의 취급 또는 톱·절단기 등의 회전날 부위에 접촉되어 신체가 절단되거나 베어진 경우를 말한다.
⑰ **빠짐·익사** : 수중에서 빠지거나 익사한 경우
⑱ **사업장 내 교통사고** : 사업장 내의 도로에서 발생된 교통사고를 말한다.
⑲ **사업장 외 교통사고** : 사업장 외의 도로에서 발생된 교통사고와 해상·항공과 관련하여 발생된 교통사고를 말한다.
⑳ **체육행사 등의 사고** : 업무와 관련한 체육행사·워크숍, 회식 등에서 재해를 입은 경우
㉑ **동물상해** : 동물에 의해 근로자가 상해를 입은 경우로 동물(개·소·말 등)에 물리거나 차이는 경우 등에 의해 상해를 입은 경우

제5절 | 개인보호구

■ 보호구의 지급 등(산업안전보건기준에 관한 규칙 제32조)
① **안전모** : 물체가 떨어지거나 날아올 위험 또는 근로자가 추락할 위험이 있는 작업
② **안전대** : 높이 또는 깊이 2m 이상의 추락할 위험이 있는 장소에서 하는 작업
③ **안전화** : 물체의 떨어짐·충격, 물체에의 끼임, 감전, 정전기의 대전에 의한 위험이 있는 작업
④ **보안경** : 물체가 흩날릴 위험이 있는 작업
⑤ **보안면** : 용접 시 불꽃이나 물체가 흩날릴 위험이 있는 작업
⑥ **절연용 보호구** : 감전의 위험이 있는 작업
⑦ **방열복** : 고열에 의한 화상 등의 위험이 있는 작업
⑧ **방진마스크** : 선창 등에서 분진이 심하게 발생하는 하역작업
⑨ **방한모·방한복·방한화·방한장갑** : 영하 18℃ 이하인 급냉동어창에서 하는 하역작업
⑩ **승차용 안전모** : 물건을 운반하거나 수거·배달하기 위하여 이륜자동차 또는 원동기장치 자전거를 운행하는 작업
⑪ **안전모** : 물건을 운반하거나 수거·배달하기 위해 자전거 등을 운행하는 작업

■ 개인보호구의 종류
① 안전모(보호구 안전인증 고시 별표 1)
   ㉠ 종류

종류(기호)	사용구분	비고
AB	물체의 낙하 또는 비래 및 추락에 의한 위험을 방지 또는 경감시키기 위한 것	-
AE	물체의 낙하 또는 비래에 의한 위험을 방지 또는 경감하고, 머리부위 감전에 의한 위험을 방지하기 위한 것	내전압성
ABE	물체의 낙하 또는 비래 및 추락에 의한 위험을 방지 또는 경감하고, 머리부위 감전에 의한 위험을 방지하기 위한 것	내전압성

※ 내전압성이란 7,000V 이하의 전압에 견디는 것을 말한다.

   ㉡ 시험성능 기준

항목	시험성능 기준
내관통성	AE, ABE종 안전모는 관통거리가 9.5mm 이하이고, AB종 안전모는 관통거리가 11.1mm 이하이어야 한다.
충격흡수성	최고 전달충격력이 4,450N을 초과해서는 안 되며, 모체와 착장체의 기능이 상실되지 않아야 한다.
내전압성	AE, ABE종 안전모는 교류 20kV에서 1분간 절연파괴 없이 견뎌야 하고, 이때 누설되는 충전전류는 10mA 이하이어야 한다.
내수성	AE, ABE종 안전모는 질량증가율이 1% 미만이어야 한다.
난연성	모체가 불꽃을 내며 5초 이상 연소되지 않아야 한다.
턱끈풀림	150N 이상 250N 이하에서 턱끈이 풀려야 한다.

② 안전대(보호구 안전인증 고시 별표 9)
  ㉠ 종류

종류	사용구분
벨트식, 안전그네식	1개 걸이용
	U자 걸이용
	추락방지대
	안전블록

  ㉡ 시험성능 기준

구분	명칭		시험성능 기준
동하중 성능	벨트식	• 1개 걸이용 • U자 걸이용 • 보조죔줄	• 시험몸통으로부터 빠지지 말 것 • 최대 전달충격력은 6.0kN 이하이어야 함 • U자 걸이용 감속거리는 1,000mm 이하이어야 함
	안전그네식	• 1개 걸이용 • U자 걸이용 • 추락방지대 • 안전블록 • 보조죔줄	• 시험몸통으로부터 빠지지 말 것 • 최대 전달충격력은 6.0kN 이하이어야 함 • U자 걸이용, 안전블록, 추락방지대의 감속거리는 1,000mm 이하이어야 함 • 시험 후 죔줄과 시험몸통 간의 수직각이 50° 미만이어야 함
	안전블록(부품)		• 파손되지 않을 것 • 최대 전달충격력은 6.0kN 이하이어야 함 • 억제거리는 2,000mm 이하이어야 함
	충격흡수장치		• 최대 전달충격력은 6.0kN 이하이어야 함 • 감속거리는 1,000mm 이하이어야 함

③ 안전화(보호구 안전인증 고시 별표 2)
  ㉠ 종류

종류	성능구분
가죽제 안전화	물체의 낙하, 충격 또는 날카로운 물체에 의한 찔림 위험으로부터 발을 보호하기 위한 것
고무제 안전화	물체의 낙하, 충격 또는 날카로운 물체에 의한 찔림 위험으로부터 발을 보호하고 내수성을 겸한 것
정전기 안전화	물체의 낙하, 충격 또는 날카로운 물체에 의한 찔림 위험으로부터 발을 보호하고 정전기의 인체대전을 방지하기 위한 것
발등 안전화	물체의 낙하, 충격 또는 날카로운 물체에 의한 찔림 위험으로부터 발 및 발등을 보호하기 위한 것
절연화	물체의 낙하, 충격 또는 날카로운 물체에 의한 찔림 위험으로부터 발을 보호하고 저압의 전기에 의한 감전을 방지하기 위한 것
절연장화	고압에 의한 감전을 방지 및 방수를 겸한 것
화학물질용 안전화	물체의 낙하, 충격 또는 날카로운 물체에 의한 찔림 위험으로부터 발을 보호하고 화학물질로부터 유해·위험을 방지하기 위한 것

ⓒ 등급

등급	사용장소
중작업용	광업, 건설업 및 철광업 등에서 원료취급, 가공, 강재 취급 및 강재 운반, 건설업 등에서 중량물 운반작업, 가공대상물의 중량이 큰 물체를 취급하는 작업장으로서 날카로운 물체에 의해 찔릴 우려가 있는 장소
보통작업용	기계공업, 금속가공업, 운반, 건축업 등 공구 가공품을 손으로 취급하는 작업 및 차량 사업장, 기계 등을 운전조작하는 일반작업장으로서 날카로운 물체에 의해 찔릴 우려가 있는 장소
경작업용	금속 선별, 전기제품 조립, 화학제품 선별, 반응장치 운전, 식품 가공업 등 비교적 경량의 물체를 취급하는 작업장으로서 날카로운 물체에 의해 찔릴 우려가 있는 장소

④ **절연장갑(보호구 안전인증 고시 별표 3)**

등급	최대 사용전압	
	교류(V, 실횻값)	직류(V)
00	500	750
0	1,000	1,500
1	7,500	11,250
2	17,000	25,500
3	26,500	39,750
4	36,000	54,000

⑤ **방진마스크(보호구 안전인증 고시 별표 4)**

㉠ 등급

등급	특급	1급	2급
사용 장소	• 베릴륨 등과 같이 독성이 강한 물질들을 함유한 분진 등 발생장소 • 석면 취급장소	• 특급마스크 착용장소를 제외한 분진 등 발생장소 • 금속흄 등과 같이 열적으로 생기는 분진 등 발생장소 • 기계적으로 생기는 분진 등 발생장소 (규소 등과 같이 2급 방진마스크를 착용하여도 무방한 경우는 제외한다)	특급 및 1급 마스크 착용장소를 제외한 분진 등 발생장소

※ 배기밸브가 없는 안면부 여과식 마스크는 특급 및 1급 장소에 사용해서는 안 된다.

ⓒ 형태

종류	분리식		안면부 여과식
	격리식	직결식	
형태	[전면형]	[전면형]	[반면형]
	[반면형]	[반면형]	
사용 조건	산소농도 18% 이상인 장소에서 사용하여야 한다.		

⑥ 방독마스크(보호구 안전인증 고시 별표 5)
  ㉠ 종류

종류	시험가스
유기화합물용	사이클로헥산(C_6H_{12})
	디메틸에테르(CH_3OCH_3)
	이소부탄(C_4H_{10})
할로겐용	염소가스 또는 증기(Cl_2)
황화수소용	황화수소가스(H_2S)
사이안화수소용	사이안화수소가스(HCN)
아황산용	아황산가스(SO_2)
암모니아용	암모니아가스(NH_3)

  ㉡ 등급

등급	사용장소
고농도	가스 또는 증기의 농도가 2/100(암모니아에 있어서는 3/100) 이하의 대기 중에서 사용하는 것
중농도	가스 또는 증기의 농도가 1/100(암모니아에 있어서는 1.5/100) 이하의 대기 중에서 사용하는 것
저농도 및 최저농도	가스 또는 증기의 농도가 0.1/100 이하의 대기 중에서 사용하는 것으로서 긴급용이 아닌 것

※ 비고 : 방독마스크는 산소농도가 18% 이상인 장소에서 사용하여야 하고, 고농도와 중농도에서 사용하는 방독마스크는 전면형(격리식, 직결식)을 사용해야 한다.

ⓒ 형태

형태		구조
격리식	전면형	(안면부, 안경, 구획(격장), 머리끈, 흡기밸브, 배기밸브, 연결관, 정화통)
	반면형	
직결식	전면형	1안식 (안경, 구획(격장), 흡기밸브, 머리끈, 배기밸브)
		2안식 (안경, 구획(격장), 흡기밸브, 머리끈, 배기밸브)
	반면형	(정화통, 배기밸브, 머리끈)

⑦ 차광보안경(보호구 안전인증 고시 별표 10)

종류	사용구분
자외선용	자외선이 발생하는 장소
적외선용	적외선이 발생하는 장소
복합용	자외선 및 적외선이 발생하는 장소
용접용	산소용접작업 등과 같이 자외선, 적외선 및 강렬한 가시광선이 발생하는 장소

⑧ 방음용 귀마개 또는 귀덮개(보호구 안전인증 고시 별표 12)

㉠ 종류 및 등급

종류	등급	기호	성능	비고
귀마개	1종	EP-1	저음부터 고음까지 차음하는 것	귀마개의 경우 재사용 여부를 제조특성으로 표기
	2종	EP-2	주로 고음을 차음하고 저음(회화음 영역)은 차음하지 않는 것	
귀덮개	-	EM	-	-

㉡ 차음성능 기준

중심주파수(Hz)	차음치(dB)		
	EP-1	EP-2	EM
125	10 이상	10 미만	5 이상
250	15 이상	10 미만	10 이상
500	15 이상	10 미만	20 이상
1,000	20 이상	20 미만	25 이상
2,000	25 이상	20 이상	30 이상
4,000	25 이상	25 이상	35 이상
8,000	20 이상	20 이상	20 이상

⑨ 송기마스크(보호구 안전인증 고시 별표 6)

종류	등급		구분
호스 마스크	폐력흡인형		안면부
	송풍기형	전동	안면부, 페이스실드, 후드
		수동	안면부
에어라인 마스크	일정유량형		안면부, 페이스실드, 후드
	디맨드형		안면부
	압력디맨드형		안면부
복합식 에어라인 마스크	디맨드형		안면부
	압력디맨드형		안면부

⑩ 방열복(보호구 안전인증 고시 별표 8)
　㉠ 종류

종류	착용 부위
방열상의	상체
방열하의	하체
방열일체복	몸체(상·하체)
방열장갑	손
방열두건	머리

　㉡ 방열두건의 사용구분

차광도 번호	사용구분
#2~#3	고로강판가열로, 조괴(造塊) 등의 작업
#3~#5	전로 또는 평로 등의 작업
#6~#8	전기로의 작업

　㉢ 부품별 용도 및 성능기준

부품별	용도	성능 기준	적용 대상
내열 원단	겉감용 및 방열장갑의 등감용	• 질량 : 500g/m² 이하 • 두께 : 0.70mm 이하	방열상의 · 방열하의 · 방열일체복 · 방열장갑 · 방열두건
	안감	• 질량 : 330g/m² 이하	
내열 펠트	누빔 중간층용	• 두께 : 0.1mm 이하 • 질량 : 300g/m² 이하	
면포	안감용	• 고급면	
안면렌즈	안면보호용	• 재질 : 폴리카보네이트 또는 이와 동등 이상의 성능이 있는 것에 산화동이나 알루미늄 또는 이와 동등 이상의 것을 증착하거나 도금 필름을 접착한 것 • 두께 : 3.0mm 이상	방열두건

안전보건표지의 설치·부착(산업안전보건법 제37조)

사업주는 유해하거나 위험한 장소·시설·물질에 대한 경고, 비상시에 대처하기 위한 지시·안내 또는 그 밖에 근로자의 안전 및 보건 의식을 고취하기 위한 사항 등을 그림, 기호 및 글자 등으로 나타낸 표지(안전보건표지)를 근로자가 쉽게 알아볼 수 있도록 설치하거나 붙여야 한다.

① 안전보건표지(산업안전보건법 시행규칙 별표 6)

구분					
금지표지	출입금지	보행금지	차량통행금지	사용금지	탑승금지
	금연	화기금지	물체이동금지		
경고표지	인화성물질경고	산화성물질경고	폭발성물질경고	급성독성물질경고	부식성물질경고
	방사성물질경고	고압전기경고	매달린물체경고	낙하물경고	고온경고
	저온경고	몸균형상실경고	레이저광선경고	발암성·변이원성·생식독성·전신독성·호흡기과민성물질경고	위험장소경고
지시표지	보안경착용	방독마스크착용	방진마스크착용	보안면착용	안전모착용
	귀마개착용	안전화착용	안전장갑착용	안전복착용	
안내표지	녹십자표지	응급구호표지	들것	세안장치	비상용기구
	비상구	좌측비상구	우측비상구		

② 안전보건표지의 색도기준 및 용도(산업안전보건법 시행규칙 별표 8)

색채	색도기준	용도	사용례
빨간색	7.5R 4/14	금지	정지신호, 소화설비 및 그 장소, 유해행위의 금지
		경고	화학물질 취급장소에서의 유해·위험경고
노란색	5Y 8.5/12	경고	화학물질 취급장소에서의 유해·위험경고 이외의 위험경고, 주의표지 또는 기계방호물
파란색	2.5PB 4/10	지시	특정 행위의 지시 및 사실의 고지
녹색	2.5G 4/10	안내	비상구 및 피난소, 사람 또는 차량의 통행표지
흰색	N9.5	–	파란색 또는 녹색에 대한 보조색
검은색	N0.5	–	문자 및 빨간색 또는 노란색에 대한 보조색

※ 참고
  1. 허용 오차 범위 H = ±2, V = ±0.3, C = ±1(H는 색상, V는 명도, C는 채도를 말한다)
  2. 위의 색도기준은 한국산업규격(KS)에 따른 색의 3속성에 의한 표시방법(KS A 0062 기술표준원 고시 제2008-0759)에 따른다.

제6절 | 안전 시설물 설치

■ 공정별 위험요인에 따른 안전 시설물 설치

① 낙하물 방지망 또는 방호선반(산업안전보건기준에 관한 규칙 제14조)
  ㉠ 높이 10m 이내마다 설치하고, 내민 길이는 벽면으로부터 2m 이상으로 한다.
  ㉡ 수평면과의 각도는 20° 이상 30° 이하로 유지한다.

② 낙하 비래 및 비산 방지설비(철골공사표준안전작업지침 제16조)
  ㉠ 지상층의 철골건립 개시 전에 설치한다.
  ㉡ 철골 건물의 높이가 지상 20m 이하일 때는 방호선반을 1단 이상, 20m 이상인 경우에는 2단 이상 설치하도록 한다.
  ㉢ 건물 외부 비계 방호시트에서 수평거리로 2m 이상 돌출하고 20° 이상의 각도 유지시켜야 한다.

③ 기둥승강 설비(철골공사표준안전작업지침 제16조)
  ㉠ 기둥승강 설비로서 기둥제작 시 16mm 철근 등을 이용하여 30cm 이내의 간격, 30cm 이상의 폭으로 트랩 설치해야 한다.
  ㉡ 안전대 부착설비구조 겸용해야 한다.

④ 안전난간의 구조 및 설치요건(산업안전보건기준에 관한 규칙 제13조)
  ㉠ 안전난간을 설치하는 경우 상부 난간대, 중간 난간대, 발끝막이판 및 난간기둥으로 구성한다.
  ㉡ 상부 난간대는 바닥면·발판 또는 경사로의 표면으로부터 90cm 이상 지점에 설치하고, 상부 난간대를 120cm 이하에 설치하는 경우에는 중간 난간대는 상부 난간대와 바닥면 등의 중간에 설치해야 하며, 120cm 이상 지점에 설치하는 경우에는 중간 난간대를 2단 이상으로 균등하게 설치하고 난간의 상하 간격은 60cm 이하가 되도록 한다.
  ㉢ 발끝막이판은 바닥면 등으로부터 10cm 이상의 높이를 유지해야 한다.

ㄹ. 난간기둥은 상부 난간대와 중간 난간대를 견고하게 떠받칠 수 있도록 적정한 간격을 유지해야 한다.
　　ㅁ. 상부 난간대와 중간 난간대는 난간 길이 전체에 걸쳐 바닥면 등과 평행을 유지해야 한다.
　　ㅂ. 난간대는 지름 2.7cm 이상의 금속제 파이프나 그 이상의 강도가 있는 재료로 한다.
　　ㅅ. 안전난간은 구조적으로 가장 취약한 지점에서 가장 취약한 방향으로 작용하는 100kg 이상의 하중에 견딜 수 있는 튼튼한 구조이어야 한다.

■ 안전인증을 취득해야 하는 기계

① 안전인증대상기계 등(산업안전보건법 시행령 제74조)
　　㉠ 기계 또는 설비
　　　• 프레스
　　　• 전단기 및 절곡기
　　　• 크레인
　　　• 리프트
　　　• 압력용기
　　　• 롤러기
　　　• 사출성형기
　　　• 고소작업대
　　　• 곤돌라
　　㉡ 방호장치
　　　• 프레스 및 전단기 방호장치
　　　• 양중기용 과부하 방지장치
　　　• 보일러 압력방출용 안전밸브
　　　• 압력용기 압력방출용 안전밸브
　　　• 압력용기 압력방출용 파열판
　　　• 절연용 방호구 및 활선작업용 기구
　　　• 방폭구조 전기기계・기구 및 부품
　　　• 추락・낙하 및 붕괴 등의 위험 방지 및 보호에 필요한 가설기자재
　　　• 충돌・협착 등의 위험 방지에 필요한 산업용 로봇 방호장치
　　㉢ 보호구
　　　• 추락 및 감전 위험방지용 안전모
　　　• 안전화
　　　• 안전장갑
　　　• 방진마스크
　　　• 방독마스크

- 송기마스크
- 전동식 호흡보호구
- 보호복
- 안전대
- 차광 및 비산물 위험방지용 보안경
- 용접용 보안면
- 방음용 귀마개 또는 귀덮개

② **설치, 이전, 주요부 변경 시 안전인증을 받아야 하는 기계 및 설비(산업안전보건법 시행규칙 제107조)**
  ㉠ 설치·이전하는 경우 안전인증을 받아야 하는 기계
    - 크레인
    - 리프트
    - 곤돌라
  ㉡ 주요 구조 부분을 변경하는 경우 안전인증을 받아야 하는 기계 및 설비
    - 프레스
    - 전단기 및 절곡기
    - 크레인
    - 리프트
    - 압력용기
    - 롤러기
    - 사출성형기
    - 고소작업대
    - 곤돌라

③ **자율안전확인대상기계 등(산업안전보건법 시행령 제77조)**
  ㉠ 기계 또는 설비
    - 연삭기 또는 연마기(휴대형은 제외)
    - 산업용 로봇
    - 혼합기
    - 파쇄기 또는 분쇄기
    - 식품가공용 기계(파쇄·절단·혼합·제면기만 해당)
    - 컨베이어
    - 자동차정비용 리프트
    - 공작기계(선반, 드릴기, 평삭·형삭기, 밀링만 해당)
    - 고정형 목재가공용 기계(둥근톱, 대패, 루타기, 띠톱, 모떼기 기계만 해당)
    - 인쇄기

ⓛ 방호장치
　　　• 아세틸렌 용접장치용 또는 가스집합 용접장치용 안전기
　　　• 교류 아크용접기용 자동전격방지기
　　　• 롤러기 급정지장치
　　　• 연삭기 덮개
　　　• 목재 가공용 둥근톱 반발예방장치와 날접촉예방장치
　　　• 동력식 수동대패용 칼날접촉방지장치
　　　• 추락·낙하 및 붕괴 등의 위험 방지 및 보호에 필요한 가설기자재
　　ⓒ 다음 어느 하나에 해당하는 보호구
　　　• 안전모(추락 및 감전 위험방지용 안전모 제외)
　　　• 보안경(차광 및 비산물 위험방지용 보안경 제외)
　　　• 보안면(용접용 보안면 제외)

④ **안전검사대상기계 등(산업안전보건법 시행령 제78조)**
　　㉠ 프레스
　　㉡ 전단기
　　㉢ 크레인(정격하중이 2톤 미만인 것은 제외)
　　㉣ 리프트
　　㉤ 압력용기
　　㉥ 곤돌라
　　㉦ 국소 배기장치(이동식은 제외)
　　㉧ 원심기(산업용만 해당)
　　㉨ 롤러기(밀폐형 구조는 제외)
　　㉩ 사출성형기(형 체결력 294kN 미만은 제외)
　　㉮ 고소작업대(화물자동차 또는 특수자동차에 탑재한 고소작업대로 한정)
　　㉯ 컨베이어
　　㉰ 산업용 로봇
　　㉱ 혼합기
　　㉲ 파쇄기 또는 분쇄기

⑤ **안전인증 심사의 종류 및 방법(산업안전보건법 시행규칙 제110조)**
　　㉠ 예비심사(7일) : 기계 및 방호장치·보호구가 유해·위험기계 등 인지를 확인하는 심사
　　㉡ 서면심사(15일, 외국에서 제조한 경우는 30일) : 유해·위험기계 등의 종류별 또는 형식별로 설계도면 등 유해·위험기계 등의 제품기술과 관련된 문서가 안전인증기준에 적합한지에 대한 심사

ⓒ 기술능력 및 생산체계 심사(30일, 외국에서 제조한 경우는 45일) : 유해·위험기계 등의 안전성능을 지속적으로 유지·보증하기 위하여 사업장에서 갖추어야 할 기술능력과 생산체계가 안전인증기준에 적합한지에 대한 심사
ⓓ 제품심사 : 유해·위험기계 등이 서면심사 내용과 일치하는지와 유해·위험기계 등의 안전에 관한 성능이 안전인증기준에 적합한지에 대한 심사
- 개별 제품심사(15일) : 서면심사 결과가 안전인증기준에 적합할 경우에 유해·위험기계 등 모두에 대하여 하는 심사
- 형식별 제품심사(30일, 방호장치와 보호구는 60일) : 서면심사와 기술능력 및 생산체계 심사 결과가 안전인증기준에 적합할 경우에 유해·위험기계 등의 형식별로 표본을 추출하여 하는 심사

⑥ 안전인증 및 자율안전확인 표시(산업안전보건법 시행규칙 별표 14)

제7절 | 안전보건교육

■ 교육과정별 교육시간(산업안전보건법 시행규칙 별표 4)

① 근로자 안전보건교육

교육과정	교육대상		교육시간
정기교육	사무직 종사 근로자		매 반기 6시간 이상
	그 밖의 근로자	판매업무에 직접 종사하는 근로자	매 반기 6시간 이상
		판매업무에 직접 종사하는 근로자 외의 근로자	매 반기 12시간 이상
채용 시 교육	일용근로자 및 근로계약기간이 1주일 이하인 기간제근로자		1시간 이상
	근로계약기간이 1주일 초과 1개월 이하인 기간제근로자		4시간 이상
	그 밖의 근로자		8시간 이상
작업내용 변경 시 교육	일용근로자 및 근로계약기간이 1주일 이하인 기간제근로자		1시간 이상
	그 밖의 근로자		2시간 이상
특별교육	일용근로자 및 근로계약기간이 1주일 이하인 기간제근로자 : 특별교육 대상(타워크레인 신호수 제외)에 해당하는 작업에 종사하는 근로자에 한정		2시간 이상
	일용근로자 및 근로계약기간이 1주일 이하인 기간제근로자 : 특별교육 대상 중 타워크레인 신호작업에 종사하는 근로자에 한정		8시간 이상
	일용근로자 및 근로계약기간이 1주일 이하인 기간제근로자를 제외한 근로자 : 특별교육 대상에 해당하는 작업에 종사하는 근로자에 한정		• 16시간 이상(최초 작업에 종사하기 전 4시간 이상 실시하고 12시간은 3개월 이내에서 분할하여 실시 가능) • 단기간 작업 또는 간헐적 작업인 경우에는 2시간 이상

교육과정	교육대상	교육시간
건설업 기초안전·보건교육	건설 일용근로자	4시간 이상

② 관리감독자 안전보건교육

교육과정	교육시간
정기교육	연간 16시간 이상
채용 시 교육	8시간 이상
작업내용 변경 시 교육	2시간 이상
특별교육	16시간 이상(최초 작업에 종사하기 전 4시간 이상 실시하고, 12시간은 3개월 이내에서 분할하여 실시 가능)
	단기간 작업 또는 간헐적 작업인 경우에는 2시간 이상

③ 안전보건관리책임자 등에 대한 교육

교육대상	교육시간	
	신규교육	보수교육
안전보건관리책임자	6시간 이상	6시간 이상
안전관리자, 안전관리전문기관의 종사자	34시간 이상	24시간 이상
보건관리자, 보건관리전문기관의 종사자		
건설재해예방전문지도기관의 종사자		
석면조사기관의 종사자		
안전보건관리담당자	–	8시간 이상
안전검사기관, 자율안전검사기관의 종사자	34시간 이상	24시간 이상

④ 특수형태근로종사자에 대한 안전보건교육

교육과정	교육시간
최초 노무제공 시 교육	2시간 이상(단기간 작업 또는 간헐적 작업에 노무를 제공하는 경우에는 1시간 이상 실시하고, 특별교육을 실시한 경우는 면제)
특별교육	• 16시간 이상(최초 작업에 종사하기 전 4시간 이상 실시하고 12시간은 3개월 이내에서 분할하여 실시 가능) • 단기간 작업 또는 간헐적 작업인 경우에는 2시간 이상

⑤ 검사원 성능검사 교육

교육과정	교육대상	교육시간
성능검사 교육	–	28시간 이상

교육대상별 교육내용(산업안전보건법 시행규칙 별표 5)

① 근로자 안전보건교육

㉠ 정기교육

- 산업안전 및 사고 예방에 관한 사항
- 산업보건 및 직업병 예방에 관한 사항
- 위험성평가에 관한 사항
- 건강증진 및 질병 예방에 관한 사항

- 유해·위험 작업환경 관리에 관한 사항
- 산업안전보건법령 및 산업재해보상보험 제도에 관한 사항
- 직무스트레스 예방 및 관리에 관한 사항
- 직장 내 괴롭힘, 고객의 폭언 등으로 인한 건강장해 예방 및 관리에 관한 사항

ⓒ 채용 시 교육 및 작업내용 변경 시 교육
- 산업안전 및 사고 예방에 관한 사항
- 산업보건 및 직업병 예방에 관한 사항
- 위험성평가에 관한 사항
- 산업안전보건법령 및 산업재해보상보험 제도에 관한 사항
- 직무스트레스 예방 및 관리에 관한 사항
- 직장 내 괴롭힘, 고객의 폭언 등으로 인한 건강장해 예방 및 관리에 관한 사항
- 기계·기구의 위험성과 작업의 순서 및 동선에 관한 사항
- 작업 개시 전 점검에 관한 사항
- 정리정돈 및 청소에 관한 사항
- 사고 발생 시 긴급조치에 관한 사항
- 물질안전보건자료에 관한 사항

ⓒ 특별교육 대상 작업별 교육

작업명	교육내용
밀폐된 장소(탱크 내 또는 환기가 극히 불량한 좁은 장소)에서 하는 용접작업 또는 습한 장소에서 하는 전기용접작업	• 작업순서, 안전작업방법 및 수칙에 관한 사항 • 환기설비에 관한 사항 • 전격 방지 및 보호구 착용에 관한 사항 • 질식 시 응급조치에 관한 사항 • 작업환경 점검에 관한 사항
목재가공용 기계(둥근톱기계, 띠톱기계, 대패기계, 모떼기기계 및 라우터기만 해당하며, 휴대용은 제외)를 5대 이상 보유한 사업장에서 해당 기계로 하는 작업	• 목재가공용 기계의 특성과 위험성에 관한 사항 • 방호장치의 종류와 구조 및 취급에 관한 사항 • 안전기준에 관한 사항 • 안전작업방법 및 목재 취급에 관한 사항
운반용 등 하역기계를 5대 이상 보유한 사업장에서의 해당 기계로 하는 작업	• 운반하역기계 및 부속설비의 점검에 관한 사항 • 작업순서와 방법에 관한 사항 • 안전운전방법에 관한 사항 • 화물의 취급 및 작업신호에 관한 사항
1톤 이상의 크레인을 사용하는 작업 또는 1톤 미만의 크레인 또는 호이스트를 5대 이상 보유한 사업장에서 해당 기계로 하는 작업	• 방호장치의 종류, 기능 및 취급에 관한 사항 • 걸고리·와이어로프 및 비상정지장치 등의 기계·기구 점검에 관한 사항 • 화물의 취급 및 안전작업방법에 관한 사항 • 신호방법 및 공동작업에 관한 사항 • 인양 물건의 위험성 및 낙하·비래·충돌재해 예방에 관한 사항 • 인양물이 적재될 지반의 조건, 인양하중, 풍압 등이 인양물과 타워크레인에 미치는 영향

작업명	교육내용
건설용 리프트·곤돌라를 이용한 작업	• 방호장치의 기능 및 사용에 관한 사항 • 기계, 기구, 달기 체인 및 와이어 등의 점검에 관한 사항 • 화물의 권상·권하 작업방법 및 안전작업 지도에 관한 사항 • 기계·기구에 특성 및 동작원리에 관한 사항 • 신호방법 및 공동작업에 관한 사항
굴착면의 높이가 2m 이상이 되는 지반 굴착(터널 및 수직갱 외의 갱 굴착은 제외)작업	• 지반의 형태·구조 및 굴착 요령에 관한 사항 • 지반의 붕괴재해 예방에 관한 사항 • 붕괴 방지용 구조물 설치 및 작업방법에 관한 사항 • 보호구의 종류 및 사용에 관한 사항
흙막이 지보공의 보강 또는 동바리를 설치하거나 해체하는 작업	• 작업안전 점검 요령과 방법에 관한 사항 • 동바리의 운반·취급 및 설치 시 안전작업에 관한 사항 • 해체작업 순서와 안전기준에 관한 사항 • 보호구 취급 및 사용에 관한 사항
터널 안에서의 굴착작업(굴착용 기계를 사용하여 하는 굴착작업 중 근로자가 칼날 밑에 접근하지 않고 하는 작업은 제외) 또는 같은 작업에서의 터널 거푸집 지보공의 조립 또는 콘크리트 작업	• 작업환경의 점검 요령과 방법에 관한 사항 • 붕괴 방지용 구조물 설치 및 안전작업 방법에 관한 사항 • 재료의 운반 및 취급·설치의 안전기준에 관한 사항 • 보호구의 종류 및 사용에 관한 사항 • 소화설비의 설치장소 및 사용방법에 관한 사항
굴착면의 높이가 2m 이상이 되는 암석의 굴착작업	• 폭발물 취급 요령과 대피 요령에 관한 사항 • 안전거리 및 안전기준에 관한 사항 • 방호물의 설치 및 기준에 관한 사항 • 보호구 및 신호방법 등에 관한 사항
높이가 2m 이상인 물건을 쌓거나 무너뜨리는 작업(하역기계로만 하는 작업은 제외)	• 원부재료의 취급 방법 및 요령에 관한 사항 • 물건의 위험성·낙하 및 붕괴재해 예방에 관한 사항 • 적재방법 및 전도 방지에 관한 사항 • 보호구 착용에 관한 사항
거푸집 동바리의 조립 또는 해체작업	• 동바리의 조립방법 및 작업 절차에 관한 사항 • 조립재료의 취급방법 및 설치기준에 관한 사항 • 조립 해체 시의 사고 예방에 관한 사항 • 보호구 착용 및 점검에 관한 사항
비계의 조립·해체 또는 변경작업	• 비계의 조립순서 및 방법에 관한 사항 • 비계작업의 재료 취급 및 설치에 관한 사항 • 추락재해 방지에 관한 사항 • 보호구 착용에 관한 사항 • 비계상부 작업 시 최대 적재하중에 관한 사항
건축물의 골조, 다리의 상부구조 또는 탑의 금속제의 부재로 구성되는 것(5m 이상)의 조립·해체 또는 변경작업	• 건립 및 버팀대의 설치순서에 관한 사항 • 조립 해체 시의 추락재해 및 위험요인에 관한 사항 • 건립용 기계의 조작 및 작업신호 방법에 관한 사항 • 안전장비 착용 및 해체순서에 관한 사항
콘크리트 인공구조물(높이가 2m 이상)의 해체 또는 파괴작업	• 콘크리트 해체기계의 점점에 관한 사항 • 파괴 시의 안전거리 및 대피 요령에 관한 사항 • 작업방법·순서 및 신호 방법 등에 관한 사항 • 해체·파괴 시의 작업안전기준 및 보호구에 관한 사항

작업명	교육내용
타워크레인을 설치·해체하는 작업	• 붕괴·추락 및 재해 방지에 관한 사항 • 설치·해체 순서 및 안전작업방법에 관한 사항 • 부재의 구조·재질 및 특성에 관한 사항 • 신호방법 및 요령에 관한 사항 • 이상 발생 시 응급조치에 관한 사항
밀폐공간에서의 작업	• 산소농도 측정 및 작업환경에 관한 사항 • 사고 시의 응급처치 및 비상시 구출에 관한 사항 • 보호구 착용 및 보호장비 사용에 관한 사항 • 작업내용·안전작업방법 및 절차에 관한 사항 • 장비·설비 및 시설 등의 안전점검에 관한 사항
가연물이 있는 장소에서 하는 화재위험 작업	• 작업준비 및 작업절차에 관한 사항 • 작업장 내 위험물, 가연물의 사용·보관·설치 현황에 관한 사항 • 화재위험작업에 따른 인근 인화성 액체에 대한 방호조치에 관한 사항 • 화재위험작업으로 인한 불꽃, 불티 등의 흩날림 방지조치에 관한 사항 • 인화성 액체의 증기가 남아 있지 않도록 환기 등의 조치에 관한 사항 • 화재감시자의 직무 및 피난교육 등 비상조치에 관한 사항
타워크레인을 사용하는 작업 시 신호업무를 하는 작업	• 타워크레인의 기계적 특성 및 방호장치 등에 관한 사항 • 화물의 취급 및 안전작업방법에 관한 사항 • 신호방법 및 요령에 관한 사항 • 인양 물건의 위험성 및 낙하·비래·충돌재해 예방에 관한 사항 • 인양물이 적재될 지반의 조건, 인양하중, 풍압 등이 인양물과 타워크레인에 미치는 영향

② **관리감독자 안전보건교육**

㉠ 정기교육
- 산업안전 및 사고 예방에 관한 사항
- 산업보건 및 직업병 예방에 관한 사항
- 위험성평가에 관한 사항
- 유해·위험 작업환경 관리에 관한 사항
- 산업안전보건법령 및 산업재해보상보험 제도에 관한 사항
- 직무스트레스 예방 및 관리에 관한 사항
- 직장 내 괴롭힘, 고객의 폭언 등으로 인한 건강장해 예방 및 관리에 관한 사항
- 작업공정의 유해·위험과 재해 예방대책에 관한 사항
- 사업장 내 안전보건관리체제 및 안전·보건조치 현황에 관한 사항
- 표준안전 작업방법 결정 및 지도·감독 요령에 관한 사항
- 현장근로자와의 의사소통능력 및 강의능력 등 안전보건교육 능력 배양에 관한 사항
- 비상시 또는 재해 발생 시 긴급조치에 관한 사항

㉡ 채용 시 교육 및 작업내용 변경 시 교육
- 산업안전 및 사고 예방에 관한 사항
- 산업보건 및 직업병 예방에 관한 사항

- 위험성평가에 관한 사항
- 산업안전보건법령 및 산업재해보상보험 제도에 관한 사항
- 직무스트레스 예방 및 관리에 관한 사항
- 직장 내 괴롭힘, 고객의 폭언 등으로 인한 건강장해 예방 및 관리에 관한 사항
- 기계·기구의 위험성과 작업의 순서 및 동선에 관한 사항
- 작업 개시 전 점검에 관한 사항
- 물질안전보건자료에 관한 사항
- 사업장 내 안전보건관리체제 및 안전·보건조치 현황에 관한 사항
- 표준안전 작업방법 결정 및 지도·감독 요령에 관한 사항
- 비상시 또는 재해 발생 시 긴급조치에 관한 사항

③ **안전보건관리책임자 등에 대한 교육**

교육대상	교육내용	
	신규과정	보수과정
안전보건관리책임자	• 관리책임자의 책임과 직무에 관한 사항 • 산업안전보건법령 및 안전·보건조치에 관한 사항	• 산업안전·보건정책에 관한 사항 • 자율안전·보건관리에 관한 사항
안전관리자 및 안전관리전문기관 종사자	• 산업안전보건법령에 관한 사항 • 산업안전보건개론에 관한 사항 • 인간공학 및 산업심리에 관한 사항 • 안전보건교육방법에 관한 사항 • 재해 발생 시 응급처치에 관한 사항 • 안전점검·평가 및 재해 분석기법에 관한 사항 • 안전기준 및 개인보호구 등 분야별 재해예방 실무에 관한 사항 • 산업안전보건관리비 계상 및 사용기준에 관한 사항 • 작업환경 개선 등 산업위생 분야에 관한 사항 • 무재해운동 추진기법 및 실무에 관한 사항 • 위험성평가에 관한 사항	• 산업안전보건법령 및 정책에 관한 사항 • 안전관리계획 및 안전보건개선계획의 수립·평가·실무에 관한 사항 • 안전보건교육 및 무재해운동 추진실무에 관한 사항 • 산업안전보건관리비 사용기준 및 사용방법에 관한 사항 • 분야별 재해 사례 및 개선 사례에 관한 연구와 실무에 관한 사항 • 사업장 안전 개선기법에 관한 사항 • 위험성평가에 관한 사항
안전보건관리담당자		• 위험성평가에 관한 사항 • 안전·보건교육방법에 관한 사항 • 사업장 순회점검 및 지도에 관한 사항 • 기계·기구의 적격품 선정에 관한 사항 • 산업재해 통계의 유지·관리 및 조사에 관한 사항

④ **특수형태근로종사자에 대한 안전보건교육**

㉠ 최초 노무제공 시 교육
- 산업안전 및 사고 예방에 관한 사항
- 산업보건 및 직업병 예방에 관한 사항
- 건강증진 및 질병 예방에 관한 사항
- 유해·위험 작업환경 관리에 관한 사항
- 산업안전보건법령 및 산업재해보상보험 제도에 관한 사항

- 직무스트레스 예방 및 관리에 관한 사항
- 직장 내 괴롭힘, 고객의 폭언 등으로 인한 건강장해 예방 및 관리에 관한 사항
- 기계·기구의 위험성과 작업의 순서 및 동선에 관한 사항
- 작업 개시 전 점검에 관한 사항
- 정리정돈 및 청소에 관한 사항
- 사고 발생 시 긴급조치에 관한 사항
- 물질안전보건자료에 관한 사항
- 교통안전 및 운전안전에 관한 사항
- 보호구 착용에 관한 사항

ⓒ 특별교육 대상 작업별 교육

근로자 안전보건교육의 특별교육 대상 작업별 교육(35쪽 ⓒ 특별교육 대상 작업별 교육)과 동일함

⑤ **건설업 기초안전보건교육에 대한 내용 및 시간**

교육내용	시간
건설공사의 종류(건축·토목 등) 및 시공 절차	1시간
산업재해 유형별 위험요인 및 안전보건조치	2시간
안전보건관리체제 현황 및 산업안전보건 관련 근로자 권리·의무	1시간

02 건설공사 안전

제1절 | 건설공사 특수성 분석

■ 설계도서

① **설계도서의 종류**
  ㉠ 설계도서(주택의 설계도서 작성기준 제3조) : 설계도면, 시방서, 구조계산서, 수량산출서 및 품질관리계획서를 말한다.
  ㉡ 구조설계도서(건축물의 구조기준 등에 관한 규칙 제2조) : 구조계획서, 구조설계도, 구조계산서, 구조분야의 공사시방서를 말한다.

② **시공기준도서** : 시방서는 당해 공사의 특수성, 지역여건, 층수 및 공사방법 등을 고려하여 공사별·공종별로 작성하며, 표준시방서의 내용을 인용하는 경우에는 그 인용내용을 상세히 기술하여야 한다.
  ㉠ 특별시방서
  ㉡ 설계도면
  ㉢ 일반시방서·표준시방서
  ㉣ 수량산출서
  ㉤ 시공도면

■ 건설공사 현황 파악

① **공사개요서** : 설계도서를 기준으로 공사명, 발주자, 설계자, 시공자, 건설사업관리자, 공사 개요, 특수 공법 및 특수 구조물 개요, 토공사 및 구조물 공사의 주요 공법과 대상 공사의 종류 등 파악
② **위치도**
③ **전체 공정표** : 전체 공정의 흐름이나 각 공종의 전후 관계 등을 파악
④ **공사 설계도 및 서류** : 대상 구조물의 배치도, 평면도, 단면도, 측면도 등
⑤ **공사현장 주변 현황 및 주변의 관계를 나타내는 도면**
  ㉠ 도로 폭, 인접 건물의 현황
  ㉡ 전기, 가스, 상하수도 등 지하 매설물 및 인접 시설물 현황
  ㉢ 공사현장 주변의 인접 주민 및 사육 가축 등의 규모, 위치
⑥ **공사용 기계설비 등의 배치를 나타내는 도면 및 서류**
  ㉠ 현장 사무실, 가설 숙소, 가설 식당, 현장 출입구, 가설 울타리 등의 배치도
  ㉡ 타워크레인, 리프트, 수전설비 등 공사용 기계·설비 배치도
  ㉢ 공사용 기계·설비, 인접 건축물, 가공전로 등과의 관계에 대한 명시

▌안전관리 현황 파악

① 가설구조물의 시공상세도 작성 및 안전성 검토
㉠ 높이 10m 이상의 비탈면 흙깎기 공사
㉡ 터널 굴착공사
㉢ 지하 10m 이상을 굴착하는 건설공사
㉣ 콘크리트 시공 시에 작용하는 수직하중, 수평하중, 콘크리트 측압 및 풍하중 등에 대한 거푸집 및 동바리

② 거푸집 및 동바리 안전성 검토
㉠ 거푸집 및 동바리의 시공계획서 검토
㉡ 시스템 동바리의 경우 설치·해체방법과 안전수칙 및 시공상세도 검토
㉢ 클라이밍 폼의 인양 및 상승작업에 대한 다음 사항의 검토
- 콘크리트 압축강도에 대한 상부 앵커의 강도
- 거푸집 긴결재(form tie) 및 앵커의 해체
- 지정된 인원을 제외한 근로자의 철수
- 기타 간섭 또는 방해 요인
- 거푸집 및 동바리의 재사용 시 손상, 변형, 작동 가능 여부 및 설계조건 검토
- 거푸집 및 동바리의 해체시기 및 순서 검토

제2절 | 가설공사

▌가설공사 안전

① 가설도로(가설공사 표준안전 작업지침 제25조)
㉠ 도로의 표면은 장비 및 차량이 안전운행할 수 있도록 유지·보수하여야 한다.
㉡ 장비사용을 목적으로 하는 진입로, 경사로 등은 주행하는 차량통행에 지장을 주지 않도록 만들어야 한다.
㉢ 도로와 작업장 높이에 차가 있을 때는 바리케이드 또는 연석 등을 설치하여 차량의 위험 및 사고를 방지하도록 하여야 한다.
㉣ 도로는 배수를 위해 도로 중앙부를 약간 높게 하거나 배수시설을 하여야 한다.
㉤ 운반로는 장비의 안전운행에 적합한 도로의 폭을 유지하여야 하며, 또한 모든 커브는 통상적인 도로폭보다 좀더 넓게 만들고 시계에 장애가 없도록 만들어야 한다.
㉥ 커브 구간에서는 차량이 가시거리의 절반 이내에서 정지할 수 있도록 차량의 속도를 제한하여야 한다.
㉦ 최고 허용경사도는 부득이한 경우를 제외하고는 10%를 넘어서는 안 된다.
㉧ 필요한 전기시설(교통신호등 포함), 신호수, 표지판, 바리케이드, 노면표지 등을 교통 안전운행을 위하여 제공하여야 한다.
㉨ 안전운행을 위하여 먼지가 일어나지 않도록 물을 뿌려주고 겨울철에는 눈이 쌓이지 않도록 조치하여야 한다.

② 우회로(가설공사 표준안전 작업지침 제26조)
  ㉠ 교통량을 유지시킬 수 있도록 계획되어야 한다.
  ㉡ 시공 중인 교량이나 높은 구조물의 밑을 통과해서는 안 되며 부득이 시공 중인 교량이나 높은 구조물의 밑을 통과하여야 할 경우에는 필요한 안전조치를 하여야 한다.
  ㉢ 모든 교통통제나 신호등은 교통법규에 적합하도록 하여야 한다.
  ㉣ 우회로는 항시 유지·보수되도록 확실한 점검을 실시하여야 하며 필요한 경우에는 가설 등을 설치해야 한다.
  ㉤ 우회로의 사용이 완료되면 모든 것을 원상복구하여야 한다.

통로의 안전

① **통로의 조명(산업안전보건기준에 관한 규칙 제21조)**
  통로에 75lx(럭스) 이상의 채광 또는 조명시설을 하여야 한다.

② **통로의 설치(산업안전보건기준에 관한 규칙 제22조)**
  ㉠ 작업장으로 통하는 장소 또는 작업장 내에 근로자가 사용할 안전한 통로를 설치하고 항상 사용할 수 있도록 유지해야 한다.
  ㉡ 통로의 주요 부분에 통로 표시를 하고, 근로자가 안전하게 통행할 수 있도록 하여야 한다.
  ㉢ 통로면으로부터 높이 2m 이내에는 장애물이 없도록 하여야 한다.

③ **가설통로의 구조(산업안전보건기준에 관한 규칙 제23조)**
  ㉠ 견고한 구조로 할 것
  ㉡ 경사는 30° 이하로 할 것(다만, 계단을 설치하거나 높이 2m 미만의 가설통로로서 튼튼한 손잡이를 설치한 경우는 제외)
  ㉢ 경사가 15°를 초과하는 경우에는 미끄러지지 아니하는 구조로 할 것
  ㉣ 추락할 위험이 있는 장소에는 안전난간을 설치할 것
  ㉤ 수직갱에 가설된 통로의 길이가 15m 이상인 경우에는 10m 이내마다 계단참을 설치할 것
  ㉥ 건설공사에 사용하는 높이 8m 이상인 비계다리에는 7m 이내마다 계단참을 설치할 것

④ **사다리식 통로의 설치기준(산업안전보건기준에 관한 규칙 제24조)**
  ㉠ 견고한 구조로 할 것
  ㉡ 심한 손상·부식 등이 없는 재료를 사용할 것
  ㉢ 발판의 간격은 일정하게 할 것
  ㉣ 발판과 벽과의 사이는 15cm 이상의 간격을 유지할 것
  ㉤ 폭은 30cm 이상으로 할 것
  ㉥ 사다리가 넘어지거나 미끄러지는 것을 방지하기 위한 조치를 할 것
  ㉦ 사다리의 상단은 걸쳐놓은 지점으로부터 60cm 이상 올라가도록 할 것
  ㉧ 사다리식 통로의 길이가 10m 이상인 경우에는 5m 이내마다 계단참을 설치할 것

ⓩ 사다리식 통로의 기울기는 75° 이하로 할 것. 다만, 고정식 사다리식 통로의 기울기는 90° 이하로 하고, 그 높이가 7m 이상인 경우에는 다음의 구분에 따른 조치를 할 것
- 등받이울이 있어도 근로자 이동에 지장이 없는 경우 : 바닥으로부터 높이가 2.5m되는 지점부터 등받이울을 설치할 것
- 등받이울이 있으면 근로자가 이동이 곤란한 경우 : 한국산업표준에서 정하는 기준에 적합한 개인용 추락 방지 시스템을 설치하고 근로자로 하여금 한국산업표준에서 정하는 기준에 적합한 전신안전대를 사용하도록 할 것

ⓒ 접이식 사다리 기둥은 사용 시 접혀지거나 펼쳐지지 않도록 철물 등을 사용하여 견고하게 조치할 것

⑤ **가설계단(산업안전보건기준에 관한 규칙 제26조~제30조)**
　㉠ 계단 및 계단참은 매 m²당 500kg 이상의 하중에 견딜 수 있는 강도로 설치하여야 한다.
　㉡ 안전율(안전의 정도를 표시하는 것으로서 재료의 파괴응력도와 허용응력도의 비율)은 4 이상으로 하여야 한다.
　㉢ 계단 및 승강구 바닥을 구멍이 있는 재료로 만드는 경우 렌치나 그 밖의 공구 등이 낙하할 위험이 없는 구조로 하여야 한다.
　㉣ 계단의 폭을 1m 이상으로 하여야 한다.
　㉤ 계단에 손잡이 외의 다른 물건 등을 설치하거나 쌓아 두어서는 아니 된다.
　㉥ 높이가 3m를 초과하는 경우 3m 이내마다 진행방향으로 길이 1.2m 이상의 계단참을 설치해야 한다.
　㉦ 계단을 설치하는 경우 바닥면으로부터 높이 2m 이내의 공간에 장애물이 없도록 하여야 한다.
　㉧ 높이 1m 이상인 계단의 개방된 측면에 안전난간을 설치하여야 한다.

■ 비계공사의 안전

① **작업발판의 구조(산업안전보건기준에 관한 규칙 제56조)**
　㉠ 발판재료는 작업할 때의 하중을 견딜 수 있도록 견고한 것으로 할 것
　㉡ 작업발판의 폭은 40cm 이상으로 하고, 발판재료 간의 틈은 3cm 이하로 할 것
　㉢ ㉡에도 불구하고 선박 및 보트 건조작업의 경우 좁은 작업공간에 작업발판을 설치하기 위하여 필요하면 작업발판의 폭을 30cm 이상으로 할 수 있고, 걸침비계의 경우 강관기둥 때문에 발판재료 간의 틈을 3cm 이하로 유지하기 곤란하면 5cm 이하로 할 것
　㉣ 추락의 위험이 있는 장소에는 안전난간을 설치할 것
　㉤ 작업발판의 지지물은 하중에 의하여 파괴될 우려가 없는 것을 사용할 것
　㉥ 작업발판 재료는 뒤집히거나 떨어지지 않도록 둘 이상의 지지물에 연결하거나 고정시킬 것
　㉦ 작업발판을 작업에 따라 이동시킬 경우에는 위험 방지에 필요한 조치를 할 것

② **비계 등의 조립·해체 및 변경(산업안전보건기준에 관한 규칙 제57조)**
　㉠ 근로자가 관리감독자의 지휘에 따라 작업하도록 할 것
　㉡ 조립·해체 또는 변경의 시기·범위 및 절차를 그 작업에 종사하는 근로자에게 주지시킬 것

ⓒ 조립·해체 또는 변경 작업구역에는 해당 작업에 종사하는 근로자가 아닌 사람의 출입을 금지하고 그 내용을 보기 쉬운 장소에 게시할 것
ⓓ 비, 눈, 그 밖의 기상 상태의 불안정으로 날씨가 몹시 나쁜 경우에는 그 작업을 중지시킬 것
ⓔ 비계재료의 연결·해체작업을 하는 경우에는 폭 20cm 이상의 발판을 설치하고 근로자로 하여금 안전대를 사용하도록 하는 등 추락을 방지하기 위한 조치를 할 것
ⓕ 재료·기구 또는 공구 등을 올리거나 내리는 경우에는 근로자가 달줄 또는 달포대 등을 사용하게 할 것

③ 비계의 점검 및 보수(산업안전보건기준에 관한 규칙 제58조)
  ㉠ 발판 재료의 손상 여부 및 부착 또는 걸림 상태
  ㉡ 해당 비계의 연결부 또는 접속부의 풀림 상태
  ㉢ 연결 재료 및 연결 철물의 손상 또는 부식 상태
  ㉣ 손잡이의 탈락 여부
  ㉤ 기둥의 침하, 변형, 변위 또는 흔들림 상태
  ㉥ 로프의 부착 상태 및 매단 장치의 흔들림 상태

④ 강관비계 조립 시의 준수사항(산업안전보건기준에 관한 규칙 제59조)
  ㉠ 비계기둥에는 미끄러지거나 침하하는 것을 방지하기 위하여 밑받침 철물을 사용하거나 깔판·받침목 등을 사용하여 밑둥잡이를 설치하는 등의 조치를 할 것
  ㉡ 강관의 접속부 또는 교차부는 적합한 부속철물을 사용하여 접속하거나 단단히 묶을 것
  ㉢ 교차 가새로 보강할 것
  ㉣ 외줄비계·쌍줄비계 또는 돌출비계에 대해서는 벽이음 및 버팀을 설치할 것
  ㉤ 가공전로에 근접하여 비계를 설치하는 경우에는 가공전로를 이설하거나 가공전로에 절연용 방호구를 장착하는 등 가공전로와의 접촉을 방지하기 위한 조치를 할 것
  ㉥ 강관비계의 조립간격(산업안전보건기준에 관한 규칙 별표 5)

강관비계의 종류	조립간격(단위 : m)	
	수직방향	수평방향
단관비계	5	5
틀비계(높이가 5m 미만인 것은 제외한다)	6	8

⑤ 강관비계의 구조(산업안전보건기준에 관한 규칙 제60조)
  ㉠ 비계기둥의 간격은 띠장 방향에서는 1.85m 이하, 장선 방향에서는 1.5m 이하로 할 것
  ㉡ 띠장 간격은 2.0m 이하로 할 것
  ㉢ 비계기둥의 제일 윗부분으로부터 31m되는 지점 밑부분의 비계기둥은 2개의 강관으로 묶어 세울 것
  ㉣ 비계기둥 간의 적재하중은 400kg을 초과하지 않도록 할 것

⑥ 강관틀비계(산업안전보건기준에 관한 규칙 제62조)
  ㉠ 비계기둥의 밑둥에는 밑받침 철물을 사용하여야 하며 밑받침에 고저차가 있는 경우에는 조절형 밑받침 철물을 사용하여 각각의 강관틀비계가 항상 수평 및 수직을 유지하도록 할 것

- ⓒ 높이가 20m를 초과하거나 중량물의 적재를 수반하는 작업을 할 경우에는 주틀 간의 간격을 1.8m 이하로 할 것
- ⓒ 주틀 간에 교차 가새를 설치하고 최상층 및 5층 이내마다 수평재를 설치할 것
- ⓒ 수직방향으로 6m, 수평방향으로 8m 이내마다 벽이음을 할 것
- ⓒ 길이가 띠장 방향으로 4m 이하이고 높이가 10m를 초과하는 경우에는 10m 이내마다 띠장 방향으로 버팀기둥을 설치할 것

⑦ **달비계의 구조(산업안전보건기준에 관한 규칙 제63조)**
- ㉠ 다음에 해당하는 와이어로프를 달비계에 사용해서는 안 된다.
  - 이음매가 있는 것
  - 와이어로프의 한 꼬임에서 끊어진 소선의 수가 10% 이상인 것
  - 지름의 감소가 공칭지름의 7%를 초과하는 것
  - 꼬인 것
  - 심하게 변형되거나 부식된 것
  - 열과 전기충격에 의해 손상된 것
- ㉡ 다음에 해당하는 달기 체인을 달비계에 사용해서는 안 된다.
  - 달기 체인의 길이가 달기 체인이 제조된 때의 길이의 5%를 초과한 것
  - 링의 단면지름이 달기 체인이 제조된 때의 해당 링의 지름의 10%를 초과하여 감소한 것
  - 균열이 있거나 심하게 변형된 것
- ㉢ 달기 강선 및 달기 강대는 심하게 손상·변형 또는 부식된 것을 사용하지 않도록 할 것
- ㉣ 달기 와이어로프, 달기 체인, 달기 강선, 달기 강대는 한쪽 끝을 비계의 보 등에, 다른 쪽 끝을 내민 보, 앵커볼트 또는 건축물의 보 등에 각각 풀리지 않도록 설치할 것
- ㉤ 작업발판은 폭을 40cm 이상으로 하고 틈새가 없도록 할 것
- ㉥ 작업발판의 재료는 뒤집히거나 떨어지지 않도록 비계의 보 등에 연결하거나 고정시킬 것
- ㉦ 비계가 흔들리거나 뒤집히는 것을 방지하기 위하여 비계의 보·작업발판 등에 버팀을 설치하는 등 필요한 조치를 할 것
- ㉧ 선반 비계에서는 보의 접속부 및 교차부를 철선·이음철물 등을 사용하여 확실하게 접속시키거나 단단하게 연결시킬 것
- ㉨ 근로자 추락위험 방지 조치사항
  - 달비계에 구명줄을 설치할 것
  - 근로자에게 안전대를 착용하도록 하고 근로자가 착용한 안전줄을 달비계의 구명줄에 체결하도록 할 것
  - 달비계에 안전난간을 설치할 수 있는 구조인 경우에는 달비계에 안전난간을 설치할 것

⑧ **작업의자형 달비계(산업안전보건기준에 관한 규칙 제63조)**
- ㉠ 달비계의 작업대는 나무 등 근로자의 하중을 견딜 수 있는 강도의 재료를 사용하여 견고한 구조로 제작할 것

ⓛ 작업대의 4개 모서리에 로프를 매달아 작업대가 뒤집히거나 떨어지지 않도록 연결할 것
ⓒ 작업용 섬유로프는 콘크리트에 매립된 고리, 건축물의 콘크리트 또는 철재 구조물 등 2개 이상의 견고한 고정점에 풀리지 않도록 결속할 것
ⓔ 작업용 섬유로프와 구명줄은 다른 고정점에 결속되도록 할 것
ⓜ 작업하는 근로자의 하중을 견딜 수 있을 정도의 강도를 가진 작업용 섬유로프, 구명줄 및 고정점을 사용할 것
ⓗ 근로자가 작업용 섬유로프에 작업대를 연결하여 하강하는 방법으로 작업을 하는 경우 근로자의 조종 없이는 작업대가 하강하지 않도록 할 것
ⓢ 작업용 섬유로프 또는 구명줄이 결속된 고정점의 로프는 다른 사람이 풀지 못하게 하고 작업 중임을 알리는 경고표지를 부착할 것
ⓞ 작업용 섬유로프와 구명줄이 건물이나 구조물의 끝부분, 날카로운 물체 등에 의하여 절단되거나 마모될 우려가 있는 경우에는 로프에 이를 방지할 수 있는 보호 덮개를 씌우는 등의 조치를 할 것
ⓩ 달비계에 사용해서는 안 되는 작업대 섬유로프 또는 안전대의 섬유벨트
  - 꼬임이 끊어진 것
  - 심하게 손상되거나 부식된 것
  - 2개 이상의 작업용 섬유로프 또는 섬유벨트를 연결한 것
  - 작업높이보다 길이가 짧은 것
ⓧ 근로자의 추락 방지조치
  - 달비계에 구명줄을 설치할 것
  - 근로자에게 안전대를 착용하도록 하고 근로자가 착용한 안전줄을 달비계의 구명줄에 체결하도록 할 것

⑨ **말비계(산업안전보건기준에 관한 규칙 제67조)**
ⓛ 지주부재의 하단에는 미끄럼 방지장치를 하고, 근로자가 양측 끝부분에 올라서서 작업하지 않도록 할 것
ⓒ 지주부재와 수평면의 기울기를 75° 이하로 하고, 지주부재와 지주부재 사이를 고정시키는 보조부재를 설치할 것
ⓔ 말비계의 높이가 2m를 초과하는 경우에는 작업발판의 폭을 40cm 이상으로 할 것

⑩ **이동식 비계(산업안전보건기준에 관한 규칙 제68조)**
ⓛ 이동식 비계의 바퀴에는 갑작스러운 이동 또는 전도를 방지하기 위해 브레이크·쐐기 등으로 바퀴를 고정시킨 다음 비계의 일부를 견고한 시설물에 고정하거나 아웃트리거를 설치하는 등 필요한 조치를 할 것
ⓒ 승강용 사다리는 견고하게 설치할 것
ⓔ 비계의 최상부에서 작업을 하는 경우에는 안전난간을 설치할 것
ⓜ 작업발판은 항상 수평을 유지하고 작업발판 위에서 안전난간을 딛고 작업을 하거나 받침대 또는 사다리를 사용하여 작업하지 않도록 할 것
ⓗ 작업발판의 최대 적재하중은 250kg을 초과하지 않도록 할 것

⑪ 시스템 비계의 구조(산업안전보건기준에 관한 규칙 제69조)
  ㉠ 수직재·수평재·가새재를 견고하게 연결하는 구조가 되도록 할 것
  ㉡ 비계 밑단의 수직재와 받침 철물은 밀착되도록 설치하고, 수직재와 받침 철물의 연결부의 겹침길이는 받침 철물 전체길이의 1/3 이상이 되도록 할 것
  ㉢ 수평재는 수직재와 직각으로 설치하여야 하며, 체결 후 흔들림이 없도록 견고하게 설치할 것
  ㉣ 수직재와 수직재의 연결철물은 이탈되지 않도록 견고한 구조로 할 것
  ㉤ 벽 연결재의 설치간격은 제조사가 정한 기준에 따라 설치할 것
⑫ 시스템 비계의 조립 시 준수사항(산업안전보건기준에 관한 규칙 제70조)
  ㉠ 비계 기둥의 밑둥에는 밑받침 철물을 사용하여야 하며, 밑받침에 고저차가 있는 경우에는 조절형 밑받침 철물을 사용하여 시스템 비계가 항상 수평 및 수직을 유지하도록 할 것
  ㉡ 경사진 바닥에 설치하는 경우에는 피벗형 받침 철물 또는 쐐기 등을 사용하여 밑받침 철물의 바닥면이 수평을 유지하도록 할 것
  ㉢ 가공전로에 근접하여 비계를 설치하는 경우에는 가공전로를 이설하거나 가공전로에 절연용 방호구를 설치하는 등 가공전로와의 접촉을 방지하기 위하여 필요한 조치를 할 것
  ㉣ 비계 내에서 근로자가 상하 또는 좌우로 이동하는 경우에는 반드시 지정된 통로를 이용하도록 주지시킬 것
  ㉤ 비계작업 근로자는 같은 수직면상의 위와 아래 동시 작업을 금지할 것
  ㉥ 작업발판에는 제조사가 정한 최대 적재하중을 초과하여 적재해서는 아니 되며, 최대 적재하중이 표기된 표지판을 부착하고 근로자에게 주지시키도록 할 것

제3절 | 토공사

■ 굴착작업의 안전조치 사항
  ① 굴착작업 사전조사 등(산업안전보건기준에 관한 규칙 제338조)
    ㉠ 작업장소 및 그 주변의 부석·균열의 유무
    ㉡ 함수·용수 및 동결의 유무 또는 상태의 변화
  ② 굴착면의 기울기 기준(산업안전보건기준에 관한 규칙 별표 11)

지반의 종류	굴착면의 기울기
모래	1 : 1.8
연암 및 풍화암	1 : 1.0
경암	1 : 0.5
그 밖의 흙	1 : 1.2

③ 굴착면의 붕괴 등에 의한 위험방지(산업안전보건기준에 관한 규칙 제339조~제340조)
  ㉠ 지반 등을 굴착하는 경우 굴착면의 기울기를 기준에 맞도록 해야 한다.
  ㉡ 비가 올 경우를 대비하여 측구를 설치하거나 굴착경사면에 비닐을 덮는 등 붕괴재해를 예방하기 위하여 필요한 조치를 해야 한다.
  ㉢ 토사 등의 붕괴 또는 낙하에 의하여 근로자에게 위험을 미칠 우려가 있는 경우에는 미리 흙막이 지보공의 설치, 방호망의 설치 및 근로자의 출입금지 등의 조치를 해야 한다.
④ 굴착기계 등에 의한 위험방지(산업안전보건기준에 관한 규칙 제342조)
  ㉠ 굴착기계 등의 사용으로 가스도관, 지중전선로, 그 밖에 지하에 위치한 공작물이 파손되어 그 결과 근로자가 위험해질 우려가 있는 경우에는 그 기계를 사용한 굴착작업을 중지할 것
  ㉡ 굴착기계 등의 운행경로 및 토석 적재장소의 출입방법을 정하여 관계 근로자에게 주지시킬 것

■ 붕괴재해 예방대책
① 토사 등에 의한 위험 방지(산업안전보건기준에 관한 규칙 제50조)
  ㉠ 지반은 안전한 경사로 하고 낙하의 위험이 있는 토석을 제거하거나 옹벽, 흙막이 지보공 등을 설치할 것
  ㉡ 토사 등의 붕괴 또는 낙하 원인이 되는 빗물이나 지하수 등을 배제할 것
  ㉢ 갱내의 낙반·측벽 붕괴의 위험이 있는 경우에는 지보공을 설치하고 부석을 제거하는 등 필요한 조치를 할 것
② 구축물 등의 안전 유지(산업안전보건기준에 관한 규칙 제51조)
  구축물 등이 고정하중, 적재하중, 시공·해체작업 중 발생하는 하중, 적설, 풍압, 지진이나 진동 및 충격 등에 의하여 전도·폭발하거나 무너지는 등의 위험을 예방하기 위하여 설계도면, 시방서, 구조설계도서, 해체계획서 등 설계도서를 준수하여 필요한 조치를 해야 한다.
③ 구축물 등의 안전성 평가(산업안전보건기준에 관한 규칙 제52조)
  ㉠ 구축물 등의 인근에서 굴착·항타작업 등으로 침하·균열 등이 발생하여 붕괴의 위험이 예상될 경우
  ㉡ 구축물 등에 지진, 동해, 부동침하 등으로 균열·비틀림 등이 발생했을 경우
  ㉢ 구축물 등이 그 자체의 무게·적설·풍압 또는 그 밖에 부가되는 하중 등으로 붕괴 등의 위험이 있을 경우
  ㉣ 화재 등으로 구축물 등의 내력이 심하게 저하됐을 경우
  ㉤ 오랜 기간 사용하지 않던 구축물 등을 재사용하게 되어 안전성을 검토해야 하는 경우
  ㉥ 구축물 등의 주요구조부에 대한 설계 및 시공방법의 전부 또는 일부를 변경하는 경우
  ㉦ 그 밖의 잠재위험이 예상될 경우

제4절 | 구조물 공사

■ 철근공사의 안전

① 철근가공 시 준수사항(콘크리트공사표준안전작업지침 제11조)
  ㉠ 철근가공 작업장 주위는 작업책임자가 상주하여야 하고 정리정돈되어 있어야 하며, 작업원 이외는 출입을 금지하여야 한다.
  ㉡ 가공 작업자는 안전모 및 안전보호장구를 착용하여야 한다.
  ㉢ 해머 절단 시 준수사항
    • 해머 자루는 금이 가거나 쪼개진 부분은 없는가 확인하고 사용 중 해머가 빠지지 아니하도록 튼튼하게 조립되어야 한다.
    • 해머부분이 마모되어 있거나, 훼손되어 있는 것을 사용하여서는 아니 된다.
    • 무리한 자세로 절단을 하여서는 아니 된다.
    • 절단기의 절단 날은 마모되어 미끄러질 우려가 있는 것을 사용하여서는 아니 된다.
  ㉣ 가스절단 시 준수사항
    • 가스절단 및 용접자는 해당자격 소지자라야 하며, 작업 중에는 보호구를 착용하여야 한다.
    • 가스절단작업 시 호스는 겹치거나 구부러지거나 또는 밟히지 않도록 하고 전선의 경우에는 피복이 손상되어 있는지를 확인하여야 한다.
    • 호스, 전선 등은 다른 작업장을 거치지 않는 직선상의 배선이어야 하며, 길이가 짧아야 한다.
    • 작업장에서 가연성 물질에 인접하여 용접작업할 때에는 소화기를 비치하여야 한다.
  ㉤ 철근을 가공할 때에는 가공작업 고정틀에 정확한 접합을 확인하여야 하며 탄성에 의한 스프링 작용으로 발생되는 재해를 막아야 한다.
  ㉥ 아크(arc) 용접의 경우 배전판 또는 스위치는 용이하게 조작할 수 있는 곳에 설치하여야 하며, 접지 상태를 항상 확인하여야 한다.

② 운반 시 준수사항(콘크리트공사표준안전작업지침 제12조)
  ㉠ 인력 운반 시 준수사항
    • 1인당 무게는 25kg 정도가 적절하며, 무리한 운반을 삼가하여야 한다.
    • 2인 이상이 1조가 되어 어깨메기로 하여 운반하는 등 안전을 도모하여야 한다.
    • 긴 철근을 부득이 한 사람이 운반할 때에는 한쪽을 어깨에 메고 한쪽 끝을 끌면서 운반하여야 한다.
    • 운반할 때에는 양 끝을 묶어 운반하여야 한다.
    • 내려놓을 때는 천천히 내려놓고 던지지 않아야 한다.
    • 공동 작업을 할 때에는 신호에 따라 작업을 하여야 한다.
  ㉡ 기계 운반 시 준수사항
    • 운반작업 시에는 작업 책임자를 배치하여 수신호 또는 표준신호 방법에 의하여 시행한다.
    • 달아 올릴 때에는 로프와 기구의 허용하중을 검토하여 과다하게 달아 올리지 않아야 한다.

- 비계나 거푸집 등에 대량의 철근을 걸쳐 놓거나 얹어 놓아서는 안 된다.
- 달아 올리는 부근에는 관계근로자 이외 사람의 출입을 금지시켜야 한다.
- 권양기의 운전자는 현장책임자가 지정하는 자가 하여야 한다.

▌거푸집 공사의 안전

① 하중(콘크리트공사표준안전작업지침 제4조)
- ㉠ 연직방향 하중 : 거푸집, 지보공(동바리), 콘크리트, 철근, 작업원, 타설용 기계·기구, 가설설비 등의 중량 및 충격하중
- ㉡ 횡방향 하중 : 작업할 때의 진동, 충격, 시공오차 등에 기인되는 횡방향 하중 이외에 필요에 따라 풍압, 유수압, 지진 등
- ㉢ 콘크리트의 측압 : 굳지 않은 콘크리트의 측압
- ㉣ 특수하중 : 시공 중에 예상되는 특수한 하중
- ㉤ 상기 ㉠~㉣의 하중에 안전율을 고려한 하중

② 거푸집 조립 시 준수사항(콘크리트공사표준안전작업지침 제6조)
- ㉠ 조립 등의 작업 시 준수사항
  - 거푸집 지보공을 조립할 때에는 안전담당자를 배치하여야 한다.
  - 거푸집의 운반, 설치작업에 필요한 작업장 내의 통로 및 비계가 충분한가를 확인하여야 한다.
  - 재료, 기구, 공구를 올리거나 내릴 때에는 달줄, 달포대 등을 사용하여야 한다.
  - 강풍, 폭우, 폭설 등의 악천후에는 작업을 중지시켜야 한다.
  - 작업장 주위에는 작업원 이외의 통행을 제한하고 슬래브 거푸집을 조립할 때에는 많은 인원이 한곳에 집중되지 않도록 하여야 한다.
  - 사다리 또는 이동식 틀비계를 사용하여 작업할 때에는 항상 보조원을 대기시켜야 한다.
  - 거푸집을 현장에서 제작할 때는 별도의 작업장에서 제작하여야 한다.
- ㉡ 강관지주(동바리) 조립 시 준수사항
  - 거푸집이 곡면일 경우에는 버팀대의 부착 등 당해 거푸집의 변형 방지조치를 하여야 한다.
  - 지주의 침하를 방지하고 각부가 활동하지 아니하도록 견고하게 하여야 한다.
  - 강재와 강재와의 접속부 및 교차부는 볼트, 클램프 등의 철물로 정확하게 연결하여야 한다.
  - 강관 지주는 3본 이상 이어서 사용하지 아니하여야 한다.
  - 높이가 3.6m 이상의 경우에는 높이 1.8m 이내마다 수평 연결재를 2개 방향으로 설치하고 수평 연결재의 변위가 일어나지 않도록 이음 부분은 견고하게 연결하여 좌굴을 방지하여야 한다.
  - 지보공 하부의 받침판 또는 받침목은 2단 이상 삽입하지 아니하도록 하고, 작업인원의 보행에 지장이 없어야 하며, 이탈되지 않도록 고정시켜야 한다.

ⓒ 강관틀비계를 지보공(동바리)으로 사용할 때의 준수사항
- 강관틀비계를 지보공(동바리)으로 사용할 때에는 교차 가새를 설치해야 한다.
- 최상층 및 5층 이내마다 거푸집 지보공의 측면과 틀면 방향 및 교차 가새의 방향에서 5개 틀 이내마다 수평 연결재를 설치하고, 수평 연결재의 변위를 방지하여야 한다.
- 강관틀비계를 지주(동바리)로 사용할 때에는 상단의 강재에 단판을 부착시켜 이것을 보 또는 작은 보에 고정시켜야 한다.
- 높이가 4m를 초과할 때에는 4m 이내마다 수평 연결재를 2개 방향으로 설치하고 수평방향의 변위를 방지하여야 한다.

③ **점검사항(콘크리트공사표준안전작업지침 제7조)**
　　㉠ 거푸집 점검사항
- 직접 거푸집을 제작, 조립한 책임자가 검사
- 기초 거푸집을 검사할 때에는 터파기 폭
- 거푸집의 형상 및 위치 등 정확한 조립 상태
- 거푸집에 못이 돌출되어 있거나 날카로운 것이 돌출되어 있을 시에는 제거

　　㉡ 지주(동바리) 점검사항
- 지주를 지반에 설치할 때에는 받침 철물 또는 받침목 등을 설치하여 부동침하 방지조치
- 강관지주(동바리) 사용 시 접속부 나사 등의 손상 상태
- 이동식 틀비계를 지보공(동바리) 대용으로 사용할 때에는 바퀴의 제동장치

　　ⓒ 콘크리트 타설 시 점검사항
- 콘크리트를 타설할 때 거푸집의 부상 및 이동 방지조치
- 건물의 보, 요철부분, 내민부분의 조립 상태 및 콘크리트 타설 시 이탈방지장치
- 청소구의 유무 확인 및 콘크리트 타설 시 청소구 폐쇄 조치
- 거푸집의 흔들림을 방지하기 위한 턴 버클, 가새 등의 필요한 조치

④ **거푸집 해체작업 시 준수사항(콘크리트공사표준안전작업지침 제9조)**
　　㉠ 거푸집 및 지보공(동바리)의 해체는 순서에 의하여 실시하여야 하며 안전담당자를 배치하여야 한다.
　　㉡ 거푸집 및 지보공(동바리)는 콘크리트 자중 및 시공 중에 가해지는 기타 하중에 충분히 견딜만한 강도를 가질 때까지는 해체하지 아니하여야 한다.
　　ⓒ 거푸집을 해체할 때에는 다음에서 정하는 사항을 유념하여 작업하여야 한다.
- 해체작업을 할 때에는 안전모 등 안전 보호장구를 착용토록 하여야 한다.
- 거푸집 해체작업장 주위에는 관계자를 제외하고는 출입을 금지시켜야 한다.
- 상하 동시 작업은 원칙적으로 금지하여 부득이한 경우에는 긴밀히 연락을 취하며 작업을 하여야 한다.
- 거푸집 해체 때 구조체에 무리한 충격이나 큰 힘에 의한 지렛대 사용은 금지하여야 한다.
- 보 또는 슬래브 거푸집을 제거할 때에는 거푸집의 낙하 충격으로 인한 작업원의 돌발적 재해를 방지하여야 한다.

- 해체된 거푸집이나 각목 등에 박혀있는 못 또는 날카로운 돌출물은 즉시 제거하여야 한다.
- 해체된 거푸집이나 각목은 재사용 가능한 것과 보수하여야 할 것을 선별, 분리하여 적치하고 정리정돈을 하여야 한다.

■ 콘크리트 공사의 안전

① **콘크리트의 타설작업 시 준수사항**(산업안전보건기준에 관한 규칙 제334조)
   ㉠ 당일의 작업을 시작하기 전에 해당 작업에 관한 거푸집 및 동바리의 변형·변위 및 지반의 침하 유무 등을 점검하고 이상이 있으면 보수할 것
   ㉡ 작업 중에는 감시자를 배치하는 등의 방법으로 거푸집 및 동바리의 변형·변위 및 침하 유무 등을 확인해야 하며, 이상이 있으면 작업을 중지하고 근로자를 대피시킬 것
   ㉢ 콘크리트 타설작업 시 거푸집 붕괴의 위험이 발생할 우려가 있으면 충분한 보강조치를 할 것
   ㉣ 설계도서상의 콘크리트 양생기간을 준수하여 거푸집 및 동바리를 해체할 것
   ㉤ 콘크리트를 타설하는 경우에는 편심이 발생하지 않도록 골고루 분산하여 타설할 것

② **콘크리트 타설장비 사용 시의 준수사항**(산업안전보건기준에 관한 규칙 제335조)
   ㉠ 작업을 시작하기 전에 콘크리트 타설장비(콘크리트 플레이싱 붐, 콘크리트 분배기, 콘크리트 펌프카 등)를 점검하고 이상을 발견하였으면 즉시 보수할 것
   ㉡ 건축물의 난간 등에서 작업하는 근로자가 호스의 요동·선회로 인하여 추락하는 위험을 방지하기 위하여 안전난간 설치 등 필요한 조치를 할 것
   ㉢ 콘크리트 타설장비의 붐을 조정하는 경우에는 주변의 전선 등에 의한 위험을 예방하기 위한 적절한 조치를 할 것
   ㉣ 작업 중에 지반의 침하나 아웃트리거 등 콘크리트 타설장비 지지구조물의 손상 등에 의하여 콘크리트 타설장비가 넘어질 우려가 있는 경우에는 이를 방지하기 위한 적절한 조치를 할 것

■ 철골공사의 안전

① **승강로의 설치**(산업안전보건기준에 관한 규칙 제381조)
   수직방향으로 이동하는 철골부재에는 답단 간격이 30cm 이내인 고정된 승강로를 설치하여야 하며, 수평방향 철골과 수직방향 철골이 연결되는 부분에는 연결작업을 위하여 작업발판 등을 설치하여야 한다.

② **철골공사 작업 중지 기준**(산업안전보건기준에 관한 규칙 제383조)
   ㉠ 풍속이 초당 10m 이상인 경우
   ㉡ 강우량이 시간당 1mm 이상인 경우
   ㉢ 강설량이 시간당 1cm 이상인 경우

제5절 | 사고형태별 안전

■ 떨어짐 재해에 관한 안전

① 추락의 방지(산업안전보건기준에 관한 규칙 제42조)
  ㉠ 사업주는 근로자가 추락하거나 넘어질 위험이 있는 장소 또는 기계·설비·선박블록 등에서 작업을 할 때에 근로자가 위험해질 우려가 있는 경우 비계를 조립하는 등의 방법으로 작업발판을 설치하여야 한다.
  ㉡ 사업주는 작업발판을 설치하기 곤란한 경우 추락방호망을 설치해야 한다. 다만, 추락방호망을 설치하기 곤란한 경우에는 근로자에게 안전대를 착용하도록 하는 등 추락위험을 방지하기 위해 필요한 조치를 해야 한다.

② 추락방호망의 설치기준(산업안전보건기준에 관한 규칙 제42조)
  ㉠ 추락방호망의 설치위치는 가능하면 작업면으로부터 가까운 지점에 설치하여야 하며, 작업면으로부터 망의 설치지점까지의 수직거리는 10m를 초과하지 아니할 것
  ㉡ 추락방호망은 수평으로 설치하고, 망의 처짐은 짧은 변 길이의 12% 이상이 되도록 할 것
  ㉢ 건축물 등의 바깥쪽으로 설치하는 경우 추락방호망의 내민 길이는 벽면으로부터 3m 이상 되도록 할 것

③ 개구부 등의 방호 조치(산업안전보건기준에 관한 규칙 제43조)
  ㉠ 작업발판 및 통로의 끝이나 개구부로서 근로자가 추락할 위험이 있는 장소에 안전난간, 울타리, 수직형 추락방망, 덮개 등의 방호 조치를 충분한 강도를 가진 구조로 설치하여야 한다.
  ㉡ 덮개 설치 시 뒤집히거나 떨어지지 않도록 설치하여야 한다. 이 경우 어두운 장소에서도 알아볼 수 있도록 개구부임을 표시해야 한다.
  ㉢ 수직형 추락방망은 한국산업표준에서 정하는 성능기준에 적합한 것을 사용해야 한다.
  ㉣ 난간 등을 설치하는 것이 매우 곤란하거나 작업의 필요상 임시로 난간 등을 해체하여야 하는 경우 추락방호망을 설치하여야 한다.

④ 안전대의 부착설비(산업안전보건기준에 관한 규칙 제44조)
  ㉠ 추락할 위험이 있는 높이 2m 이상의 장소에서 근로자에게 안전대를 착용시킨 경우 안전대를 안전하게 걸어 사용할 수 있는 설비 등을 설치하여야 한다.
  ㉡ 안전대 부착설비로 지지로프 등을 설치하는 경우에는 처지거나 풀리는 것을 방지하기 위하여 필요한 조치를 하여야 한다.
  ㉢ 안전대 및 부속설비의 이상 유무를 작업을 시작하기 전에 점검하여야 한다.

⑤ 지붕 위에서의 위험 방지(산업안전보건기준에 관한 규칙 제45조)
  ㉠ 지붕의 가장자리에 안전난간을 설치할 것
  ㉡ 채광창(skylight)에는 견고한 구조의 덮개를 설치할 것
  ㉢ 슬레이트 등 강도가 약한 재료로 덮은 지붕에는 폭 30cm 이상의 발판을 설치할 것

⑥ 울타리의 설치(산업안전보건기준에 관한 규칙 제48조)

근로자에게 작업 중 또는 통행 시 굴러 떨어짐으로 인하여 근로자가 화상·질식 등의 위험에 처할 우려가 있는 케틀(kettle, 가열 용기), 호퍼(hopper, 깔때기 모양의 출입구가 있는 큰 통), 피트(pit, 구덩이) 등이 있는 경우에 그 위험을 방지하기 위하여 필요한 장소에 높이 90cm 이상의 울타리를 설치하여야 한다.

■ 낙하물 재해에 관한 안전

① 낙하물에 의한 위험의 방지(산업안전보건기준에 관한 규칙 제14조)
  ㉠ 작업장 바닥, 도로 및 통로 등에서 낙하물이 근로자에게 위험을 미칠 우려가 있는 경우 보호망을 설치하는 등 필요한 조치를 하여야 한다.
  ㉡ 작업으로 인하여 물체가 떨어지거나 날아올 위험이 있는 경우 낙하물 방지망, 수직보호망 또는 방호선반의 설치, 출입금지 구역의 설정, 보호구의 착용 등 위험 방지조치를 하여야 한다.
  ㉢ 낙하물 방지망 또는 방호선반을 설치하는 경우에는 다음 사항을 준수하여야 한다.
    • 높이 10m 이내마다 설치할 것
    • 내민 길이는 벽면으로부터 2m 이상으로 할 것
    • 수평면과의 각도는 20° 이상 30° 이하를 유지할 것

■ 토사 및 토석 붕괴 재해에 관한 안전

① 토사 등에 의한 위험 방지(산업안전보건기준에 관한 규칙 제50조)
  ㉠ 지반은 안전한 경사로 하고 낙하 위험이 있는 토석을 제거하거나 옹벽, 흙막이 지보공 등을 설치할 것
  ㉡ 토사 등의 붕괴 또는 낙하 원인이 되는 빗물이나 지하수 등을 배제할 것
  ㉢ 갱내의 낙반·측벽 붕괴 위험이 있는 경우에는 지보공을 설치하고 부석을 제거하는 등 필요한 조치를 할 것

■ 교량작업 시 재해에 관한 안전

① 작업 시 준수사항(산업안전보건기준에 관한 규칙 제369조)
  ㉠ 작업을 하는 구역에는 관계 근로자가 아닌 사람의 출입을 금지할 것
  ㉡ 재료, 기구 또는 공구 등을 올리거나 내릴 경우 근로자로 하여금 달줄, 달포대 등을 사용하도록 할 것
  ㉢ 중량물 부재를 크레인 등으로 인양하는 경우 부재에 인양용 고리를 설치하고, 인양용 로프는 부재에 두 군데 이상 결속하여 인양하고 중량물이 안전하게 거치되기 전까지는 걸이로프를 해제시키지 아니할 것
  ㉣ 자재나 부재의 낙하·전도 또는 붕괴 등의 위험이 있을 경우 출입금지 구역의 설정, 자재 또는 가설시설의 좌굴 또는 변형 방지를 위한 보강재 부착 등의 조치를 할 것

■ 채석작업 시 재해에 관한 안전
  ① 지반 붕괴 등의 위험방지(산업안전보건기준에 관한 규칙 제370조)
    ㉠ 점검자를 지명하고 당일 작업 시작 전에 작업장소 및 그 주변 지반의 부석과 균열의 유무와 상태, 함수·용수 및 동결 상태의 변화를 점검할 것
    ㉡ 점검자는 발파 후 그 발파 장소와 그 주변의 부석 및 균열의 유무와 상태를 점검할 것
  ② 붕괴 등에 의한 위험 방지(산업안전보건기준에 관한 규칙 제372조~제373조)
    ㉠ 채석작업(갱내에서의 작업은 제외한다)을 하는 경우에 붕괴 또는 낙하에 의하여 근로자를 위험하게 할 우려가 있는 토석·입목 등을 미리 제거하거나 방호망을 설치하는 등 위험을 방지하기 위하여 필요한 조치를 하여야 한다.
    ㉡ 갱내에서 채석작업을 하는 경우로서 토사 등의 낙하 또는 측벽의 붕괴로 인하여 근로자에게 위험이 발생할 우려가 있는 경우에 동바리 또는 버팀대를 설치한 후 천장을 아치형으로 하는 등 그 위험을 방지하기 위한 조치를 해야 한다.

■ 잠함 내 작업 시 재해에 대한 안전
  ① 급격한 침하로 인한 위험 방지(산업안전보건기준에 관한 규칙 제376조)
    ㉠ 침하관계도에 따라 굴착방법 및 재하량 등을 정할 것
    ㉡ 바닥으로부터 천장 또는 보까지의 높이는 1.8m 이상으로 할 것
  ② 잠함 등 내부에서의 작업(산업안전보건기준에 관한 규칙 제377조)
    ㉠ 산소 결핍 우려가 있는 경우에는 산소의 농도를 측정하는 사람을 지명하여 측정하도록 할 것
    ㉡ 근로자가 안전하게 오르내리기 위한 설비를 설치할 것
    ㉢ 굴착 깊이가 20m를 초과하는 경우에는 해당 작업장소와 외부와의 연락을 위한 통신설비 등을 설치할 것
    ㉣ 측정 결과 산소 결핍이 인정되거나 굴착 깊이가 20m를 초과하는 경우에는 송기를 위한 설비를 설치하여 필요한 양의 공기를 공급할 것
  ③ 작업의 금지(산업안전보건기준에 관한 규칙 제378조)
    ㉠ 설비에 고장이 있는 경우
    ㉡ 잠함 등의 내부에 많은 양의 물 등이 스며들 우려가 있는 경우

03 안전기준

제1절 | 건설안전 관련 법규

■ 산업안전보건관리비(건설업 산업안전보건관리비 계상 및 사용기준)
① 정의(건설업 산업안전보건관리비 계상 및 사용기준 제2조)
  ㉠ 건설업 산업안전보건관리비 : 산업재해 예방을 위하여 건설공사 현장에서 직접 사용되거나 해당 건설업체의 본사에 설치된 안전전담부서에서 법령에 규정된 사항을 이행하는 데 소요되는 비용
  ㉡ 산업안전보건관리비 대상액 : 공사원가계산서 구성항목 중 직접재료비, 간접재료비와 직접노무비를 합한 금액(발주자가 재료를 제공할 경우에는 해당 재료비 포함)
  ㉢ 건설공사발주자 : 건설공사를 도급하는 자로서 건설공사의 시공을 주도하여 총괄·관리하지 아니하는 자(도급받은 건설공사를 다시 도급하는 자 제외)
  ㉣ 건설공사도급인 : 발주자에게 건설공사를 도급받은 사업주로서 건설공사의 시공을 주도하여 총괄·관리하는 자
  ㉤ 자기공사자 : 건설공사의 시공을 주도하여 총괄·관리하는 자(발주자로부터 건설공사를 최초로 도급받은 수급인 제외)
  ㉥ 감리자
    • 건설기술진흥법에 따른 감리 업무를 수행하는 자
    • 건축법에 따른 공사감리자
    • 문화재수리 등에 따른 문화재감리원
    • 소방시설공사업법에 따른 감리원
    • 전력기술관리법에 따른 감리원
    • 정보통신공사업법에 따른 감리원
② 계상의무 및 기준(건설업 산업안전보건관리비 계상 및 사용기준 제4조)
  ㉠ 발주자가 도급계약 체결을 위한 원가계산에 의한 예정가격을 작성하거나, 자기공사자가 건설공사 사업계획을 수립할 때에는 다음에 따라 산정한 금액 이상의 산업안전보건관리비를 계상하여야 한다. 다만, 발주자가 재료를 제공하거나 일부 물품이 완제품의 형태로 제작·납품되는 경우에는 해당 재료비 또는 완제품 가액을 대상액에 포함하여 산출한 산업안전보건관리비와 해당 재료비 또는 완제품 가액을 대상액에서 제외하고 산출한 산업안전보건관리비의 1.2배에 해당하는 값을 비교하여 그 중 작은 값 이상의 금액으로 계상한다.
    ⓐ 대상액이 5억원 미만 또는 50억원 이상인 경우 : 대상액에 별표 1(57쪽 ㉡ 공사종류 및 규모별 산업안전보건관리비 계상기준표)에서 정한 비율을 곱한 금액

ⓑ 대상액이 5억원 이상 50억원 미만인 경우 : 대상액에 별표 1에서 정한 비율을 곱한 금액에 기초액을 합한 금액
ⓒ 대상액이 명확하지 않은 경우 : 도급계약 또는 자체사업계획상 책정된 총공사금액의 7/10에 해당하는 금액을 대상액으로 하고 ⓐ 및 ⓑ에서 정한 기준에 따라 계상
ⓛ 공사종류 및 규모별 산업안전보건관리비 계상기준표(건설업 산업안전보건관리비 계상 및 사용기준 별표 1)

구분 공사 종류	대상액 5억원 미만인 경우 적용비율(%)	대상액 5억원 이상 50억원 미만인 경우		대상액 50억원 이상인 경우 적용비율(%)	영 별표 5에 따른 보건관리자 선임 대상 건설공사의 적용비율(%)
		적용비율(%)	기초액		
건축공사	3.11%	2.28%	4,325,000원	2.37%	2.64%
토목공사	3.15%	2.53%	3,300,000원	2.60%	2.73%
중건설공사	3.64%	3.05%	2,975,000원	3.11%	3.39%
특수건설공사	2.07%	1.59%	2,450,000원	1.64%	1.78%

ⓒ 건설공사의 종류 예시표(건설업 산업안전보건관리비 계상 및 사용기준 별표 5)

공사 종류	내용 예시
건축공사	• 종합적인 계획, 관리 및 조정에 따라 토지에 정착하는 공작물 중 지붕과 기둥(또는 벽)이 있는 것과 이에 부수되는 시설물을 건설하는 공사 및 이와 함께 부대하여 현장 내에서 행하는 공사 • 건설산업기본법 시행령에 따른 전문공사로서 건축물과 관련하여 분리하여 발주되었고 시간적·장소적으로도 독립하여 행하는 공사
토목공사	• 종합적인 계획·관리 및 조정에 따라 토목 공작물을 설치하거나 토지를 조성·개량하는 공사(도로·항만·교량·철도·지하철·공항·관개수로·발전(전기공사는 제외한다)·댐·하천 등의 건설, 택지조성 등 부지조성공사, 간척·매립공사 등) • 종합적인 계획, 관리 및 조정에 따라 산업의 생산시설, 환경오염을 예방·제거 재활용하기 위한 시설, 에너지 등의 생산·저장·공급시설 등의 건설공사 및 이와 함께 부대하여 현장 내에서 행하는 공사(제철·석유화학공장 등 산업생산시설공사, 환경시설공사(소각장, 수처리설비, 환경오염방지시설, 하수처리시설, 공공폐수처리시설, 중수도, 하·폐수처리수 재이용시설 등의 공사를 말한다), 발전소설비공사 등) • 건설산업기본법 시행령에 따른 전문공사로서 건축공사 외의 시설물과 관련하여 분리하여 발주되었고 시간적·장소적으로도 독립하여 행하는 공사
중건설공사	토목공사 중 다음과 같은 공사 및 이와 함께 부대하여 현장 내에서 행하는 공사 • 고제방 댐 공사 등 : 댐 신설공사, 제방신설공사와 관련한 제반시설공사 • 화력, 수력, 원자력, 열병합 발전시설 등 설치공사 : 화력, 수력, 원자력, 열병합 발전시설과 관련된 신설공사 및 제반시설공사 • 터널신설공사 등 : 도로, 철도, 지하철 공사로서 터널, 교량, 토공사 등이 포함된 복합시설물로 구성된 공사에 있어 터널 공사비 비중이 가장 큰 비중을 차지하는 건설공사

③ 사용기준(건설업 산업안전보건관리비 계상 및 사용기준 제7조)
  ㉠ 안전관리자·보건관리자의 임금 등
    • 안전관리 또는 보건관리 업무만을 전담하는 안전관리자 또는 보건관리자의 임금과 출장비 전액
    • 안전관리 또는 보건관리 업무를 전담하지 않는 안전관리자 또는 보건관리자의 임금과 출장비의 각각 1/2에 해당하는 비용

- 안전관리자를 선임한 건설공사 현장에서 산업재해 예방 업무만을 수행하는 작업지휘자, 유도자, 신호자 등의 임금 전액
- 해당 작업을 직접 지휘·감독하는 직·조·반장 등 관리감독자의 직위에 있는 자가 법령에서 정하는 업무를 수행하는 경우에 지급하는 업무수당(임금의 1/10 이내)

ⓒ 안전시설비 등
- 산업재해 예방을 위한 안전난간, 추락방호망, 안전대 부착설비, 방호장치(기계·기구와 방호장치가 일체로 제작된 경우, 방호장치 부분의 가액에 한함) 등 안전시설의 구입·임대 및 설치 등을 위해 소요되는 비용
- 스마트안전장비 지원사업 및 스마트 안전장비 구입·임대 비용. 다만, 총액의 2/10을 초과할 수 없다.
- 용접 작업 등 화재 위험작업 시 사용하는 소화기의 구입·임대비용

ⓒ 보호구 등
- 보호구의 구입·수리·관리 등에 소요되는 비용
- 근로자가 보호구를 직접 구매·사용하여 합리적인 범위 내에서 보전하는 비용
- 안전관리자 등의 업무용 피복, 기기 등을 구입하기 위한 비용
- 안전관리자 및 보건관리자가 안전보건 점검 등을 목적으로 건설공사 현장에서 사용하는 차량의 유류비·수리비·보험료

ⓔ 안전보건진단비 등
- 유해·위험방지계획서의 작성 등에 소요되는 비용
- 안전보건진단에 소요되는 비용
- 작업환경 측정에 소요되는 비용
- 산업재해예방을 위해 법에서 지정한 전문기관 등에서 실시하는 진단, 검사, 지도 등에 소요되는 비용

ⓜ 안전보건교육비 등
- 의무교육이나 이에 준하여 실시하는 교육을 위해 건설공사 현장의 교육 장소 설치·운영 등에 소요되는 비용
- 산업재해 예방이 주된 목적인 교육을 실시하기 위해 소요되는 비용
- 안전보건교육 대상자 등에게 구조 및 응급처치에 관한 교육을 실시하기 위해 소요되는 비용
- 안전보건관리책임자, 안전관리자, 보건관리자가 업무수행을 위해 필요한 정보를 취득하기 위한 목적으로 도서, 정기간행물을 구입하는 데 소요되는 비용
- 건설공사 현장에서 안전기원제 등 산업재해 예방을 기원하는 행사를 개최하기 위해 소요되는 비용
- 건설공사 현장의 유해·위험요인을 제보하거나 개선방안을 제안한 근로자를 격려하기 위해 지급하는 비용

ⓑ 근로자 건강장해예방비 등
- 법·영·규칙에서 규정하거나 그에 준하여 필요로 하는 각종 근로자의 건강장해 예방에 필요한 비용
- 중대재해 목격으로 발생한 정신질환을 치료하기 위해 소요되는 비용
- 감염병의 확산 방지를 위한 마스크, 손소독제, 체온계 구입비용 및 감염병병원체 검사를 위해 소요되는 비용
- 휴게시설을 갖춘 경우 온도, 조명 설치·관리기준을 준수하기 위해 소요되는 비용
- 건설공사 현장에서 근로자 심폐소생을 위해 사용되는 자동심장충격기(AED) 구입에 소요되는 비용
- 온열·한랭 질환으로부터 근로자 건강장해를 예방하기 위한 임시 휴게시설 설치·해체·임대 비용 및 냉·난방기기의 임대 비용

ⓢ 건설재해예방전문 지도기관의 지도에 대한 대가로 자기공사자가 지급하는 비용

ⓞ 공시된 시공능력의 순위가 상위 200위 이내인 건설사업자가 아닌 자가 운영하는 사업에서 안전보건 업무를 총괄·관리하는 3명 이상으로 구성된 본사 전담조직에 소속된 근로자의 임금 및 업무수행 출장비 전액. 다만, 총액의 1/20을 초과할 수 없다.

ⓩ 위험성평가 또는 유해·위험요인 개선을 위해 필요하다고 판단하여 산업안전보건위원회 또는 노사협의 체에서 사용하기로 결정한 사항을 이행하기 위한 비용(산업안전보건위원회 또는 노사협의체가 없는 현장의 경우에는 안전 및 보건에 관한 협의체에서 결정한 사항을 이행하기 위한 비용). 다만, 총액의 15/100를 초과할 수 없다.

> ※ 산업안전보건관리비 사용불가 항목
> - (계약예규)예정가격작성기준에 따른 경비에 해당되는 비용
> - 다른 법령에서 의무사항으로 규정한 사항을 이행하는 데 필요한 비용
> - 근로자 재해예방 외의 목적이 있는 시설·장비나 물건 등을 사용하기 위해 소요되는 비용
> - 환경관리, 민원 또는 수방대비 등 다른 목적이 포함된 경우

▌위험성평가

① **위험성평가의 방법(사업장 위험성평가에 관한 지침 제7조)**
  ㉠ 안전보건관리책임자 등 해당 사업장에서 사업의 실시를 총괄 관리하는 사람에게 위험성평가의 실시를 총괄 관리하게 할 것
  ㉡ 사업장의 안전관리자, 보건관리자 등이 위험성평가의 실시에 관하여 안전보건관리책임자를 보좌하고 지도·조언하게 할 것
  ㉢ 유해·위험요인을 파악하고 그 결과에 따른 개선조치를 시행할 것
  ㉣ 기계·기구, 설비 등과 관련된 위험성평가에는 해당 기계·기구, 설비 등에 전문 지식을 갖춘 사람을 참여하게 할 것
  ㉤ 안전·보건관리자의 선임의무가 없는 경우에는 업무를 수행할 사람을 지정하는 등 그 밖에 위험성평가를 위한 체제를 구축할 것

ⓗ 사업주가 다음의 어느 하나에 해당하는 제도를 이행한 경우에는 그 부분에 대하여 이 고시에 따른 위험성 평가를 실시한 것으로 본다.
　　　• 위험성평가 방법을 적용한 안전·보건진단(산업안전보건법 제47조)
　　　• 공정안전보고서(산업안전보건법 제44조). 다만, 공정안전보고서의 내용 중 공정위험성 평가서가 최대 4년 범위 이내에서 정기적으로 작성된 경우에 한한다.
　　　• 근골격계부담작업 유해요인조사(산업안전보건기준에 관한 규칙 제657조~제662조)
　　ⓢ 사업장의 규모와 특성 등을 고려하여 다음의 위험성평가 방법 중 한 가지 이상을 선정하여 위험성평가를 실시할 수 있다.
　　　• 위험 가능성과 중대성을 조합한 빈도·강도법
　　　• 체크리스트(checklist)법
　　　• 위험성 수준 3단계(저·중·고) 판단법
　　　• 핵심요인 기술(one point sheet)법

② **위험성평가의 절차(사업장 위험성평가에 관한 지침 제8조)**
　　㉠ 사전준비
　　㉡ 유해·위험요인 파악
　　㉢ 위험성 결정
　　㉣ 위험성 감소대책 수립 및 실행
　　㉤ 위험성평가 실시내용 및 결과에 관한 기록 및 보존

③ **위험성평가의 실시시기(사업장 위험성평가에 관한 지침 제15조)**
　　㉠ 사업 개시일(건설업의 경우 실착공일)로부터 1개월이 되는 날까지 위험성평가의 대상이 되는 유해·위험요인에 대한 최초 위험성평가의 실시에 착수하여야 한다. 다만, 1개월 미만의 기간 동안 이루어지는 작업 또는 공사의 경우에는 특별한 사정이 없는 한 작업 또는 공사 개시 후 지체 없이 최초 위험성평가를 실시하여야 한다.
　　㉡ 다음의 어느 하나에 해당하여 추가적인 유해·위험요인이 생기는 경우에는 해당 유해·위험요인에 대한 수시 위험성평가를 실시하여야 한다.
　　　ⓐ 사업장 건설물의 설치·이전·변경 또는 해체
　　　ⓑ 기계·기구, 설비, 원재료 등의 신규 도입 또는 변경
　　　ⓒ 건설물, 기계·기구, 설비 등의 정비 또는 보수(주기적·반복적 작업으로서 이미 위험성평가를 실시한 경우에는 제외)
　　　ⓓ 작업방법 또는 작업절차의 신규 도입 또는 변경
　　　ⓔ 중대산업사고 또는 산업재해(휴업 이상의 요양을 요하는 경우에 한정한다) 발생
　　㉢ 다음의 사항을 고려하여 ㉠에 따라 실시한 위험성평가의 결과에 대한 적정성을 1년마다 정기적으로 재검토하여야 한다. 재검토 결과 허용 가능한 위험성 수준이 아니라고 검토된 유해·위험요인에 대해서는 위험성 감소대책을 수립하여 실행하여야 한다.

ⓐ 기계·기구, 설비 등의 기간 경과에 의한 성능 저하
　　　ⓑ 근로자의 교체 등에 수반하는 안전·보건과 관련되는 지식 또는 경험의 변화
　　　ⓒ 안전·보건과 관련되는 새로운 지식의 습득
　　　ⓓ 현재 수립되어 있는 위험성 감소대책의 유효성 등
　　ⓔ 사업장의 상시적인 위험성평가를 위해 다음의 사항을 이행하는 경우 ⓒ과 ⓒ의 수시평가와 정기평가를 실시한 것으로 본다.
　　　ⓐ 매월 1회 이상 근로자 제안제도 활용, 아차사고 확인, 작업과 관련된 근로자를 포함한 사업장 순회점검 등을 통해 사업장 내 유해·위험요인을 발굴하여 위험성결정 및 위험성 감소대책 수립·실행을 할 것
　　　ⓑ 매주 안전보건관리책임자, 안전관리자, 보건관리자, 관리감독자 등을 중심으로 ⓐ의 결과 등을 논의·공유하고 이행상황을 점검할 것
　　　ⓒ 매 작업일마다 ⓐ, ⓑ 실시결과에 따라 근로자가 준수하여야 할 사항 및 주의하여야 할 사항을 작업 전 안전점검회의 등을 통해 공유·주지할 것

■ 관리감독자의 유해·위험 방지(산업안전보건기준에 관한 규칙 별표 2)

작업의 종류	직무수행 내용
목재가공용 기계를 취급하는 작업	• 목재가공용 기계를 취급하는 작업을 지휘하는 일 • 목재가공용 기계 및 그 방호장치를 점검하는 일 • 목재가공용 기계 및 그 방호장치에 이상이 발견된 즉시 보고 및 필요한 조치를 하는 일 • 작업 중 지그(jig) 및 공구 등의 사용 상황을 감독하는 일
크레인을 사용하는 작업	• 작업방법과 근로자 배치를 결정하고 그 작업을 지휘하는 일 • 재료의 결함 유무 또는 기구 및 공구의 기능을 점검하고 불량품을 제거하는 일 • 작업 중 안전대 또는 안전모의 착용 상황을 감시하는 일
가스집합용접장치의 취급작업	• 작업방법을 결정하고 작업을 직접 지휘하는 일 • 가스집합장치의 취급에 종사하는 근로자로 하여금 다음의 작업요령을 준수하도록 하는 일 　- 부착할 가스용기의 마개 및 배관 연결부에 붙어 있는 유류·찌꺼기 등을 제거할 것 　- 가스용기를 교환할 때에는 그 용기의 마개 및 배관 연결부 부분의 가스누출을 점검하고 배관 내의 가스가 공기와 혼합되지 않도록 할 것 　- 가스누출 점검은 비눗물을 사용하는 등 안전한 방법으로 할 것 　- 밸브 또는 콕은 서서히 열고 닫을 것 • 가스용기의 교환작업을 감시하는 일 • 작업을 시작할 때에는 호스·취관·호스밴드 등의 기구를 점검하고 손상·마모 등으로 인하여 가스나 산소가 누출될 우려가 있다고 인정할 때에는 보수하거나 교환하는 일 • 안전기는 작업 중 그 기능을 쉽게 확인할 수 있는 장소에 두고 1일 1회 이상 점검하는 일 • 작업에 종사하는 근로자의 보안경 및 안전장갑의 착용 상황을 감시하는 일
거푸집 및 동바리의 고정·조립 또는 해체 작업, 노천굴착작업, 흙막이 지보공의 고정·조립 또는 해체작업, 터널의 굴착작업, 구축물 등의 해체작업	• 안전한 작업방법을 결정하고 작업을 지휘하는 일 • 재료·기구의 결함 유무를 점검하고 불량품을 제거하는 일 • 작업 중 안전대 및 안전모 등 보호구 착용 상황을 감시하는 일

작업의 종류	직무수행 내용
높이 5m 이상의 비계를 조립·해체하거나 변경하는 작업(해체작업의 경우 가목은 적용 제외)	• 재료의 결함 유무를 점검하고 불량품을 제거하는 일 • 기구·공구·안전대 및 안전모 등의 기능을 점검하고 불량품을 제거하는 일 • 작업방법 및 근로자 배치를 결정하고 작업진행 상태를 감시하는 일 • 안전대와 안전모 등의 착용 상황을 감시하는 일
달비계 작업	• 작업용 섬유로프, 작업용 섬유로프의 고정점, 구명줄의 조정점, 작업대, 고리걸이용 철구 및 안전대 등의 결손 여부를 확인하는 일 • 작업용 섬유로프 및 안전대 부착설비용 로프가 고정점에 풀리지 않는 매듭방법으로 결속되었는지 확인하는 일 • 근로자가 작업대에 탑승하기 전 안전모 및 안전대를 착용하고 안전대를 구명줄에 체결했는지 확인하는 일 • 작업방법 및 근로자 배치를 결정하고 작업 진행 상태를 감시하는 일
발파작업	• 점화 전에 점화작업에 종사하는 근로자가 아닌 사람에게 대피를 지시하는 일 • 점화작업에 종사하는 근로자에게 대피장소 및 경로를 지시하는 일 • 점화 전에 위험구역 내에서 근로자가 대피한 것을 확인하는 일 • 점화순서 및 방법에 대하여 지시하는 일 • 점화신호를 하는 일 • 점화작업에 종사하는 근로자에게 대피신호를 하는 일 • 발파 후 터지지 않은 장약이나 남은 장약의 유무, 용수의 유무 및 토사 등의 낙하 여부 등을 점검하는 일 • 점화하는 사람을 정하는 일 • 공기압축기의 안전밸브 작동 유무를 점검하는 일 • 안전모 등 보호구 착용 상황을 감시하는 일
채석을 위한 굴착작업	• 대피방법을 미리 교육하는 일 • 작업을 시작하기 전 또는 폭우가 내린 후에는 토사 등의 낙하·균열의 유무 또는 함수·용수 및 동결의 상태를 점검하는 일 • 발파한 후에는 발파장소 및 그 주변의 토사 등의 낙하·균열의 유무를 점검하는 일
화물취급작업	• 작업방법 및 순서를 결정하고 작업을 지휘하는 일 • 기구 및 공구를 점검하고 불량품을 제거하는 일 • 그 작업장소에는 관계 근로자가 아닌 사람의 출입을 금지하는 일 • 로프 등의 해체작업을 할 때에는 하대(荷臺) 위의 화물의 낙하위험 유무를 확인하고 작업의 착수를 지시하는 일
전로 등 전기작업 또는 그 지지물의 설치, 점검, 수리 및 도장 등의 작업	• 작업구간 내의 충전전로 등 모든 충전 시설을 점검하는 일 • 작업방법 및 그 순서를 결정(근로자 교육 포함)하고 작업을 지휘하는 일 • 작업근로자의 보호구 또는 절연용 보호구 착용 상황을 감시하고 감전재해 요소를 제거하는 일 • 작업 공구, 절연용 방호구 등의 결함 여부와 기능을 점검하고 불량품을 제거하는 일 • 작업장소에 관계 근로자 외에는 출입을 금지하고 주변 작업자와의 연락을 조정하며 도로작업 시 차량 및 통행인 등에 대한 교통통제 등 작업전반에 대해 지휘·감시하는 일 • 활선작업용 기구를 사용하여 작업할 때 안전거리가 유지되는지 감시하는 일 • 감전재해를 비롯한 각종 산업재해에 따른 신속한 응급처치를 할 수 있도록 근로자들을 교육하는 일
밀폐공간 작업	• 산소가 결핍된 공기나 유해가스에 노출되지 않도록 작업 시작 전에 해당 근로자의 작업을 지휘하는 업무 • 작업을 하는 장소의 공기가 적절한지를 작업 시작 전에 측정하는 업무 • 측정장비·환기장치 또는 공기호흡기 또는 송기마스크를 작업 시작 전에 점검하는 업무 • 근로자에게 공기호흡기 또는 송기마스크의 착용을 지도하고 착용 상황을 점검하는 업무

작업시작 전 점검사항(산업안전보건기준에 관한 규칙 별표 3)

작업의 종류	점검내용
프레스 등을 사용하여 작업을 할 때	• 클러치 및 브레이크의 기능 • 크랭크축·플라이휠·슬라이드·연결봉 및 연결 나사의 풀림 여부 • 1행정 1정지기구·급정지장치 및 비상정지장치의 기능 • 슬라이드 또는 칼날에 의한 위험방지 기구의 기능 • 프레스의 금형 및 고정볼트 상태 • 방호장치의 기능 • 전단기의 칼날 및 테이블의 상태
로봇의 작동 범위에서 그 로봇에 관하여 교시 등의 작업을 할 때	• 외부 전선의 피복 또는 외장의 손상 유무 • 머니퓰레이터(manipulator) 작동의 이상 유무 • 제동장치 및 비상정지장치의 기능
공기압축기를 가동할 때	• 공기저장 압력용기의 외관 상태 • 드레인밸브(drain valve)의 조작 및 배수 • 압력방출장치의 기능 • 언로드밸브(unloading valve)의 기능 • 윤활유의 상태 • 회전부의 덮개 또는 울 • 그 밖의 연결 부위의 이상 유무
크레인을 사용하여 작업을 하는 때	• 권과방지장치·브레이크·클러치 및 운전장치의 기능 • 주행로의 상측 및 트롤리(trolley)가 횡행하는 레일의 상태 • 와이어로프가 통하고 있는 곳의 상태
이동식 크레인을 사용하여 작업을 할 때	• 권과방지장치나 그 밖의 경보장치의 기능 • 브레이크·클러치 및 조정장치의 기능 • 와이어로프가 통하고 있는 곳 및 작업장소의 지반 상태
리프트(자동차정비용 리프트 포함)를 사용하여 작업을 할 때	• 방호장치·브레이크 및 클러치의 기능 • 와이어로프가 통하고 있는 곳의 상태
곤돌라를 사용하여 작업을 할 때	• 방호장치·브레이크의 기능 • 와이어로프·슬링와이어(sling wire) 등의 상태
양중기의 와이어로프·달기 체인·섬유로프·섬유벨트 또는 와이어로프를 사용하여 고리걸이작업을 할 때	• 와이어로프 등의 이상 유무
지게차를 사용하여 작업을 하는 때	• 제동장치 및 조종장치 기능의 이상 유무 • 하역장치 및 유압장치 기능의 이상 유무 • 바퀴의 이상 유무 • 전조등·후미등·방향지시기 및 경보장치 기능의 이상 유무
구내운반차를 사용하여 작업을 할 때	• 제동장치 및 조종장치 기능의 이상 유무 • 하역장치 및 유압장치 기능의 이상 유무 • 바퀴의 이상 유무 • 전조등·후미등·방향지시기 및 경음기 기능의 이상 유무 • 충전장치를 포함한 홀더 등의 결합 상태의 이상 유무

작업의 종류	점검내용
고소작업대를 사용하여 작업을 할 때	• 비상정지장치 및 비상하강 방지장치 기능의 이상 유무 • 과부하 방지장치의 작동 유무(와이어로프 또는 체인구동방식의 경우) • 아웃트리거 또는 바퀴의 이상 유무 • 작업면의 기울기 또는 요철 유무 • 활선작업용 장치의 경우 홈·균열·파손 등 그 밖의 손상 유무
화물자동차를 사용하는 작업을 하게 할 때	• 제동장치 및 조종장치의 기능 • 하역장치 및 유압장치의 기능 • 바퀴의 이상 유무
컨베이어 등을 사용하여 작업을 할 때	• 원동기 및 풀리(pulley) 기능의 이상 유무 • 이탈 등의 방지장치 기능의 이상 유무 • 비상정지장치 기능의 이상 유무 • 원동기·회전축·기어 및 풀리 등의 덮개 또는 울 등의 이상 유무
차량계 건설기계를 사용하여 작업을 할 때	• 브레이크 및 클러치 등의 기능
용접·용단 작업 등의 화재위험작업을 할 때	• 작업 준비 및 작업 절차 수립 여부 • 화기작업에 따른 인근 가연성물질에 대한 방호조치 및 소화기구 비치 여부 • 용접불티 비산방지덮개 또는 용접방화포 등 불꽃·불티 등의 비산을 방지하기 위한 조치 여부 • 인화성 액체의 증기 또는 인화성 가스가 남아 있지 않도록 하는 환기조치 여부 • 작업근로자에 대한 화재예방 및 피난교육 등 비상조치 여부
이동식 방폭구조 전기기계·기구를 사용할 때	• 전선 및 접속부 상태
근로자가 반복하여 계속적으로 중량물을 취급하는 작업을 할 때	• 중량물 취급의 올바른 자세 및 복장 • 위험물이 날아 흩어짐에 따른 보호구의 착용 • 카바이드·생석회(산화칼슘) 등과 같이 온도상승이나 습기에 의하여 위험성이 존재하는 중량물의 취급방법 • 그 밖에 하역운반기계 등의 적절한 사용방법
양화장치를 사용하여 화물을 싣고 내리는 작업을 할 때	• 양화장치의 작동 상태 • 양화장치에 제한하중을 초과하는 하중을 실었는지 여부
슬링 등을 사용하여 작업을 할 때	• 훅이 붙어 있는 슬링·와이어슬링 등이 매달린 상태 • 슬링·와이어슬링 등의 상태(작업시작 전 및 작업 중 수시로 점검)

사전조사 및 작업계획서 내용(산업안전보건기준에 관한 규칙 별표 4)

작업명	사전조사 내용	작업계획서 내용
타워크레인을 설치·조립·해체하는 작업	–	• 타워크레인의 종류 및 형식 • 설치·조립 및 해체순서 • 작업도구·장비·가설설비 및 방호설비 • 작업인원의 구성 및 작업근로자의 역할 범위 • 지지방법
차량계 하역운반기계 등을 사용하는 작업	–	• 해당 작업에 따른 추락·낙하·전도·협착 및 붕괴 등의 위험 예방대책 • 차량계 하역운반기계 등의 운행경로 및 작업방법
차량계 건설기계를 사용하는 작업	해당 기계의 굴러떨어짐, 지반의 붕괴 등으로 인한 근로자의 위험을 방지하기 위한 해당 작업장소의 지형 및 지반 상태	• 사용하는 차량계 건설기계의 종류 및 성능 • 차량계 건설기계의 운행경로 • 차량계 건설기계에 의한 작업방법

작업명	사전조사 내용	작업계획서 내용
화학설비와 그 부속설비 사용작업	–	• 밸브・콕 등의 조작 • 냉각장치・가열장치・교반장치 및 압축장치의 조작 • 계측장치 및 제어장치의 감시 및 조정 • 안전밸브, 긴급차단장치, 그 밖의 방호장치 및 자동경보장치의 조정 • 덮개판・플랜지(flange)・밸브・콕 등의 접합부에서 위험물 등의 누출 여부에 대한 점검 • 시료의 채취 • 화학설비에서는 그 운전이 일시적 또는 부분적으로 중단된 경우의 작업방법 또는 운전 재개 시의 작업방법 • 이상 상태가 발생한 경우의 응급조치 • 위험물 누출 시의 조치
전기작업	–	• 전기작업의 목적 및 내용 • 전기작업 근로자의 자격 및 적정 인원 • 작업 범위, 작업책임자 임명, 전격・아크 섬광・아크 폭발 등 전기 위험요인 파악, 접근 한계거리, 활선접근 경보장치 휴대 등 작업시작 전에 필요한 사항 • 전로 차단에 관한 작업계획 및 전원 재투입 절차 등 작업 상황에 필요한 안전 작업 요령 • 절연용 보호구 및 방호구, 활선작업용 기구・장치 등의 준비・점검・착용・사용 등에 관한 사항 • 점검・시운전을 위한 일시 운전, 작업 중단 등에 관한 사항 • 교대 근무 시 근무 인계에 관한 사항 • 전기작업장소에 대한 관계 근로자가 아닌 사람의 출입금지에 관한 사항 • 전기안전작업계획서를 해당 근로자에게 교육할 수 있는 방법과 작성된 전기안전작업계획서의 평가・관리계획 • 전기 도면, 기기 세부 사항 등 작업과 관련되는 자료
굴착작업	• 형상・지질 및 지층의 상태 • 균열・함수・용수 및 동결의 유무 또는 상태 • 매설물 등의 유무 또는 상태 • 지반의 지하수위 상태	• 굴착방법 및 순서, 토사 등 반출방법 • 필요한 인원 및 장비 사용계획 • 매설물 등에 대한 이설・보호대책 • 사업장 내 연락방법 및 신호방법 • 흙막이 지보공 설치방법 및 계측계획 • 작업지휘자의 배치계획
터널굴착작업	보링(boring) 등 적절한 방법으로 낙반・출수 및 가스폭발 등으로 인한 근로자의 위험을 방지하기 위하여 미리 지형・지질 및 지층 상태를 조사	• 굴착의 방법 • 터널지보공 및 복공의 시공방법과 용수의 처리방법 • 환기 또는 조명시설을 설치할 때에는 그 방법
교량작업	–	• 작업방법 및 순서 • 부재의 낙하・전도 또는 붕괴를 방지하기 위한 방법 • 작업에 종사하는 근로자의 추락 위험을 방지하기 위한 안전조치방법 • 공사에 사용되는 가설 철구조물 등의 설치・사용・해체 시 안전성 검토 방법 • 사용하는 기계 등의 종류 및 성능, 작업방법 • 작업지휘자 배치계획

작업명	사전조사 내용	작업계획서 내용
채석작업	지반의 붕괴·굴착기계의 굴러 떨어짐 등에 의한 근로자에게 발생할 위험을 방지하기 위한 해당 작업장의 지형·지질 및 지층의 상태	• 노천굴착과 갱내굴착의 구별 및 채석방법 • 굴착면의 높이와 기울기 • 굴착면 소단(비탈면의 경사를 완화시키기 위해 중간에 좁은 폭으로 설치하는 평탄한 부분)의 위치와 넓이 • 갱내에서의 낙반 및 붕괴 방지방법 • 발파방법 • 암석의 분할방법 • 암석의 가공장소 • 사용하는 굴착기계·분할기계·적재기계 또는 운반기계의 종류 및 성능 • 토석 또는 암석의 적재 및 운반방법과 운반경로 • 표토 또는 용수의 처리방법
건물 등의 해체작업	해체건물 등의 구조, 주변 상황 등	• 해체의 방법 및 해체 순서도면 • 가설설비·방호설비·환기설비 및 살수·방화설비 등의 방법 • 사업장 내 연락방법 • 해체물의 처분계획 • 해체작업용 기계·기구 등의 작업계획서 • 해체작업용 화약류 등의 사용계획서
중량물의 취급 작업	-	• 추락위험을 예방할 수 있는 안전대책 • 낙하위험을 예방할 수 있는 안전대책 • 전도위험을 예방할 수 있는 안전대책 • 협착위험을 예방할 수 있는 안전대책 • 붕괴위험을 예방할 수 있는 안전대책
궤도와 그 밖의 관련 설비의 보수·점검작업, 입환 작업	-	• 적절한 작업 인원 • 작업량 • 작업순서 • 작업방법 및 위험요인에 대한 안전조치방법 등

제2절 | 안전기준에 관한 규칙 및 기술지침

작업장의 안전기준

① 작업면의 조도(산업안전보건기준에 관한 규칙 제8조)

작업의 종류	조도기준
초정밀작업	750lx(럭스) 이상
정밀작업	300lx 이상
보통작업	150lx 이상
그 밖의 작업	75lx 이상

② 터널작업 구간에 대한 조도 기준(터널공사 표준안전 작업지침 제36조)

작업 구간	조도기준
막장 구간	70lx(럭스) 이상
터널중간 구간	60lx 이상
터널 입·출구, 수직구 구간	30lx 이상

③ 작업장의 출입구(산업안전보건기준에 관한 규칙 제11조)
  ㉠ 출입구의 위치, 수 및 크기가 작업장의 용도와 특성에 맞도록 할 것
  ㉡ 출입구에 문을 설치하는 경우에는 근로자가 쉽게 열고 닫을 수 있도록 할 것
  ㉢ 주된 목적이 하역운반기계용인 출입구에는 인접하여 보행자용 출입구를 따로 설치할 것
  ㉣ 하역운반기계의 통로와 인접하여 있는 출입구에서 접촉에 의하여 근로자에게 위험을 미칠 우려가 있는 경우에는 비상등·비상벨 등 경보장치를 할 것
  ㉤ 계단이 출입구와 바로 연결된 경우에는 작업자의 안전한 통행을 위하여 그 사이에 1.2m 이상 거리를 두거나 안내표지 또는 비상벨 등을 설치할 것. 다만, 출입구에 문을 설치하지 아니한 경우에는 그러하지 아니하다.

④ 비상구의 설치(산업안전보건기준에 관한 규칙 제17조)
  ㉠ 출입구와 같은 방향에 있지 아니하고, 출입구로부터 3m 이상 떨어져 있을 것
  ㉡ 작업장의 각 부분으로부터 하나의 비상구 또는 출입구까지의 수평거리가 50m 이하가 되도록 할 것(다만, 작업장이 있는 층에 피난층(직접 지상으로 통하는 출입구가 있는 층과 피난안전구역을 말한다) 또는 지상으로 통하는 직통계단(경사로 포함)을 설치한 경우에는 그 부분에 한정하여 본문에 따른 기준을 충족한 것으로 본다).
  ㉢ 비상구의 너비는 0.75m 이상으로 하고, 높이는 1.5m 이상으로 할 것
  ㉣ 비상구의 문은 피난 방향으로 열리도록 하고, 실내에서 항상 열 수 있는 구조로 할 것

기계·기구 설비에 의한 위험예방

① 운전 시작 전 조치(산업안전보건기준에 관한 규칙 제89조)
  ㉠ 사업주는 기계의 운전을 시작할 때에 근로자가 위험해질 우려가 있으면 근로자 배치 및 교육, 작업방법, 방호장치 등 필요한 사항을 미리 확인한 후 위험 방지를 위하여 필요한 조치를 하여야 한다.
  ㉡ 사업주는 기계의 운전을 시작하는 경우 일정한 신호방법과 해당 근로자에게 신호할 사람을 정하고, 신호방법에 따라 그 근로자에게 신호하도록 하여야 한다.

② 운전위치 이탈 시의 조치(산업안전보건기준에 관한 규칙 제99조)
  ㉠ 포크, 버킷, 디퍼 등의 장치를 가장 낮은 위치 또는 지면에 내려 둘 것
  ㉡ 원동기를 정지시키고 브레이크를 확실히 거는 등 차량계 하역운반기계 등, 차량계 건설기계의 갑작스러운 이동을 방지하기 위한 조치를 할 것
  ㉢ 운전석을 이탈하는 경우에는 시동키를 운전대에서 분리시킬 것

③ 목재가공용 기계(산업안전보건기준에 관한 규칙 제105조~제110조)
  ㉠ 목재가공용 둥근톱기계에 분할날 등 반발예방장치를 설치하여야 한다.
  ㉡ 목재가공용 둥근톱기계에는 톱날접촉예방장치를 설치하여야 한다.
  ㉢ 목재가공용 띠톱기계의 절단에 필요한 톱날 부위 외의 위험한 톱날 부위에 덮개 또는 울 등을 설치하여야 한다.
  ㉣ 목재가공용 띠톱기계에서 스파이크가 붙어 있는 이송롤러 또는 요철형 이송롤러에 날접촉예방장치 또는 덮개를 설치하여야 한다.
  ㉤ 작업대상물이 수동으로 공급되는 동력식 수동대패기계에 날접촉예방장치를 설치하여야 한다.
  ㉥ 모떼기기계에 날접촉예방장치를 설치하여야 한다.

■ 양중기에 관한 안전기준
① 양중기의 종류와 정의(산업안전보건기준에 관한 규칙 제132조)
  ㉠ 크레인 : 동력을 사용하여 중량물을 매달아 상하 및 좌우(수평 또는 선회)로 운반하는 것을 목적으로 하는 기계 또는 기계장치
  ㉡ 호이스트 : 훅이나 그 밖의 달기구 등을 사용하여 화물을 권상 및 횡행 또는 권상동작만을 하여 양중하는 것
  ㉢ 이동식 크레인 : 원동기를 내장하고 있는 것으로서 불특정 장소에 스스로 이동할 수 있는 크레인으로 동력을 사용하여 중량물을 매달아 상하 및 좌우(수평 또는 선회)로 운반하는 설비로서 기중기 또는 화물·특수자동차의 작업부에 탑재하여 화물운반 등에 사용하는 기계 또는 기계장치
  ㉣ 리프트 : 동력을 사용하여 사람이나 화물을 운반하는 것을 목적으로 하는 기계설비

건설용 리프트	동력을 사용하여 가이드레일을 따라 상하로 움직이는 운반구를 매달아 사람이나 화물을 운반할 수 있는 설비 또는 이와 유사한 구조 및 성능을 가진 것으로 건설현장에서 사용하는 것
산업용 리프트	동력을 사용하여 가이드레일을 따라 상하로 움직이는 운반구를 매달아 화물을 운반할 수 있는 설비 또는 이와 유사한 구조 및 성능을 가진 것으로 건설현장 외의 장소에서 사용하는 것
자동차정비용 리프트	동력을 사용하여 가이드레일을 따라 움직이는 지지대로 자동차 등을 일정한 높이로 올리거나 내리는 구조의 리프트로서 자동차 정비에 사용하는 것
이삿짐운반용 리프트	연장 및 축소가 가능하고 끝단을 건축물 등에 지지하는 구조의 사다리형 붐에 따라 동력을 사용하여 움직이는 운반구를 매달아 화물을 운반하는 설비로서 화물자동차 등 차량 위에 탑재하여 이삿짐 운반 등에 사용하는 것

  ㉤ 곤돌라 : 달기 발판 또는 운반구, 승강장치, 그 밖의 장치 및 이들에 부속된 기계부품에 의하여 구성되고, 와이어로프 또는 달기 강선에 의하여 달기 발판 또는 운반구가 전용 승강장치에 의하여 오르내리는 설비

ⓗ 승강기 : 건축물이나 고정된 시설물에 설치되어 일정한 경로에 따라 사람이나 화물을 승강장으로 옮기는 데에 사용되는 설비

승객용 엘리베이터	사람의 운송에 적합하게 제조·설치된 엘리베이터
승객화물용 엘리베이터	사람의 운송과 화물 운반을 겸용하는데 적합하게 제조·설치된 엘리베이터
화물용 엘리베이터	화물 운반에 적합하게 제조·설치된 엘리베이터로서 조작자 또는 화물취급자 1명은 탑승할 수 있는 것(적재용량이 300kg 미만인 것은 제외)
소형화물용 엘리베이터	음식물이나 서적 등 소형 화물의 운반에 적합하게 제조·설치된 엘리베이터로서 사람의 탑승이 금지된 것
에스컬레이터	일정한 경사로 또는 수평로를 따라 위·아래 또는 옆으로 움직이는 디딤판을 통해 사람이나 화물을 승강장으로 운송시키는 설비

② **정격하중 등의 표시(산업안전보건기준에 관한 규칙 제133조)**

사업주는 양중기(승강기는 제외한다) 및 달기구를 사용하여 작업하는 운전자 또는 작업자가 보기 쉬운 곳에 해당 기계의 정격하중, 운전속도, 경고표시 등을 부착하여야 한다. 다만, 달기구는 정격하중만 표시한다.

③ **양중기의 방호장치(산업안전보건기준에 관한 규칙 제134조)**

㉠ 과부하방지장치

㉡ 권과방지장치

㉢ 비상정지장치 및 제동장치

㉣ 그 밖의 방호장치(승강기의 파이널 리밋스위치, 속도조절기, 출입문 인터록)

④ **와이어로프 등 달기구의 안전계수(산업안전보건기준에 관한 규칙 제163조)**

구분	안전계수
근로자가 탑승하는 운반구를 지지하는 달기 와이어로프 또는 달기 체인의 경우	10 이상
화물의 하중을 직접 지지하는 달기 와이어로프 또는 달기 체인의 경우	5 이상
훅, 섀클, 클램프, 리프팅 빔의 경우	3 이상
그 밖의 경우	4 이상

■ **차량계 하역운반기계에 관한 안전기준**

① **차량계 하역운반기계의 종류**

㉠ 지게차

㉡ 구내운반차

㉢ 고소작업대

㉣ 화물자동차

② **지게차가 갖추어야 하는 장치(산업안전보건기준에 관한 규칙 제179조~제181조)**

전조등, 후미등, 후진경보기, 경광등, 후방감지기, 헤드가드, 백레스트 등

③ **고소작업대 설치 등의 조치(산업안전보건기준에 관한 규칙 제186조)**

㉠ 작업대를 와이어로프 또는 체인으로 올리거나 내릴 경우에는 와이어로프 또는 체인이 끊어져 작업대가 떨어지지 아니하는 구조여야 하며, 와이어로프 또는 체인의 안전율은 5 이상일 것

ⓒ 작업대를 유압에 의해 올리거나 내릴 경우에는 작업대를 일정한 위치에 유지할 수 있는 장치를 갖추고 압력의 이상저하를 방지할 수 있는 구조일 것
ⓒ 권과방지장치를 갖추거나 압력의 이상상승을 방지할 수 있는 구조일 것
ⓔ 붐의 최대 지면경사각을 초과 운전하여 전도되지 않도록 할 것
ⓜ 작업대에 정격하중(안전율 5 이상)을 표시할 것
ⓗ 작업대에 끼임·충돌 등 재해를 예방하기 위한 가드 또는 과상승방지장치를 설치할 것
ⓢ 조작반의 스위치는 눈으로 확인할 수 있도록 명칭 및 방향표시를 유지할 것

④ **고소작업대 설치 시 준수사항(산업안전보건기준에 관한 규칙 제186조)**
ⓐ 바닥과 고소작업대는 가능하면 수평을 유지하도록 할 것
ⓑ 갑작스러운 이동을 방지하기 위하여 아웃트리거 또는 브레이크 등을 확실히 사용할 것

⑤ **고소작업대 이동 시 준수사항(산업안전보건기준에 관한 규칙 제186조)**
ⓐ 작업대를 가장 낮게 내려야 한다.
ⓑ 작업자를 태우고 이동하지 말아야 한다.
ⓒ 이동통로의 요철 상태 또는 장애물의 유무 등을 확인해야 한다.

⑥ **고소작업대를 사용하는 경우 준수사항(산업안전보건기준에 관한 규칙 제186조)**
ⓐ 작업자가 안전모·안전대 등의 보호구를 착용하도록 할 것
ⓑ 관계자가 아닌 사람이 작업구역에 들어오는 것을 방지하기 위하여 필요한 조치를 할 것
ⓒ 안전한 작업을 위하여 적정수준의 조도를 유지할 것
ⓓ 전로에 근접하여 작업을 하는 경우에는 작업감시자를 배치하는 등 감전사고를 방지하기 위하여 필요한 조치를 할 것
ⓔ 작업대를 정기적으로 점검하고 붐·작업대 등 각 부위의 이상 유무를 확인할 것
ⓕ 전환스위치는 다른 물체를 이용하여 고정하지 말 것
ⓖ 작업대는 정격하중을 초과하여 물건을 싣거나 탑승하지 말 것
ⓗ 작업대의 붐대를 상승시킨 상태에서 탑승자는 작업대를 벗어나지 말 것. 다만, 작업대에 안전대 부착설비를 설치하고 안전대를 연결하였을 때에는 그러하지 아니하다.

■ **컨베이어에 관한 안전기준**
① **컨베이어 사용 시 준수사항(산업안전보건기준에 관한 규칙 제191조~제195조)**
ⓐ 컨베이어, 이송용 롤러 등을 사용하는 경우에는 정전·전압강하 등에 따른 화물 또는 운반구의 이탈 및 역주행을 방지하는 장치를 갖추어야 한다.
ⓑ 컨베이어 등에 해당 근로자의 신체의 일부가 말려드는 등 근로자가 위험해질 우려가 있는 경우 및 비상시에는 즉시 컨베이어 등의 운전을 정지시킬 수 있는 장치를 설치하여야 한다.
ⓒ 컨베이어 등으로부터 화물이 떨어져 근로자가 위험해질 우려가 있는 경우에는 해당 컨베이어 등에 덮개 또는 울을 설치하는 등 낙하 방지를 위한 조치를 하여야 한다.

ㄹ. 트롤리(trolley conveyor) 컨베이어를 사용하는 경우에는 트롤리와 체인·행거(hanger)가 쉽게 벗겨지지 않도록 서로 확실하게 연결하여야 한다.
　　ㅁ. 운전 중인 컨베이어 등의 위로 근로자를 넘어가도록 하는 경우에는 위험을 방지하기 위하여 건널다리를 설치하여야 한다.
　　ㅂ. 동일선상에 구간별 설치된 컨베이어에 중량물을 운반하는 경우에는 중량물 충돌에 대비한 스토퍼를 설치하거나 작업자 출입을 금지하여야 한다.

■ 차량계 건설기계 등에 관한 안전기준

① **차량계 건설기계(산업안전보건기준에 관한 규칙 제196조)**
　동력원을 사용하여 특정되지 아니한 장소로 스스로 이동할 수 있는 건설기계이다.

② **차량계 건설기계의 종류(산업안전보건기준에 관한 규칙 별표 6)**
　　ㄱ. 도저형 건설기계(불도저, 스트레이트도저, 틸트도저, 앵글도저, 버킷도저 등)
　　ㄴ. 모터그레이더(motor grader, 땅 고르는 기계)
　　ㄷ. 로더(포크 등 부착물 종류에 따른 용도 변경 형식을 포함한다)
　　ㄹ. 스크레이퍼(scraper, 흙을 절삭·운반하거나 펴 고르는 등의 작업을 하는 토공기계)
　　ㅁ. 크레인형 굴착기계(클램셸, 드래그라인 등)
　　ㅂ. 굴착기(브레이커, 크러셔, 드릴 등 부착물 종류에 따른 용도 변경 형식 포함)
　　ㅅ. 항타기 및 항발기
　　ㅇ. 천공용 건설기계(어스드릴, 어스오거, 크롤러 드릴, 점보드릴 등)
　　ㅈ. 지반 압밀침하용 건설기계(샌드드레인 머신, 페이퍼드레인 머신, 팩드레인 머신 등)
　　ㅊ. 지반 다짐용 건설기계(타이어 롤러, 매커덤 롤러, 탠덤롤러 등)
　　ㅋ. 준설용 건설기계(버킷 준설선, 그래브 준설선, 펌프 준설선 등)
　　ㅌ. 콘크리트 펌프카
　　ㅍ. 덤프트럭
　　ㅎ. 콘크리트 믹서 트럭
　　㉮. 도로포장용 건설기계(아스팔트 살포기, 콘크리트 살포기, 아스팔트 피니셔, 콘크리트 피니셔 등)
　　㉯. 골재 채취 및 살포용 건설기계(쇄석기, 자갈채취기, 골재살포기 등)

③ **차량계 건설기계의 이송(산업안전보건 기준에 관한 규칙 제201조)**
　　ㄱ. 싣거나 내리는 작업은 평탄하고 견고한 장소에서 할 것
　　ㄴ. 발판을 사용하는 경우에는 충분한 길이·폭 및 강도를 가진 것을 사용하고 적당한 경사를 유지하기 위하여 견고하게 설치할 것
　　ㄷ. 자루·가설대 등을 사용하는 경우에는 충분한 폭 및 강도와 적당한 경사를 확보할 것

④ 항타기 및 항발기(산업안전보건기준에 관한 규칙 제207조)
　㉠ 조립·해체 시 준수사항
　　• 항타기 또는 항발기에 사용하는 권상기에 쐐기장치 또는 역회전방지용 브레이크를 부착할 것
　　• 항타기 또는 항발기의 권상기가 들리거나 미끄러지거나 흔들리지 않도록 설치할 것
　　• 그 밖에 조립·해체에 필요한 사항은 제조사에서 정한 설치·해체작업 설명서에 따를 것
　㉡ 조립·해체 시 점검사항
　　• 본체 연결부의 풀림 또는 손상의 유무
　　• 권상용 와이어로프·드럼 및 도르래의 부착 상태의 이상 유무
　　• 권상장치의 브레이크 및 쐐기장치 기능의 이상 유무
　　• 권상기의 설치 상태의 이상 유무
　　• 리더(leader)의 버팀방법 및 고정 상태의 이상 유무
　　• 본체·부속장치 및 부속품의 강도가 적합한지 여부
　　• 본체·부속장치 및 부속품에 심한 손상·마모·변형 또는 부식이 있는지 여부

■ 전기로 인한 위험 방지에 관한 안전기준

① 정전전로에서의 전기작업 시 전로 차단 절차(산업안전보건기준에 관한 규칙 제319조)
　㉠ 전기기기 등에 공급되는 모든 전원을 관련 도면, 배선도 등으로 확인한다.
　㉡ 전원을 차단한 후 각 단로기 등을 개방하고 확인한다.
　㉢ 차단장치나 단로기 등에 잠금장치 및 꼬리표를 부착한다.
　㉣ 개로된 전로에서 유도전압 또는 전기에너지가 축적되어 근로자에게 전기위험을 끼칠 수 있는 전기기기 등은 접촉하기 전에 잔류전하를 완전히 방전시킨다.
　㉤ 검전기를 이용하여 작업 대상 기기가 충전되었는지를 확인한다.
　㉥ 전기기기 등이 다른 노출 충전부와의 접촉, 유도 또는 예비동력원의 역송전 등으로 전압이 발생할 우려가 있는 경우에는 충분한 용량을 가진 단락 접지기구를 이용하여 접지한다.

② 전원공급 시 준수사항(산업안전보건기준에 관한 규칙 제319조)
　㉠ 작업기구, 단락 접지기구 등을 제거하고 전기기기 등이 안전하게 통전될 수 있는지를 확인한다.
　㉡ 모든 작업자가 작업이 완료된 전기기기 등에서 떨어져 있는지를 확인한다.
　㉢ 잠금장치와 꼬리표는 설치한 근로자가 직접 철거한다.
　㉣ 모든 이상 유무를 확인한 후 전기기기 등의 전원을 투입한다.

③ 충전전로에서의 전기작업(산업안전보건기준에 관한 규칙 제321조)
　㉠ 충전전로를 정전시키는 경우에는 ①~②에 따른 조치를 할 것
　㉡ 충전전로를 방호, 차폐하거나 절연 등의 조치를 하는 경우에는 근로자의 신체가 전로와 직접 접촉하거나 도전재료, 공구 또는 기기를 통하여 간접 접촉되지 않도록 한다.
　㉢ 충전전로를 취급하는 근로자에게 그 작업에 적합한 절연용 보호구를 착용시킨다.

② 충전전로에 근접한 장소에서 전기작업을 하는 경우에는 해당 전압에 적합한 절연용 방호구를 설치해야 한다.
⑩ 고압 및 특별고압의 전로에서 전기작업을 하는 근로자에게 활선작업용 기구 및 장치를 사용한다.
⑪ 근로자가 절연용 방호구의 설치·해체작업을 하는 경우에는 절연용 보호구를 착용하거나 활선작업용 기구 및 장치를 사용한다.
⑫ 유자격자가 아닌 근로자가 충전전로 인근의 높은 곳에서 작업할 때에 근로자의 몸 또는 긴 도전성 물체가 방호되지 않은 충전전로에서 대지전압이 50kV 이하인 경우에는 300cm 이내로, 대지전압이 50kV를 넘는 경우에는 10kV당 10cm씩 더한 거리 이내로 각각 접근할 수 없도록 한다.

■ 건설작업에 의한 위험예방
① 흙막이 지보공 정기점검 사항(산업안전보건기준에 관한 규칙 제347조)
  ㉠ 부재의 손상·변형·부식·변위 및 탈락의 유무와 상태
  ㉡ 버팀대의 긴압의 정도
  ㉢ 부재의 접속부·부착부 및 교차부의 상태
  ㉣ 침하의 정도
② 터널 지보공 조립 또는 변경 시의 조치사항(산업안전보건기준에 관한 규칙 제364조)
  ㉠ 주재를 구성하는 1세트의 부재는 동일 평면 내에 배치할 것
  ㉡ 목재의 터널 지보공은 그 터널 지보공의 각 부재의 긴압 정도가 균등하게 되도록 할 것
  ㉢ 기둥에는 침하를 방지하기 위하여 받침목을 사용하는 등의 조치를 할 것
  ㉣ 강아치 지보공의 조립은 다음의 사항을 따를 것
    • 조립간격은 조립도에 따를 것
    • 주재가 아치작용을 충분히 할 수 있도록 쐐기를 박는 등 필요한 조치를 할 것
    • 연결볼트 및 띠장 등을 사용하여 주재 상호간을 튼튼하게 연결할 것
    • 터널 등의 출입구 부분에는 받침대를 설치할 것
    • 낙하물이 근로자에게 위험을 미칠 우려가 있는 경우에는 널판 등을 설치할 것
  ㉤ 목재 지주식 지보공은 다음의 사항을 따를 것
    • 주기둥은 변위를 방지하기 위하여 쐐기 등을 사용하여 지반에 고정시킬 것
    • 양 끝에는 받침대를 설치할 것
    • 터널 등의 목재 지주식 지보공에 세로방향의 하중이 걸림으로써 넘어지거나 비틀어질 우려가 있는 경우에는 양 끝 외의 부분에도 받침대를 설치할 것
    • 부재의 접속부는 꺾쇠 등으로 고정시킬 것
  ㉥ 강아치 지보공 및 목재지주식 지보공 외의 터널 지보공에 대해서는 터널 등의 출입구 부분에 받침대를 설치할 것

③ 터널 지보공 수시점검 사항(산업안전보건 기준에 관한 규칙 제366조)
- ㉠ 부재의 손상·변형·부식·변위 탈락의 유무 및 상태
- ㉡ 부재의 긴압 정도
- ㉢ 부재의 접속부 및 교차부의 상태
- ㉣ 기둥침하의 유무 및 상태

④ 교량작업 시 준수사항(산업안전보건기준에 관한 규칙 제369조)
- ㉠ 작업을 하는 구역에는 관계 근로자가 아닌 사람의 출입을 금지할 것
- ㉡ 재료, 기구 또는 공구 등을 올리거나 내릴 경우에는 근로자로 하여금 달줄, 달포대 등을 사용하도록 할 것
- ㉢ 중량물 부재를 크레인 등으로 인양하는 경우에는 부재에 인양용 고리를 견고하게 설치하고, 인양용 로프는 부재에 두 군데 이상 결속하여 인양하여야 하며, 중량물이 안전하게 거치되기 전까지는 걸이로프를 해제시키지 아니할 것
- ㉣ 자재나 부재의 낙하·전도 또는 붕괴 등에 의하여 근로자에게 위험을 미칠 우려가 있을 경우에는 출입금지구역의 설정, 자재 또는 가설시설의 좌굴(挫屈) 또는 변형 방지를 위한 보강재 부착 등의 조치를 할 것

⑤ 잠함 등(잠함, 우물통, 수직갱, 그 밖에 이와 유사한 건설물 또는 설비) 내부에서 작업 시 준수사항(산업안전보건기준에 관한 규칙 제377조)
- ㉠ 산소 결핍 우려가 있는 경우에는 산소의 농도를 측정하는 사람을 지명하여 측정하도록 할 것
- ㉡ 근로자가 안전하게 오르내리기 위한 설비를 설치할 것
- ㉢ 굴착 깊이가 20m를 초과하는 경우에는 해당 작업장소와 외부와의 연락을 위한 통신설비 등을 설치할 것
- ㉣ 산소 결핍이 인정되거나 굴착 깊이가 20m를 초과하는 경우에는 송기를 위한 설비를 설치할 것

⑥ 작업발판 일체형 거푸집(산업안전보건기준에 관한 규칙 제331조의3)
- ㉠ 종류
  - 갱 폼(gang form)
  - 슬립 폼(slip form)
  - 클라이밍 폼(climbing form)
  - 터널 라이닝 폼(tunnel lining form)
- ㉡ 조립, 이동, 양중, 해체 시 준수사항
  - 조립 등 작업 시 거푸집 부재의 변형 여부와 연결 및 지지재의 이상 유무를 확인한다.
  - 조립 등 작업과 관련한 이동·양중·운반 장비의 고장·오조작 등으로 인해 근로자에게 위험을 미칠 우려가 있는 장소에는 근로자의 출입을 금지하는 등 위험 방지조치를 한다.
  - 거푸집이 콘크리트면에 지지될 때에 콘크리트의 굳기 정도와 거푸집의 무게, 풍압 등의 영향으로 거푸집의 갑작스런 이탈 또는 낙하로 인해 근로자가 위험해질 우려가 있는 경우에는 설계도서에서 정한 콘크리트의 양생기간을 준수하거나 콘크리트면에 견고하게 지지하는 등 필요한 조치를 한다.

- 연결 또는 지지 형식으로 조립된 부재의 조립 등 작업을 하는 경우에는 거푸집을 인양장비에 매단 후에 작업을 하도록 하는 등 낙하·붕괴·전도의 위험 방지를 위하여 필요한 조치를 한다.

▌ 중량물 취급 시 위험 방지에 관한 안전기준

① 중량물의 구름 위험 방지(산업안전보건기준에 관한 규칙 제386조)
㉠ 구름멈춤대, 쐐기 등을 이용하여 중량물의 동요나 이동을 조절할 것
㉡ 중량물이 구를 위험이 있는 방향 앞의 일정거리 이내로는 근로자의 출입을 제한할 것. 다만, 중량물을 보관하거나 작업 중인 장소가 경사면인 경우에는 경사면 아래로는 근로자의 출입을 제한해야 한다.

▌ 하역작업 등에 의한 위험 방지에 관한 안전기준

① 하역작업장의 조치기준(산업안전보건기준에 관한 규칙 제390조)
㉠ 작업장 및 통로의 위험한 부분에는 안전하게 작업할 수 있는 조명을 유지한다.
㉡ 부두 또는 안벽의 선을 따라 통로를 설치하는 경우에는 폭을 90cm 이상으로 한다.
㉢ 육상에서의 통로 및 작업장소로서 다리 또는 선거 갑문을 넘는 보도 등의 위험한 부분에는 안전난간 또는 울타리 등을 설치한다.

② 화물의 적재 시 준수사항(산업안전보건기준에 관한 규칙 제393조)
㉠ 침하 우려가 없는 튼튼한 기반 위에 적재할 것
㉡ 건물의 칸막이나 벽 등이 화물의 압력에 견딜 만큼의 강도를 지니지 아니한 경우에는 칸막이나 벽에 기대어 적재하지 않도록 할 것
㉢ 불안정할 정도로 높이 쌓아 올리지 말 것
㉣ 하중이 한쪽으로 치우치지 않도록 쌓을 것

교육은 우리 자신의 무지를 점차 발견해 가는 과정이다.

– 윌 듀란트 –

무단뽀 건설안전기사 실기
PART 2

필답형

2015~2023년 과년도 기출복원문제
2024년 최근 기출복원문제

합격의 공식 시대에듀 www.sdedu.co.kr

제1회 과년도 기출복원문제

01 산업안전보건법령상 항타기 또는 항발기 조립작업 시 점검하여야 하는 사항 4가지를 쓰시오.

해답
① 본체 연결부의 풀림 또는 손상의 유무
② 권상용 와이어로프·드럼 및 도르래의 부착 상태의 이상 유무
③ 권상장치의 브레이크 및 쐐기장치 기능의 이상 유무
④ 권상기의 설치 상태의 이상 유무
⑤ 버팀의 방법 및 고정 상태의 이상 유무

관련 법령 산업안전보건기준에 관한 규칙 제207조(조립·해체 시 점검사항)

02 이동식 사다리의 다리 부분에는 미끄럼 방지조치를 하여야 한다. 미끄럼 방지조치 사항 4가지를 쓰시오.

해답
① 사다리 지주의 끝에 고무, 코르크, 가죽, 강스파이크 등을 부착시켜 바닥과의 미끄럼을 방지하는 안전장치가 있어야 한다.
② 쐐기형 강스파이크는 지반이 평탄한 맨땅 위에 세울 때 사용하여야 한다.
③ 미끄럼 방지 판자 및 미끄럼 방지 고정쇠는 돌마무릴 또는 인조석 깔기마감한 바닥용으로 사용하여야 한다.
④ 미끄럼 방지 발판은 인조고무 등으로 마감한 실내용을 사용하여야 한다.

관련 법령 가설공사 표준안전 작업지침 제21조(미끄럼방지 장치)

03 굴착작업 시 토석이 붕괴되는 원인 중 외적 원인에 해당하는 사항 4가지를 쓰시오.

해답
① 사면, 법면의 경사 및 기울기의 증가
② 절토 및 성토 높이의 증가
③ 공사에 의한 진동 및 반복하중의 증가
④ 지표수 및 지하수의 침투에 의한 토사 중량의 증가
⑤ 지진, 차량, 구조물의 하중작용
⑥ 토사 및 암석의 혼합층 두께

관련 법령 굴착공사 표준안전 작업지침 제28조(토석붕괴의 원인)

더 알아보기 토석이 붕괴되는 내적 원인
1. 절토 사면의 토질·암질
2. 성토 사면의 토질구성 및 분포
3. 토석의 강도 저하

04 달비계 또는 높이 5m 이상의 비계를 조립·해체하거나 변경작업을 할 때에 사업주로서 준수하여야 할 사항 3가지를 쓰시오.

> **해답**
> ① 근로자가 관리감독자의 지휘에 따라 작업하도록 할 것
> ② 조립·해체 또는 변경의 시기·범위 및 절차를 그 작업에 종사하는 근로자에게 주지시킬 것
> ③ 조립·해체 또는 변경 작업구역에는 해당 작업에 종사하는 근로자가 아닌 사람의 출입을 금지하고 그 내용을 보기 쉬운 장소에 게시할 것
> ④ 비, 눈, 그 밖의 기상 상태의 불안정으로 날씨가 몹시 나쁜 경우에는 그 작업을 중지시킬 것
> ⑤ 비계재료의 연결·해체작업을 하는 경우에는 폭 20cm 이상의 발판을 설치하고 근로자로 하여금 안전대를 사용하도록 하는 등 추락을 방지하기 위한 조치를 할 것
> ⑥ 재료·기구 또는 공구 등을 올리거나 내리는 경우에는 근로자가 달줄 또는 달포대 등을 사용하게 할 것
>
> **관련 법령** 산업안전보건기준에 관한 규칙 제57조(비계 등의 조립·해체 및 변경)

빈출
05 다음은 양중기의 와이어로프 등 달기구의 안전계수이다. ( ) 안에 적합한 내용을 쓰시오.

(1) 근로자가 탑승하는 운반구를 지지하는 달기 와이어로프 또는 달기 체인의 경우 : (①) 이상
(2) 화물의 하중을 직접 지지하는 달기 와이어로프 또는 달기 체인의 경우 : (②) 이상
(3) 훅, 섀클, 클램프, 리프팅 빔의 경우 : (③) 이상
(4) 그 밖의 경우 : (④) 이상

> **해답**
> ① 10, ② 5, ③ 3, ④ 4
>
> **관련 법령** 산업안전보건기준에 관한 규칙 제163조(와이어로프 등 달기구의 안전계수)

06 근로자가 작업발판 위에서 전기용접 작업을 하다가 지면으로 떨어져 부상을 당했다. 다음 재해분석에 적합한 답을 쓰시오.

(1) 재해 발생 형태 : (①)
(2) 기인물 : (②)
(3) 가해물 : (③)

> **해답**
> ① 떨어짐(추락), ② 작업발판, ③ 지면
>
> **더 알아보기**
> 1. 기인물 : 직접적으로 재해를 유발하거나 영향을 끼친 에너지원(운동, 위치, 열, 전기 등)을 지닌 기계, 장치, 구조물, 물체, 물질, 사람, 환경 등을 말한다.
> 2. 가해물 : 근로자(사람)에게 직접적으로 상해를 입힌 기계, 장치, 구조물, 물체, 물질, 사람, 환경 등을 말한다.

07 작업장에서 크레인을 사용하여 운반작업을 하려고 한다. 작업개시 전에 점검하여야 할 사항 3가지를 쓰시오.

해답
① 권과방지장치, 브레이크, 클러치 및 운전장치의 기능
② 주행로의 상측 및 트롤리가 횡행하는 레일의 상태
③ 와이어로프가 통하고 있는 곳의 상태

관련 법령 산업안전보건기준에 관한 규칙 별표 3(작업시작 전 점검사항)

08 잠함, 우물통, 수직갱, 기타 이와 유사한 건설물 또는 설비의 내부에서 굴착작업을 하는 때에 사업주가 준수하여야 할 사항 3가지를 쓰시오.

해답
① 산소 결핍 우려가 있는 경우에는 산소의 농도를 측정하는 사람을 지명하여 측정하도록 할 것
② 근로자가 안전하게 오르내리기 위한 설비를 설치할 것
③ 굴착 깊이가 20m를 초과하는 경우에는 해당 작업장소와 외부와의 연락을 위한 통신설비 등을 설치할 것

관련 법령 산업안전보건기준에 관한 규칙 제377조(잠함 등 내부에서의 작업)

09 산업안전보건법령상 금지를 나타내는 안전보건표지 종류 5가지를 쓰시오.

해답
① 출입금지
② 보행금지
③ 차량통행금지
④ 사용금지
⑤ 탑승금지
⑥ 금연
⑦ 화기금지
⑧ 물체이동금지

관련 법령 산업안전보건법 시행규칙 별표 6(안전보건표지의 종류와 형태)

더 알아보기 안전보건표지의 종류와 형태 중 금지표지

101 출입금지	102 보행금지	103 차량통행금지	104 사용금지
105 탑승금지	106 금연	107 화기금지	108 물체이동금지

10 해중 공사 또는 한중 콘크리트 공사에 적당한 시멘트를 1가지 쓰시오.

해답
조강 포틀랜드 시멘트

11 하인리히의 재해예방 대책 5단계를 순서대로 쓰시오.

해답
① 1단계 : 안전관리 조직
② 2단계 : 사실의 발견
③ 3단계 : 평가분석
④ 4단계 : 시정책의 선정
⑤ 5단계 : 시정책의 적용

12 거푸집 해체 시 안전상 유의사항을 설명한 것이다. 다음 (   ) 안에 적합한 답을 쓰시오.

(1) 거푸집 해체는 순서에 의하여 실시하며, (①)를 배치한다.
(2) 콘크리트 자중 및 시공 중에 가해지는 하중에 충분히 견딜 만한 (②)를 가질 때까지는 해체하지 아니하여야 한다.
(3) 해체작업 시에는 안전모 등 (③)를 착용토록 하여야 한다.
(4) 해체작업장 주위에는 관계자를 제외하고는 (④) 조치를 하여야 한다.
(5) (⑤) 동시 해체작업은 원칙적으로 금지한다. 불가피한 경우 긴밀한 연락을 유지한다.
(6) 보 또는 슬래브 거푸집을 제거할 때에는 (⑥)에 의한 돌발적 재해를 방지하여야 한다.

해답
① 안전담당자, ② 강도, ③ 안전 보호장구, ④ 출입금지, ⑤ 상하, ⑥ 낙하 충격

관련 법령 콘크리트공사표준안전작업지침 제9조(해체)

13 연평균 100인의 근로자가 근무하는 사업장에서 연간 5건의 재해가 발생하였는데, 그 중 사망 1명, 14급 2명, 1명은 30일 가료, 다른 1명은 7일 가료하였다. 강도율을 구하고, 산출한 강도율의 의미를 쓰시오.

(1) 강도율(계산과정, 답)
(2) 강도율의 정의

해답

(1) 강도율 = $\dfrac{\text{총근로손실일수}}{\text{연근로시간수}} \times 1,000 = \dfrac{7,500 + (2 \times 50) + (30 + 7) \times \dfrac{300}{365}}{100 \times 8 \times 300} \times 1,000 = 31.793 = 31.79$

(2) 강도율이란 연간 총근로시간 1,000시간당 재해발생으로 인한 근로손실일수의 비율이다.

더 알아보기 요양근로손실일수 산정요령(산업재해통계업무처리규정 별표 1)

구분	사망	신체장해자 등급											
		1~3	4	5	6	7	8	9	10	11	12	13	14
근로손실 일수(일)	7,500	7,500	5,500	4,000	3,000	2,200	1,500	1,000	600	400	200	100	50

14 다음 (   ) 안에 적합한 답을 쓰시오.

터널건설작업을 할 때에 터널 내부의 시계가 배기가스나 (①) 등에 의하여 현저하게 제한되는 경우에는 (②)를 하거나 물을 뿌리는 등 시계를 유지하기 위하여 필요한 조치를 하여야 한다.

해답
① 분진, ② 환기

관련 법령 산업안전보건기준에 관한 규칙 제353조(시계의 유지)

제2회 과년도 기출복원문제

01 다음은 철골작업 중지 조건이다. ( ) 안에 적합한 내용을 쓰시오.

> (1) 풍속이 초당 (①)m 이상인 경우
> (2) 강우량이 시간당 (②)mm 이상인 경우
> (3) 강설량이 시간당 (③)cm 이상인 경우

해답
① 10, ② 1, ③ 1

관련 법령 산업안전보건기준에 관한 규칙 제383조(작업의 제한)

02 채석작업을 하는 경우 사전조사 결과에 따라 작업계획서에 작성해야 할 사항 4가지를 쓰시오.

해답
① 노천굴착과 갱내 굴착의 구별 및 채석방법
② 굴착면의 높이와 기울기
③ 굴착면 소단의 위치와 넓이
④ 갱내에서의 낙반 및 붕괴 방지방법
⑤ 발파방법
⑥ 암석의 분할방법
⑦ 암석의 가공 장소
⑧ 사용하는 굴착기계·분할기계·적재기계 또는 운반기계(굴착기계)의 종류 및 성능
⑨ 토석 또는 암석의 적재 및 운반방법과 운반경로
⑩ 표토 또는 용수의 처리방법

관련 법령 산업안전보건기준에 관한 규칙 별표 4(사전조사 및 작업계획서 내용)

03 건설공사 중 발생되는 파이핑 현상과 보일링 현상을 간략히 설명하시오.

해답
① 파이핑 현상 : 보일링으로 인하여 지반 내에 파이프와 같은 물의 통로가 생기는 현상이다.
② 보일링 현상 : 연약 사질토 지반에서 굴착 저면과 흙막이 배면과의 수위 차이로 인해 굴착 저면의 흙이 물과 함께 위로 솟구쳐 오르는 현상이다.

04 터널 굴착공사 시 터널 내 공기오염 원인 4가지를 쓰시오.

해답
① 굴착기, 착암기 등 장비에서 나오는 배기가스
② 발파 시 사용한 화약에서 발생하는 연기와 가스
③ 공사용 장비 사용 시 비산되는 분진
④ 터널 내부 작업자들의 호흡으로 인한 탄산가스

05 도급인인 사업주가 안전관리자를 선임하지 아니할 수 있는 요건을 2가지 쓰시오.

해답
① 도급인인 사업주 자신이 선임해야 할 안전관리자를 둔 경우
② 안전관리자 및 보건관리자를 두어야 할 수급인인 사업주의 사업의 종류별로 상시근로자수를 합계하여 그 상시근로자수에 해당하는 안전관리자 및 보건관리자를 추가로 선임한 경우

관련 법령 산업안전보건법 시행규칙 제10조(도급사업의 안전관리자 등의 선임)

06 굴착면의 높이가 2m 이상이 되는 지반 굴착작업 시 특별교육내용 3가지를 쓰시오.

해답
① 지반의 형태·구조 및 굴착 요령에 관한 사항
② 지반의 붕괴재해 예방에 관한 사항
③ 붕괴 방지용 구조물 설치 및 작업방법에 관한 사항
④ 보호구의 종류 및 사용에 관한 사항

관련 법령 산업안전보건법 시행규칙 별표 5(안전보건교육 교육대상별 교육내용)

07 적응기제 중 방어기제와 도피기제를 각각 2가지씩 쓰시오.

해답
(1) 방어기제 : ① 보상, ② 합리화, ③ 투사, ④ 승화
(2) 도피기제 : ① 백일몽, ② 억압, ③ 퇴행, ④ 고립

> **더 알아보기** 적응기제
>
> 적응기제란 스트레스 상황이나 내적 갈등에 대응하기 위해 무의식적으로 사용하는 심리적 방어수단이며, 방어기제와 도피기제가 있다.
> 1. 방어기제 : 두렵거나 불쾌한 정황이 욕구 불만에 직면하였을 때 스스로를 방어하기 위하여 자동적으로 취하는 적응 행위로 동일시, 보상, 투사, 합리화, 승화, 전이 등이 있다.
> 2. 도피기제 : 받아들이기 힘든 현실, 고통, 위협 등을 거부하고 피하기 위한 적응기제로 고립, 퇴행, 고착, 백일몽, 해리 등이 있다.

08 PS 콘크리트에서 프리스트레스를 도입한 즉시 일어나는 시간적 손실원인을 2가지 쓰시오.

해답
① 콘크리트의 탄성변형
② 긴장재와 시스관(sheath pipe)의 마찰
③ 정착장치의 활동

09 가설통로 설치 시 준수사항 5가지를 쓰시오.

해답
① 견고한 구조로 할 것
② 경사는 30° 이하로 할 것(다만, 계단을 설치하거나 높이 2m 미만의 가설통로로서 튼튼한 손잡이를 설치한 경우는 제외)
③ 경사가 15°를 초과하는 경우에는 미끄러지지 아니하는 구조로 할 것
④ 추락할 위험이 있는 장소에는 안전난간을 설치할 것
⑤ 수직갱에 가설된 통로의 길이가 15m 이상인 경우에는 10m 이내마다 계단참을 설치할 것
⑥ 건설공사에 사용하는 높이 8m 이상인 비계다리에는 7m 이내마다 계단참을 설치할 것

관련 법령 산업안전보건기준에 관한 규칙 제23조(가설통로의 구조)

10 동일한 장소에서 행하여지는 사업의 사업주는 그가 사용하는 근로자와 그의 수급인이 사용하는 근로자가 동일한 장소에서 작업을 할 때 생기는 산업재해 예방을 위한 조치사항 3가지를 쓰시오.

해답
① 도급인과 수급인을 구성원으로 하는 안전 및 보건에 관한 협의체의 구성 및 운영
② 작업장 순회점검
③ 관계수급인이 근로자에게 하는 안전보건교육을 위한 장소 및 자료의 제공 등 지원
④ 관계수급인이 근로자에게 하는 안전보건교육의 실시 확인
⑤ 다음의 어느 하나의 경우에 대비한 경보체계 운영과 대피방법 등 훈련
  ㉠ 작업 장소에서 발파작업을 하는 경우
  ㉡ 작업 장소에서 화재·폭발, 토사·구축물 등의 붕괴 또는 지진 등이 발생한 경우
⑥ 위생시설 등의 설치를 위하여 필요한 장소의 제공 또는 도급인이 설치한 위생시설 이용의 협조
⑦ 같은 장소에서 이루어지는 도급인과 관계수급인 등의 작업에 있어서 관계수급인 등의 작업시기·내용, 안전조치 및 보건조치 등의 확인
⑧ ⑦의 확인결과 관계수급인 등의 작업 혼재로 인하여 화재·폭발 등의 위험이 발생할 우려가 있는 경우 관계수급인 등의 작업시기·내용 등의 조정

관련 법령 산업안전보건법 제64조(도급에 따른 산업재해 예방조치)

11 달비계에 사용해서는 안 되는 와이어로프의 기준을 4가지 쓰시오.

해답
① 이음매가 있는 것
② 와이어로프의 한 꼬임에서 끊어진 소선의 수가 10% 이상인 것
③ 지름의 감소가 공칭지름의 7%를 초과하는 것
④ 꼬인 것
⑤ 심하게 변형되거나 부식된 것
⑥ 열과 전기충격에 의해 손상된 것

관련 법령 산업안전보건기준에 관한 규칙 제63조(달비계의 구조)

12 다음 공법의 이름을 각각 쓰시오.

> (1) 흙막이벽의 배면을 원통형으로 굴착하고, 여기에 고강도 PC강재 등의 인장재와 그라우트를 주입시켜 형성한 앵커체에 긴장력을 주어 흙막이벽을 지지시키는 공법
> (2) 지하의 굴착과 병행하여 지상의 기둥, 보 등의 구조를 축조하면서 지하연속벽을 흙막이벽으로 하여 굴착하면서 구조체를 형성해가는 공법

해답
(1) 어스앵커 공법
(2) 탑다운 공법

13 지난해 총산업재해보상보험 보상액이 214,730,693,000원일 때, 하인리히 방식으로 다음의 각 손실비용을 구하시오(계산과정 명시).

> (1) 총손실비용
> (2) 직접손실비용
> (3) 간접손실비용

해답
(1) 총손실비용 = 214,730,693,000 + 858,922,772,000 = 1,073,653,465,000원
(2) 직접손실비용 = 총산업재해보상보험 = 214,730,693,000원
(3) 간접손실비용 = 직접손실비용 × 4 = 214,730,693,000 × 4 = 858,922,772,000원

더 알아보기
1. 하인리히 손실비용 = 직접손실비용 + 간접손실비용
2. 직접손실비용 = 총산업재해보상보험
3. 간접손실비용 = 직접손실비용 × 4
4. 산업재해로 인한 경제적 손실 = 산업재해보상보험 보상액(A) + 간접손실(A × 4) = 5A

14 사질토지반 개량공법의 종류 4가지를 쓰시오.

해답
① 동다짐공법
② 바이브로플로테이션 공법
③ 다짐말뚝공법
④ 다짐모래말뚝공법
⑤ 전기충격공법
⑥ 약액주입공법

제4회 과년도 기출복원문제

01 산업안전보건법령상 건설공사 총 공사 원가가 300억원이고, 이 중 재료비와 직접노무비의 합이 240억원인 주민센터 신축 공사의 산업안전보건관리비는 얼마인지 쓰시오.

[해답]
주민센터는 건축공사에 해당하고, 50억원 이상이므로 비율 2.37%를 적용한다.
240억원 × 0.0237 = 568,800,000원

[더 알아보기] 공사종류 및 규모별 산업안전보건관리비 계상기준표(건설업 산업안전보건관리비 계상 및 사용기준 별표 1)

구분 공사 종류	대상액 5억원 미만인 경우 적용 비율(%)	대상액 5억원 이상 50억원 미만인 경우 적용 비율(%)		대상액 50억원 이상인 경우 적용 비율(%)	영 별표 5에 따른 보건관리자 선임대상 건설공사의 적용 비율(%)
		적용 비율(%)	기초액		
건축공사	3.11%	2.28%	4,325,000원	2.37%	2.64%
토목공사	3.15%	2.53%	3,300,000원	2.60%	2.73%
중건설공사	3.64%	3.05%	2,975,000원	3.11%	3.39%
특수건설공사	2.07%	1.59%	2,450,000원	1.64%	1.78%

02 높이 5m 이상의 비계를 조립·해체하거나 변경하는 작업에 있어 관리감독자의 유해·위험방지 업무 4가지를 쓰시오.

[해답]
① 재료의 결함 유무를 점검하고 불량품을 제거하는 일
② 기구·공구·안전대 및 안전모 등의 기능을 점검하고 불량품을 제거하는 일
③ 작업방법 및 근로자의 배치를 결정하고 작업진행 상태를 감시하는 일
④ 안전대와 안전모 등의 착용상황을 감시하는 일

[관련 법령] 산업안전보건기준에 관한 규칙 별표 2(관리감독자의 유해·위험방지)

03 산업안전보건법령상 간이리프트를 사용하여 작업을 하는 때의 작업시작 전 점검사항을 2가지 쓰시오.

[해답]
① 방호장치·브레이크 및 클러치의 기능
② 와이어로프가 통하고 있는 곳의 상태

[관련 법령] 산업안전보건기준에 관한 규칙 별표 3(작업시작 전 점검사항)

04 산업안전보건법령상 철골공사 작업을 중지해야 하는 조건이다. 다음 (   ) 안에 적합한 답을 쓰시오.

> (1) 풍속이 초당 (①)m 이상인 경우
> (2) 강우량이 시간당 (②)mm 이상인 경우
> (3) 강설량이 시간당 (③)cm 이상인 경우

해답
① 10, ② 1, ③ 1

관련 법령 산업안전보건기준에 관한 규칙 제383조(작업의 제한)

05 산업안전보건법령상 안전검사대상 유해·위험기계의 종류를 5가지만 쓰시오.

해답
① 프레스, ② 전단기, ③ 리프트, ④ 압력용기, ⑤ 곤돌라

관련 법령 산업안전보건법 시행령 제78조(안전검사대상기계 등)

더 알아보기 ▶ 안전검사대상기계 등

1. 프레스
2. 전단기
3. 크레인(정격하중이 2톤 미만인 것은 제외한다)
4. 리프트
5. 압력용기
6. 곤돌라
7. 국소 배기장치(이동식은 제외한다)
8. 원심기(산업용만 해당한다)
9. 롤러기(밀폐형 구조는 제외한다)
10. 사출성형기
11. 고소작업대(화물자동차 또는 특수자동차에 탑재한 고소작업대로 한정한다)
12. 컨베이어
13. 산업용 로봇
14. 혼합기
15. 파쇄기 또는 분쇄기

빈출
06 보일링 현상 방지대책 3가지를 쓰시오.

해답
① 흙막이벽의 근입 깊이를 증가시킨다.
② 차수공법을 이용하여 흙막이벽의 차수성을 증대시킨다.
③ 굴착 저면에 그라우팅한다.
④ 흙막이벽의 배면에 강제배수를 이용하여 지하수위를 저하시킨다.

07 안전모의 종류별 사용 구분에 따른 용도를 쓰시오.

해답
① AB : 물체의 낙하 또는 비래 및 추락에 의한 위험을 방지 또는 경감시키기 위한 것
② AE : 물체의 낙하 또는 비래에 의한 위험을 방지 또는 경감하고, 머리부위 감전에 의한 위험을 방지하기 위한 것
③ ABE : 물체의 낙하 또는 비래 및 추락에 의한 위험을 방지 또는 경감하고, 머리부위 감전에 의한 위험을 방지하기 위한 것

관련 법령 보호구 안전인증 고시 별표 1(추락 및 감전 위험방지용 안전모의 성능기준)

08 달비계 또는 높이 5m 이상의 비계를 조립·해체하거나 변경하는 작업 시 준수사항 4가지를 쓰시오.

해답
① 근로자가 관리감독자의 지휘에 따라 작업하도록 할 것
② 조립·해체 또는 변경의 시기·범위 및 절차를 그 작업에 종사하는 근로자에게 주지시킬 것
③ 조립·해체 또는 변경 작업구역에는 해당 작업에 종사하는 근로자가 아닌 사람의 출입을 금지하고 그 내용을 보기 쉬운 장소에 게시할 것
④ 비, 눈, 그 밖의 기상 상태의 불안정으로 날씨가 몹시 나쁜 경우에는 그 작업을 중지시킬 것
⑤ 비계재료의 연결·해체작업을 하는 경우에는 폭 20cm 이상의 발판을 설치하고 근로자로 하여금 안전대를 사용하도록 하는 등 추락을 방지하기 위한 조치를 할 것
⑥ 재료·기구 또는 공구 등을 올리거나 내리는 경우에는 근로자가 달줄 또는 달포대 등을 사용하게 할 것

관련 법령 산업안전보건기준에 관한 규칙 제57조(비계 등의 조립·해체 및 변경)

09 철골구조물 건립 시 강풍에 의한 풍압 등 외압에 대한 내력이 설계에 고려되어야 하는 사항 5가지를 쓰시오.

해답
① 높이 20m 이상의 구조물
② 구조물의 폭과 높이의 비가 1 : 4 이상인 구조물
③ 단면 구조에 현저한 차이가 있는 구조물
④ 연면적당 철골량이 50kg/m² 이하인 구조물
⑤ 기둥이 타이플레이트(tie plate)형인 구조물
⑥ 이음부가 현장용접인 구조물

관련 법령 철골공사표준안전작업지침 제3조(설계도 및 공작도 확인)

10
산업안전보건법령상 계단 설치기준이다. 다음 (   ) 안에 적합한 답을 쓰시오.

> (1) 사업주는 계단 및 계단참을 설치하는 경우 m²당 (①)kg 이상의 하중에 견딜 수 있는 강도를 가진 구조로 설치하여야 하며, 안전율은 (②) 이상으로 하여야 한다.
> (2) 사업주는 계단을 설치하는 경우 그 폭을 (③)m 이상으로 하여야 한다.
> (3) 사업주는 계단을 설치하는 경우 바닥면으로부터 높이 (④)m 이내의 공간에 장애물이 없도록 하여야 한다.
> (4) 사업주는 높이 (⑤)m 이상인 계단의 개방된 측면에 안전난간을 설치하여야 한다.

해답
① 500, ② 4, ③ 1, ④ 2, ⑤ 1

관련 법령 산업안전보건기준에 관한 규칙 제26조(계단의 강도), 제27조(계단의 폭), 제29조(천장의 높이), 제30조(계단의 난간)

11 [빈출]
산업재해 예방활동에 대한 참여와 지원을 촉진하기 위하여 명예산업안전감독관에 위촉할 수 있는 대상자 3명을 쓰시오.

해답
① 산업안전보건위원회 구성 대상 사업의 근로자 또는 노사협의체 구성·운영 대상 건설공사의 근로자 중에서 근로자대표가 사업주의 의견을 들어 추천하는 사람
② 연합단체인 노동조합 또는 그 지역 대표기구에 소속된 임직원 중에서 해당 연합단체인 노동조합 또는 그 지역 대표기구가 추천하는 사람
③ 전국 규모의 사업주단체 또는 그 산하조직에 소속된 임직원 중에서 해당 단체 또는 그 산하조직이 추천하는 사람
④ 산업재해 예방 관련 업무를 하는 단체 또는 그 산하조직에 소속된 임직원 중에서 해당 단체 또는 그 산하조직이 추천하는 사람

관련 법령 산업안전보건법 시행령 제32조(명예산업안전감독관 위촉 등)

12
전기기계·기구 중 이동형이나 휴대형의 것으로 감전 방지용 누전차단기를 설치해야 하는 기준을 3가지 쓰시오.

해답
① 대지전압이 150V를 초과하는 이동형 또는 휴대형 전기기계·기구
② 물 등 도전성이 높은 액체가 있는 습윤장소에서 사용하는 저압용 전기기계·기구
③ 철판·철골 위 등 도전성이 높은 장소에서 사용하는 이동형 또는 휴대형 전기기계·기구
④ 임시배선의 전로가 설치되는 장소에서 사용하는 이동형 또는 휴대형 전기기계·기구

관련 법령 산업안전보건기준에 관한 규칙 제304조(누전차단기에 의한 감전 방지)

13 관리감독자가 안전보건업무 수행 시 안전관리비에서 업무수당을 지급할 수 있는 작업 5가지를 쓰시오(단, 건설업 외의 작업은 제외).

해답
① 건설용 리프트·곤돌라를 이용한 작업
② 콘크리트 파쇄기를 사용하여 행하는 파쇄작업(2m 이상인 구축물 파쇄에 한정)
③ 굴착 깊이가 2m 이상인 지반의 굴착작업
④ 흙막이 지보공의 보강, 동바리 설치 또는 해체작업
⑤ 터널 안에서의 굴착작업, 터널 거푸집의 조립 또는 콘크리트 작업
⑥ 굴착면의 깊이가 2m 이상인 암석 굴착작업
⑦ 거푸집 지보공의 조립 또는 해체작업
⑧ 비계의 조립, 해체 또는 변경작업
⑨ 건축물의 골조, 교량의 상부구조 또는 탑의 금속제의 부재에 의하여 구성되는 것(5m 이상에 한정)의 조립·해체 또는 변경작업
⑩ 콘크리트 공작물(높이 2m 이상에 한정)의 해체 또는 파괴작업
⑪ 전압이 75V 이상인 정전 및 활선작업
⑫ 맨홀작업, 산소 결핍장소에서의 작업
⑬ 도로에 인접하여 관로, 케이블 등을 매설하거나 철거하는 작업
⑭ 전주 또는 통신주에서의 케이블 공중가설작업

관련 법령 건설업 산업안전보건관리비 계상 및 사용기준 별표 1의2(관리감독자 안전보건업무 수행 시 수당지급 작업)

14 지반의 붕괴, 구축물의 붕괴 또는 토석의 낙하 등에 의하여 근로자가 위험해질 우려가 있는 경우 그 위험을 방지하기 위한 조치사항이다. 다음 (   ) 안에 적합한 답을 쓰시오.

> (1) 지반은 안전한 경사로 하고 낙하의 위험이 있는 토석을 제거하거나 옹벽, (①) 등을 설치할 것
> (2) 토사 등의 붕괴 또는 토석의 낙하 원인이 되는 빗물이나 (②) 등을 배제할 것

해답
① 흙막이 지보공, ② 지하수

관련 법령 산업안전보건기준에 관한 규칙 제50조(토사 등에 의한 위험 방지)

제1회 과년도 기출복원문제

01 산업안전보건법령상 안전보건관리 규정의 작성 및 변경 절차에 관한 사항이다. 다음 ( ) 안에 적합한 답을 쓰시오.

> (1) 안전보건관리규정을 작성하여야 할 농·어업은 상시근로자 (①)명 이상을 사용하는 사업으로 한다.
> (2) 안전보건관리규정을 작성하여야 할 사유가 발생한 날부터 (②)일 이내에 안전보건관리규정을 작성하여야 한다.
> (3) 안전보건관리규정을 작성하거나 변경할 때에는 (③)의 심의·의결을 거쳐야 한다.
> (4) (③)가 설치되어 있지 아니한 사업장의 경우에는 (④)의 동의를 받아야 한다.

해답
① 300, ② 30, ③ 산업안전보건위원회, ④ 근로자대표

관련 법령 산업안전보건법 시행규칙 제25조(안전보건관리규정의 작성), 별표 2(안전보건관리규정을 작성해야 할 사업의 종류 및 상시근로자수), 산업안전보건법 제26조(안전보건관리규정의 작성·변경 절차)

02 굴착사면의 보호공법의 종류 4가지를 쓰시오.

해답
① 식생공법
② 격자틀공법
③ 뿜칠공법
④ 소일네일링 공법

03 상시근로자수 산출 공식을 쓰시오.

해답

$$\text{상시근로자수} = \frac{\text{연간 국내공사 실적액} \times \text{노무비율}}{\text{건설업 월평균임금} \times 12}$$

관련 법령 산업안전보건법 시행규칙 별표 1(건설업체 산업재해발생률 및 산업재해 발생 보고의무 위반건수의 산정 기준과 방법)

04 양중기의 종류 중 동력을 사용하여 사람이나 화물을 운반하는 것을 목적으로 하는 기계설비를 리프트라 한다. 산업안전보건기준에 관한 규칙에서 규정하고 있는 리프트의 종류 3가지를 쓰시오.

> **해답**
> ① 건설용 리프트
> ② 산업용 리프트
> ③ 자동차 정비용 리프트
> ④ 이삿짐 운반용 리프트
>
> **관련 법령** 산업안전보건기준에 관한 규칙 제132조(양중기)

05 절연손상으로 인한 위험 전압의 발생으로 야기되는 간접 접촉에 대한 방지대책을 2가지만 쓰시오.

> **해답**
> ① 동시에 접촉 가능한 2개의 도전성 부분을 2m 이상 격리시킬 것
> ② 동시에 접촉 가능한 2개의 도전성 부분을 절연체로 된 방호울로 격리시킬 것
> ③ 2,000V의 시험전압에 견디고 누설전류가 1mA 이하가 되도록 어느 한 부분을 절연시킬 것
>
> **관련 법령** 감전재해 예방을 위한 기술상의 지침 제9조(절연장소)

06 펌프카를 이용한 콘크리트 타설 시 준수사항 3가지를 쓰시오.

> **해답**
> ① 작업을 시작하기 전에 콘크리트 타설장비(콘크리트 플레이싱 붐, 콘크리트 분배기, 콘크리트 펌프카 등)를 점검하고 이상을 발견하였으면 즉시 보수할 것
> ② 건축물의 난간 등에서 작업하는 근로자가 호스의 요동·선회로 인하여 추락하는 위험을 방지하기 위하여 안전난간 설치 등 필요한 조치를 할 것
> ③ 콘크리트 타설장비의 붐을 조정하는 경우에는 주변의 전선 등에 의한 위험을 예방하기 위한 적절한 조치를 할 것
> ④ 작업 중에 지반의 침하나 아웃트리거 등 콘크리트 타설장비 지지구조물의 손상 등에 의하여 콘크리트 타설장비가 넘어질 우려가 있는 경우에는 이를 방지하기 위한 적절한 조치를 할 것
>
> **관련 법령** 산업안전보건기준에 관한 규칙 제335조(콘크리트 타설장비 사용 시의 준수사항)

07 산업안전보건법령상 작업으로 인하여 물체가 떨어지거나 날아올 위험이 있는 경우 위험 방지를 위하여 취해야 할 조치사항 3가지를 쓰시오.

해답
① 낙하물 방지망 설치
② 수직보호망 또는 방호선반의 설치
③ 출입금지구역의 설정
④ 보호구의 착용

관련 법령 산업안전보건기준에 관한 규칙 제14조(낙하물에 의한 위험의 방지)

08 산업안전보건법상 안전보건표지의 종류에 대한 색채 기준이다. ( ) 안에 적합한 내용을 쓰시오.

내용	바탕색	기본모형	관련 부호 및 그림
금지	(①)	빨간색	검은색
경고	노란색	(②)	검은색
지시	(③)	–	흰색
안내	흰색	녹색	(④)

해답
① 흰색
② 검은색
③ 파란색
④ 녹색

관련 법령 산업안전보건법 시행규칙 별표 7(안전보건표지의 종류별 용도, 설치·부착 장소, 형태 및 색채)

더 알아보기 안전보건표지의 종류별 용도, 설치·부착 장소, 형태 및 색채

분류	색채
금지표지	바탕은 흰색, 기본모형은 빨간색, 관련 부호 및 그림은 검은색
경고표지	바탕은 노란색, 기본모형, 관련 부호 및 그림은 검은색. 다만, 인화성물질 경고, 산화성물질 경고, 폭발성물질 경고, 급성독성물질 경고, 부식성물질 경고 및 발암성·변이원성·생식독성·전신독성·호흡기과민성 물질 경고의 경우 바탕은 무색, 기본모형은 빨간색(검은색도 가능)
지시표지	바탕은 파란색, 관련 그림은 흰색
안내표지	바탕은 흰색, 기본모형 및 관련 부호는 녹색, 바탕은 녹색, 관련 부호 및 그림은 흰색
출입금지표지	글자는 흰색 바탕에 흑색 다음 글자는 적색 • ○○○제조/사용/보관 중 • 석면취급/해체 중 • 발암물질 취급 중

09 산업안전보건법령상 상시근로자 520명인 가구 제조업의 경우 안전관리자 몇 명을 선임해야 하는지 쓰시오.

해답
2명 이상

관련 법령 산업안전보건법 시행령 별표 3(안전관리자를 두어야 하는 사업의 종류, 사업장의 상시근로자수, 안전관리자의 수 및 선임방법)

10 산업안전보건법상 거푸집 동바리의 조립 또는 해체작업 대상 특별안전보건교육 내용에 포함되어야 하는 사항을 3가지 쓰시오.

해답
① 동바리의 조립방법 및 작업 절차에 관한 사항
② 조립재료의 취급방법 및 설치기준에 관한 사항
③ 조립·해체 시의 사고 예방에 관한 사항
④ 보호구 착용 및 점검에 관한 사항
⑤ 그 밖에 안전·보건관리에 필요한 사항

관련 법령 산업안전보건법 시행규칙 별표 5(안전보건교육 교육대상별 교육내용)

빈출
11 산업안전보건법령상 고용노동부장관이 명예산업안전감독관을 해촉할 수 있는 경우 3가지를 쓰시오.

해답
① 근로자대표가 사업주의 의견을 들어 위촉된 명예산업안전감독관의 해촉을 요청한 경우
② 위촉된 명예산업안전감독관이 해당 단체 또는 그 산하조직으로부터 퇴직하거나 해임된 경우
③ 명예산업안전감독관의 업무와 관련하여 부정한 행위를 한 경우
④ 질병이나 부상 등의 사유로 명예산업안전감독관의 업무 수행이 곤란하게 된 경우

관련 법령 산업안전보건법 시행령 제33조(명예산업안전감독관의 해촉)

12 보일링 현상 방지대책 3가지를 쓰시오.

해답
① 흙막이벽의 근입 깊이를 증가시킨다.
② 차수공법을 이용하여 흙막이벽의 차수성을 증대시킨다.
③ 굴착 저면에 그라우팅한다.
④ 흙막이벽의 배면에 강제배수를 이용하여 지하수위를 저하시킨다.

13 건설업 산업안전보건관리비 계상 및 사용기준에 관한 설명이다. (   ) 안에 적합한 답을 쓰시오.

(1) 산업재해예방시설자금 융자금 지원사업 및 보조금 지급사업 운영규정에 따른 "스마트안전장비 지원사업" 및 건설기술진흥법에 따른 스마트 안전장비 구입·임대 비용. 다만, 제4조에 따라 계상된 산업안전보건관리비 총액의 (①)를 초과할 수 없다.
(2) 중대재해 처벌 등에 관한 법률 시행령 제4조 제2호 나목에 해당하는 건설사업자가 아닌 자가 운영하는 사업에서 안전보건 업무를 총괄·관리하는 (②)명 이상으로 구성된 본사 전담조직에 소속된 근로자의 임금 및 업무수행 출장비 전액. 다만, 제4조에 따라 계상된 산업안전보건관리비 총액의 (③)을 초과할 수 없다.

해답
① 2/10, ② 3, ③ 1/20

관련 법령 건설업 산업안전보건관리비 계상 및 사용기준 제7조(사용기준)

14 연평균근로자수가 600명인 A회사의 안전전담부서에서 6개월간 아래와 같이 안전전담 활동을 한 경우 안전활동률을 구하시오(단, 1일 9시간, 월 22일 근무, 6개월간 사고건수 2건).

- 불안전한 행동 20건 발견 조치
- 불안전한 상태 34건 조치
- 권고 12건
- 안전홍보 3건
- 안전회의 6회

해답
$$\text{안전활동률} = \frac{\text{안전활동건수}}{\text{근로시간수} \times \text{평균근로자수}} \times 1{,}000{,}000 = \frac{20 + 34 + 12 + 3 + 6}{(9 \times 22 \times 6) \times 600} \times 1{,}000{,}000$$
$$= 105.218 = 105.22$$

제2회 과년도 기출복원문제

01 다음 조건에 따른 건설현장의 산업안전보건관리비를 구하시오.

- 공사명 : ○○공동주택 신축공사
- 관급재료비 : 3억5천
- 재료비 : 2억5천
- 직접노무비 : 2억

해답

대상액이 5억 이상 50억 미만인 건축공사의 요율은 2.28% + 기초액 4,325,000원이고 대상액이 5억 미만인 경우 3.11%이므로
① (2.5억원 + 2억원 + 3.5억)×0.0228 + 4,325,000원 = 22,565,000원
② (2.5억원 + 2억원)×0.0311×1.2 = 16,794,000원
산업안전보건관리비 : 16,794,000원(둘 중 작은 값 선택)

관련 법령 건설업 산업안전보건관리비 계상 및 사용기준 별표 1(공사종류 및 규모별 안전관리비 계상기준표)

더 알아보기 산업안전보건관리비
1. [대상액 (재료비 + 직접노무비 + 관급재료비)]×요율
2. [대상액 (재료비 + 직접노무비)]×요율×1.2
※ 산업안전보건관리비는 둘 중 작은 값으로 한다.

02 히빙 현상의 방지대책 5가지를 쓰시오.

해답
① 흙막이벽의 근입 깊이를 증가시킨다.
② 흙막이 배면의 상부에 자재 등의 적재를 금지한다.
③ 굴착 시 오픈컷보다는 아일랜드컷 방식으로 굴착한다.
④ 흙막이 주변 굴착 저면에 최대한 빠르게 콘크리트를 타설한다.
⑤ 굴착 저면 타설 시 흙막이벽에 붙은 토사는 제거하지 않는다.

03 산업재해 발생 보고에 관한 내용이다. (   ) 안에 적합한 내용을 쓰시오.

> 사업주는 산업재해로 사망자가 발생하거나 (①)일 이상의 휴업이 필요한 부상을 입거나 질병에 걸린 사람이 발생한 경우에는 해당 산업재해가 발생한 날부터 (②)개월 이내에 별지 제30호 서식의 (③)를 작성하여 관할 지방고용노동관서의 장에게 제출해야 한다.

해답
① 3
② 1
③ 산업재해조사표

관련 법령 산업안전보건법 시행규칙 제73조(산업재해 발생 보고 등)

---

04 구축물 또는 이와 유사한 시설물에 대한 안전진단 등 안전성 평가를 실시하여 근로자에게 미칠 위험성을 미리 제거하여야 하는 경우 2가지를 쓰시오.

해답
① 구축물 등의 인근에서 굴착·항타작업 등으로 침하·균열 등이 발생하여 붕괴의 위험이 예상될 경우
② 구축물 등에 지진, 동해, 부동침하 등으로 균열·비틀림 등이 발생했을 경우
③ 구축물 등이 그 자체의 무게·적설·풍압 또는 그 밖에 부가되는 하중 등으로 붕괴 등의 위험이 있을 경우
④ 화재 등으로 구축물 등의 내력이 심하게 저하됐을 경우
⑤ 오랜 기간 사용하지 않던 구축물 등을 재사용하게 되어 안전성을 검토해야 하는 경우
⑥ 구축물 등의 주요구조부에 대한 설계 및 시공방법의 전부 또는 일부를 변경하는 경우
⑦ 그 밖의 잠재위험이 예상될 경우

관련 법령 산업안전보건기준에 관한 규칙 제52조(구축물 등의 안전성 평가)

---

05 건립 중 강풍에 의한 풍압 등 외압에 대한 내력이 설계에 고려되었는지 확인해야 할 철골구조물 5가지를 쓰시오.

해답
① 높이 20m 이상의 구조물
② 구조물의 폭과 높이의 비가 1:4 이상인 구조물
③ 단면 구조에 현저한 차이가 있는 구조물
④ 연면적당 철골량이 50kg/m² 이하인 구조물
⑤ 기둥이 타이플레이트(tie plate)형인 구조물
⑥ 이음부가 현장용접인 구조물

관련 법령 철골공사표준안전작업지침 제3조(설계도 및 공작도 확인)

06 건물 등의 해체작업 시 작업계획서에 포함되어야 할 사항 4가지를 쓰시오.

해답
① 해체의 방법 및 해체순서 도면
② 가설설비・방호설비・환기설비 및 살수・방화설비 등의 방법
③ 사업장 내 연락방법
④ 해체물의 처분계획
⑤ 해체작업용 기계・기구 등의 작업계획서
⑥ 해체작업용 화약류 등의 사용계획서
⑦ 그 밖의 안전보건에 관련된 사항

관련 법령 산업안전보건기준에 관한 규칙 별표 4(사전조사 및 작업계획서 내용)

07 다음은 사다리식 통로의 안전기준에 대한 사항이다. 빈칸을 채우시오.

(1) 사다리의 상단은 걸쳐놓은 지점으로부터 (①)cm 이상 올라가도록 할 것
(2) 사다리식 통로의 길이가 10m 이상인 경우에는 (②)m 이내마다 계단참을 설치할 것
(3) 사다리식 통로의 기울기는 (③)° 이하로 할 것

해답
① 60, ② 5, ③ 75

관련 법령 산업안전보건기준에 관한 규칙 제24조(사다리식 통로 등의 구조)

더 알아보기 사다리식 통로 등의 구조

1. 견고한 구조로 할 것
2. 심한 손상・부식 등이 없는 재료를 사용할 것
3. 발판의 간격은 일정하게 할 것
4. 발판과 벽과의 사이는 15cm 이상의 간격을 유지할 것
5. 폭은 30cm 이상으로 할 것
6. 사다리가 넘어지거나 미끄러지는 것을 방지하기 위한 조치를 할 것
7. 사다리의 상단은 걸쳐놓은 지점으로부터 60cm 이상 올라가도록 할 것
8. 사다리식 통로의 길이가 10m 이상인 경우에는 5m 이내마다 계단참을 설치할 것
9. 사다리식 통로의 기울기는 75° 이하로 할 것. 다만, 고정식 사다리식 통로의 기울기는 90° 이하로 하고, 그 높이가 7m 이상인 경우에는 다음의 구분에 따른 조치를 할 것
   가. 등받이울이 있어도 근로자 이동에 지장이 없는 경우 : 바닥으로부터 높이가 2.5m되는 지점부터 등받이울을 설치할 것
   나. 등받이울이 있으면 근로자가 이동이 곤란한 경우 : 한국산업표준에서 정하는 기준에 적합한 개인용 추락 방지 시스템을 설치하고 근로자로 하여금 한국산업표준에서 정하는 기준에 적합한 전신안전대를 사용하도록 할 것
10. 접이식 사다리 기둥은 사용 시 접혀지거나 펼쳐지지 않도록 철물 등을 사용하여 견고하게 조치할 것

08 철륜 표면에 다수의 돌기가 붙여 접지면적을 작게 하여 접지압을 증가시킨 롤러로서 고함수비 점성토 지반의 다짐작업에 적합한 롤러의 명칭을 쓰시오.

해답
탬핑 롤러

더 알아보기 탬핑 롤러

09 안면부 여과식, 분리식 방진마스크의 시험성능기준에 있는 각 등급별 여과재 분진 등 포집효율 기준과 관련하여 다음 ( ) 안에 적합한 답을 쓰시오.

형태 및 등급		염화나트륨(NaCl) 및 파라핀 오일(paraffin oil) 시험(%)
분리식	특급	(①) 이상
	1급	(②) 이상
	2급	(③) 이상
안면부 여과식	특급	(④) 이상
	1급	(⑤) 이상
	2급	(⑥) 이상

해답
① 99.95%, ② 94%, ③ 80%, ④ 99%, ⑤ 94%, ⑥ 80%

관련 법령 보호구 안전인증 고시 별표 4(방진마스크의 성능기준)

10 리프트를 사용하는 작업 시 안전작업 수칙 4가지를 쓰시오.

해답
① 리프트는 가능한 한 전담 운전자를 배치하여 운행토록 한다.
② 리프트 운전자는 조작방법을 충분히 숙지한 후 운행하여야 한다.
③ 리프트 운전자는 운행 중 이상음, 진동 등의 발생 여부를 확인하면서 운행한다.
④ 리프트는 과적 또는 탑승인원을 초과하여 운행하지 않도록 한다.
⑤ 고장수리는 반드시 전문가에게 의뢰하여 실시하여야 한다.
⑥ 리프트 운전자 및 탑승자는 안전모, 안전화 등 개인보호구를 착용하여야 한다.

관련 법령 건설기계 안전보건작업지침 6.3.3(건설용 리프트 사용 시 유의사항)

11 다음은 낙하물 방지망을 설치하는 경우 준수사항이다. (   ) 안에 알맞은 내용을 쓰시오.

(1) 높이는 (①)m 이내마다 설치하고, 내민 길이는 벽면으로부터 (②)m 이상으로 할 것
(2) 수평면과의 각도는 (③)° 이상 (④)° 이하를 유지할 것

해답
① 10, ② 2, ③ 20, ④ 30

관련 법령 산업안전보건기준에 관한 규칙 제14조(낙하물에 의한 위험의 방지)

> **더 알아보기** 낙하물에 의한 위험의 방지
>
> 1. 사업주는 작업장의 바닥, 도로 및 통로 등에서 낙하물이 근로자에게 위험을 미칠 우려가 있는 경우 보호망을 설치하는 등 필요한 조치를 하여야 한다.
> 2. 사업주는 작업으로 인하여 물체가 떨어지거나 날아올 위험이 있는 경우 낙하물 방지망, 수직보호망 또는 방호선반의 설치, 출입금지구역의 설정, 보호구의 착용 등 위험을 방지하기 위하여 필요한 조치를 하여야 한다.
> 3. 2.에 따라 낙하물 방지망 또는 방호선반을 설치하는 경우에는 다음의 사항을 준수하여야 한다.
>   가. 높이 10m 이내마다 설치하고, 내민 길이는 벽면으로부터 2m 이상으로 할 것
>   나. 수평면과의 각도는 20° 이상 30° 이하를 유지할 것

빈출
12 와이어로프의 사용금지 기준이다. 다음 (   ) 안에 알맞은 내용을 쓰시오.

(1) 와이어로프의 한 꼬임에서 끊어진 소선의 수가 (①)% 이상인 것
(2) 지름의 감소가 공칭지름의 (②)%를 초과하는 것

해답
① 10, ② 7

관련 법령 산업안전보건기준에 관한 규칙 제63조(달비계의 구조)

> **더 알아보기** 달비계에 사용해서는 안 되는 와이어로프
>
> 1. 이음매가 있는 것
> 2. 와이어로프의 한 꼬임에서 끊어진 소선의 수가 10% 이상인 것
> 3. 지름의 감소가 공칭지름의 7%를 초과하는 것
> 4. 꼬인 것
> 5. 심하게 변형되거나 부식된 것
> 6. 열과 전기충격에 의해 손상된 것

13 차량계 하역운반기계의 운전자가 운전 위치를 이탈하는 경우 준수하여야 할 사항 3가지를 쓰시오.

해답
① 포크, 버킷, 디퍼 등의 장치를 가장 낮은 위치 또는 지면에 내려 둘 것
② 원동기를 정지시키고 브레이크를 확실히 거는 등 차량계 하역운반기계 등 차량계 건설기계의 갑작스러운 이동을 방지하기 위한 조치를 할 것
③ 운전석을 이탈하는 경우에는 시동키를 운전대에서 분리시킬 것

관련 법령 산업안전보건기준에 관한 규칙 제99조(운전위치 이탈 시의 조치)

14 굴착면의 높이가 2m 이상이 되는 암석의 굴착작업 시 특별안전보건교육 내용 3가지를 쓰시오.

해답
① 폭발물 취급 요령과 대피 요령에 관한 사항
② 안전거리 및 안전기준에 관한 사항
③ 방호물의 설치 및 기준에 관한 사항
④ 보호구 및 신호방법 등에 관한 사항

관련 법령 산업안전보건법 시행규칙 별표 5(안전보건교육 교육대상별 교육내용)

2016년 제4회 과년도 기출복원문제

01 추락방지용 방망 그물코의 크기는 몇 mm인지 쓰시오.

[해답]
100mm 이하

[관련 법령] 추락재해방지표준안전작업지침 제3조(구조 및 치수)

02 기계가 서 있는 지반보다 높은 곳을 굴착할 때 쓰는 기계의 명칭을 쓰시오.

[해답]
파워셔블

[더 알아보기] 파워셔블

03 잠함, 우물통, 수직갱 또는 이와 비슷한 건설물이나 설비의 내부에서 굴착작업을 할 때 준수하여야 할 사항 3가지를 쓰시오.

해답
① 산소 결핍 우려가 있는 경우에는 산소의 농도를 측정하는 사람을 지명하여 측정하도록 할 것
② 근로자가 안전하게 오르내리기 위한 설비를 설치할 것
③ 굴착 깊이가 20m를 초과하는 경우에는 해당 작업장소와 외부와의 연락을 위한 통신설비 등을 설치할 것

관련 법령 산업안전보건기준에 관한 규칙 제377조(잠함 등 내부에서의 작업)

04 근로감독관이 사업장에 출입하여 관계자에게 질문을 하고 장부, 서류 그 밖의 물건의 검사 및 안전보건 점검을 하거나 관계 서류의 제출을 요구할 수 있는 경우 3가지를 쓰시오.

해답
① 산업재해가 발생하거나 산업재해 발생의 급박한 위험이 있는 경우
② 근로자의 신고로 또는 고소·고발 등에 대한 조사가 필요한 경우
③ 법 또는 법에 따른 명령을 위반한 범죄의 수사 등 사법경찰관의 직무를 수행하기 위하여 필요한 경우
④ 고용노동부장관 또는 지방고용노동관서의 장이 법 또는 법에 따른 명령의 위반 여부를 조사하기 위하여 필요하다고 인정하는 경우

관련 법령 산업안전보건법 시행규칙 제235조(감독기준)

05 특별안전보건교육 중 '거푸집 동바리의 조립 또는 해체작업'에 대한 교육내용에서 개별내용에 포함하여야 할 사항 3가지를 쓰시오.

해답
① 동바리의 조립방법 및 작업 절차에 관한 사항
② 조립재료의 취급방법 및 설치기준에 관한 사항
③ 조립·해체 시의 사고 예방에 관한 사항
④ 보호구 착용 및 점검에 관한 사항

관련 법령 산업안전보건법 시행규칙 별표 5(안전보건교육 교육대상별 교육내용)

06 추락방호망의 설치기준을 3가지 쓰시오.

해답
① 추락방호망의 설치위치는 가능하면 작업면으로부터 가까운 지점에 설치하여야 하며, 작업면으로부터 망의 설치 지점까지의 수직거리는 10m를 초과하지 않아야 한다.
② 추락방호망은 수평으로 설치하고 망의 처짐은 짧은 변 길이의 12% 이상이 되도록 해야 한다.
③ 건축물 등의 바깥쪽으로 설치하는 경우 망의 내민 길이는 벽면으로부터 3m 이상 되도록 해야 한다.

관련 법령 산업안전보건기준에 관한 규칙 제42조(추락의 방지)

07 자동차정비용 리프트의 운반구에 근로자를 탑승시켜서는 아니 되지만 어떤 조치를 하면 탑승이 가능한지 쓰시오.

해답
자동차정비용 리프트의 수리, 조정 및 점검 등의 작업을 할 때에 그 작업에 종사하는 근로자가 위험해질 우려가 없도록 조치한 경우

관련 법령 산업안전보건기준에 관한 규칙 제86조(탑승의 제한)

08 전시관 공사에서 재료비와 직접노무비의 합이 50억원일 때 안전관리비를 계산하시오.

해답
안전관리비 = 대상액(재료비 + 직접노무비) × 요율
= 5,000,000,000 × 0.0237
= 118,5000,000원

더 알아보기 공사종류 및 규모별 산업안전보건관리비 계상기준표(건설업 산업안전보건관리비 계상 및 사용기준 별표 1)

구분 공사 종류	대상액 5억원 미만인 경우 적용 비율(%)	대상액 5억원 이상 50억원 미만인 경우		대상액 50억원 이상인 경우 적용 비율(%)	영 별표 5에 따른 보건관리자 선임대상 건설공사의 적용 비율(%)
		적용 비율(%)	기초액		
건축공사	3.11%	2.28%	4,325,000원	2.37%	2.64%
토목공사	3.15%	2.53%	3,300,000원	2.60%	2.73%
중건설공사	3.64%	3.05%	2,975,000원	3.11%	3.39%
특수건설공사	2.07%	1.59%	2,450,000원	1.64%	1.78%

09 공사 진척에 따른 산업안전보건관리비 사용기준이다. (   ) 안에 적합한 내용을 쓰시오.

공정률	50% 이상 70% 미만	70% 이상 90% 미만	90% 이상
사용기준	(①)% 이상	(②)% 이상	(③)% 이상

해답
① 50, ② 70, ③ 90

관련 법령 건설업 산업안전보건관리비 계상 및 사용기준 별표 3(공사 진척에 따른 산업안전보건관리비 사용기준)

10 회전날 끝에 다이아몬드 입자를 혼합·경화하여 제조된 절단톱으로 기둥, 보, 바닥, 벽체를 적당한 크기로 절단하여 해체하는 공법 적용 시 준수사항 3가지를 쓰시오.

해답
① 작업현장은 정리정돈이 잘 되어야 한다.
② 절단기에 사용되는 전기시설과 급수, 배수설비를 수시로 정비·점검하여야 한다.
③ 회전날에는 접촉방지 커버를 부착토록 하여야 한다.
④ 회전날의 조임 상태는 안전한지 작업 전에 점검하여야 한다.
⑤ 절단 중 회전날을 냉각시키는 냉각수는 충분한지 점검하고 불꽃이 많이 비산되거나 수증기 등이 발생되면 과열된 것이므로 일시중단 한 후 작업을 실시하여야 한다.
⑥ 절단방향을 직선을 기준하여 절단하고 부재중에 철근 등이 있어 절단이 안될 경우에는 최소단면으로 절단하여야 한다.
⑦ 절단기는 매일 점검하고 정비해 두어야 하며 회전 구조부에는 윤활유를 주유해 두어야 한다.

관련 법령 해체공사표준안전작업지침 제9조(절단톱)

11 건설업 기초안전보건 교육 시 교육시간과 교육내용 2가지를 쓰시오.

해답
(1) 교육시간 : 4시간
(2) 교육내용
　① 건설공사의 종류(건축·토목 등) 및 시공 절차(1시간)
　② 산업재해 유형별 위험요인 및 안전보건조치(2시간)
　③ 안전보건관리체제 현황 및 산업안전보건 관련 근로자 권리·의무(1시간)

관련 법령 산업안전보건법 시행규칙 별표 5(안전보건교육 교육대상별 교육내용)

12 차량계 건설기계의 작업계획서 내용에 포함되어야 할 사항 3가지를 쓰시오.

해답
① 사용하는 차량계 건설기계의 종류 및 성능
② 차량계 건설기계의 운행경로
③ 차량계 건설기계에 의한 작업방법

관련 법령 산업안전보건기준에 관한 규칙 별표 4(사전조사 및 작업계획서 내용)

더 알아보기 사전조사 및 작업계획서 내용

작업명	사전조사 내용	작업계획서 내용
차량계 건설기계를 사용하는 작업	해당 기계의 굴러 떨어짐, 지반의 붕괴 등으로 인한 근로자의 위험을 방지하기 위한 해당 작업장소의 지형 및 지반 상태	가. 사용하는 차량계 건설기계의 종류 및 성능 나. 차량계 건설기계의 운행경로 다. 차량계 건설기계에 의한 작업방법

13 와이어로프 안전계수를 설명하시오.

해답
와이어로프 등의 절단하중 값을 그 와이어로프 등에 걸리는 하중의 최댓값으로 나눈 값을 말한다.

관련 법령 산업안전보건기준에 관한 규칙 제163조(와이어로프 등 달기구의 안전계수)

14 차량계 하역운반기계에 화물을 적재하는 경우 준수사항을 4가지 쓰시오.

해답
① 하중이 한쪽으로 치우치지 않도록 적재해야 한다.
② 구내운반차 또는 화물자동차의 경우 화물의 붕괴 또는 낙하에 의한 위험을 방지하기 위하여 화물에 로프를 거는 등 필요한 조치를 해야 한다.
③ 운전자의 시야를 가리지 않도록 화물을 적재해야 한다.
④ 화물을 적재하는 경우에는 최대 적재량을 초과해서는 아니 된다.

관련 법령 산업안전보건기준에 관한 규칙 제173조(화물적재 시의 조치)

2017년 제1회 과년도 기출복원문제

PART 02. 필답형

01 히빙 방지대책과 보일링 방지대책을 각각 2가지씩 쓰시오.

해답
(1) 히빙 방지대책
  ① 흙막이벽의 근입 깊이를 증가시킨다.
  ② 흙막이 배면의 상부에 자재 등의 적재를 금지한다.
  ③ 굴착 시 오픈컷보다는 아일랜드컷 방식으로 굴착한다.
  ④ 흙막이 주변 굴착 저면에 최대한 빠르게 콘크리트를 타설한다.
  ⑤ 굴착 저면 타설 시 흙막이벽에 붙은 토사는 제거하지 않는다.
(2) 보일링 방지대책
  ① 흙막이벽의 근입 깊이를 증가시킨다.
  ② 차수공법을 이용하여 흙막이벽의 차수성을 증대시킨다.
  ③ 굴착 저면에 그라우팅한다.
  ④ 흙막이벽의 배면에 강제배수를 이용하여 지하수위를 저하시킨다.

02 승강기를 제외한 양중기에 운전자와 작업자가 보기 쉬운 곳에 부착해야 하는 내용 2가지를 쓰시오.

해답
① 정격하중
② 운전속도
③ 경고표지

관련 법령 산업안전보건기준에 관한 규칙 제133조(정격하중 등의 표시)

03 1톤 이상의 크레인을 사용하는 작업 또는 1톤 미만의 크레인 또는 호이스트 5대 이상 보유한 사업장에서 해당 기계로 하는 작업 시 특별안전보건교육 내용 3가지를 쓰시오.

해답
① 방호장치의 종류, 기능 및 취급에 관한 사항
② 걸고리·와이어로프 및 비상정지장치 등의 기계·기구 점검에 관한 사항
③ 화물의 취급 및 안전작업방법에 관한 사항
④ 신호방법 및 공동작업에 관한 사항
⑤ 인양 물건의 위험성 및 낙하·비래·충돌재해 예방에 관한 사항
⑥ 인양물이 적재될 지반의 조건, 인양하중, 풍압 등이 인양물과 타워크레인에 미치는 영향

관련 법령 산업안전보건법 시행규칙 별표 5(안전보건교육 교육대상별 교육내용)

빈출
04 다음 안전보건표지의 명칭을 쓰시오.

①	②	③	④

해답
① 출입금지
② 인화성물질 경고
③ 보행금지
④ 위험장소 경고

관련 법령 산업안전보건법 시행규칙 별표 6(안전보건표지의 종류와 형태)

05 안전·보건진단을 받아 안전보건개선계획을 수립·제출하도록 명할 수 있는 사업장 2곳을 쓰시오.

해답
① 산업재해율이 같은 업종 평균 산업재해율의 2배 이상인 사업장
② 사업주가 필요한 안전조치 또는 보건조치를 이행하지 아니하여 중대재해가 발생한 사업장
③ 직업성 질병자가 연간 2명 이상(상시근로자 1천명 이상 사업장의 경우 3명 이상) 발생한 사업장
④ 그 밖에 작업환경 불량, 화재·폭발 또는 누출 사고 등으로 사업장 주변까지 피해가 확산된 사업장

관련 법령 산업안전보건법 시행령 제49조(안전보건진단을 받아 안전보건개선계획을 수립할 대상)

빈출
06 다음은 양중기의 와이어로프 등 달기구의 안전계수이다. ( ) 안에 적합한 내용을 쓰시오.

(1) 근로자가 탑승하는 운반구를 지지하는 달기 와이어로프 또는 달기 체인의 경우 : (①) 이상
(2) 화물의 하중을 직접 지지하는 달기 와이어로프 또는 달기 체인의 경우 : (②) 이상
(3) 훅, 섀클, 클램프, 리프팅 빔의 경우 : (③) 이상
(4) 그 밖의 경우 : (④) 이상

해답
① 10, ② 5, ③ 3, ④ 4

관련 법령 산업안전보건기준에 관한 규칙 제163조(와이어로프 등 달기구의 안전계수)

07 지반 굴착 시 굴착면의 기울기에 대하여 다음 (   ) 안에 적합한 답을 쓰시오.

지반의 종류	굴착면의 기울기
모래	1 : (①)
연암 및 풍화암	1 : (②)
경암	1 : (③)
그 밖의 흙	1 : (④)

해답

① 1.8, ② 1.0, ③ 0.5, ④ 1.2

관련 법령 산업안전보건기준에 관한 규칙 별표 11(굴착면의 기울기 기준)

08 다음 사업장의 Safe T-score를 구하고 안전도에 대한 심각성 여부를 판정하시오.

- 근로자수 : 400명
- 과거 빈도율 : 120
- 1일 8시간 300일 근무
- 현재 빈도율 : 100

해답

$$\text{safe T score} = \frac{\text{현재의 빈도율} - \text{과거의 빈도율}}{\sqrt{\frac{\text{과거의 빈도율}}{\text{근로총시간(현재)}} \times 1{,}000{,}000}} = \frac{100 - 120}{\sqrt{\frac{120}{400 \times 8 \times 300} \times 1{,}000{,}000}} = -1.79$$

∴ 안전도에 대한 심각성 여부 : −2.00<T<+2.00이므로 과거와 차이가 없다.

더 알아보기 안전도에 대한 심각성 판단기준

Safe T-score	판단기준
+2.00 이상	과거보다 심각해짐
−2.00 ~ +2.00	과거와 차이 없음
−2.00 이하	과거보다 좋아짐

09 산업재해 발생위험이 있는 장소 5가지를 쓰시오.

해답
① 토사·구축물·인공구조물 등이 붕괴될 우려가 있는 장소
② 기계·기구 등이 넘어지거나 무너질 우려가 있는 장소
③ 안전난간의 설치가 필요한 장소
④ 비계 또는 거푸집을 설치하거나 해체하는 장소
⑤ 건설용 리프트를 운행하는 장소
⑥ 지반을 굴착하거나 발파작업을 하는 장소
⑦ 엘리베이터홀 등 근로자가 추락할 위험이 있는 장소
⑧ 석면이 붙어 있는 물질을 파쇄하거나 해체하는 작업을 하는 장소
⑨ 공중 전선에 가까운 장소로서 시설물의 설치·해체·점검 및 수리 등의 작업을 할 때 감전의 위험이 있는 장소
⑩ 물체가 떨어지거나 날아올 위험이 있는 장소
⑪ 프레스 또는 전단기(剪斷機)를 사용하여 작업을 하는 장소
⑫ 차량계 하역운반기계 또는 차량계 건설기계를 사용하여 작업하는 장소
⑬ 전기기계·기구를 사용하여 감전의 위험이 있는 작업을 하는 장소
⑭ 철도차량에 의한 충돌 또는 협착의 위험이 있는 작업을 하는 장소
⑮ 그 밖에 화재·폭발 등 사고발생 위험이 높은 장소로서 고용노동부령으로 정하는 장소

관련 법령 산업안전보건법 시행령 제11조(도급인이 지배·관리하는 장소)

10 화물을 인력으로 운반 시 준수사항 3가지를 쓰시오.

해답
① 하물의 운반은 수평거리 운반을 원칙으로 하며, 여러 번 들어 움직이거나 중계운반, 반복운반을 하여서는 아니 된다.
② 운반 시 시선은 진행방향을 향하고 뒷걸음으로 운반을 해서는 아니 된다.
③ 어깨 높이보다 높은 위치에서 하물을 들고 운반해서는 아니 된다.
④ 쌓여 있는 하물을 운반할 때에는 중간 또는 하부에서 뽑아내어서는 아니 된다.

관련 법령 운반하역 표준안전 작업지침 제8조(운반)

11 크레인 등을 사용하여 인양 등의 작업 시 준수사항을 3가지 쓰시오.

해답
① 인양할 하물을 바닥에서 끌어당기거나 밀어내는 작업을 하지 아니할 것
② 유류드럼이나 가스통 등 운반 도중 떨어져 폭발하거나 누출될 가능성이 있는 위험물 용기는 보관함에 담아 안전하게 매달아 운반할 것
③ 고정된 물체를 직접 분리·제거하는 작업을 하지 아니할 것
④ 근로자의 출입을 통제하여 인양 중인 하물이 작업자의 머리 위로 통과하지 않도록 할 것
⑤ 인양하는 하물이 보이지 아니하는 경우에는 어떠한 동작도 하지 아니할 것

관련 법령 산업안전보건기준에 관한 규칙 제146조(크레인 작업 시의 조치)

12. OJT 교육을 설명하시오.

해답

OJT란 On the Job Training의 약자로 직장 내 훈련이라는 뜻이며, 직속상관이 부하 직원에 대하여 일상업무를 통해 지식, 기능, 문제해결능력 및 태도 등을 교육, 훈련하는 방법이다. 맞춤식 교육이 가능하고, 효율이 높지만 대규모 교육이 어렵고 체계적이지 못하다는 것이 단점이다.

13. 다음은 건설기계에 관한 설명이다. 다음 ( ) 안에 적합한 답을 쓰시오.

(1) (①) : 블레이드가 수평이며 불도저의 진행방향에 직각으로 블레이드 면을 부착한 것으로 주로 굴착작업에 사용된다.
(2) (②) : 블레이드 면의 방향에 진행방향의 중심선에 대해 20~30° 경사진 것으로 사면 굴착, 정지, 흙메우기 등의 작업에 사용된다.

해답
① 스트레이트 도저, ② 앵글도저

더 알아보기

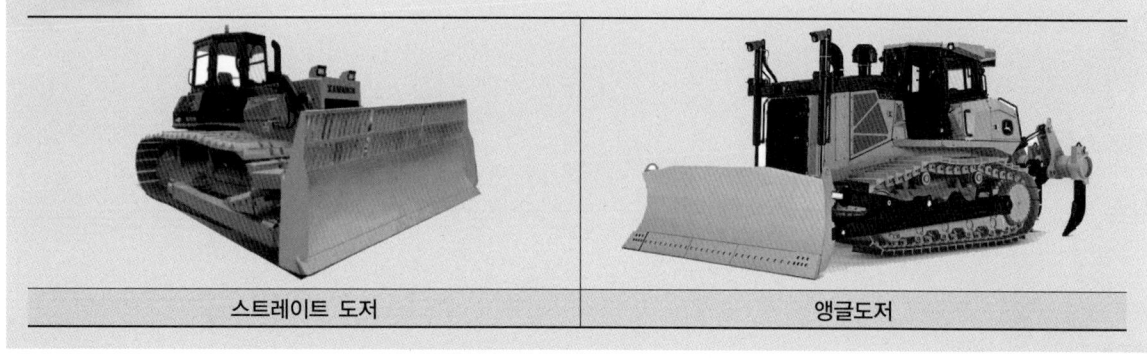

| 스트레이트 도저 | 앵글도저 |

14. 이동식 크레인 종류 3가지를 쓰시오.

해답
① 트럭탑재형 크레인, ② 크롤러 크레인, ③ 트럭 크레인, ④ 험지형 크레인, ⑤ 전지형 크레인

관련 법령 KOSHA GUIDE B-M-8-2025(이동식 크레인 안전보건작업 기술지원규정)

2017년 제2회 과년도 기출복원문제

01 차량계 건설기계의 작업계획서 내용에 포함되어야 할 사항 3가지를 쓰시오.

해답
① 사용하는 차량계 건설기계의 종류 및 성능
② 차량계 건설기계의 운행경로
③ 차량계 건설기계에 의한 작업방법

관련 법령 산업안전보건기준에 관한 규칙 별표 4(사전조사 및 작업계획서 내용)

더 알아보기 사전조사 및 작업계획서 내용

작업명	사전조사 내용	작업계획서 내용
차량계 건설기계를 사용하는 작업	해당 기계의 굴러 떨어짐, 지반의 붕괴 등으로 인한 근로자의 위험을 방지하기 위한 해당 작업장소의 지형 및 지반 상태	가. 사용하는 차량계 건설기계의 종류 및 성능 나. 차량계 건설기계의 운행경로 다. 차량계 건설기계에 의한 작업방법

02 안전표지판의 명칭을 쓰시오.

①	②
(인화성물질 경고 그림)	(폭발성물질 경고 그림)

해답
① 인화성물질 경고, ② 폭발성물질 경고

관련 법령 산업안전보건법 시행규칙 별표 6(안전보건표지의 종류와 형태)

03 지반 굴착 시 굴착면의 기울기에 대하여 다음 (   ) 안에 적합한 답을 쓰시오.

지반의 종류	굴착면의 기울기
모래	(①)
연암 및 풍화암	(②)
경암	1 : 0.5
그 밖의 흙	(③)

해답

① 1 : 1.8, ② 1 : 1.0, ③ 1 : 1.2

관련 법령 산업안전보건기준에 관한 규칙 별표 11(굴착면의 기울기 기준)

04 와이어로프 등 달기구의 안전계수와 관련하여 다음 (   ) 안에 적합한 답을 쓰시오.

(1) 근로자가 탑승하는 운반구를 지지하는 달기 와이어로프 또는 달기 체인의 경우 : (①) 이상
(2) 화물의 하중을 직접 지지하는 달기 와이어로프 또는 달기 체인의 경우 : (②) 이상
(3) 훅, 섀클, 클램프, 리프팅 빔의 경우 : (③) 이상
(4) 그 밖의 경우 : (④) 이상

해답

① 10, ② 5, ③ 3, ④ 4

관련 법령 산업안전보건기준에 관한 규칙 제163조(와이어로프 등 달기구의 안전계수)

05 연평균 200명이 근무하는 A사업장에서 사망재해가 1건 발생하여 1명 사망, 50일의 휴업일수가 2명 발생되고 20일의 휴업일수가 1명이 발생하였다. 강도율을 구하시오(단, 종업원의 근무일수는 305일이다).

해답

$$강도율 = \frac{총근로손실일수}{연근로시간수} \times 1{,}000 = \frac{7{,}500 + (50 \times 2 + 20) \times \frac{305}{365}}{200 \times 8 \times 305} \times 1{,}000 = 15.57$$

06 차량계 건설기계 작업 시 넘어지거나, 굴러떨어짐에 의해 근로자에게 위험을 미칠 우려가 있을 때 조치사항 3가지를 쓰시오.

해답
① 유도자 배치
② 지반의 부동침하 방지
③ 갓길의 붕괴 방지
④ 도로의 폭 유지

관련 법령 산업안전보건기준에 관한 규칙 제199조(전도 등의 방지)

07 크레인(이동식 크레인 제외)을 사용하여 작업을 하는 때에 작업시작 전 점검사항 3가지를 쓰시오.

해답
① 권과방지장치, 브레이크, 클러치 및 운전장치의 기능
② 주행로의 상측 및 트롤리가 횡행하는 레일의 상태
③ 와이어로프가 통하고 있는 곳의 상태

관련 법령 산업안전보건기준에 관한 규칙 별표 3(작업시작 전 점검사항)

08 근로자가 고소작업대 위에서 도장작업을 하다가 바닥으로 떨어져 부상을 당했다. 다음 (   ) 안에 적합한 답을 쓰시오.

(1) 재해 발생 형태 : (①)
(2) 기인물 : (②)
(3) 가해물 : (③)

해답
① 떨어짐(추락), ② 고소작업대, ③ 바닥

09 터널건설작업 시 배기가스나 분진 등으로 시계가 제한되는 경우 시계 유지에 필요한 조치사항 2가지를 쓰시오.

해답
① 환기를 한다.
② 물을 뿌린다.

관련 법령 산업안전보건기준에 관한 규칙 제353조(시계의 유지)

10 산업안전보건법상 크레인, 곤돌라, 리프트 또는 승강기에 설치할 방호장치 종류 3가지를 쓰시오.

해답
① 과부하방지장치
② 권과방지장치
③ 비상정지장치
④ 제동장치
⑤ 그 밖의 방호장치(승강기의 파이널 리밋스위치, 속도조절기, 출입문 인터록 등)

관련 법령 산업안전보건기준에 관한 규칙 제134조(방호장치의 조정)

11 지반의 동결 방지대책 3가지를 쓰시오.

해답
① 배수층을 설치하여 지하수위 저하
② 시멘트, 그라우트 등을 흙에 혼합하여 지반의 수분 함량 감소
③ 지반 내 물이 모세관 현상으로 상승하는 것을 방지하는 투수성이 낮은 층 설치
④ 동결에 강한 재료(모래, 자갈 등)를 표면에 도포
⑤ 지반에 동결방지제 등 화학약품을 사용하여 동결 방지

12 NATM 공법의 터널공사에서 지질 및 지층에 관한 조사를 통해 확인할 사항 3가지를 쓰시오.

해답
① 시추(보링) 위치
② 토층 분포 상태
③ 투수계수
④ 지하수위
⑤ 지반의 지지력

관련 법령 터널공사 표준안전 작업지침-NATM공법 제3조(지반조사의 확인)

13 다음은 가설공사 표준안전 작업지침 중 이동식 사다리 설치기준에 대한 사항이다. (   ) 안에 적합한 내용을 쓰시오.

> (1) 길이가 (①)m를 초과해서는 안 된다.
> (2) 다리의 벌림은 벽높이의 (②) 정도가 적당하다.
> (3) 벽면 상부로부터 최소한 (③)cm 이상은 연장 길이가 있어야 한다.

해답
① 6, ② 1/4, ③ 60

관련 법령 가설공사 표준안전 작업지침 제20조(이동식 사다리)

14 이동식 사다리의 다리 부분에는 미끄럼 방지장치를 하여야 한다. 다음 용도에 적절한 미끄럼 방지장치를 쓰시오.

> (1) 지반이 평탄한 맨땅 : (①)
> (2) 돌마무리 또는 인조석 깔기로 마감한 바닥 : (②)
> (3) 실내용 : (③)

해답
① 쐐기형 강스파이크
② 미끄럼 방지 판자 및 미끄럼 방지 고정쇠
③ 인조고무

관련 법령 가설공사 표준안전 작업지침 제21조(미끄럼 방지장치)

2017년 제4회 과년도 기출복원문제

PART 02. 필답형

01 안전관리자를 정수 이상으로 증원·교체하거나 임명할 수 있는 사유 3가지를 쓰시오.

해답
① 해당 사업장의 연간재해율이 같은 업종의 평균재해율의 2배 이상인 경우
② 중대재해가 연간 2건 이상 발생한 경우
③ 관리자가 질병이나 그 밖의 사유로 3개월 이상 직무를 수행할 수 없게 된 경우
④ 화학적 인자로 인한 직업성 질병자가 연간 3명 이상 발생한 경우

관련 법령 산업안전보건법 시행규칙 제12조(안전관리자 등의 증원·교체임명 명령)

02 산업안전보건법상 특별안전보건교육 중 거푸집 동바리 조립 또는 해체작업에 대한 교육내용 3가지를 쓰시오.

해답
① 동바리의 조립방법 및 작업 절차에 관한 사항
② 조립재료의 취급방법 및 설치기준에 관한 사항
③ 조립 해체 시의 사고 예방에 관한 사항
④ 보호구 착용 및 점검에 관한 사항

관련 법령 산업안전보건법 시행규칙 별표 5(안전보건교육 교육대상별 교육내용)

03 지게차를 사용하여 작업을 하는 때 작업시작 전 점검사항 4가지를 쓰시오.

해답
① 제동장치 및 조종장치 기능의 이상 유무
② 하역장치 및 유압장치 기능의 이상 유무
③ 바퀴의 이상 유무
④ 전조등·후미등·방향지시기 및 경보장치 기능의 이상 유무

관련 법령 산업안전보건기준에 관한 규칙 별표 3(작업시작 전 점검사항)

04 산업안전보건위원회 위원장 선출방법과 의결되지 아니한 사항 등의 처리방법을 쓰시오.

해답
① 선출방법 : 산업안전보건위원회의 위원장은 위원 중에서 호선한다. 이 경우 근로자 위원과 사용자 위원 중 각 1명을 공동위원장으로 선출할 수 있다.
② 처리방법 : 근로자 위원과 사용자 위원의 합의에 따라 산업안전보건위원회에 중재기구를 두어 해결하거나 제3자에 의한 중재를 받아야 한다.

관련 법령 산업안전보건법 시행령 제36조(산업안전보건위원회의 위원장), 제38조(의결되지 않은 사항 등의 처리)

05 안전난간의 구조 및 설치요건이다. ( ) 안에 적합한 내용을 쓰시오.

(1) 상부 난간대는 바닥면·발판 또는 경사로의 표면으로부터 (①)cm 이상 지점에 설치하고, 상부 난간대를 120cm 이하에 설치하는 경우에는 중간 난간대는 상부 난간대와 바닥면 등의 중간에 설치하여야 하며, 120cm 이상 지점에 설치하는 경우에는 중간 난간대를 2단 이상으로 균등하게 설치하고 난간의 상하 간격은 (②)cm 이하가 되도록 해야 한다.
(2) 발끝막이판은 바닥면 등으로부터 (③)cm 이상의 높이를 유지해야 한다.

해답
① 90, ② 60, ③ 10

관련 법령 산업안전보건기준에 관한 규칙 제13조(안전난간의 구조 및 설치요건)

더 알아보기 안전난간의 구조 및 설치요건

1. 안전난간을 설치하는 경우 상부 난간대, 중간 난간대, 발끝막이판 및 난간기둥으로 구성한다.
2. 상부 난간대는 바닥면·발판 또는 경사로의 표면으로부터 90cm 이상 지점에 설치하고, 상부 난간대를 120cm 이하에 설치하는 경우에는 중간 난간대는 상부 난간대와 바닥면 등의 중간에 설치해야 하며, 120cm 이상 지점에 설치하는 경우에는 중간 난간대를 2단 이상으로 균등하게 설치하고 난간의 상하 간격은 60cm 이하가 되도록 한다.
3. 발끝막이판은 바닥면 등으로부터 10cm 이상의 높이를 유지해야 한다.
4. 난간기둥은 상부 난간대와 중간 난간대를 견고하게 떠받칠 수 있도록 적정한 간격을 유지해야 한다.
5. 상부 난간대와 중간 난간대는 난간 길이 전체에 걸쳐 바닥면 등과 평행을 유지해야 한다.
6. 난간대는 지름 2.7cm 이상의 금속제 파이프나 그 이상의 강도가 있는 재료로 한다.
7. 안전난간은 구조적으로 가장 취약한 지점에서 가장 취약한 방향으로 작용하는 100kg 이상의 하중에 견딜 수 있는 튼튼한 구조이어야 한다.

06 굴착공사를 하는 경우 재해 방지를 위하여 토질에 대하여 사전조사해야 하는 내용 4가지를 쓰시오.

해답
① 지형, ② 지질, ③ 지층, ④ 지하수, ⑤ 용수, ⑥ 식생

관련 법령 굴착공사 표준안전 작업지침 제3조(사전조사)

07 안전관리자가 수행하여야 할 업무사항 5가지를 쓰시오.

해답
① 산업안전보건위원회 또는 안전 및 보건에 관한 노사협의체에서 심의·의결한 업무와 해당 사업장의 안전보건관리규정 및 취업규칙에서 정한 업무
② 위험성평가에 관한 보좌 및 지도·조언
③ 안전인증대상기계 등과 자율안전확인대상기계 등 구입 시 적격품의 선정에 관한 보좌 및 지도·조언
④ 해당 사업장 안전교육계획의 수립 및 안전교육 실시에 관한 보좌 및 지도·조언
⑤ 사업장 순회점검, 지도 및 조치 건의
⑥ 산업재해 발생의 원인 조사·분석 및 재발 방지를 위한 기술적 보좌 및 지도·조언
⑦ 산업재해에 관한 통계의 유지·관리·분석을 위한 보좌 및 지도·조언
⑧ 법 또는 법에 따른 명령으로 정한 안전에 관한 사항의 이행에 관한 보좌 및 지도·조언
⑨ 업무 수행 내용의 기록·유지

관련 법령 산업안전보건법 시행령 제18조(안전관리자의 업무 등)

08 공사용 가설도로를 설치하는 경우 준수사항 3가지를 쓰시오.

해답
① 도로는 장비와 차량이 안전하게 운행할 수 있도록 견고하게 설치할 것
② 도로와 작업장이 접하여 있을 경우에는 울타리 등을 설치할 것
③ 도로는 배수를 위하여 경사지게 설치하거나 배수시설을 설치할 것
④ 차량의 속도제한 표지를 부착할 것

관련 법령 산업안전보건기준에 관한 규칙 제379조(가설도로)

09 다음은 건설업 산업안전보건관리비 중 건축공사이며 계상비율은 2.37%이다. 산업안전보건관리비를 구하시오.

- 직접노무비 : 30억
- 재료비 : 40억
- 간접노무비 : 10억
- 기계경비 : 30억

해답

산업안전보건관리비 = 대상액(재료비 + 직접노무비) × 비율
　　　　　　　　　= (40억 + 30억) × 0.0237
　　　　　　　　　= 165,900,000원

더 알아보기 산업안전보건관리비 대상액

관련 규정에서 정하는 공사원가계산서 구성항목 중 직접재료비, 간접재료비와 직접노무비를 합한 금액(발주자가 재료를 제공할 경우에는 해당 재료비를 포함한다)을 말한다.

더 알아보기 공사종류 및 규모별 산업안전보건관리비 계상기준표(건설업 산업안전보건관리비 계상 및 사용기준 별표 1)

구분 공사 종류	대상액 5억원 미만인 경우 적용 비율(%)	대상액 5억원 이상 50억원 미만인 경우		대상액 50억원 이상인 경우 적용 비율(%)	영 별표 5에 따른 보건관리자 선임대상 건설공사의 적용 비율(%)
		적용 비율(%)	기초액		
건축공사	3.11%	2.28%	4,325,000원	2.37%	2.64%
토목공사	3.15%	2.53%	3,300,000원	2.60%	2.73%
중건설공사	3.64%	3.05%	2,975,000원	3.11%	3.39%
특수건설공사	2.07%	1.59%	2,450,000원	1.64%	1.78%

10 고소작업대 이동 시 준수사항 3가지를 쓰시오.

해답

① 작업대를 가장 낮게 내려야 한다.
② 작업자를 태우고 이동하지 말아야 한다.
③ 이동통로의 요철 상태 또는 장애물의 유무 등을 확인해야 한다.

관련 법령 산업안전보건기준에 관한 규칙 제186조(고소작업대 설치 등의 조치)

11 건설공사의 콘크리트 구조물 시공에 사용되는 비계의 종류 4가지를 쓰시오.

해답
① 통나무비계
② 강관비계
③ 강관틀비계
④ 달비계
⑤ 달대비계
⑥ 말비계
⑦ 이동식 비계

관련 법령 가설공사 표준안전 작업지침 제7조(통나무비계), 제8조(강관비계), 제9조(강관틀비계), 제10조(달비계), 제11조(달대비계), 제12조(말비계), 제13조(이동식 비계)

12 다음의 특징을 갖는 안전조직은 무엇인지 쓰시오.

- 안전지식과 기술축적이 용이하다.
- 권한 다툼이나 조정 때문에 통제 수속이 복잡해지며, 시간과 노력이 소모된다.
- 생산부분은 안전에 대한 책임과 권한이 없다.

해답
스태프형 안전관리조직

더 알아보기
1. 라인형 조직 : 소규모 조직에 적당하며 생산과 안전의 모든 것을 라인을 통해 관리하는 방식이다. 명령 계통이 간단하지만 안전을 전문으로 분담하는 조직이 없어 비전문적이다.
2. 스태프형 조직 : 중규모 조직에 적당하며 스태프를 통해 전체적으로 안전관리를 하는 방식이다. 정보수집이 신속하고 안전지식·기술 축적이 용이하지만, 안전과 생산을 별개로 취급할 우려가 있다.
3. 라인-스태프형 조직 : 대규모 조직에 적당하며 스태프는 안전을 라인은 기술을 전달한다. 정보수집이 신속하고 안전 지식·기술 축적에 용이하지만 생산과 안전의 지시가 혼동될 수 있으며 스태프의 힘이 커지면 생산성이 떨어질 수 있다.

13 안전보건개선계획서 제출에 대한 설명이다. 다음 (   ) 안에 알맞은 내용을 쓰시오.

> (1) 안전보건개선계획의 수립·시행명령을 받은 사업주는 고용노동부장관이 정하는 바에 따라 안전보건개선계획서를 작성하여 그 명령을 받은 날부터 (①) 이내에 관할 지방고용노동관서의 장에게 제출하여야 한다.
> (2) 안전보건개선계획서에는 시설, (②), (③), 산업재해 예방 및 작업환경의 개선을 위하여 필요한 사항이 포함되어야 한다.

해답
① 60일, ② 안전보건관리체제, ③ 안전보건교육

관련 법령 산업안전보건법 시행규칙 제61조(안전보건개선계획의 제출 등)

14 연약 지반 위에 구조물을 만드는 경우 미리 그 지반에 흙 쌓기 등에 의해 재하를 함으로써 압밀침하를 촉진하여 지반을 안정시킨 후 재하한 흙을 제거하고 구조물을 축조하는 공법의 명칭을 쓰시오.

해답
프리로딩(pre-loading) 공법(선행재하공법)

제1회 과년도 기출복원문제

01 비계작업 시 비, 눈 그 밖의 기상 상태의 불안정으로 작업을 중지시킨 후 그 비계에서 다시 작업을 할 때 작업을 시작하기 전에 점검해야 하는 사항 3가지를 쓰시오.

해답
① 발판재료의 손상 여부 및 부착 또는 걸림 상태
② 해당 비계의 연결부 또는 접속부의 풀림 상태
③ 연결 재료 및 연결 철물의 손상 또는 부식 상태
④ 손잡이의 탈락 여부
⑤ 기둥의 침하·변형·변위 또는 흔들림 상태
⑥ 로프의 부착 상태 및 매단 장치의 흔들림 상태

관련 법령 산업안전보건기준에 관한 규칙 제58조(비계의 점검 및 보수)

02 지반의 동결 방지대책 3가지를 쓰시오.

해답
① 단열재료 삽입
② 지하수위 저하
③ 동결심도 아래에 배수층 설치
④ 모관수 상승을 방지하는 층 설치
⑤ 지표의 흙을 화학약품으로 처리

03 히빙 방지대책 2가지를 쓰시오.

해답
① 흙막이벽의 근입 깊이를 깊게 한다.
② 흙막이벽에 붙은 흙은 굴착하지 않는다.
③ 강제배수를 통해 지하수위를 낮춘다.
④ 아일랜드컷 방식으로 굴착한다.

빈출
04 가설통로 설치 시 준수사항을 3가지 쓰시오.

해답
① 견고한 구조로 할 것
② 경사는 30° 이하로 할 것(다만, 계단을 설치하거나 높이 2m 미만의 가설통로로서 튼튼한 손잡이를 설치한 경우는 제외)
③ 경사가 15°를 초과하는 경우에는 미끄러지지 아니하는 구조로 할 것
④ 추락할 위험이 있는 장소에는 안전난간을 설치할 것
⑤ 수직갱에 가설된 통로의 길이가 15m 이상인 경우에는 10m 이내마다 계단참을 설치할 것
⑥ 건설공사에 사용하는 높이 8m 이상인 비계다리에는 7m 이내마다 계단참을 설치할 것

관련 법령 산업안전보건기준에 관한 규칙 제23조(가설통로의 구조)

05 다음은 크레인에 대한 설명이다. ( ) 안에 알맞은 내용을 쓰시오.

> 사업주는 순간 풍속이 ( )m/s를 초과하는 바람이 불어올 우려가 있는 경우 옥외에 설치되어 있는 주행 크레인에 대하여 이탈방지장치를 작동시키는 등 이탈 방지를 위한 조치를 하여야 한다.

해답
30

관련 법령 산업안전보건기준에 관한 규칙 제140조(폭풍에 의한 이탈 방지)

06 하인리히가 제시한 재해예방 대책 4원칙을 쓰시오.

해답
① 예방가능의 원칙
② 손실우연의 원칙
③ 원인연계의 원칙
④ 대책선정의 원칙

07 다음에 해당하는 교육시간을 쓰시오.

(1) 일용근로자 및 근로계약기간이 1주일 이하인 기간제근로자의 채용 시 교육 : (①)시간 이상
(2) 건설업 기초안전·보건교육 : (②)시간

해답
① 1, ② 4

관련 법령 산업안전보건법 시행규칙 별표 4(안전보건교육 교육과정별 교육시간)

더 알아보기 근로자 안전보건교육

교육과정	교육대상		교육시간
가. 정기교육	사무직 종사 근로자		매 반기 6시간 이상
	그 밖의 근로자	판매업무에 직접 종사하는 근로자	매 반기 6시간 이상
		판매업무에 직접 종사하는 근로자 외의 근로자	매 반기 12시간 이상
나. 채용 시 교육	일용근로자 및 근로계약기간이 1주일 이하인 기간제근로자		1시간 이상
	근로계약기간이 1주일 초과 1개월 이하인 기간제근로자		4시간 이상
	그 밖의 근로자		8시간 이상
다. 작업내용 변경 시 교육	일용근로자 및 근로계약기간이 1주일 이하인 기간제근로자		1시간 이상
	그 밖의 근로자		2시간 이상
라. 특별교육	일용근로자 및 근로계약기간이 1주일 이하인 기간제근로자 : 특별교육 대상(타워크레인 신호수 제외)에 해당하는 작업에 종사하는 근로자에 한정		2시간 이상
	일용근로자 및 근로계약기간이 1주일 이하인 기간제근로자 : 특별교육 대상 중 타워크레인 신호작업에 종사하는 근로자에 한정		8시간 이상
	일용근로자 및 근로계약기간이 1주일 이하인 기간제근로자를 제외한 근로자 : 특별교육 대상에 해당하는 작업에 종사하는 근로자에 한정		• 16시간 이상(최초 작업에 종사하기 전 4시간 이상 실시하고 12시간은 3개월 이내에서 분할하여 실시 가능) • 단기간 작업 또는 간헐적 작업인 경우에는 2시간 이상
마. 건설업 기초안전·보건교육	건설 일용근로자		4시간 이상

08 산업안전보건법령상 안전관리자 선임과 관련하여 다음 물음에 답하시오.

(1) 총 공사금액 1,000억인 공사의 전체공사기간 20에 해당하는 경우 최소 안전관리자가 몇 명인지 쓰시오.
(2) 공사금액 1,000억인 공사의 안전관리자의 자격 종류 3가지를 쓰시오.

해답
(1) 안전관리자수 : 2명
(2) 안전관리자의 자격 종류
　　① 산업안전지도사
　　② 산업안전산업기사 이상
　　③ 건설안전산업기사 이상

관련 법령 산업안전보건법 시행령 별표 3(안전관리자를 두어야 하는 사업의 종류, 사업장의 상시근로자수, 안전관리자의 수 및 선임방법), 별표 4(안전관리자의 자격)

09 산업재해 발생 시 기록·보존해야 하는 항목 3가지를 쓰시오.

해답
① 사업장 개요 및 근로자 인적사항
② 재해발생 일시 및 장소
③ 재해발생 원인 및 과정
④ 재해 재발 방지계획

관련 법령 산업안전보건법 시행규칙 제72조(산업재해 기록 등)

10 안전보건총괄책임자를 지정해야 하는 사업의 종류 2가지와 직무사항 2가지를 쓰시오(단, 상시근로자 50인 이상 사업).

해답
(1) 지정 대상사업
　　① 토사석 광업
　　② 1차 금속 제조업
　　③ 선박 및 보트 건조업
(2) 직무사항
　　① 위험성평가의 실시에 관한 사항
　　② 작업의 중지
　　③ 도급 시 산업재해 예방조치
　　④ 산업안전보건관리비의 관계수급인 간의 사용에 관한 협의·조정 및 그 집행의 감독
　　⑤ 안전인증대상기계 등과 자율안전확인대상기계 등의 사용 여부 확인

관련 법령 산업안전보건법 시행령 제52조(안전보건총괄책임자 지정 대상사업), 제53조(안전보건총괄책임자의 직무 등)

11 명예산업안전감독관으로 위촉 대상이 되는 경우 3가지를 쓰시오.

해답
① 산업안전보건위원회 구성 대상 사업의 근로자 또는 노사협의체 구성·운영 대상 건설공사의 근로자 중에서 근로자대표가 사업주의 의견을 들어 추천하는 사람
② 노동조합 또는 그 지역 대표기구에 소속된 임직원 중에서 해당 연합단체인 노동조합 또는 그 지역 대표기구가 추천하는 사람
③ 전국 규모의 사업주단체 또는 그 산하조직에 소속된 임직원 중에서 해당 단체 또는 그 산하조직이 추천하는 사람
④ 산업재해 예방 관련 업무를 하는 단체 또는 그 산하조직에 소속된 임직원 중에서 해당 단체 또는 그 산하조직이 추천하는 사람

관련 법령 산업안전보건법 시행령 제32조(명예산업안전감독관 위촉 등)

12 굴착공사에서 토사 붕괴의 발생을 예방하기 위한 안전점검사항 5가지를 쓰시오.

해답
① 전 지표면의 답사
② 경사면의 지층 변화부 상황 확인
③ 부석의 상황 변화의 확인
④ 용수의 발생 유무 또는 용수량의 변화 확인
⑤ 결빙과 해빙에 대한 상황의 확인
⑥ 각종 경사면 보호공의 변위, 탈락 유무

관련 법령 굴착공사 표준안전 작업지침 제32조(점검)

13 중력식 옹벽의 붕괴 방지를 위하여 외력에 대한 안정조건 3가지를 쓰시오.

해답
① 전도에 대한 안정
② 활동에 대한 안정
③ 지반 지지력에 대한 안정

14 터널공사 시 터널 작업면의 조도기준이다. (　) 안에 적합한 내용을 쓰시오.

작업 구분	조도기준
막장 구간	(①)lx 이상
터널중간 구간	(②)lx 이상
터널 입·출구, 수직구 구간	(③)lx 이상

해답
① 70, ② 50, ③ 30

관련 법령 터널공사 표준안전 작업지침-NATM공법 제36조(조명시설의 기준)

2018년 제2회 과년도 기출복원문제

01 산업안전보건법상 건설업 중 유해·위험방지계획서의 제출사업에 대하여 ( ) 안을 채우시오.

> (1) 지상높이가 31m 이상인 건축물 또는 인공구조물의 건설·개조 또는 해체공사
> (2) 연면적 30,000m² 이상인 건축물 또는 연면적 (①)m² 이상의 문화 및 집회시설(전시장 및 동물원·식물원은 제외한다), 판매시설, 운수시설(고속철도의 역사 및 집배송시설은 제외한다), 종교시설, 의료시설 중 종합병원, 숙박시설 중 관광숙박시설, 지하도 상가 또는 냉동·냉장창고시설의 건설·개조 또는 해체공사
> (3) 최대 지간길이가 (②)m 이상인 다리의 건설 등 공사
> (4) 터널의 건설 등 공사
> (5) 다목적댐, 발전용댐 및 저수용량 2천만톤 이상의 용수 전용 댐, 지방상수도 전용 댐 건설 등 공사
> (6) 깊이 (③)m 이상인 굴착공사

해답
① 5,000
② 50
③ 10

관련 법령 산업안전보건법 시행령 제42조(유해·위험방지계획서 제출 대상)

02 고소작업대를 사용하는 경우 준수사항 3가지를 쓰시오.

해답
① 작업자가 안전모·안전대 등의 보호구를 착용하도록 할 것
② 관계자가 아닌 사람이 작업구역에 들어오는 것을 방지하기 위하여 필요한 조치를 할 것
③ 안전한 작업을 위하여 적정수준의 조도를 유지할 것
④ 전로에 근접하여 작업을 하는 경우에는 작업감시자를 배치하는 등 감전사고를 방지하기 위하여 필요한 조치를 할 것
⑤ 작업대를 정기적으로 점검하고 붐·작업대 등 각 부위의 이상 유무를 확인할 것
⑥ 전환스위치는 다른 물체를 이용하여 고정하지 말 것
⑦ 작업대는 정격하중을 초과하여 물건을 싣거나 탑승하지 말 것
⑧ 작업대의 붐대를 상승시킨 상태에서 탑승자는 작업대를 벗어나지 말 것(단, 작업대에 안전대 부착설비를 설치하고 안전대를 연결하였을 때에는 그러하지 아니한다)

관련 법령 산업안전보건기준에 관한 규칙 제186조(고소작업대 설치 등의 조치)

03 산업안전보건법령상 채석작업 시 작업계획에 포함되어야 하는 사항 4가지를 쓰시오.

해답
① 노천굴착과 갱내굴착의 구별 및 채석방법
② 굴착면의 높이와 기울기
③ 굴착면 소단의 위치와 넓이
④ 갱내에서의 낙반 및 붕괴 방지방법
⑤ 발파방법
⑥ 암석의 분할방법
⑦ 암석의 가공장소
⑧ 사용하는 굴착기계·분할기계·적재기계 또는 운반기계의 종류 및 성능
⑨ 토석 또는 암석의 적재 및 운반방법과 운반경로
⑩ 표토 또는 용수의 처리방법

관련 법령 산업안전보건기준에 관한 규칙 별표 4(사전조사 및 작업계획서 내용)

04 하역작업을 할 때 화물운반용 또는 고정용으로 사용할 수 없는 섬유로프의 사용금지 조건 2가지를 쓰시오.

해답
① 꼬임이 끊어진 것
② 심하게 손상되거나 부식된 것

관련 법령 산업안전보건기준에 관한 규칙 제188조(꼬임이 끊어진 섬유로프 등의 사용금지)

05 하인리히 재해예방 대책 5단계를 순서대로 쓰시오.

해답
① 1단계 : 안전관리 조직
② 2단계 : 사실의 발견
③ 3단계 : 분석평가
④ 4단계 : 시정책의 선정
⑤ 5단계 : 시정책의 적용

06 산업안전보건법령상 안전보건표지의 색채기준과 관련하여 다음 ( ) 안에 적합한 답을 쓰시오.

색채	색도기준	용도	사용례
(①)	7.5R 4/14	금지	정지신호, 소화설비 및 그 장소, 유해행위의 금지
		경고	화학물질 취급장소에서의 유해·위험 경고
(②)	5Y 8.5/12	경고	화학물질 취급장소에서의 유해·위험경고 이외의 위험경고, 주의표지 또는 기계방호물
파란색	(③)	지시	특정 행위의 지시 및 사실의 고지

해답
① 빨간색, ② 노란색, ③ 2.5PB 4/10

관련 법령 산업안전보건법 시행규칙 별표 8(안전보건표지의 색도기준 및 용도)

07 산업안전보건법령상 건설재해예방전문지도기관의 종사자가 받아야 하는 신규교육과 보수교육의 시간을 쓰시오.

해답
신규교육 34시간 이상, 보수교육 24시간 이상

관련 법령 산업안전보건법 시행규칙 별표 4(안전보건교육 교육과정별 교육시간)

더 알아보기 안전보건관리책임자 등에 대한 교육

교육대상	교육시간	
	신규교육	보수교육
가. 안전보건관리책임자	6시간 이상	6시간 이상
나. 안전관리자, 안전관리전문기관의 종사자	34시간 이상	24시간 이상
다. 보건관리자, 보건관리전문기관의 종사자		
라. 건설재해예방전문지도기관의 종사자		
마. 석면조사기관의 종사자		
바. 안전보건관리담당자	–	8시간 이상
사. 안전검사기관, 자율안전검사기관의 종사자	34시간 이상	24시간 이상

08
산업안전보건법령상 안전관리자 선임기준이다. 다음 (   ) 안에 적합한 답을 쓰시오.

> (1) 공사금액 8,500억원 이상 1조원 미만인 경우 안전관리자수는 (①)명 이상. 다만, 전체 공사기간 중 전후 (②)에 해당하는 기간은 (③)명 이상으로 한다.
> (2) 1조원 이상 (④)명 이상 [매 (⑤)(2조원 이상부터는 매 (⑥))마다 1명씩 추가한다]. 다만, 전체공사기간 중 전후 15에 해당하는 기간은 선임 대상 안전관리자수의 (⑦) 이상으로 한다.

해답

① 10, ② 15, ③ 5, ④ 11, ⑤ 2,000억원, ⑥ 3,000억원, ⑦ 1/2

관련 법령 산업안전보건법 시행령 별표 3(안전관리자를 두어야 하는 사업의 종류, 사업장의 상시근로자수, 안전관리자의 수 및 선임방법)

09
다음 조건을 갖는 건설현장의 종합재해지수(FSI)를 구하시오.

> - 근로자수 : 500명
> - 280일/1년
> - 휴업일수 : 159일
> - 8시간/1일
> - 연간재해발생건수 : 10건

해답

① 도수율 $= \dfrac{\text{재해건수}}{\text{연근로시간수}} \times 1{,}000{,}000 = \dfrac{10}{500 \times 8 \times 280} \times 1{,}000{,}000 = 8.93$

② 강도율 $= \dfrac{\text{총근로손실일수}}{\text{연근로시간수}} \times 1{,}000 = \dfrac{159 \times \dfrac{280}{365}}{500 \times 8 \times 280} \times 1{,}000 = 0.11$

∴ 종합재해지수(FSI) $= \sqrt{\text{도수율} \times \text{강도율}} = \sqrt{8.93 \times 0.11} = 0.99$

10 굴착작업 시 사전조사 후 굴착시기와 작업순서를 정하여야 한다. 사전조사 내용 3가지를 쓰시오.

해답
① 형상, 지질 및 지층의 상태
② 균열, 함수, 용수 및 동결 유무 또는 상태
③ 매설물 등의 유무 또는 상태
④ 지반의 지하수위 상태

관련 법령 산업안전보건기준에 관한 규칙 별표 4(사전조사 및 작업계획서 내용)

더 알아보기 사전조사 및 작업계획서 내용

작업명	사전조사 내용	작업계획서 내용
굴착작업	가. 형상·지질 및 지층의 상태 나. 균열·함수·용수 및 동결의 유무 또는 상태 다. 매설물 등의 유무 또는 상태 라. 지반의 지하수위 상태	가. 굴착방법 및 순서, 토사 등 반출방법 나. 필요한 인원 및 장비 사용계획 다. 매설물 등에 대한 이설·보호대책 라. 사업장 내 연락방법 및 신호방법 마. 흙막이 지보공 설치방법 및 계측계획 바. 작업지휘자의 배치계획 사. 그 밖에 안전·보건에 관련된 사항

11 산업안전보건법령상 승강기의 종류 4가지를 쓰시오.

해답
① 승객용 엘리베이터
② 승객화물용 엘리베이터
③ 화물용 엘리베이터
④ 소형화물용 엘리베이터
⑤ 에스컬레이터

관련 법령 산업안전보건기준에 관한 규칙 제132조(양중기)

12 거푸집 및 지보공(동바리) 설계 시 고려해야 할 하중 2가지를 쓰시오.

해답
① 연직방향 하중
② 횡방향 하중
③ 콘크리트의 측압
④ 특수하중

관련 법령 콘크리트공사표준안전작업지침 제4조(하중)

13 흙막이 공사를 하는 경우 주변의 침하 원인 3가지를 쓰시오.

해답
① 흙막이 토류판의 훼손 등으로 인한 변형 발생
② 지하수위 저하로 인해 토압에 변화 발생
③ 혼합토 중 세립토의 유출로 공극 발생

14 지반에 동상(frost heave)이 발생되는 원인 2가지를 쓰시오.

해답
① 흙의 투수성
② 지하 수위 상승
③ 동결 온도가 오랫동안 지속

2018년 제4회 과년도 기출복원문제

PART 02. 필답형

01 하역작업을 할 때 화물 운반용 또는 고정용으로 사용하는 섬유로프의 사용 금지조건 2가지를 쓰시오.

해답
① 꼬임이 끊어진 것
② 심하게 손상 또는 부식된 것

관련 법령 산업안전보건기준에 관한 규칙 제387조(꼬임이 끊어진 섬유로프 등의 사용 금지)

02 전기기계·기구 또는 전로 등의 충전부분에 접촉 시 감전 방지대책 2가지를 쓰시오.

해답
① 충전부가 노출되지 않도록 폐쇄형 외함이 있는 구조로 할 것
② 충전부에 충분한 절연효과가 있는 방호망이나 절연덮개를 설치할 것
③ 충전부는 내구성이 있는 절연물로 완전히 덮어 감쌀 것
④ 발전소·변전소 및 개폐소 등 구획되어 있는 장소로서 관계 근로자가 아닌 사람의 출입이 금지되는 장소에 충전부를 설치하고, 위험표시 등의 방법으로 방호를 강화할 것
⑤ 전주 위 및 철탑 위 등 격리되어 있는 장소로서 관계 근로자가 아닌 사람이 접근할 우려가 없는 장소에 충전부를 설치할 것

관련 법령 산업안전보건기준에 관한 규칙 제301조(전기기계·기구 등의 충전부 방호)

03 건립 중 강풍에 의한 풍압 등 외압에 대한 내력이 설계에 고려되었는지 확인해야 할 철골구조물 4가지를 쓰시오.

해답
① 높이 20m 이상의 구조물
② 구조물의 폭과 높이의 비가 1 : 4 이상인 구조물
③ 단면 구조에 현저한 차이가 있는 구조물
④ 연면적당 철골량이 50kg/m^2 이하인 구조물
⑤ 기둥이 타이플레이트(tie plate)형인 구조물
⑥ 이음부가 현장용접인 구조물

관련 법령 철골공사표준안전작업지침 제3조(설계도 및 공작도 확인)

04 산업안전보건법령상 방망과 관련하여 다음 (   ) 안에 적합한 답을 쓰시오.

(1) 추락방지용 방망의 테두리로프 및 달기 로프의 인장속도가 매분 20cm 이상 30cm 이하의 등속인장시험을 행한 경우 인장강도가 (①)kg 이상이어야 한다.
(2) 방망사의 신품에 대한 인장강도

그물코의 크기	매듭방망 인장강도
10cm	(②)kg
5cm	(③)kg

해답
① 1,500, ② 200, ③ 110

관련 법령 추락재해방지표준안전작업지침 제4조(테두리로프 및 달기 로프의 강도), 제5조(방망사의 강도)

05 파이핑 현상과 보일링 현상을 간략히 설명하시오.

해답
① 파이핑 현상 : 사질토 지반에서 흙막이 배면의 토사가 유실되어 지반 내부에 파이프 형태의 수로가 형성되어 지반이 파괴되는 현상
② 보일링 현상 : 모래 지반을 굴착할 경우 흙막이 배면과 굴착 저면의 수위 차이로 인해 굴착 저면의 흙과 물이 함께 위로 솟구쳐 오르는 현상

06 건설현장에서 사용하는 지게차가 갖추어야 하는 사항 3가지를 쓰시오.

해답
① 전조등 및 후미등
② 헤드가드
③ 백레스트

관련 법령 산업안전보건기준에 관한 규칙 제179조(전조등 등의 설치), 제180조(헤드가드), 제181조(백레스트)

07 차량계 건설기계 작업 시 넘어지거나, 굴러떨어짐에 의해 근로자에게 위험을 미칠 우려가 있을 때 조치사항 3가지를 쓰시오.

해답
① 유도자 배치
② 지반의 부동침하 방지
③ 갓길의 붕괴 방지
④ 도로의 폭 유지

관련 법령 산업안전보건기준에 관한 규칙 제199조(전도 등의 방지)

08 도급인인 사업주가 안전관리자를 선임하지 아니할 수 있는 요건을 2가지 쓰시오.

해답
① 도급인인 사업주 자신이 선임해야 할 안전관리자 및 보건관리자를 둔 경우
② 안전관리자 및 보건관리자를 두어야 할 수급인인 사업주의 사업의 종류별로 상시근로자수를 합계하여 그 상시근로자수에 해당하는 안전관리자 및 보건관리자를 추가로 선임한 경우

관련 법령 산업안전보건법 시행규칙 제10조(도급사업의 안전관리자 등의 선임)

09 근로자 600명이 근무하던 중 산업재해가 5건 발생하였고, 재해자수가 12명 발생하여 400일의 근로손실이 발생한 경우 도수율과, 도수율을 이용한 연천인율을 구하시오(단, 근로시간은 1일 8시간, 300일 근무이다).

해답
① 도수율 = $\dfrac{재해발생건수}{연근로시간수} \times 1{,}000{,}000$

$= \dfrac{5}{600 \times 8 \times 300} \times 1{,}000{,}000$

$= 3.47$

② 연천인율 = 도수율 × 2.4
$= 8.33$

10 1톤 이상의 크레인을 사용하는 작업 또는 1톤 미만의 크레인 또는 호이스트 5대 이상 보유한 사업장에서 해당 기계로 하는 작업 시 특별안전보건교육 내용 3가지를 쓰시오.

해답
① 방호장치의 종류, 기능 및 취급에 관한 사항
② 걸고리·와이어로프 및 비상정지장치 등의 기계·기구 점검에 관한 사항
③ 화물의 취급 및 안전작업방법에 관한 사항
④ 신호방법 및 공동작업에 관한 사항
⑤ 인양 물건의 위험성 및 낙하·비래·충돌재해 예방에 관한 사항
⑥ 인양물이 적재될 지반의 조건, 인양하중, 풍압 등이 인양물과 타워크레인에 미치는 영향

관련 법령 산업안전보건법 시행규칙 별표 5(안전보건교육 교육대상별 교육내용)

11 하인리히의 재해예방 대책 기본원리 5단계 중 "시정책의 적용" 단계에서 적용할 3E를 모두 쓰시오.

해답
① 기술(Engineering)
② 교육(Education)
③ 규제(Enforcement)

12 TBM에 관한 내용이다. (   ) 안에 적절한 답을 쓰시오.

(1) 소요시간은 (①)분 정도가 바람직하다.
(2) 인원은 (②)명 이하로 구성한다.
(3) 아래 표의 TBM 과정 중 빈칸에 적합한 답을 보기에서 골라 쓰시오.

제1단계	도입
제2단계	③
제3단계	작업 지시
제4단계	④
제5단계	확인

보기
㉠ 작업점검   ㉡ 위험예측
㉢ 행동개시   ㉣ 점검정비

해답
① 10, ② 10, ③ 점검정비, ④ 위험예측

13 균열이 있는 암석의 경사면 붕괴 방지를 위해 설치하거나 조치를 하여야 하는 사항 2가지를 쓰시오.

해답
① 적절한 경사면의 기울기를 계획하여야 한다.
② 경사면의 기울기가 당초 계획과 차이가 발생되면 즉시 재검토하여 계획을 변경시켜야 한다.
③ 활동 가능성이 있는 토석은 제거하여야 한다.
④ 경사면 하단부에 압성토 등 보강공법으로 활동에 대한 저항대책을 강구하여야 한다.
⑤ 말뚝을 타입하여 지반을 강화시킨다.

관련 법령 굴착공사 표준안전 작업지침 제31조(예방)

14 지하작업장에서 가스공사 작업을 하는 경우 폭발이나 화재를 방지하기 위해 가스농도를 측정하는 자를 지정해야 한다. 이때 가스농도를 측정하는 시점 3가지를 쓰시오.

해답
① 매일 작업을 시작하기 전
② 가스의 누출이 의심되는 경우
③ 장시간 작업을 계속하는 경우
④ 가스가 발생하거나 정체할 위험이 있는 장소가 있는 경우

관련 법령 산업안전보건기준에 관한 규칙 제296조(지하작업장 등)

2019년 제1회 과년도 기출복원문제

PART 02. 필답형

01 비계작업 시 비, 눈 그 밖의 기상 상태의 악화로 작업을 중지시킨 후 그 비계에서 작업을 하는 경우 해당 작업을 시작하기 전 점검사항을 3가지 쓰시오.

해답
① 발판재료의 손상 여부 및 부착 또는 걸림 상태
② 해당 비계의 연결부 또는 접속부의 풀림 상태
③ 연결 재료 및 연결 철물의 손상 또는 부식 상태
④ 손잡이의 탈락 여부
⑤ 기둥의 침하·변형·변위 또는 흔들림 상태
⑥ 로프의 부착 상태 및 매단 장치의 흔들림 상태

관련 법령 산업안전보건기준에 관한 규칙 제58조(비계의 점검 및 보수)

02 감전의 위험을 결정하는 주된 인자 3가지를 쓰시오.

해답
① 통전 전류의 크기
② 통전 경로
③ 통전 시간
④ 통전 전원의 종류
⑤ 주파수 및 파형

03 안전보건관리규정에 포함되어야 하는 내용 3가지를 쓰시오.

해답
① 안전 및 보건에 관한 관리조직과 그 직무에 관한 사항
② 안전보건교육에 관한 사항
③ 작업장의 안전 및 보건 관리에 관한 사항
④ 사고 조사 및 대책 수립에 관한 사항
⑤ 그 밖에 안전 및 보건에 관한 사항

관련 법령 산업안전보건법 제25조(안전보건관리규정의 작성)

04 안전표지판의 명칭을 쓰시오.

①	②	③	④

해답
① 보행금지, ② 인화성물질 경고, ③ 녹십자표지, ④ 낙하물 경고

관련 법령 산업안전보건법 시행규칙 별표 6(안전보건표지의 종류와 형태)

05 산업안전보건법령상 작업으로 인하여 물체가 떨어지거나 날아올 위험이 있는 경우 위험 방지를 위하여 취해야 할 조치사항 3가지를 쓰시오.

해답
① 낙하물 방지망 설치
② 수직보호망 또는 방호선반의 설치
③ 출입금지구역의 설정
④ 보호구의 착용

관련 법령 산업안전보건기준에 관한 규칙 제14조(낙하물에 의한 위험의 방지)

06 상시근로자가 500명이 근무하는 사업장의 종합재해지수(FSI)를 구하시오.

- 근로자수 : 500명
- 280일/1년
- 휴업일수 : 103일
- 8시간/1일
- 연간재해발생건수 : 6건

해답

① 도수율 $= \dfrac{\text{재해건수}}{\text{연근로시간수}} \times 1{,}000{,}000 = \dfrac{6}{500 \times 8 \times 280} \times 1{,}000{,}000 = 5.357 = 5.36$

② 강도율 $= \dfrac{\text{총근로손실일수}}{\text{연근로시간수}} \times 1{,}000 = \dfrac{103 \times \dfrac{280}{365}}{500 \times 8 \times 280} \times 1{,}000 = 0.071 = 0.07$

∴ 종합재해지수(FSI) $= \sqrt{\text{도수율} \times \text{강도율}} = \sqrt{5.36 \times 0.07} = 0.61$

07 산업안전보건법령상 건설업 중 유해·위험방지계획서의 제출 대상과 관련하여 다음 (   ) 안에 적합한 답을 쓰시오.

> (1) 지상높이가 (①)m 이상인 건축물 또는 인공구조물, 연면적 30,000m² 이상인 건축물 또는 연면적 5,000m² 이상의 문화 및 집회시설(전시장 및 동물원·식물원은 제외), 판매시설, 운수시설(고속철도의 역사 및 집배송시설은 제외), 종교시설, 의료시설 중 종합병원, 숙박시설 중 관광숙박시설, 지하도상가 또는 냉동·냉장창고시설의 건설·개조 또는 해체(이하 "건설 등"이라 한다)
> (2) 연면적 (②)m² 이상의 냉동·냉장창고시설의 설비공사 및 단열공사
> (3) 최대 지간길이가 (③)m 이상인 교량 건설 등 공사
> (4) 터널의 건설 등 공사
> (5) 다목적댐, 발전용댐 및 저수용량 (④)톤 이상의 용수 전용 댐, 지방상수도 전용 댐 건설 등 공사
> (6) 깊이 10m 이상인 (⑤)

[해답]
① 31, ② 5,000, ③ 50, ④ 2천만, ⑤ 굴착공사

[관련 법령] 산업안전보건법 시행령 제42조(유해·위험방지계획서 제출 대상)

08 강관비계의 조립간격이다. 다음 (   ) 안에 알맞은 내용을 쓰시오.

강관비계의 종류	조립간격(단위 : m)	
	수직방향	수평방향
단관비계	(①)	(②)
틀비계(높이 5m 미만 제외)	(③)	(④)

[해답]
① 5, ② 5, ③ 6, ④ 8

[관련 법령] 산업안전보건기준에 관한 규칙 별표 5(강관비계의 조립간격)

09 보일링 현상 방지대책 3가지를 쓰시오.

해답
① 흙막이벽의 근입 깊이를 증가시킨다.
② 차수공법을 이용하여 흙막이벽의 차수성을 증대시킨다.
③ 굴착 저면에 그라우팅한다.
④ 흙막이벽의 배면에 강제배수를 이용하여 지하수위를 저하시킨다.

10 라인형 안전조직의 장단점을 각각 1개씩 쓰시오.

해답
(1) 장점
① 안전에 대한 지시 및 전달이 신속, 용이하다.
② 명령계통이 간단명료하다.
(2) 단점
① 안전에 대한 전문지식이 부족하고 기술 축적이 미흡하다.
② 생산라인에 책임이 과중하다.

11 건설업체의 사망만인율 공식을 쓰시오.

해답
$$사망만인율 = \frac{사고사망자수}{상시근로자수} \times 10{,}000$$

관련 법령 산업안전보건법 시행규칙 별표 1(건설업체 산업재해발생률 및 산업재해 발생 보고의무 위반건수의 산정 기준과 방법)

더 알아보기

$$상시근로자수 = \frac{연간\ 국내공사\ 실적액 \times 노무비율}{건설업\ 월평균임금 \times 12}$$

12 산업안전보건교육 중 근로자 정기교육 시 교육내용 5가지를 쓰시오.

해답
① 산업안전 및 사고 예방에 관한 사항
② 산업보건 및 직업병 예방에 관한 사항
③ 위험성평가에 관한 사항
④ 건강증진 및 질병 예방에 관한 사항
⑤ 유해·위험 작업환경 관리에 관한 사항
⑥ 산업안전보건법령 및 산업재해보상보험 제도에 관한 사항
⑦ 직무스트레스 예방 및 관리에 관한 사항

관련 법령 산업안전보건법 시행규칙 별표 5(안전보건교육 교육대상별 교육내용)

13 해체공법 선정 시 고려사항 4가지를 쓰시오.

해답
① 해체 대상물의 구조
② 해체 대상물의 부재 단면 및 높이
③ 부지 내 공업용 공지
④ 부지 주변의 도로상황 및 환경
⑤ 경제성, 작업성, 안전성 등

14 해체공법 종류 5가지를 쓰시오.

해답
① 대형브레이커 공법
② 압쇄공법
③ 절단공법
④ 전도공법
⑤ 발파공법

관련 법령 해체공사표준안전작업지침 제17조(압쇄기 사용공법), 제18조(압쇄공법과 대형브레이커 공법 병용), 제19조(대형브레이커 공법과 전도공법 병용), 제20조(철햄머 공법과 전도공법 병용), 제21조(화약발파 공법)

2019년 제2회 과년도 기출복원문제

01 다음에서 보이는 안전표지판의 명칭을 쓰시오.

①	②	③
(사용금지 표지)	(인화성물질 경고)	(고압전기 경고)

해답
① 사용금지, ② 인화성물질 경고, ③ 고압전기 경고

관련 법령 산업안전보건법 시행규칙 별표 6(안전보건표지의 종류와 형태)

---

02 타워크레인의 작업 중지에 관한 내용이다. ( ) 안에 알맞은 내용을 쓰시오.

(1) 설치, 수리, 점검 또는 해체작업을 중지해야 하는 순간 풍속 : (①)m/s 초과
(2) 운전작업을 중지해야 하는 순간 풍속 : (②)m/s 초과

해답
① 10, ② 15

관련 법령 산업안전보건기준에 관한 규칙 제37조(악천후 및 강풍 시 작업 중지)

더 알아보기 악천후 및 강풍 시 작업 중지

1. 사업주는 비·눈·바람 또는 그 밖의 기상 상태의 불안정으로 인하여 근로자가 위험해질 우려가 있는 경우 작업을 중지하여야 한다. 다만, 태풍 등으로 위험이 예상되거나 발생되어 긴급 복구작업을 필요로 하는 경우에는 그러하지 아니하다.
2. 사업주는 순간 풍속이 초당 10m를 초과하는 경우 타워크레인의 설치·수리·점검 또는 해체작업을 중지하여야 하며, 순간 풍속이 초당 15m를 초과하는 경우에는 타워크레인의 운전작업을 중지하여야 한다.

03 명예산업안전감독관을 해촉할 수 있는 경우 4가지를 쓰시오.

해답
① 근로자대표가 사업주의 의견을 들어 위촉된 명예산업안전감독관의 해촉을 요청한 경우
② 위촉된 명예산업안전감독관이 해당 단체 또는 그 산하조직으로부터 퇴직하거나 해임된 경우
③ 명예산업안전감독관의 업무와 관련하여 부정한 행위를 한 경우
④ 질병이나 부상 등의 사유로 명예산업안전감독관의 업무 수행이 곤란하게 된 경우

관련 법령 산업안전보건법 시행령 제33조(명예산업안전감독관의 해촉)

04 굴착작업 표준안전 작업지침상 토사붕괴의 발생을 예방하기 위한 안전조치사항 3가지를 쓰시오.

해답
① 적절한 경사면의 기울기를 계획하여야 한다.
② 경사면의 기울기가 당초 계획과 차이가 발생되면 즉시 재검토하여 계획을 변경시켜야 한다.
③ 활동할 가능성이 있는 토석은 제거하여야 한다.
④ 경사면의 하단부에 압성토 등 보강공법으로 활동에 대한 저항대책을 강구하여야 한다.
⑤ 말뚝(강관, H형강, 철근 콘크리트)을 타입하여 지반을 강화시킨다.

관련 법령 굴착공사 표준안전 작업지침 제31조(예방)

05 유해·위험방지계획서를 제출할 때 첨부해야 할 서류 4가지를 쓰시오.

해답
① 공사 개요서
② 공사현장의 주변 현황 및 주변과의 관계를 나타내는 도면
③ 전체 공정표
④ 산업안전보건관리비 사용계획서
⑤ 안전관리 조직표
⑥ 재해 발생 위험 시 연락 및 대피방법

관련 법령 산업안전보건법 시행규칙 별표 10(유해·위험방지계획서 첨부서류)

06 비계의 높이가 2m 이상인 작업장소에 설치하는 작업발판의 조건 4가지를 쓰시오.

해답
① 발판재료는 작업할 때의 하중을 견딜 수 있도록 견고한 것으로 할 것
② 작업발판의 폭은 40cm 이상으로 하고, 발판재료 간의 틈은 3cm 이하로 할 것
③ 선박 및 보트 건조작업의 경우 선박블록 또는 엔진실 등의 좁은 작업공간에 작업발판을 설치하기 위하여 필요하면 작업발판의 폭을 30cm 이상으로 할 수 있고, 걸침비계의 경우 강관기둥 때문에 발판재료 간의 틈을 3cm 이하로 유지하기 곤란하면 5cm 이하로 할 것
④ 추락의 위험이 있는 장소에는 안전난간을 설치할 것
⑤ 작업발판의 지지물은 하중에 의하여 파괴될 우려가 없는 것을 사용할 것
⑥ 작업발판재료는 뒤집히거나 떨어지지 않도록 둘 이상의 지지물에 연결하거나 고정시킬 것
⑦ 작업발판을 작업에 따라 이동시킬 경우에는 위험 방지에 필요한 조치를 할 것

관련 법령 산업안전보건기준에 관한 규칙 제56조(작업발판의 구조)

07 중대재해 발생 후 관할 지방고용노동관서의 장에게 보고해야 할 사항 2가지와 보고시점을 쓰시오.

해답
(1) 보고 시점 : 지체 없이
(2) 보고사항
　① 발생 개요 및 피해 상황
　② 조치 및 전망
　③ 그 밖의 중요한 사항

관련 법령 산업안전보건법 시행규칙 제67조(중대재해 발생 시 보고)

08 양중기의 종류 4가지를 쓰시오.

해답
① 크레인, ② 이동식 크레인, ③ 리프트, ④ 곤돌라, ⑤ 승강기

관련 법령 산업안전보건기준에 관한 규칙 제132조(양중기)

09 차량계 건설기계를 사용하여 작업을 할 때에는 작업계획서를 작성하고 그 작업계획서에 따라 작업을 실시하도록 하여야 한다. 이 작업계획서에 포함되어야 할 사항 3가지를 쓰시오.

해답
① 사용하는 차량계 건설기계의 종류 및 성능
② 차량계 건설기계의 운행경로
③ 차량계 건설기계에 의한 작업방법

관련 법령 산업안전보건기준에 관한 규칙 별표 4(사전조사 및 작업계획서 내용)

더 알아보기 사전조사 및 작업계획서 내용

작업명	사전조사 내용	작업계획서 내용
차량계 건설기계를 사용하는 작업	해당 기계의 굴러 떨어짐, 지반의 붕괴 등으로 인한 근로자의 위험을 방지하기 위한 해당 작업장소의 지형 및 지반 상태	가. 사용하는 차량계 건설기계의 종류 및 성능 나. 차량계 건설기계의 운행경로 다. 차량계 건설기계에 의한 작업방법

10 토공사 비탈면 보호공법의 종류 4가지를 쓰시오.

해답
① 식생공법
② 숏크리트 뿜칠공법
③ 격자틀공법
④ 석축쌓기공법

11 구축물 또는 이와 유사한 시설물에 대한 안전진단 등 안전성 평가를 실시하여 근로자에게 미칠 위험성을 미리 제거하여야 하는 경우 2가지를 쓰시오.

해답
① 구축물 등의 인근에서 굴착·항타작업 등으로 침하·균열 등이 발생하여 붕괴의 위험이 예상될 경우
② 구축물 등에 지진, 동해, 부동침하 등으로 균열·비틀림 등이 발생했을 경우
③ 구축물 등이 그 자체의 무게·적설·풍압 또는 그 밖에 부가되는 하중 등으로 붕괴 등의 위험이 있을 경우
④ 화재 등으로 구축물 등의 내력이 심하게 저하됐을 경우
⑤ 오랜 기간 사용하지 않던 구축물 등을 재사용하게 되어 안전성을 검토해야 하는 경우
⑥ 구축물 등의 주요구조부에 대한 설계 및 시공방법의 전부 또는 일부를 변경하는 경우
⑦ 그 밖의 잠재위험이 예상될 경우

관련 법령 산업안전보건기준에 관한 규칙 제52조(구축물 등의 안전성 평가)

12 와이어로프 안전계수를 설명하시오.

해답
와이어로프 등의 절단하중 값을 그 와이어로프 등에 걸리는 하중의 최댓값으로 나눈 값을 말한다.

관련 법령 산업안전보건기준에 관한 규칙 제163조(와이어로프 등 달기구의 안전계수)

13 이동식 크레인을 사용하여 작업을 하는 때에 작업시작 전 점검사항을 3가지만 쓰시오.

해답
① 권과방지장치나 그 밖의 경보장치 기능
② 브레이크·클러치 및 조정장치의 기능
③ 와이어로프가 통하고 있는 곳 및 작업장소의 지반 상태

관련 법령 산업안전보건기준에 관한 규칙 별표 3(작업시작 전 점검사항)

14 안전모의 종류별 사용 구분에 따른 용도를 쓰시오.

해답
① AB : 물체의 낙하 또는 비래 및 추락에 의한 위험을 방지 또는 경감시키기 위한 것
② AE : 물체의 낙하 또는 비래에 의한 위험을 방지 또는 경감하고, 머리부위 감전에 의한 위험을 방지하기 위한 것
③ ABE : 물체의 낙하 또는 비래 및 추락에 의한 위험을 방지 또는 경감하고, 머리부위 감전에 의한 위험을 방지하기 위한 것

관련 법령 보호구 안전인증 고시 별표 1(추락 및 감전 위험방지용 안전모의 성능기준)

2019년 제4회 과년도 기출복원문제

PART 02. 필답형

01 차량계 건설기계를 사용하여 작업을 할 때에는 작업계획서을 작성하고 그 작업계획에 따라 작업을 실시하도록 하여야 한다. 이 작업계획서에 포함되어야 할 사항 3가지를 쓰시오.

[해답]
① 사용하는 차량계 건설기계의 종류 및 성능
② 차량계 건설기계의 운행경로
③ 차량계 건설기계에 의한 작업방법

[관련 법령] 산업안전보건기준에 관한 규칙 별표 4(사전조사 및 작업계획서 내용)

[더 알아보기] 사전조사 및 작업계획서 내용

작업명	사전조사 내용	작업계획서 내용
차량계 건설기계를 사용하는 작업	해당 기계의 굴러 떨어짐, 지반의 붕괴 등으로 인한 근로자의 위험을 방지하기 위한 해당 작업장소의 지형 및 지반 상태	가. 사용하는 차량계 건설기계의 종류 및 성능 나. 차량계 건설기계의 운행경로 다. 차량계 건설기계에 의한 작업방법

02 산업안전보건법령상 강관비계에 관한 내용이다. 다음 ( ) 안에 적합한 답을 쓰시오.

(1) 띠장간격은 2m 이하로 설치할 것
(2) 비계기둥의 간격은 띠장 방향에서는 (①)m 이하, 장선 방향에서는 (②)m 이하로 할 것
(3) 비계기둥의 제일 윗부분으로부터 (③)m되는 지점 밑부분의 비계기둥은 (④)개의 강관으로 묶어 세울 것
(4) 비계기둥 간의 적재하중은 (⑤)kg을 초과하지 않도록 할 것

[해답]
① 1.85, ② 1.5, ③ 31, ④ 2, ⑤ 400

[관련 법령] 산업안전보건기준에 관한 규칙 제60조(강관비계의 구조)

03
지반 굴착 시 굴착면의 기울기에 대하여 다음 (　) 안에 적합한 답을 쓰시오.

지반의 종류	굴착면의 기울기
모래	1 : 1.8
연암 및 풍화암	(①)
경암	1 : 0.5
그 밖의 흙	(②)

해답

① 1 : 1.0, ② 1 : 1.2

관련 법령 산업안전보건기준에 관한 규칙 별표 11(굴착면의 기울기 기준)

04
근로자 500명이 근무하던 중 산업재해가 15건 발생하였고, 재해자수가 18명 발생하여 120일의 근로손실, 휴업일수 43일이 발생하였다. 도수율, 강도율, 연천인율을 구하시오(단, 근로시간은 1일 8시간, 280일 근무한다).

해답

① 도수율 $= \dfrac{\text{재해건수}}{\text{연근로시간수}} \times 1,000,000 = \dfrac{15}{500 \times 8 \times 280} \times 1,000,000 = 13.392 = 13.39$

② 강도율 $= \dfrac{\text{총근로손실일수}}{\text{연근로시간수}} \times 1,000 = \dfrac{120 + 43 \times \dfrac{280}{365}}{500 \times 8 \times 280} \times 1,000 = 0.136 = 0.14$

③ 연천인율 $= \dfrac{\text{연간재해자수}}{\text{연평균근로자수}} \times 1,000 = \dfrac{18}{500} \times 1,000 = 36$

05 전기기계·기구 또는 전로 등의 충전부분에 접촉 시 감전 방지대책 3가지를 쓰시오.

해답
① 충전부가 노출되지 않도록 폐쇄형 외함이 있는 구조로 할 것
② 충전부에 충분한 절연효과가 있는 방호망이나 절연덮개를 설치할 것
③ 충전부는 내구성이 있는 절연물로 완전히 덮어 감쌀 것
④ 발전소·변전소 및 개폐소 등 구획되어 있는 장소로서 관계 근로자가 아닌 사람의 출입이 금지되는 장소에 충전부를 설치하고, 위험표시 등의 방법으로 방호를 강화할 것
⑤ 전주 위 및 철탑 위 등 격리되어 있는 장소로서 관계 근로자가 아닌 사람이 접근할 우려가 없는 장소에 충전부를 설치할 것

관련 법령 산업안전보건기준에 관한 규칙 제301조(전기기계·기구 등의 충전부 방호)

06 건립 중 강풍에 의한 풍압 등 외압에 대한 내력이 설계에 고려되었는지 확인해야 할 철골구조물 4가지를 쓰시오.

해답
① 높이 20m 이상의 구조물
② 구조물의 폭과 높이의 비가 1 : 4 이상인 구조물
③ 단면 구조에 현저한 차이가 있는 구조물
④ 연면적당 철골량이 50kg/m² 이하인 구조물
⑤ 기둥이 타이플레이트(tie plate)형인 구조물
⑥ 이음부가 현장용접인 구조물

관련 법령 철골공사표준안전작업지침 제3조(설계도 및 공작도 확인)

07 [빈출] 산업안전보건법령상 명예산업안전감독관으로 위촉할 수 있는 사람 3종류를 쓰시오.

해답
① 산업안전보건위원회 구성 대상 사업의 근로자 또는 노사협의체 구성·운영 대상 건설공사의 근로자 중에서 근로자대표가 사업주의 의견을 들어 추천하는 사람
② 연합단체인 노동조합 또는 그 지역 대표기구에 소속된 임직원 중에서 해당 연합단체인 노동조합 또는 그 지역 대표기구가 추천하는 사람
③ 전국 규모의 사업주단체 또는 그 산하조직에 소속된 임직원 중에서 해당 단체 또는 그 산하조직이 추천하는 사람
④ 산업재해 예방 관련 업무를 하는 단체 또는 그 산하조직에 소속된 임직원 중에서 해당 단체 또는 그 산하조직이 추천하는 사람

관련 법령 산업안전보건법 시행령 제32조(명예산업안전감독관 위촉 등)

08 산업안전보건법령상 도급인이 지배·관리하는 장소 5가지를 쓰시오.

해답
① 토사·구축물·인공구조물 등이 붕괴될 우려가 있는 장소
② 기계·기구 등이 넘어지거나 무너질 우려가 있는 장소
③ 안전난간의 설치가 필요한 장소
④ 비계 또는 거푸집을 설치하거나 해체하는 장소
⑤ 건설용 리프트를 운행하는 장소
⑥ 지반을 굴착하거나 발파작업을 하는 장소
⑦ 엘리베이터홀 등 근로자가 추락할 위험이 있는 장소
⑧ 석면이 붙어 있는 물질을 파쇄하거나 해체하는 작업을 하는 장소
⑨ 공중 전선에 가까운 장소로서 시설물의 설치·해체·점검 및 수리 등의 작업을 할 때 감전의 위험이 있는 장소
⑩ 물체가 떨어지거나 날아올 위험이 있는 장소
⑪ 프레스 또는 전단기를 사용하여 작업을 하는 장소
⑫ 차량계 하역운반기계 또는 차량계 건설기계를 사용하여 작업하는 장소
⑬ 전기기계·기구를 사용하여 감전의 위험이 있는 작업을 하는 장소
⑭ 철도차량에 의한 충돌 또는 협착의 위험이 있는 작업을 하는 장소
⑮ 화재·폭발 등 사고발생 위험이 높은 장소

관련 법령 산업안전보건법 시행령 제11조(도급인이 지배·관리하는 장소)

09 달비계 또는 높이 5m 이상의 비계를 조립·해체 시 사업주가 준수해야 할 사항 4가지를 쓰시오.

해답
① 근로자가 관리감독자의 지휘에 따라 작업하도록 할 것
② 조립·해체 또는 변경의 시기·범위 및 절차를 그 작업에 종사하는 근로자에게 주지시킬 것
③ 조립·해체 또는 변경 작업구역에는 해당 작업에 종사하는 근로자가 아닌 사람의 출입을 금지하고 그 내용을 보기 쉬운 장소에 게시할 것
④ 비, 눈, 그 밖의 기상 상태의 불안정으로 날씨가 몹시 나쁜 경우에는 그 작업을 중지시킬 것
⑤ 비계재료의 연결·해체작업을 하는 경우에는 폭 20cm 이상의 발판을 설치하고 근로자로 하여금 안전대를 사용하도록 하는 등 추락을 방지하기 위한 조치를 할 것
⑥ 재료·기구 또는 공구 등을 올리거나 내리는 경우에는 근로자가 달줄 또는 달포대 등을 사용하게 할 것

관련 법령 산업안전보건기준에 관한 규칙 제57조(비계 등의 조립·해체 및 변경)

10 산업안전보건법상 자율안전대상기계·기구를 3가지 쓰시오.

해답
① 연삭기 또는 연마기(휴대형은 제외)
② 산업용 로봇
③ 혼합기
④ 파쇄기 또는 분쇄기
⑤ 식품가공용 기계(파쇄·절단·혼합·제면기만 해당)
⑥ 컨베이어
⑦ 자동차정비용 리프트
⑧ 공작기계(선반, 드릴기, 평삭·형삭기, 밀링만 해당)
⑨ 고정형 목재가공용 기계(둥근톱, 대패, 루타기, 띠톱, 모떼기 기계만 해당)
⑩ 인쇄기

관련 법령 산업안전보건법 시행령 제77조(자율안전확인대상기계 등)

11 굴착공사 시 토사붕괴의 외적 요인 3가지를 쓰시오.

해답
① 사면, 법면의 경사 및 기울기의 증가
② 절토 및 성토 높이의 증가
③ 공사에 의한 진동 및 반복하중의 증가
④ 지표수 및 지하수의 침투에 의한 토사 중량의 증가
⑤ 지진, 차량, 구조물의 하중작용
⑥ 토사 및 암석의 혼합층 두께

관련 법령 굴착공사 표준안전 작업지침 제28조(토석붕괴의 원인)

더 알아보기 토석이 붕괴되는 내적 원인

1. 절토 사면의 토질·암질
2. 성토 사면의 토질구성 및 분포
3. 토석의 강도 저하

12 지반의 붕괴, 구축물의 붕괴 또는 토석의 낙하 등에 의하여 근로자가 위험해질 우려가 있는 경우 그 위험을 방지하기 위한 조치사항이다. 다음 ( ) 안에 적합한 답을 쓰시오.

> (1) 지반은 안전한 경사로 하고 낙하의 위험이 있는 토석을 제거하거나 옹벽, (①) 등을 설치할 것
> (2) 토사 등의 붕괴 또는 토석의 낙하 원인이 되는 빗물이나 (②) 등을 배제할 것

해답
① 흙막이 지보공, ② 지하수

관련 법령 산업안전보건기준에 관한 규칙 제50조(토사 등에 의한 위험 방지)

13 무재해운동 3기둥을 쓰시오.

해답
① 최고 경영자의 경영 자세
② 관리감독자에 의한 라인화 철저
③ 직장 소집단의 자주활동의 활발화

> **더 알아보기** 무재해운동의 이념 3원칙
>
> 1. 무의 원칙
> 2. 참가의 원칙
> 3. 선취의 원칙

14 히빙 현상의 발생원인 3가지를 쓰시오.

해답
① 연약한 점토 지반
② 흙막이 내외부의 중량 차이
③ 흙막이벽의 근입 깊이 부족

제1회 과년도 기출복원문제

01 다음은 가설통로의 구조에 대한 설치기준이다. ( ) 안에 적합한 내용을 쓰시오.

> (1) 경사가 (①)°를 초과하는 경우에는 미끄러지지 아니하는 구조로 해야 한다.
> (2) 수직갱에 가설된 통로의 길이가 15m 이상인 경우에는 (②)m 이내마다 (③)을 설치해야 한다.
> (3) 건설공사에 사용하는 높이 8m 이상인 비계다리에는 (④)m 이내마다 계단참을 설치해야 한다.

해답
① 15, ② 10, ③ 계단참, ④ 7

관련 법령 산업안전보건기준에 관한 규칙 제23조(가설통로의 구조)

더 알아보기 가설통로의 구조
1. 견고한 구조로 할 것
2. 경사는 30° 이하로 할 것(다만, 계단을 설치하거나 높이 2m 미만의 가설통로로서 튼튼한 손잡이를 설치한 경우는 제외)
3. 경사가 15°를 초과하는 경우에는 미끄러지지 아니하는 구조로 할 것
4. 추락할 위험이 있는 장소에는 안전난간을 설치할 것
5. 수직갱에 가설된 통로의 길이가 15m 이상인 경우에는 10m 이내마다 계단참을 설치할 것
6. 건설공사에 사용하는 높이 8m 이상인 비계다리에는 7m 이내마다 계단참을 설치할 것

02 타워크레인 설치·조립·해체 시 작업계획서에 포함되어야 할 사항 4가지를 쓰시오.

해답
① 타워크레인의 종류 및 형식
② 설치, 조립 및 해체순서
③ 작업도구, 장비, 가설설비 및 방호설비
④ 작업인원의 구성 및 작업근로자의 역할 범위
⑤ 지지방법

관련 법령 산업안전보건기준에 관한 규칙 별표 4(사전조사 및 작업계획서 내용)

03 다음 ( ) 안에 적합한 내용을 채우시오.

> 적정공기란 산소농도의 범위가 (①)% 이상 23.5% 미만, 이산화탄소의 농도가 1.5% 미만, (②)의 농도가 30ppm 미만, (③)의 농도가 10ppm 미만인 수준의 공기를 말한다.

해답
① 18, ② 일산화탄소, ③ 황화수소

관련 법령 산업안전보건기준에 관한 규칙 제618조(정의)

04 OJT 교육을 간략히 설명하시오.

해답
OJT는 On the Jop Training의 약자로 직장 내 훈련이라는 뜻이며, 직속상관이 부하 직원에 대해서 일상업무를 통해 지식, 기능, 문제해결능력 및 태도 등을 교육, 훈련하는 방법이다. 맞춤식 교육이 가능하고, 효율이 높지만 대규모 교육이 어렵고 체계적이지 못하다는 것이 단점이다.

05 사업주는 근로자가 상시 분진작업에 관련된 업무를 하는 경우에 근로자에게 알려야 하는 사항 4가지를 쓰시오.

해답
① 분진의 유해성과 노출경로
② 분진의 발산 방지와 작업장 환기방법
③ 작업장 및 개인위생 관리
④ 호흡용 보호구의 사용방법
⑤ 분진에 관련된 질병 예방방법

관련 법령 산업안전보건기준에 관한 규칙 제614조(분진의 유해성 등의 주지)

06 차량계 건설기계 작업 시 넘어지거나, 굴러떨어짐에 의해 근로자에게 위험을 미칠 우려가 있을 때 조치사항 3가지를 쓰시오.

> **해답**
> ① 유도자 배치
> ② 지반의 부동침하 방지
> ③ 갓길의 붕괴 방지
> ④ 도로의 폭 유지

> **관련 법령** 산업안전보건기준에 관한 규칙 제199조(전도 등의 방지)

07 근로자가 작업발판 위에서 전기용접 작업을 하다가 지면으로 떨어져 부상을 당했다. 다음 (   ) 안에 적합한 답을 쓰시오.

```
(1) 재해 발생 형태 : (  ①  )
(2) 기인물 : (  ②  )
(3) 가해물 : (  ③  )
```

> **해답**
> ① 떨어짐(추락), ② 작업발판, ③ 지면

08 NATM 공법에 있어서 록 볼트의 효과와 그에 대한 설명 3가지를 쓰시오.

> **해답**
> ① 봉합효과 : 느슨한 암반을 원지반에 고정하고 물체의 떨어짐을 방지하는 효과
> ② 내압효과 : 터널 근방의 원지반을 삼축응력 상태로 보전하는 효과
> ③ 아치형성 효과 : 내압효과로 인한 그랜드 아치형성 효과
> ④ 보형성 효과 : 터널 주변 원지반이 들보로 형성되도록 하는 효과

> **더 알아보기**
> - 록 볼트(rock bolt) : 불연속면의 전단강도를 높이고 이완된 암반을 결합, 고정시켜 암반 자체 지보력을 증대시키는 지보재이다.
> - NATM 공법 : 굴착한 터널 안쪽 천장과 터널 벽면에 2~3m 길이의 고정봉을 일정 간격으로 박은 후 그 위에 콘크리트를 입히는 방식으로 암반의 붕괴를 방지하면서 터널을 뚫어 나가는 굴착방법이다.

09 양중기에 사용하는 와이어로프의 사용금지 기준을 3가지 쓰시오.

해답
① 이음매가 있는 것
② 와이어로프의 한 꼬임에서 끊어진 소선의 수가 10% 이상인 것
③ 지름의 감소가 공칭지름의 7%를 초과하는 것
④ 꼬인 것
⑤ 심하게 변형되거나 부식된 것
⑥ 열과 전기충격에 의해 손상된 것

관련 법령 산업안전보건기준에 관한 규칙 제63조(달비계의 구조), 제166조(이음매가 있는 와이어로프 등의 사용금지)

10 전기기계·기구 또는 전로 등의 충전부분에 접촉 시 감전 방지대책 2가지를 쓰시오.

해답
① 충전부가 노출되지 않도록 폐쇄형 외함이 있는 구조로 할 것
② 충전부에 충분한 절연효과가 있는 방호망이나 절연덮개를 설치할 것
③ 충전부는 내구성이 있는 절연물로 완전히 덮어 감쌀 것
④ 발전소·변전소 및 개폐소 등 구획되어 있는 장소로서 관계 근로자가 아닌 사람의 출입이 금지되는 장소에 충전부를 설치하고, 위험표시 등의 방법으로 방호를 강화할 것
⑤ 전주 위 및 철탑 위 등 격리되어 있는 장소로서 관계 근로자가 아닌 사람이 접근할 우려가 없는 장소에 충전부를 설치할 것

관련 법령 산업안전보건기준에 관한 규칙 제301조(전기기계·기구 등의 충전부 방호)

11 지반의 연화현상(frost boil) 방지대책 3가지를 쓰시오.

해답
① 강제 배수 등으로 지하수위 저하
② 지표의 흙에 시멘트 등을 혼합하여 수분의 유입 방지
③ 동결심도 하부에 배수층 설치
④ 지표면에 화학약품 살포하여 투수 차단

더 알아보기 연화현상
추운 겨울철에 땅이 얼었다 녹을 때 흙 속으로 수분이 들어가 지반이 연약화되는 현상이다.

12 다음 안전보건표지판의 명칭을 쓰시오.

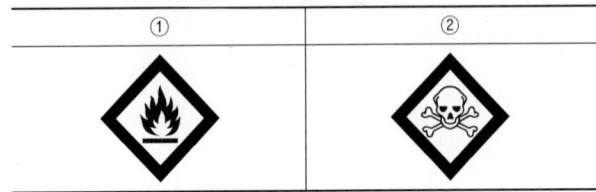

해답
① 인화성물질 경고
② 급성독성물질 경고

관련 법령 산업안전보건법 시행규칙 별표 6(안전보건표지의 종류와 형태)

13 꽂음 접속기를 설치하거나 사용하는 경우 준수사항 4가지를 쓰시오.

해답
① 서로 다른 전압의 꽂음 접속기는 서로 접속되지 아니한 구조의 것을 사용할 것
② 습윤한 장소에 사용되는 꽂음 접속기는 방수형 등 그 장소에 적합한 것을 사용할 것
③ 근로자가 해당 꽂음 접속기를 접속시킬 경우에는 땀 등으로 젖은 손으로 취급하지 않도록 할 것
④ 해당 꽂음 접속기에 잠금장치가 있는 경우에는 접속 후 잠그고 사용할 것

관련 법령 산업안전보건기준에 관한 규칙 제316조(꽂음 접속기의 설치·사용 시 준수사항)

14 연간 상시근로자수가 4,000명, 사고사망자가 1명인 사업장의 사망사고만인율을 구하시오.

해답
$$\text{사망사고만인율} = \frac{\text{사고사망자수}}{\text{상시근로자수}} \times 10,000 = \frac{1}{4,000} \times 10,000 = 2.5$$

관련 법령 산업안전보건법 시행규칙 별표 1(건설업체 산업재해발생률 및 산업재해 발생 보고의무 위반건수의 산정 기준과 방법)

2020년 제2회 과년도 기출복원문제

01 물체를 투하하는 경우 위험을 방지하기 위해 적당한 투하설비를 갖춰야 하는 최소 높이는 얼마인지 쓰시오.

해답
3m

관련 법령 산업안전보건기준에 관한 규칙 제15조(투하설비 등)

> **더 알아보기** 투하설비 등
>
> 사업주는 높이가 3m 이상인 장소로부터 물체를 투하하는 경우 적당한 투하설비를 설치하거나 감시인을 배치하는 등 위험을 방지하기 위하여 필요한 조치를 하여야 한다.

02 콘크리트 타설 시 거푸집 측압에 영향을 미치는 요인 3가지를 쓰시오.

해답
① 외기 기온, 습도
② 타설속도
③ 시공연도(workability)
④ 슬럼프
⑤ 다짐
⑥ 비중

> **더 알아보기** 거푸집의 측압이 커지는 경우
>
> 1. 거푸집 부재단면이 클수록(벽체가 두꺼울수록, 강성이 클수록)
> 2. 거푸집 수밀성이 클수록(투수성이 작을수록)
> 3. 거푸집 표면이 평활할수록
> 4. 외기 온도가 낮을수록
> 5. 외기 습도가 높을수록
> 6. 시공연도(workability)가 좋을수록
> 7. 철골 또는 철근량이 적을수록
> 8. 콘크리트의 타설속도가 빠를수록
> 9. 콘크리트의 다짐이 과할수록
> 10. 콘크리트의 슬럼프가 클수록
> 11. 콘크리트의 비중이 클수록

03 산업안전보건법령상 가공전로에 근접하여 비계를 설치하는 경우 가공전로와의 접촉을 방지하기 위하여 필요한 조치 2가지를 쓰시오.

해답
① 가공전로를 이설
② 가공전로에 절연용 방호구를 장착

관련 법령 산업안전보건기준에 관한 규칙 제59조(강관비계 조립 시의 준수사항)

04 타워크레인의 작업 중지에 관한 내용이다. ( ) 안에 알맞은 내용을 쓰시오.

(1) 설치, 수리, 점검 또는 해체작업을 중지해야 하는 순간 풍속 : (①)m/s 초과
(2) 운전작업을 중지해야 하는 순간 풍속 : (②)m/s 초과

해답
① 10, ② 15

관련 법령 산업안전보건기준에 관한 규칙 제37조(악천후 및 강풍 시 작업 중지)

더 알아보기 ▶ 악천후 및 강풍 시 작업 중지

1. 사업주는 비·눈·바람 또는 그 밖의 기상 상태의 불안정으로 인하여 근로자가 위험해질 우려가 있는 경우 작업을 중지하여야 한다. 다만, 태풍 등으로 위험이 예상되거나 발생되어 긴급 복구작업을 필요로 하는 경우에는 그러하지 아니하다.
2. 사업주는 순간 풍속이 초당 10m를 초과하는 경우 타워크레인의 설치·수리·점검 또는 해체작업을 중지하여야 하며, 순간 풍속이 초당 15m를 초과하는 경우에는 타워크레인의 운전작업을 중지하여야 한다.

05 산업재해가 발생하였을 때 사업주가 산업재해와 관련하여 기록·보존해야 하는 사항 3가지를 쓰시오.

해답
① 사업장의 개요 및 근로자의 인적사항
② 재해 발생의 일시 및 장소
③ 재해 발생의 원인 및 과정
④ 재해 재발방지 계획

관련 법령 산업안전보건법 시행규칙 제72조(산업재해 기록 등)

06 산업안전보건법령상 근로감독관이 질문·검사·점검하거나 관계 서류의 제출을 요구할 수 있는 경우 3가지를 쓰시오.

> **해답**
> ① 산업재해가 발생하거나 산업재해 발생의 급박한 위험이 있는 경우
> ② 근로자의 신고 또는 고소·고발 등에 대한 조사가 필요한 경우
> ③ 법 또는 법에 따른 명령을 위반한 범죄의 수사 등 사법경찰관리의 직무를 수행하기 위하여 필요한 경우
>
> **관련 법령** 산업안전보건법 시행규칙 제235조(감독기준)

07 작업발판 및 통로의 끝이나 개구부로서 근로자가 추락할 위험이 있는 장소에서 작업 시, 추락 방지대책 3가지를 쓰시오.

> **해답**
> ① 안전난간 설치
> ② 울타리 설치
> ③ 수직형 추락방망 설치
> ④ 덮개 설치
> ⑤ 추락방호망
>
> **관련 법령** 산업안전보건기준에 관한 규칙 제43조(개구부 등의 방호 조치)
>
> **더 알아보기** 개구부 등의 방호 조치
> 1. 사업주는 작업발판 및 통로의 끝이나 개구부로서 근로자가 추락할 위험이 있는 장소에는 안전난간, 울타리, 수직형 추락방망 또는 덮개 등(이하 난간 등)의 방호조치를 충분한 강도를 가진 구조로 튼튼하게 설치하여야 하며, 덮개를 설치하는 경우에는 뒤집히거나 떨어지지 않도록 설치하여야 한다. 이 경우 어두운 장소에서도 알아볼 수 있도록 개구부임을 표시해야 하며, 수직형 추락방망은 한국산업표준에서 정하는 성능기준에 적합한 것을 사용해야 한다.
> 2. 사업주는 난간 등을 설치하는 것이 매우 곤란하거나 작업의 필요상 임시로 난간 등을 해체하여야 하는 경우 기준에 맞는 추락방호망을 설치하여야 한다. 다만, 추락방호망을 설치하기 곤란한 경우에는 근로자에게 안전대를 착용하도록 하는 등 추락할 위험을 방지하기 위하여 필요한 조치를 하여야 한다.

08 다음은 교육대상별 교육시간이다. (　) 안에 적합한 내용을 쓰시오.

교육대상	신규교육	보수교육
안전보건관리 책임자	(①)시간 이상	(②)시간 이상
안전관리자, 안전관리 전문기관의 종사자	(③)시간 이상	(④)시간 이상
보건관리자, 보건관리 전문기관의 종사자	(③)시간 이상	(④)시간 이상
건설재해예방전문지도기관의 종사자	(③)시간 이상	(④)시간 이상

해답

① 6, ② 6, ③ 34, ④ 24

관련 법령 산업안전보건법 시행규칙 별표 4(안전보건교육 교육과정별 교육시간)

더 알아보기 안전보건관리책임자 등에 대한 교육

교육대상	교육시간	
	신규교육	보수교육
가. 안전보건관리책임자	6시간 이상	6시간 이상
나. 안전관리자, 안전관리전문기관의 종사자	34시간 이상	24시간 이상
다. 보건관리자, 보건관리전문기관의 종사자		
라. 건설재해예방전문지도기관의 종사자		
마. 석면조사기관의 종사자		
바. 안전보건관리담당자	–	8시간 이상
사. 안전검사기관, 자율안전검사기관의 종사자	34시간 이상	24시간 이상

09 터널공사 시 터널 작업면의 조도에 대한 내용이다. 다음 (　) 안에 적합한 내용을 쓰시오.

(1) 막장 구간 : (①)lx 이상
(2) 터널 중간 구간 : (②)lx 이상
(3) 터널 입·출구, 수직구 구간 : (③)lx 이상

해답

① 70, ② 50, ③ 30

관련 법령 터널공사 표준안전 작업지침-NATM공법 제36조(조명시설의 기준)

10 근로자의 위험을 방지하기 위하여 해당 작업, 작업장의 지형, 지반 및 지층 상태 등에 대한 사전조사를 하고 그 결과를 기록·보존하여야 하며, 조사결과를 고려하여 작업계획서를 작성하고 그 계획에 따라 작업을 하도록 하여야 하는 작업 3가지를 쓰시오.

해답
① 타워크레인을 설치·조립·해체하는 작업
② 차량계 하역운반기계 등을 사용하는 작업
③ 차량계 건설기계를 사용하는 작업
④ 화학설비와 그 부속설비를 사용하는 작업
⑤ 전기작업
⑥ 굴착면의 높이가 2m 이상이 되는 지반의 굴착작업
⑦ 터널굴착작업
⑧ 교량의 설치·해체 또는 변경작업
⑨ 채석작업
⑩ 구축물, 건축물, 그 밖의 시설물 등의 해체작업
⑪ 중량물의 취급작업
⑫ 궤도나 그 밖의 관련 설비의 보수·점검작업
⑬ 열차의 교환, 연결 또는 분리작업

관련 법령 산업안전보건기준에 관한 규칙 제38조(사전조사 및 작업계획서의 작성 등)

11 산업안전보건법상 보호구의 안전인증 제품에 표시하여야 하는 사항을 4가지 쓰시오.

해답
① 형식 또는 모델명
② 규격 또는 등급 등
③ 제조자명
④ 제조번호 및 제조연월
⑤ 안전인증번호

관련 법령 보호구 안전인증 고시 제34조(안전인증 제품표시의 붙임)

12 차량계 하역운반기계(지게차 등)의 운전자가 운전 위치를 이탈하는 경우 준수하여야 할 사항을 2가지 쓰시오.

> [해답]
> ① 포크, 버킷, 디퍼 등의 장치를 가장 낮은 위치 또는 지면에 내려 둘 것
> ② 원동기를 정지시키고 브레이크를 확실히 거는 등 차량계 하역운반기계 등 차량계 건설기계의 갑작스러운 이동을 방지하기 위한 조치를 할 것
> ③ 운전석을 이탈하는 경우에는 시동키를 운전대에서 분리시킬 것
>
> [관련 법령] 산업안전보건기준에 관한 규칙 제99조(운전위치 이탈 시의 조치)

13 재해예방 대책의 기본원리 5단계 중 시정책의 적용 단계에서 적용할 3E를 모두 쓰시오.

> [해답]
> ① 기술(Engineering)
> ② 교육(Education)
> ③ 규제(Enforcement)

14 공사금액이 1,800억원인 건설업에서 선임해야 할 안전관리자의 수를 쓰시오.

> [해답]
> • 일반 : 3명 이상
> • 전체 공사시간 중 전후 15에 해당하는 기간 : 2명 이상
>
> [관련 법령] 산업안전보건법 시행령 별표 3(안전관리자를 두어야 하는 사업의 종류, 사업장의 상시근로자수, 안전관리자의 수 및 선임방법)
>
> [더 알아보기] 건설업 사업장의 상시근로자수와 안전관리자의 수
>
> | 사업의 종류 | 사업장의 상시근로자수 | 안전관리자의 수 |
> |---|---|---|
> | 건설업 | 공사금액 1,500억원 이상 2,200억원 미만 | 3명 이상. 다만, 전체 공사기간 중 전후 15에 해당하는 기간은 2명 이상으로 한다. |

2020년 제3회 과년도 기출복원문제

PART 02. 필답형

01 관계수급인 근로자가 도급인의 사업장에서 작업을 하는 경우 도급인의 이행사항을 2가지 쓰시오.

해답
① 도급인과 수급인을 구성원으로 하는 안전 및 보건에 관한 협의체의 구성 및 운영
② 작업장 순회점검
③ 관계수급인이 근로자에게 하는 안전보건교육을 위한 장소 및 자료의 제공 등 지원
④ 관계수급인이 근로자에게 하는 안전보건교육의 실시 확인
⑤ 다음의 어느 하나의 경우에 대비한 경보체계 운영과 대피방법 등 훈련
  ㉠ 작업 장소에서 발파작업을 하는 경우
  ㉡ 작업 장소에서 화재·폭발, 토사·구축물 등의 붕괴 또는 지진 등이 발생한 경우
⑥ 위생시설 등 고용노동부령으로 정하는 시설의 설치 등을 위하여 필요한 장소의 제공 또는 도급인이 설치한 위생시설 이용의 협조
⑦ 같은 장소에서 이루어지는 도급인과 관계수급인 등의 작업에 있어서 관계수급인 등의 작업시기·내용, 안전조치 및 보건조치 등의 확인
⑧ ⑦의 확인 결과 관계수급인 등의 작업 혼재로 인하여 화재·폭발 등 대통령령으로 정하는 위험이 발생할 우려가 있는 경우 관계수급인 등의 작업시기·내용 등의 조정

관련 법령 산업안전보건법 제64조(도급에 따른 산업재해 예방조치)

02 공사금액이 900억원인 건설현장에서 선임해야 할 안전관리자는 몇 명인지 쓰시오.

해답
2명

관련 법령 산업안전보건법 시행령 별표 3(안전관리자를 두어야 하는 사업의 종류, 사업장의 상시근로자수, 안전관리자의 수 및 선임방법)

더 알아보기 건설업 사업장의 상시근로자수와 안전관리자의 수

사업의 종류	사업장의 상시근로자수	안전관리자의 수
건설업	공사금액 800억원 이상 1,500억원 미만	2명 이상. 다만, 전체 공사기간을 100으로 할 때 공사 시작에서 15에 해당하는 기간과 공사 종료 전의 15에 해당하는 기간 동안은 1명 이상으로 한다.

03
사업장에 승강기의 설치, 조립, 수리, 점검 또는 해체작업을 하는 경우 사업주가 작업을 지휘하는 사람에게 이행하도록 해야 하는 사항을 3가지 쓰시오.

해답
① 작업방법과 근로자의 배치를 결정하고 해당 작업을 지휘하는 일
② 재료의 결함 유무 또는 기구 및 공구의 기능을 점검하고 불량품을 제거하는 일
③ 작업 중 안전대 등 보호구의 착용 상황을 감시하는 일

관련 법령 산업안전보건기준에 관한 규칙 제162조(조립 등의 작업)

04
기둥, 보, 벽체, 슬래브 등의 거푸집 동바리 등을 조립하거나 해체하는 작업을 하는 경우 사업주가 준수해야 할 사항을 3가지 쓰시오.

해답
① 해당 작업을 하는 구역에는 관계 근로자가 아닌 사람의 출입을 금지할 것
② 비, 눈, 그 밖의 기상 상태의 불안정으로 날씨가 몹시 나쁜 경우에는 그 작업을 중지할 것
③ 재료, 기구 또는 공구 등을 올리거나 내리는 경우에는 근로자로 하여금 달줄·달포대 등을 사용하도록 할 것
④ 낙하·충격에 의한 돌발적 재해를 방지하기 위하여 버팀목을 설치하고 거푸집 및 동바리를 인양장비에 매단 후에 작업을 하도록 하는 등 필요한 조치를 할 것

관련 법령 산업안전보건기준에 관한 규칙 제333조(조립·해체 등 작업 시의 준수사항)

05 [빈출]
다음 사업장의 종합재해지수(FSI)를 구하시오.

- 근로자수 : 500명
- 280일/1년
- 휴업일수 : 159일
- 8시간/1일
- 연간재해발생건수 : 10건

해답

① 도수율 = $\dfrac{\text{재해건수}}{\text{연근로시간수}} \times 1{,}000{,}000 = \dfrac{10}{500 \times 8 \times 280} \times 1{,}000{,}000 = 8.93$

② 강도율 = $\dfrac{\text{총근로손실일수}}{\text{연근로시간수}} \times 1{,}000 = \dfrac{159 \times \dfrac{280}{365}}{500 \times 8 \times 280} \times 1{,}000 = 0.11$

∴ 종합재해지수(FSI) = $\sqrt{\text{도수율} \times \text{강도율}} = \sqrt{8.93 \times 0.11} = 0.99$

06 발파 표준안전 작업지침상 발파작업을 하는 사업장 내에서 화약류를 운반할 때 준수해야 할 사항 3가지를 쓰시오.

해답
① 화약류를 갱내 또는 발파장소로 운반할 때에는 정해진 포장 및 상자 등을 사용할 것
② 폭약과 뇌관은 1인이 동시에 운반하지 않도록 할 것. 다만, 부득이하게 1인이 운반하는 경우 별개의 용기에 넣어 운반할 것
③ 화약류는 운반하는 자의 체력에 적당하도록 소량을 운반하도록 할 것
④ 화약류를 운반할 때에는 화기나 전선의 부근을 피하고, 던지거나, 넘어지거나, 떨어뜨리거나, 부딪히는 등 충격을 주지 않도록 주의할 것
⑤ 빈 화약류 용기 및 포장재료는 제조사에서 정한 기준에 따라 처분할 것

관련 법령 발파 표준안전 작업지침 제9조(사업장 내 운반)

07 [빈출] 산업안전보건법령상 달비계에 사용할 수 없는 달기 체인의 기준 2가지를 쓰시오.

해답
① 달기 체인의 길이가 달기 체인이 제조된 때의 길이의 5%를 초과한 것
② 링의 단면 지름이 달기 체인이 제조된 때의 해당 링의 지름의 10%를 초과하여 감소한 것
③ 균열이 있거나 심하게 변형된 것

관련 법령 산업안전보건기준에 관한 규칙 제63조(달비계의 구조)

08 거푸집 설계 시 고려해야 할 하중 4가지를 쓰시오.

해답
① 연직방향 하중
② 횡방향 하중
③ 콘크리트의 측압
④ 특수하중

관련 법령 콘크리트공사표준안전작업지침 제4조(하중)

09 건설기술 진흥법 시행령에 따라 분야별 안전관리책임자 또는 안전관리담당자가 당일 공사 작업자를 대상으로 매일 공사 착수 전에 실시해야 하는 안전교육 내용을 3가지 쓰시오.

> **해답**
> ① 당일 작업의 공법 이해
> ② 시공 상세도면에 따른 세부 시공순서
> ③ 시공 기술상의 주의사항
>
> **관련 법령** 건설기술 진흥법 시행령 제103조(안전교육)

10 흙막이 지보공의 보강 또는 동바리를 설치하거나 해체하는 작업을 할 때 교육내용 2가지를 쓰시오.

> **해답**
> ① 작업안전 점검 요령과 방법에 관한 사항
> ② 동바리의 운반·취급 및 설치 시 안전작업에 관한 사항
> ③ 해체작업 순서와 안전기준에 관한 사항
> ④ 보호구 취급 및 사용에 관한 사항
> ⑤ 그 밖에 안전·보건관리에 필요한 사항
>
> **관련 법령** 산업안전보건법 시행규칙 별표 5(안전보건교육 교육대상별 교육내용)

11 안전보건표지 중 녹십자 표지를 그리시오(단, 색상 표시는 글자로 쓰고, 크기는 표시하지 않아도 된다).

> **해답**
> ① 바탕 : 흰색
> ② 도형 및 테두리 : 녹색

> **관련 법령** 산업안전보건법 시행규칙 별표 6(안전보건표지의 종류와 형태)

12 산업안전보건법령상 고소작업대를 사용하는 경우 준수사항 2가지를 쓰시오.

해답
① 작업자가 안전모·안전대 등의 보호구를 착용하도록 할 것
② 관계자가 아닌 사람이 작업구역에 들어오는 것을 방지하기 위하여 필요한 조치를 할 것
③ 안전한 작업을 위하여 적정수준의 조도를 유지할 것
④ 전로에 근접하여 작업을 하는 경우에는 작업감시자를 배치하는 등 감전사고를 방지하기 위하여 필요한 조치를 할 것
⑤ 작업대를 정기적으로 점검하고 붐·작업대 등 각 부위의 이상 유무를 확인할 것
⑥ 전환스위치는 다른 물체를 이용하여 고정하지 말 것
⑦ 작업대는 정격하중을 초과하여 물건을 싣거나 탑승하지 말 것
⑧ 작업대의 붐대를 상승시킨 상태에서 탑승자는 작업대를 벗어나지 말 것

관련 법령 산업안전보건기준에 관한 규칙 제186조(고소작업대 설치 등의 조치)

13 철륜 표면에 다수의 돌기를 붙여 접지면적을 작게 하여 접지압을 증가시킨 롤러로서 고함수비 점성토 지반의 다짐작업에 적합한 롤러를 쓰시오.

해답
탬핑롤러

14 정밀안전진단의 정의에 대해 쓰시오.

해답
시설물의 물리적, 기능적 결함을 발견하고 그에 대한 신속하고 적절한 조치를 하기 위하여 구조적 안전성과 결함의 원인 등을 조사, 측정, 평가하여 보수, 보강 등의 방법을 제시하는 행위

관련 법령 시설물의 안전 및 유지관리에 관한 특별법 제2조(정의)

제1회 과년도 기출복원문제

2021년 | PART 02. 필답형

---

01 산업안전보건법 시행규칙상 안전관리자를 정수 이상으로 증원·교체하거나 임명할 수 있는 사유 3가지를 쓰시오.

> **해답**
> ① 해당 사업장의 연간재해율이 같은 업종의 평균재해율의 2배 이상인 경우
> ② 중대재해가 연간 2건 이상 발생한 경우
> ③ 관리자가 질병이나 그 밖의 사유로 3개월 이상 직무를 수행할 수 없게 된 경우
> ④ 화학적 인자로 인한 직업성 질병자가 연간 3명 이상 발생한 경우
>
> **관련 법령** 산업안전보건법 시행규칙 제12조(안전관리자 등의 증원·교체임명 명령)

---

02 산업안전보건법상 안전관리자의 업무를 4가지 쓰시오.

> **해답**
> ① 산업안전보건위원회 또는 안전 및 보건에 관한 노사협의체에서 심의·의결한 업무와 해당 사업장의 안전보건관리규정 및 취업규칙에서 정한 업무
> ② 위험성평가에 관한 보좌 및 지도·조언
> ③ 안전인증대상기계 등과 자율안전확인대상기계 등 구입 시 적격품의 선정에 관한 보좌 및 지도·조언
> ④ 해당 사업장 안전교육계획의 수립 및 안전교육 실시에 관한 보좌 및 지도·조언
> ⑤ 사업장 순회점검, 지도 및 조치 건의
> ⑥ 산업재해 발생의 원인 조사·분석 및 재발 방지를 위한 기술적 보좌 및 지도·조언
> ⑦ 산업재해에 관한 통계의 유지·관리·분석을 위한 보좌 및 지도·조언
> ⑧ 법 또는 법에 따른 명령으로 정한 안전에 관한 사항의 이행에 관한 보좌 및 지도·조언
> ⑨ 업무 수행 내용의 기록·유지
>
> **관련 법령** 산업안전보건법 시행령 제18조(안전관리자의 업무 등)

---

03 산업안전보건법령상 사업주가 근로자에게 실시해야 하는 안전보건교육 중 ( ) 안에 적합한 답을 쓰시오.

> (1) 사무직 종사 근로자 : 매 반기 (①)시간 이상
> (2) 채용 시 교육
>   일용근로자 및 근로계약기간이 1주일 이하인 기간제근로자 : (②)시간 이상
> (3) 건설업 기초안전·보건교육 : (③)시간 이상

> **해답**
> ① 6, ② 1, ③ 4
>
> **관련 법령** 산업안전보건법 시행규칙 별표 4(안전보건교육 교육과정별 교육시간)

04 산업안전보건법령상 위험기계·기구 안전인증과 관련하여 (   ) 안에 적합한 답을 쓰시오.

(1) 들어 올릴 수 있는 최대의 하중 : (①)
(2) 크레인의 권상하중에서 훅, 크래브 또는 버킷 등 달기기구의 중량에 상당하는 하중을 뺀 하중. 다만, 지브가 있는 크레인 등으로서 경사각의 위치, 지브의 길이에 따라 권상능력이 달라지는 것은 그 위치의 권상하중에서 달기기구의 중량을 뺀 하중 가운데 최대치를 말한다. : (②)

해답
① 권상하중, ② 정격하중

관련 법령 위험기계·기구 안전인증 고시 제6조(정의)

05 연평균 200명이 근무하는 A사업장에서 사망재해가 1건 발생하여 1명 사망, 50일의 휴업일수가 2명 발생되고 20일의 휴업일수가 1명이 발생되었다. 해당 사업장의 강도율을 구하시오(단, 종업원의 근무일수는 1일 8시간 305일이다).

해답

$$강도율 = \frac{총근로손실일수}{연근로시간수} \times 1,000 = \frac{7,500 + (50 \times 2 + 20) \times \frac{305}{365}}{200 \times 8 \times 305} \times 1,000 = 15.57$$

06 이동식 크레인 종류를 쓰시오.

해답
① 카고 크레인(트럭 탑재형)
② 크롤러 크레인
③ 트럭 크레인
④ 험지형 크레인
⑤ 전지형 크레인

관련 법령 KOSHA GUIDE B-M-8-2025(이동식 크레인 안전보건작업 기술지원규정)

07 산업안전보건법 시행령에 따른 명예산업안전감독관의 업무를 4가지 쓰시오.

해답
① 사업장에서 하는 자체점검 참여 및 근로감독관이 하는 사업장 감독 참여
② 사업장 산업재해 예방계획 수립 참여 및 사업장에서 하는 기계·기구 자체검사 참석
③ 법령을 위반한 사실이 있는 경우 사업주에 대한 개선 요청 및 감독기관에의 신고
④ 산업재해 발생의 급박한 위험이 있는 경우 사업주에 대한 작업 중지 요청
⑤ 작업환경측정, 근로자 건강진단 시의 참석 및 그 결과에 대한 설명회 참여
⑥ 직업성 질환의 증상이 있거나 질병에 걸린 근로자가 여러 명 발생한 경우 사업주에 대한 임시건강진단 실시 요청
⑦ 근로자에 대한 안전수칙 준수 지도
⑧ 법령 및 산업재해 예방정책 개선 건의
⑨ 안전·보건 의식을 북돋우기 위한 활동 등에 대한 참여와 지원
⑩ 그 밖에 산업재해 예방에 대한 홍보 등 산업재해 예방업무와 관련하여 고용노동부장관이 정하는 업무

관련 법령 산업안전보건법 시행령 제32조(명예산업안전감독관 위촉 등)

08 콘크리트 타설 시 측압에 영향을 주는 것에 관한 내용이다. 틀린 것을 골라 번호를 쓰시오.

① 외기 온도가 낮을수록 측압이 낮다.
② 다짐이 좋을수록 측압이 올라간다.
③ 슬럼프가 낮으면 측압이 낮다.
④ 철근, 배근이 많으면 측압이 높다.

해답
①, ④

더 알아보기 거푸집의 측압이 커지는 경우

1. 거푸집 부재단면이 클수록(벽체가 두꺼울수록, 강성이 클수록)
2. 거푸집 수밀성이 클수록(투수성이 작을수록)
3. 거푸집 표면이 평활할수록
4. 외기 온도가 낮을수록
5. 외기 습도가 높을수록
6. 시공연도(workability)가 좋을수록
7. 철골 또는 철근량이 적을수록
8. 콘크리트의 타설속도가 빠를수록
9. 콘크리트의 다짐이 과할수록
10. 콘크리트의 슬럼프가 클수록
11. 콘크리트의 비중이 클수록

09 산업안전보건기준에 관한 규칙에 의거, 잠함, 우물통, 수직갱 또는 이와 비슷한 건설물이나 설비의 내부에서 굴착작업을 할 때 준수하여야 할 사항을 3가지 쓰시오.

해답
① 산소 결핍 우려가 있는 경우에는 산소의 농도를 측정하는 사람을 지명하여 측정하도록 할 것
② 근로자가 안전하게 오르내리기 위한 설비를 설치할 것
③ 굴착 깊이가 20m를 초과하는 경우에는 해당 작업장소와 외부와의 연락을 위한 통신 설비 등을 설치할 것

관련 법령 산업안전보건기준에 관한 규칙 제377조(잠함 등 내부에서의 작업)

10 교량건설 공법 중 PGM 공법과 PSM 공법을 설명하시오.

해답
① PGM(Precast Girder Method) 공법 : 외부 공장에서 제작된 거더를 현장으로 이동시켜 1개 경간을 건설하는 공법으로 소규모 현장에 적합한 공법이다.
② PSM(Precast Segment Method) 공법 : 현장에서 일정 길이로 분할된 세그먼트를 제작하여 이동장비로 설치장소로 이동시켜 교량 상부 구조물을 설치하는 공법으로 대규모 현장에 적합한 공법이다.

11 히빙 현상이 발생하는 지반의 명칭을 쓰시오.

해답
연약한 점토지반

12 사업주가 근로자의 위험을 방지하기 위하여 중량물 취급작업 시 작성하고 그에 따라 작업을 하도록 하여야 하는 작업계획서 내용을 2가지만 쓰시오.

> **해답**
> ① 추락위험을 예방할 수 있는 안전대책
> ② 낙하위험을 예방할 수 있는 안전대책
> ③ 전도위험을 예방할 수 있는 안전대책
> ④ 협착위험을 예방할 수 있는 안전대책
> ⑤ 붕괴위험을 예방할 수 있는 안전대책
>
> **관련 법령** 산업안전보건기준에 관한 규칙 별표 4(사전조사 및 작업계획서 내용)

13 차량계 하역운반기계(지게차 등)의 운전자가 운전 위치를 이탈하는 경우 준수하여야 할 사항을 2가지 쓰시오.

> **해답**
> ① 포크, 버킷, 디퍼 등의 장치를 가장 낮은 위치 또는 지면에 내려 둘 것
> ② 원동기를 정지시키고 브레이크를 확실히 거는 등 차량계 하역운반기계 등 차량계 건설기계의 갑작스러운 이동을 방지하기 위한 조치를 할 것
> ③ 운전석을 이탈하는 경우에는 시동키를 운전대에서 분리시킬 것
>
> **관련 법령** 산업안전보건기준에 관한 규칙 제99조(운전위치 이탈 시의 조치)

14 산업안전보건기준에 관한 규칙에 의거하여 고소작업대 이동 시 사업주의 준수사항을 3가지만 쓰시오.

> **해답**
> ① 작업대를 가장 낮게 내릴 것
> ② 작업자를 태우고 이동하지 말 것
> ③ 이동통로의 요철 상태 또는 장애물의 유무 등을 확인할 것
>
> **관련 법령** 산업안전보건기준에 관한 규칙 제186조(고소작업대 설치 등의 조치)

제2회 과년도 기출복원문제

01 산업안전보건법령상 시스템 비계를 사용하여 비계를 구성하는 경우 사업주의 준수사항 3가지를 쓰시오.

해답
① 수직재·수평재·가새재를 견고하게 연결하는 구조가 되도록 해야 한다.
② 비계 밑단의 수직재와 받침 철물은 밀착되도록 설치하고, 수직재와 받침 철물의 연결부의 겹침길이는 받침 철물 전체길이의 1/3 이상이 되도록 해야 한다.
③ 수평재는 수직재와 직각으로 설치하여야 하며, 체결 후 흔들림이 없도록 견고하게 설치해야 한다.
④ 수직재와 수직재의 연결철물은 이탈되지 않도록 견고한 구조로 해야 한다.
⑤ 벽 연결재의 설치간격은 제조사가 정한 기준에 따라 설치해야 한다.

관련 법령 산업안전보건기준에 관한 규칙 제69조(시스템 비계의 구조)

02 산업안전보건법령상 건설업 중 유해·위험방지계획서를 제출해야 하는 대상 사업과 관련하여 다음 ( ) 안에 적합한 답을 쓰시오.

(1) 지상높이가 (①)m 이상인 건축물 또는 인공구조물 공사
(2) 최대 지간길이가 (②)m 이상인 교량 건설 등 공사
(3) 다목적댐, 발전용댐 및 저수용량 (③)톤 이상의 용수 전용 댐, 지방상수도 전용 댐 건설 등의 공사
(4) 연면적 (④)m² 이상의 냉동·냉장창고시설의 설비공사 및 단열공사
(5) 깊이 10m 이상인 (⑤)

해답
① 31, ② 50, ③ 2천만, ④ 5,000, ⑤ 굴착공사

관련 법령 산업안전보건법 시행령 제42조(유해·위험방지계획서 제출 대상)

빈출
03 산업안전보건법령상 경고표지의 명칭을 쓰시오.

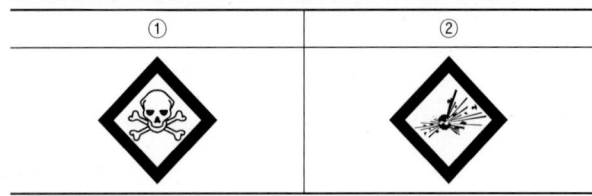

해답
① 급성독성물질 경고
② 폭발성물질 경고

관련 법령 산업안전보건법 시행규칙 별표 6(안전보건표지의 종류와 형태)

04 차량계 건설기계 중 틸트 도저, 앵글 도저에 대하여 설명하시오.

해답
① 틸트 도저(tilt dozer) : 블레이드를 상하로 기울일 수 있어 평탄화 작업에 적합한 토공기계로, 지면에 밀착된 작업이 가능하며 불규칙한 지형을 평탄화하는 데 효과적이다.
② 앵글 도저(angle dozer) : 블레이드를 좌우로 회전시킬 수 있어 흙을 특정 방향으로 밀어내거나 쌓을 수 있는 토공기계로 일반 평지보다는 경사지에서의 작업에 효과적이다.

05 운반하역 표준안전 작업지침에 의거하여 인력으로 하물을 운반할 때 준수사항을 2가지 쓰시오.

해답
① 하물의 운반은 수평거리 운반을 원칙으로 하며, 여러 번 들어 움직이거나 중계 운반, 반복 운반을 하여서는 아니 된다.
② 운반 시의 시선은 진행방향을 향하고 뒷걸음 운반을 하여서는 아니 된다.
③ 어깨높이보다 높은 위치에서 하물을 들고 운반하여서는 아니 된다.
④ 쌓여 있는 하물을 운반할 때에는 중간 또는 하부에서 뽑아내어서는 아니 된다.

관련 법령 운반하역 표준안전 작업지침 제8조(운반)

06 부득이하게 크레인을 사용하여 근로자를 운반하거나, 근로자를 달아 올린 상태에서 작업에 종사시킬 경우의 조치사항 3가지를 쓰시오.

해답
① 탑승설비가 뒤집히거나 떨어지지 않도록 필요한 조치를 할 것
② 안전대나 구명줄을 설치하고, 안전난간을 설치할 수 있는 구조인 경우에는 안전난간을 설치할 것
③ 탑승설비를 하강시킬 때에는 동력하강방법으로 할 것

관련 법령 산업안전보건기준에 관한 규칙 제86조(탑승의 제한)

07 산업안전보건법령상 건설 현장에서 크레인을 사용하여 작업을 하는 때 시작 전 점검사항 2가지를 쓰시오.

해답
① 권과방지장치, 브레이크, 클러치 및 운전장치의 기능
② 주행로의 상측 및 트롤리가 횡행하는 레일의 상태
③ 와이어로프가 통하고 있는 곳의 상태

관련 법령 산업안전보건기준에 관한 규칙 별표 3(작업시작 전 점검사항)

08 다음 사업장의 Safe T-score를 구하고 안전도에 대한 심각성 여부를 판정하시오.

- 전년도 도수율 : 120
- 근로자수 : 400명
- 올해년도 도수율 : 100
- 올해년도 근로 시간수 : 1일 8시간 300일 근무

해답

$$\text{Safe T-score} = \frac{\text{현재의 도수율} - \text{과거의 도수율}}{\sqrt{\frac{\text{과거의 도수율}}{\text{근로총시간}} \times 1{,}000{,}000}} = \frac{100 - 120}{\sqrt{\frac{120}{400 \times 8 \times 300} \times 1{,}000{,}000}}$$
$$= -1.79$$

∴ 안전도에 대한 심각성 여부 : -2.00<T<+2.00이므로 과거와 차이가 없다.

더 알아보기 안전도에 대한 심각성 판단기준

Safe T-score	판단기준
+2.00 이상	과거보다 심각해짐
-2.00 ~ +2.00	과거와 차이 없음
-2.00 이하	과거보다 좋아짐

09 산업안전보건법령상 사업장 내 안전보건교육에 있어, 굴착면의 높이가 2m 이상이 되는 지반 굴착(터널 및 수직갱 외의 갱 굴착은 제외한다)작업 시 특별교육내용을 4가지 쓰시오.

> **해답**
> ① 지반의 형태·구조 및 굴착 요령에 관한 사항
> ② 지반의 붕괴재해 예방에 관한 사항
> ③ 붕괴 방지용 구조물 설치 및 작업방법에 관한 사항
> ④ 보호구의 종류 및 사용에 관한 사항
>
> **관련 법령** 산업안전보건법 시행규칙 별표 5(안전보건교육 교육대상별 교육내용)

10 깊이 10.5m 이상의 굴착의 경우 흙막이 구조의 안전을 예측하기 위해 설치하여야 하는 계측기기 4가지를 쓰시오.

> **해답**
> ① 수위계
> ② 경사계
> ③ 하중 및 침하계
> ④ 응력계
>
> **관련 법령** 굴착공사 표준안전 작업지침 제15조(착공 전 조사)

11 강관비계 조립 시 벽이음 또는 버팀을 설치하는 간격이다. (   ) 안을 채우시오.

종류	조립간격(단위 : m)	
	수평방향	수직방향
단관비계	(①)	(②)
틀비계(높이가 5m 미만인 것은 제외)	(③)	(④)

> **해답**
> ① 5, ② 5, ③ 6, ④ 8
>
> **관련 법령** 산업안전보건기준에 관한 규칙 별표 5(강관비계의 조립간격)

12 하인리히의 재해 구성 비율을 쓰고 그 의미에 대해서 설명하시오.

> [해답]
> 하인리히의 재해 구성 비율 = 1 : 29 : 300
> 중상이나 사망 등 중대재해 1건이 발생하기 전 경상 29건이 발생하고 무상해 사고(아차사고) 300건이 발생한다.

13 추락재해방지표준안전작업지침상 방망과 관련하여 다음 ( ) 안에 적합한 답을 쓰시오.

> 방망은 망, 테두리 로프, 달기 로프, 시험용사로 구성되어진 것으로서 각 부분은 다음에 정하는 바에 적합하여야 한다.
> (1) 소재 : (①) 또는 그 이상의 물리적 성질을 갖는 것이어야 한다.
> (2) 그물코 : 사각 또는 (②)로서 그 크기는 (③)cm 이하이어야 한다.

> [해답]
> ① 합성섬유, ② 마름모, ③ 10

> [관련 법령] 추락재해방지표준안전작업지침 제3조(구조 및 치수)

14 산업안전보건법 시행규칙에 따라서 다음 ( ) 안에 알맞은 내용을 채우시오.

> (1) 사고사망만인율 = {(①) / 상시근로자수} × 10,000
> (2) 상시근로자수 = {(②) × 노무비율} / {(③) × 12}

> [해답]
> ① 사고사망자수
> ② 연간 국내공사 실적액
> ③ 건설업 월평균임금

> [관련 법령] 산업안전보건법 시행규칙 별표 1(건설업체 산업재해발생률 및 산업재해 발생 보고의무 위반건수의 산정 기준과 방법)

2021년 제4회 과년도 기출복원문제

01 산업안전보건법령상 사업주가 근로자에게 실시해야 하는 안전보건교육에 있어, 근로자 정기교육 내용을 4가지 쓰시오.

해답
① 산업안전 및 사고 예방에 관한 사항
② 산업보건 및 직업병 예방에 관한 사항
③ 위험성평가에 관한 사항
④ 건강증진 및 질병 예방에 관한 사항
⑤ 유해·위험 작업환경 관리에 관한 사항
⑥ 산업안전보건법령 및 산업재해보상보험 제도에 관한 사항
⑦ 직무스트레스 예방 및 관리에 관한 사항
⑧ 직장 내 괴롭힘, 고객의 폭언 등으로 인한 건강장해 예방 및 관리에 관한 사항

관련 법령 산업안전보건법 시행규칙 별표 5(안전보건교육 교육대상별 교육내용)

02 [빈출] 보일링 현상 방지대책 3가지를 쓰시오.

해답
① 흙막이벽의 근입 깊이를 증가시킨다.
② 차수공법을 이용하여 흙막이벽의 차수성을 증대시킨다.
③ 굴착 저면에 그라우팅한다.
④ 흙막이벽의 배면에 강제배수를 이용하여 지하수위를 저하시킨다.

03 흙의 동상 방지대책 4가지를 쓰시오.

해답
① 지표의 흙을 시멘트, 그라우트 등으로 치환한다.
② 배수공법을 이용하여 지하수위를 저하시킨다.
③ 지표면을 화학약품으로 처리하여 투수를 차단시킨다.
④ 동결심도 아래 배수층을 설치한다.

04 산업안전보건법령상 안전보건표지의 명칭을 쓰시오.

①	②	③

해답
① 사용금지
② 산화성물질 경고
③ 고압전기 경고

관련 법령 산업안전보건법 시행규칙 별표 6(안전보건표지의 종류와 형태)

05 산업안전보건법령상 작업발판에 대한 설치기준이다. (   ) 안에 적합한 내용을 쓰시오.

> 비계의 높이가 (①)m 이상인 작업장소에 설치하는 작업발판의 폭은 (②)cm 이상으로 하고, 발판재료 간의 틈은 (③)cm 이하로 해야 한다.

해답

① 2, ② 40, ③ 3

관련 법령 산업안전보건기준에 관한 규칙 제56조(작업발판의 구조)

더 알아보기 ▶ 작업발판의 구조

사업주는 비계(달비계, 달대비계 및 말비계는 제외한다)의 높이가 2m 이상 작업장소에 다음의 기준에 맞는 작업발판을 설치하여야 한다.
1. 발판재료는 작업할 때의 하중을 견딜 수 있도록 견고한 것으로 할 것
2. 작업발판의 폭은 40cm 이상으로 하고, 발판재료 간의 틈은 3cm 이하로 할 것
3. 2.에도 불구하고 선박 및 보트 건조작업의 경우 선박블록 또는 엔진실 등의 좁은 작업공간에 작업발판을 설치하기 위하여 필요하면 작업발판의 폭을 30cm 이상으로 할 수 있고, 걸침비계의 경우 강관기둥 때문에 발판재료 간의 틈을 3cm 이하로 유지하기 곤란하면 5cm 이하로 할 수 있다. 이 경우 그 틈 사이로 물체 등이 떨어질 우려가 있는 곳에는 출입금지 등의 조치를 하여야 한다.
4. 추락의 위험이 있는 장소에는 안전난간을 설치할 것
5. 작업발판의 지지물은 하중에 의하여 파괴될 우려가 없는 것을 사용할 것
6. 작업발판 재료는 뒤집히거나 떨어지지 않도록 둘 이상의 지지물에 연결하거나 고정시킬 것
7. 작업발판을 작업에 따라 이동시킬 경우에는 위험 방지에 필요한 조치를 할 것

06 산업안전보건법령상 양중기의 와이어로프의 안전계수이다. (   ) 안에 적합한 내용을 쓰시오.

> (1) 근로자가 탑승하는 운반구를 지지하는 달기 와이어로프 또는 달기 체인의 경우 : (①) 이상
> (2) 화물의 하중을 직접 지지하는 달기 와이어로프 또는 달기 체인의 경우 : (②) 이상
> (3) 훅, 섀클, 클램프, 리프팅 빔의 경우 : (③) 이상
> (4) 그 밖의 경우 : (④) 이상

해답

① 10, ② 5, ③ 3, ④ 4

관련 법령 산업안전보건기준에 관한 규칙 제163조(와이어로프 등 달기구의 안전계수)

07 산업안전보건법령상 거푸집 동바리의 고정·조립 또는 해체작업 시 유해·위험을 방지하기 위한 관리감독자의 직무 내용 3가지를 쓰시오.

해답
① 재료의 결함 유무를 점검하고 불량품을 제거하는 일
② 기구·공구·안전대 및 안전모 등의 기능을 점검하고 불량품을 제거하는 일
③ 작업방법 및 근로자 배치를 결정하고 작업진행 상태를 감시하는 일
④ 안전대와 안전모 등의 착용 상황을 감시하는 일

관련 법령 산업안전보건기준에 관한 규칙 별표 2(관리감독자의 유해·위험 방지)

08 건설업 산업안전보건관리비 계상 및 사용기준에 따른 안전보건관리비의 기본항목을 4가지만 쓰시오.

해답
① 안전관리자, 보건관리자의 임금 등
② 안전시설비 등
③ 보호구 등
④ 안전보건진단비 등
⑤ 안전보건교육비 등
⑥ 근로자의 건강장해예방비 등
⑦ 건설재해예방전문지도기관의 지도에 대한 대가로 자기공사자가 지급하는 비용
⑧ 공시된 시공능력의 순위가 상위 200위 이내인 건설사업자가 아닌 자가 운영하는 사업에서 안전보건 업무를 총괄·관리하는 3명 이상으로 구성된 본사 전담조직에 소속된 근로자의 임금 및 업무수행 출장비 전액
⑨ 위험성평가 또는 산업안전보건위원회 또는 노사협의체에서 사용하기로 결정한 사항을 이행하기 위한 비용

관련 법령 건설업 산업안전보건관리비 계상 및 사용기준 제7조(사용기준)

09 산업안전보건법령상 컨베이어 작업시작 전 사업주가 관리감독자로 하여금 점검하도록 해야 하는 사항 3가지를 쓰시오.

해답
① 원동기 및 풀리 기능의 이상 유무
② 이탈 등의 방지장치 기능의 이상 유무
③ 비상정지장치 기능의 이상 유무
④ 원동기·회전축·기어 및 풀리 등의 덮개 또는 울 등의 이상 유무

관련 법령 산업안전보건기준에 관한 규칙 별표 3(작업시작 전 점검사항)

10 터널공사 계측관리 시 이상이 발견되면 즉시 작업을 중지하고 장비 및 인력의 대피 조치를 하여야 하는 사항 4가지를 쓰시오.

해답
① 내공변위
② 천단침하
③ 지중, 지표침하
④ 록 볼트 축력측정
⑤ 숏크리트 응력

관련 법령 터널공사 표준안전 작업지침-NATM공법 제6조(일반사항)

11 강관틀비계 조립 시 준수사항 3가지를 쓰시오.

해답
① 비계기둥의 밑둥에는 밑받침 철물을 사용하여야 하며 밑받침에 고저차가 있는 경우에는 조절형 밑받침 철물을 사용하여 각각의 강관틀비계가 항상 수평 및 수직을 유지하도록 할 것
② 높이가 20m를 초과하거나 중량물의 적재를 수반하는 작업을 할 경우에는 주틀 간의 간격을 1.8m 이하로 할 것
③ 주틀 간에 교차 가새를 설치하고 최상층 및 5층 이내마다 수평재를 설치할 것
④ 수직방향으로 6m, 수평방향으로 8m 이내마다 벽이음을 할 것
⑤ 길이가 띠장 방향으로 4m 이하이고 높이가 10m를 초과하는 경우에는 10m 이내마다 띠장 방향으로 버팀기둥을 설치할 것

관련 법령 산업안전보건기준에 관한 규칙 제62조(강관틀비계)

12 산업안전보건법상 리프트의 종류를 3가지 쓰시오.

해답
① 건설용 리프트
② 산업용 리프트
③ 자동차정비용 리프트
④ 이삿짐운반용 리프트

관련 법령 산업안전보건기준에 관한 규칙 제132조(양중기)

13 강관비계와 구조체 사이 벽이음의 역할 2가지를 쓰시오.

해답
① 풍하중, 충격하중 등에 의한 붕괴 방지
② 비계 전체의 좌굴 방지

관련 법령 KOSHA GUIDE C-32-2020(시스템 비계 안전작업 지침)

14 터널공사 표준안전 작업지침상 터널작업 시 사전에 계측계획에 포함되어야 할 사항 4가지를 쓰시오.

해답
① 측정위치 개소 및 측정의 기능 분류
② 계측 시 소요장비
③ 계측빈도
④ 계측결과 분석방법
⑤ 변위 허용치 기준
⑥ 이상 변위 시 조치 및 보강대책
⑦ 계측 전담반 운영계획
⑧ 계측관리 기록분석 계통기준 수립

관련 법령 터널공사 표준안전 작업지침-NATM공법 제26조(계측관리)

2022년 제1회 과년도 기출복원문제

01 지게차를 사용하여 작업을 할 때 작업시작 전 점검사항 4가지를 쓰시오.

해답
① 제동장치 및 조종장치 기능의 이상 유무
② 하역장치 및 유압장치 기능의 이상 유무
③ 바퀴의 이상 유무
④ 전조등·후미등·방향지시기 및 경보장치 기능의 이상 유무

관련 법령 산업안전보건기준에 관한 규칙 별표 3(작업시작 전 점검사항)

02 [빈출] 고등학교 건설현장의 총 원가가 100억원이고, 이 중 재료비와 직접노무비의 합이 60억원인 A현장의 산업안전보건관리비를 계산하시오.

해답
대상액 60억원 × 0.0237 = 142,200,000원

더 알아보기 공사종류 및 규모별 산업안전보건관리비 계상기준표(건설업 산업안전보건관리비 계상 및 사용기준 별표 1)

구분 공사 종류	대상액 5억원 미만인 경우 적용 비율(%)	대상액 5억원 이상 50억원 미만인 경우		대상액 50억원 이상인 경우 적용 비율(%)	영 별표 5에 따른 보건관리자 선임대상 건설공사의 적용 비율(%)
		적용 비율(%)	기초액		
건축공사	3.11%	2.28%	4,325,000원	2.37%	2.64%
토목공사	3.15%	2.53%	3,300,000원	2.60%	2.73%
중건설공사	3.64%	3.05%	2,975,000원	3.11%	3.39%
특수건설공사	2.07%	1.59%	2,450,000원	1.64%	1.78%

03 [빈출] 크레인에 전용 탑승설비를 설치하고 근로자를 운반하거나, 근로자를 달아 올린 상태에서 작업을 할 때, 추락 위험을 방지하기 위한 사업주의 조치사항 3가지를 쓰시오.

해답
① 탑승설비가 뒤집히거나 떨어지지 않도록 필요한 조치를 할 것
② 안전대나 구명줄을 설치하고, 안전난간을 설치할 수 있는 구조인 경우에는 안전난간을 설치할 것
③ 탑승설비를 하강시킬 때에는 동력하강방법으로 할 것

관련 법령 산업안전보건기준에 관한 규칙 제86조(탑승의 제한)

04
산업안전보건법령상 근로자에게 지급하고 착용하도록 해야 하는 보호구와 관련하여 (   ) 안에 적합한 답을 쓰시오.

> (1) 물체가 떨어지거나 날아올 위험 또는 근로자가 추락할 위험이 있는 작업 : (①)
> (2) 높이 또는 깊이 2m 이상의 추락할 위험이 있는 장소에서 하는 작업 : (②)
> (3) 물체의 낙하·충격, 물체에의 끼임, 감전 또는 정전기의 대전에 의한 위험이 있는 작업 : (③)
> (4) 물체가 흩날릴 위험이 있는 작업 : (④)
> (5) 용접 시 불꽃이나 물체가 흩날릴 위험이 있는 작업 : (⑤)
> (6) 감전의 위험이 있는 작업 : (⑥)

해답
① 안전모, ② 안전대, ③ 안전화, ④ 보안경, ⑤ 보안면, ⑥ 절연용 보호구

관련 법령 산업안전보건기준에 관한 규칙 제32조(보호구의 지급 등)

05
하인리히의 재해예방 대책 5단계를 순서대로 쓰시오.

해답
① 제1단계 : 안전관리 조직
② 제2단계 : 사실의 발견
③ 제3단계 : 분석평가
④ 제4단계 : 시정책의 선정
⑤ 제5단계 : 시정책의 적용

06
가설통로를 설치하는 경우 사업주의 준수사항 5가지를 쓰시오.

해답
① 견고한 구조로 할 것
② 경사는 30° 이하로 할 것(다만, 계단을 설치하거나 높이 2m 미만의 가설통로로서 튼튼한 손잡이를 설치한 경우는 제외)
③ 경사가 15°를 초과하는 경우에는 미끄러지지 아니하는 구조로 할 것
④ 추락할 위험이 있는 장소에는 안전난간을 설치할 것
⑤ 수직갱에 가설된 통로의 길이가 15m 이상인 경우에는 10m 이내마다 계단참을 설치할 것
⑥ 건설공사에 사용하는 높이 8m 이상인 비계다리에는 7m 이내마다 계단참을 설치할 것

관련 법령 산업안전보건기준에 관한 규칙 제23조(가설통로의 구조)

07 연약한 점토 지반을 굴착할 때 흙막이벽 배면 흙의 중량이 굴착 바닥면의 지지력보다 커지면 중량 차이로 인해 굴착바닥면이 부풀어 올라오르는 현상을 히빙(heaving)이라고 한다. 히빙 방지대책 2가지를 쓰시오.

해답
① 흙막이벽의 근입 깊이를 증가시킨다.
② 흙막이벽 주변에 최대한 빠르게 콘크리트를 타설한다.
③ 아일랜드컷 방식으로 굴착한다.

08 차량계 건설기계를 사용하는 작업에서 작성해야 하는 작업계획서의 내용 2가지를 쓰시오.

해답
① 사용하는 차량계 건설기계의 종류 및 성능
② 차량계 건설기계의 운행경로
③ 차량계 건설기계에 의한 작업방법

관련 법령 산업안전보건기준에 관한 규칙 별표 4(사전조사 및 작업계획서 내용)

더 알아보기 사전조사 및 작업계획서 내용

작업명	사전조사 내용	작업계획서 내용
차량계 건설기계를 사용하는 작업	해당 기계의 굴러떨어짐, 지반의 붕괴 등으로 인한 근로자의 위험을 방지하기 위한 해당 작업장소의 지형 및 지반 상태	가. 사용하는 차량계 건설기계의 종류 및 성능 나. 차량계 건설기계의 운행경로 다. 차량계 건설기계에 의한 작업방법

09 이동식 크레인의 작업시작 전 점검사항 2가지를 쓰시오.

해답
① 권과방지장치, 브레이크, 클러치 및 운전장치의 기능
② 주행로의 상측 및 트롤리가 횡행하는 레일의 상태
③ 와이어로프가 통하고 있는 곳의 상태

관련 법령 산업안전보건기준에 관한 규칙 별표 3(작업시작 전 점검사항)

10 산업안전보건법령상 ( ) 안에 적합한 답을 쓰시오.

> 사업주는 순간풍속이 ( )m/s를 초과하는 바람이 불어올 우려가 있는 경우 옥외에 설치되어 있는 주행 크레인에 대하여 이탈방지장치를 작동시키는 등 이탈 방지를 위한 조치를 하여야 한다.

해답
30

관련 법령 산업안전보건기준에 관한 규칙 제140조(폭풍에 의한 이탈 방지)

11 건설공사에 사용하는 비계의 종류 4가지를 쓰시오.

해답
① 통나무비계
② 강관비계
③ 강관틀비계
④ 달비계
⑤ 달대비계
⑥ 말비계
⑦ 이동식 비계

관련 법령 가설공사 표준안전 작업지침 제7조(통나무비계), 제8조(강관비계), 제9조(강관틀비계), 제10조(달비계), 제11조(달대비계), 제12조(말비계), 제13조(이동식 비계)

12 산업안전보건법령상 달비계 또는 높이 5m 이상의 비계를 조립·해체하거나 변경하는 작업을 하는 경우 사업주의 준수사항 4가지를 쓰시오.

해답
① 근로자가 관리감독자의 지휘에 따라 작업하도록 할 것
② 조립·해체 또는 변경의 시기·범위 및 절차를 그 작업에 종사하는 근로자에게 주지시킬 것
③ 조립·해체 또는 변경 작업구역에는 해당 작업에 종사하는 근로자가 아닌 사람의 출입을 금지하고 그 내용을 보기 쉬운 장소에 게시할 것
④ 비, 눈, 그 밖의 기상 상태의 불안정으로 날씨가 몹시 나쁜 경우에는 그 작업을 중지시킬 것
⑤ 비계재료의 연결·해체작업을 하는 경우에는 폭 20cm 이상의 발판을 설치하고 근로자로 하여금 안전대를 사용하도록 하는 등 추락을 방지하기 위한 조치를 할 것
⑥ 재료·기구 또는 공구 등을 올리거나 내리는 경우에는 근로자가 달줄 또는 달포대 등을 사용하게 할 것

관련 법령 산업안전보건기준에 관한 규칙 제57조(비계 등의 조립·해체 및 변경)

13 발파작업을 할 때 작업시작 전에 관리감독자의 업무사항 4가지를 쓰시오.

해답
① 점화 전에 점화작업에 종사하는 근로자가 아닌 사람에게 대피를 지시하는 일
② 점화작업에 종사하는 근로자에게 대피장소 및 경로를 지시하는 일
③ 점화 전에 위험구역 내에서 근로자가 대피한 것을 확인하는 일
④ 점화순서 및 방법에 대하여 지시하는 일
⑤ 점화신호를 하는 일
⑥ 점화작업에 종사하는 근로자에게 대피신호를 하는 일
⑦ 발파 후 터지지 않은 장약이나 남은 장약의 유무, 용수의 유무 및 토사 등의 낙하 여부 등을 점검하는 일
⑧ 점화하는 사람을 정하는 일
⑨ 공기압축기의 안전밸브 작동 유무를 점검하는 일
⑩ 안전모 등 보호구 착용 상황을 감시하는 일

관련 법령 산업안전보건기준에 관한 규칙 별표 2(관리감독자의 유해・위험 방지)

14 사다리식 통로 설치기준 3가지를 쓰시오.

해답
① 견고한 구조로 할 것
② 심한 손상・부식 등이 없는 재료를 사용할 것
③ 발판의 간격은 일정하게 할 것
④ 발판과 벽과의 사이는 15cm 이상의 간격을 유지할 것
⑤ 폭은 30cm 이상으로 할 것
⑥ 사다리가 넘어지거나 미끄러지는 것을 방지하기 위한 조치를 할 것
⑦ 사다리의 상단은 걸쳐놓은 지점으로부터 60cm 이상 올라가도록 할 것
⑧ 사다리식 통로의 길이가 10m 이상인 경우에는 5m 이내마다 계단참을 설치할 것
⑨ 사다리식 통로의 기울기는 75° 이하로 할 것. 다만, 고정식 사다리식 통로의 기울기는 90° 이하로 하고, 그 높이가 7m 이상인 경우에는 다음의 구분에 따른 조치를 할 것
　㉠ 등받이울이 있어도 근로자 이동에 지장이 없는 경우 : 바닥으로부터 높이가 2.5m되는 지점부터 등받이울을 설치할 것
　㉡ 등받이울이 있으면 근로자가 이동이 곤란한 경우 : 한국산업표준에서 정하는 기준에 적합한 개인용 추락 방지 시스템을 설치하고 근로자로 하여금 한국산업표준에서 정하는 기준에 적합한 전신안전대를 사용하도록 할 것
⑩ 접이식 사다리 기둥은 사용 시 접혀지거나 펼쳐지지 않도록 철물 등을 사용하여 견고하게 조치할 것

관련 법령 산업안전보건기준에 관한 규칙 제24조(사다리식 통로 등의 구조)

2022년 제2회 과년도 기출복원문제

01 산업안전보건법령상 공사금액 1,000억원의 건설업에서 선임해야 하는 최소 안전관리자수 및 1명 이상 포함되어야 하는 안전관리자의 자격 2가지를 쓰시오(단, 전체 공사기간을 100으로 할 때 공사 시작에서 15에 해당하는 기간에서 85에 해당하는 기간까지로 한다).

해답
(1) 최소 안전관리자수 : 2명
(2) 1명 이상 포함되어야 하는 안전관리자의 자격
    ① 산업안전지도사
    ② 산업안전산업기사 이상
    ③ 건설안전산업기사 이상

관련 법령 산업안전보건법 시행령 별표 3(안전관리자를 두어야 하는 사업의 종류, 사업장의 상시근로자수, 안전관리자의 수 및 선임방법), 별표 4(안전관리자의 자격)

02 산업안전보건법령상 근로자의 추락 등에 의한 위험 방지를 위한 안전난간 설치기준이다. 다음 (   ) 안에 적합한 답을 쓰시오.

> (1) 상부 난간대, 중간 난간대, 발끝막이판 및 난간기둥으로 구성할 것. 다만, 중간 난간대, 발끝막이판 및 난간기둥은 이와 비슷한 구조와 성능을 가진 것으로 대체할 수 있다.
> (2) 상부 난간대는 바닥면·발판 또는 경사로의 표면(이하 "바닥면 등"이라 한다)으로부터 (①) 이상 지점에 설치하고, 상부 난간대를 120cm 이하에 설치하는 경우에는 중간 난간대는 상부 난간대와 바닥면 등의 중간에 설치해야 하며, 120cm 이상 지점에 설치하는 경우에는 중간 난간대를 2단 이상으로 균등하게 설치하고 난간의 상하 간격은 (②) 이하가 되도록 할 것. 다만, 난간기둥 간의 간격이 25cm 이하인 경우에는 중간 난간대를 설치하지 않을 수 있다.
> (3) 발끝막이판은 바닥면 등으로부터 (③) 이상의 높이를 유지할 것. 다만, 물체가 떨어지거나 날아올 위험이 없거나 그 위험을 방지할 수 있는 망을 설치하는 등 필요한 예방 조치를 한 장소는 제외한다.

해답
① 90cm, ② 60cm, ③ 10cm

관련 법령 산업안전보건기준에 관한 규칙 제13조(안전난간의 구조 및 설치요건)

03 산업안전보건법령상 계단의 설치기준이다. 다음 (   ) 안에 적합한 답을 쓰시오.

(1) 사업주는 계단 및 계단참을 설치하는 경우 매 m²당 (①)kg 이상의 하중에 견딜 수 있는 강도를 가진 구조로 설치하여야 하며, 안전율은 (②) 이상으로 하여야 한다.
(2) 사업주는 계단을 설치하는 경우 그 폭을 (③)m 이상으로 하여야 한다.
(3) 사업주는 계단을 설치하는 경우 바닥면으로부터 높이 (④)m 이내의 공간에 장애물이 없도록 하여야 한다.
(4) 사업주는 높이 (⑤)m 이상인 계단의 개방된 측면에 안전난간을 설치하여야 한다.

해답
① 500, ② 4, ③ 1, ④ 2, ⑤ 1

관련 법령 산업안전보건기준에 관한 규칙 제26조(계단의 강도), 제27조(계단의 폭), 제29조(천장의 높이), 제30조(계단의 난간)

04 A 건설현장의 지난 1년 동안 근무상황이 다음과 같을 때 도수율, 강도율, 종합재해지수(FSI)를 구하시오.

- 연평균근로자수 : 200명
- 연간 작업일수 : 300일
- 연간 재해건수 : 9건
- 시간 외 작업시간 합계 : 20,000시간
- 1일 작업시간 : 8시간
- 출근율 : 90%
- 휴업일수 : 125일
- 지각 및 조퇴시간 합계 : 2,000시간

해답

① 도수율 $= \dfrac{\text{재해건수}}{\text{연근로시간수}} \times 1,000,000 = \dfrac{9}{(200 \times 300 \times 8 \times 0.9) + 20,000 - 2,000} \times 1,000,000 = 20$

② 강도율 $= \dfrac{\text{총근로손실일수}}{\text{연근로시간수}} \times 1,000 = \dfrac{125 \times 300 \times \dfrac{0.9}{365}}{(200 \times 300 \times 0.9 \times 8) + 20,000 - 2,000} \times 1,000 = 0.205$

③ 종합재해지수(FSI) $= \sqrt{\text{도수율} \times \text{강도율}} = \sqrt{20 \times 0.205} = 2.03$

05 발파작업을 시작하기 전에 유해·위험을 방지하기 위한 관리감독자의 업무내용을 4가지 쓰시오.

해답
① 점화 전에 점화작업에 종사하는 근로자가 아닌 사람에게 대피를 지시하는 일
② 점화 작업에 종사하는 근로자에게 대피 장소 및 경로를 지시하는 일
③ 점화 전에 위험구역 내에서 근로자가 대피한 것을 확인하는 일
④ 점화순서 및 방법에 대하여 지시하는 일
⑤ 점화신호를 하는 일
⑥ 점화작업에 종사하는 근로자에게 대피신호를 하는 일
⑦ 발파 후 터지지 않은 장약이나 남은 장약의 유무, 용수의 유무 및 토사 등의 낙하 여부 등을 점검하는 일
⑧ 점화하는 사람을 정하는 일
⑨ 공기압축기의 안전밸브 작동 유무를 점검하는 일
⑩ 안전모 등 보호구 착용 상황을 감시하는 일

관련 법령 산업안전보건기준에 관한 규칙 별표 2(관리감독자의 유해·위험 방지)

06 산업안전보건법령상 사업주가 근로자에게 실시해야 하는 안전보건교육 중 근로자의 교육시간과 관련하여 다음 (　) 안에 적합한 답을 쓰시오.

(1) 정기교육 : 사무직 종사 근로자 : 매 반기 (　①　)시간 이상
(2) 정기교육 : 관리감독자의 지위에 있는 사람 : 연간 (　②　)시간 이상
(3) 작업내용 변경 시 교육 : '일용근로자 및 근로계약기간이 1주일 이하인 기간제근로자'를 제외한 근로자 : (　③　)시간 이상
(4) 건설업 기초안전·보건교육 : 건설 일용근로자 : (　④　)시간 이상

해답
① 6, ② 16, ③ 2, ④ 4

관련 법령 산업안전보건법 시행규칙 별표 4(안전보건교육 교육과정별 교육시간)

07 구조물 해체공사 시 기계·기구의 유압력에 의한 해체공법을 2가지만 쓰시오.

해답
① 압쇄기공법
② 대형브레이커 공법
③ 햄머 공법
④ 재키 공법
⑤ 쐐기타입기 공법

관련 법령 해체공사표준안전작업지침 제17조(압쇄기 사용공법), 제18조(압쇄공법과 대형브레이커 공법 병용), 해체공사표준안전작업지침 제3조(압쇄기), 제4조(대형브레이커), 제5조(철제햄머), 제10조(재키), 제11조(쐐기타입기)

08 굴착공사 시 히빙(heaving) 현상의 발생 원인을 2가지만 쓰시오.

> **해답**
> ① 흙막이 내외부의 중량 차이
> ② 연약한 점토 지반
> ③ 흙막이벽의 근입 깊이 부족

09 지반의 동상 방지대책 2가지를 쓰시오.

> **해답**
> ① 지표의 흙을 동결되지 않는 재료로 치환
> ② 지표의 표면을 화학약품으로 처리
> ③ 동결심도 아래에 배수층을 설치

10 산업안전보건법령상 비가 올 경우를 대비하여 빗물 등의 침투에 의한 붕괴재해를 예방하기 위하여 필요한 조치사항 2가지를 쓰시오.

> **해답**
> ① 측구 설치, ② 굴착경사면에 비닐 덮기
>
> **관련 법령** 산업안전보건기준에 관한 규칙 제339조(굴착면의 붕괴 등에 의한 위험방지)

11 산업안전보건법령상 안전보건개선계획과 관련하여 다음 (   ) 안에 적합한 답을 쓰시오.

> (1) 안전보건개선계획의 수립·시행명령을 받은 사업주는 고용노동부장관이 정하는 바에 따라 안전보건개선계획서를 작성하여 그 명령을 받은 날부터 (①) 이내에 관할 지방고용노동관서의 장에게 제출하여야 한다.
> (2) 안전보건개선계획서에는 시설, (②), (③), 산업재해 예방 및 작업환경의 개선을 위하여 필요한 사항이 포함되어야 한다.

> **해답**
> ① 60일, ② 안전보건관리체제, ③ 안전보건교육
>
> **관련 법령** 산업안전보건법 시행규칙 제61조(안전보건개선계획의 제출 등)

12 하인리히가 제시한 재해예방의 4원칙을 쓰시오.

해답
① 예방가능의 원칙
② 손실우연의 원칙
③ 원인연계의 원칙
④ 대책선정의 원칙

13 산업안전보건법령상 사업주가 가스의 농도를 측정하는 사람을 지명하고 그로 하여금 해당 가스의 농도를 측정하도록 해야 하는 경우를 3가지를 쓰시오.

해답
① 매일 작업을 시작하기 전
② 가스의 누출이 의심되는 경우
③ 가스가 발생하거나 정체할 위험이 있는 장소가 있는 경우
④ 장시간 작업을 계속하는 경우

관련 법령 산업안전보건기준에 관한 규칙 제296조(지하작업장 등)

14 연약한 지반에 하중을 가하여 흙을 압밀시키는 방법의 한 가지로 구조물 축조 장소에 미리 성토체를 쌓아 흙의 전단강도를 증가시킨 후 성토 부분을 제거하고 구조물을 축조하는 공법의 명칭을 쓰시오.

해답
프리로딩(pre-loading) 공법(선행재하공법)

제4회 과년도 기출복원문제

01 산업안전보건법령상 계단의 설치기준과 관련하여 ( ) 안에 적합한 답을 쓰시오.

> (1) 사업주는 계단 및 계단참을 설치하는 경우 매 m²당 (①)kg 이상의 하중에 견딜 수 있는 강도를 가진 구조로 설치하여야 하며, 안전율은 (②) 이상으로 하여야 한다.
> (2) 사업주는 계단을 설치하는 경우 그 폭을 (③)m 이상으로 하여야 한다.
> (3) 사업주는 높이가 3m를 초과하는 계단에 높이 3m 이내마다 진행방향으로 길이 (④)m 이상의 계단참을 설치해야 한다.
> (4) 사업주는 높이 (⑤)m 이상인 계단의 개방된 측면에 안전난간을 설치하여야 한다.

해답
① 500, ② 4, ③ 1, ④ 1.2, ⑤ 1

관련 법령 산업안전보건기준에 관한 규칙 제26조(계단의 강도), 제27조(계단의 폭), 제28조(계단참의 설치), 제30조(계단의 난간)

02 주어진 조건에서 건설업 산업안전보건관리비를 구하시오.

> • 건축공사
> • 예정가격 내역서상의 재료비 : 210억원
> • 예정가격 내역서상의 직접노무비 : 190억원
> • 발주자가 제공한 재료비 : 90억원

해답
① (210억원 + 190억원 + 90억) × 0.0237 = 1,161,300,000원
② (210억원 + 190억원) × 0.0237 × 1.2 = 1,137,600,000원
∴ 1,137,600,000원(둘 중 작은 값을 선택)

더 알아보기 산업안전보건관리비

1. [대상액 (재료비 + 직접노무비 + 관급재료비)] × 요율(%)
2. [대상액 (재료비 + 직접노무비)] × 요율(%) × 1.2
※ 산업안전보건관리비는 1, 2 중 작은 값으로 한다.

관련 법령 건설업 산업안전보건관리비 계상 및 사용기준 제4조(계상의무 및 기준), 별표 1(공사종류 및 규모별 산업안전보건관리비 계상기준표)

03 구조물 해체공사 쓰는 해체작업용 기계·기구를 5가지만 쓰시오.

해답
① 압쇄기(crusher, 크러셔)
② 대형브레이커(breaker)
③ 철제 해머(hammer)
④ 화약류
⑤ 핸드브레이커(breaker)
⑥ 팽창제
⑦ 절단톱
⑧ 유압잭(jack)
⑨ 쐐기타입기
⑩ 화염방사기
⑪ 절단줄톱

관련 법령 해체공사표준안전작업지침 제3조(압쇄기), 제4조(대형브레이커), 제5조(철제해머), 제6조(화약류), 제7조(핸드브레이커), 제8조(팽창제), 제9조(절단톱), 제10조(재키), 제11조(쐐기타입기), 제12조(화염방사기), 제13조(절단줄톱)

04 도로 터널 제1종 시설물 3가지를 쓰시오.

해답
① 연장 1,000m 이상의 터널
② 3차로 이상의 터널
③ 터널구간의 연장이 500m 이상인 지하차도

관련 법령 시설물의 안전 및 유지관리에 관한 특별법 시행령 별표 1(제1종 시설물 및 제2종 시설물의 종류)

05 산업안전보건법령상 크레인에 전용 탑승설비를 설치하고 근로자를 운반하거나 근로자를 달아 올리는 작업을 할 때, 추락 위험을 방지하기 위한 사업주의 조치사항을 2가지 쓰시오.

해답
① 탑승설비가 뒤집히거나 떨어지지 않도록 필요한 조치를 할 것
② 안전대나 구명줄을 설치하고, 안전난간을 설치할 수 있는 구조인 경우에는 안전난간을 설치할 것
③ 탑승설비를 하강시킬 때에는 동력하강방법으로 할 것

관련 법령 산업안전보건기준에 관한 규칙 제86조(탑승의 제한)

06 건설재료 중 시멘트와 관련된 품질시험 5가지를 쓰시오.

해답
① 화학성분 시험
② 분말도 시험
③ 안정도 시험
④ 응결시간 시험
⑤ 압축강도 시험
⑥ 수화열 시험

관련 법령 KS L 5201(포틀랜드 시멘트)

07 산업안전보건법령상 양중기에서 사전에 조정해야 하는 방호장치 4가지를 쓰시오.

해답
① 과부하방지장치
② 권과방지장치
③ 비상정지장치
④ 제동장치
⑤ 그 밖의 방호장치(승강기의 파이널 리밋스위치, 속도조절기, 출입문 인터록)

관련 법령 산업안전보건기준에 관한 규칙 제134조(방호장치의 조정)

08 산업안전보건법령상 작업의자형 달비계를 설치하는 경우 사업주가 달비계에 사용할 수 없는 작업용 섬유로프 또는 안전대의 섬유벨트의 조건을 2가지만 쓰시오.

해답
① 꼬임이 끊어진 것
② 심하게 손상되거나 부식된 것
③ 2개 이상의 작업용 섬유로프 또는 섬유벨트를 연결한 것
④ 작업높이보다 길이가 짧은 것

관련 법령 산업안전보건기준에 관한 규칙 제63조(달비계의 구조)

09 산업안전보건법령상 공정 진행에 따른 산업안전보건관리비 사용기준과 관련하여 다음 ( ) 안에 적합한 답을 쓰시오.

공정률	산업안전보건관리비 사용기준
50% 이상 70% 미만	(①)% 이상
70% 이상 90% 미만	(②)% 이상
90% 이상	(③)% 이상

해답
① 50, ② 70, ③ 90

관련 법령 건설업 산업안전보건관리비 계상 및 사용기준 별표 3(공사진척에 따른 안전관리비 사용기준)

10 흙막이벽에서 발생하는 히빙 현상 방지대책 3가지를 쓰시오.

해답
① 흙막이벽의 근입 깊이를 증가시킨다.
② 흙막이 주변을 미리 굴착하여 최대한 빠르게 콘크리트를 타설한다.
③ 흙막이 배면의 상부에 자재 등의 적재를 금지한다.
④ 아일랜드컷 방식으로 굴착한다.
⑤ 강제배수를 통해 지하수위를 저하시킨다.

11 산업안전보건법령상 공사용 가설도로를 설치하는 경우 사업주의 준수사항을 2가지만 쓰시오.

해답
① 도로는 장비 및 차량이 안전하게 운행할 수 있도록 견고하게 설치할 것
② 도로와 작업장이 접하여 있을 경우에는 울타리 등을 설치할 것
③ 도로는 배수를 위하여 경사지게 설치하거나 배수시설을 설치할 것
④ 차량의 속도제한 표지를 부착할 것

관련 법령 산업안전보건기준에 관한 규칙 제379조(가설도로)

12 산업안전보건법령상 와이어로프 등 달기구의 안전계수와 관련하여 (   ) 안에 적합한 답을 쓰시오.

> (1) 근로자가 탑승하는 운반구를 지지하는 달기 와이어로프 또는 달기 체인의 경우 : (①) 이상
> (2) 화물의 하중을 직접 지지하는 달기 와이어로프 또는 달기 체인의 경우 : (②) 이상
> (3) 훅, 섀클, 클램프, 리프팅 빔의 경우 : (③) 이상
> (4) 그 밖의 경우 : (④) 이상

해답
① 10, ② 5, ③ 3, ④ 4

관련 법령 산업안전보건기준에 관한 규칙 제163조(와이어로프 등 달기구의 안전계수)

13 산업안전보건법령상 비, 눈, 그 밖의 기상 상태의 악화로 작업을 중지시킨 후 또는 비계를 조립·해체하거나 변경한 후에 그 비계에서 작업을 하는 경우에는 해당 작업을 시작하기 전에 사업주가 점검하고, 이상을 발견하면 즉시 보수하여야 할 항목을 4가지만 쓰시오.

해답
① 발판재료의 손상 여부 및 부착 또는 걸림 상태
② 해당 비계의 연결부 또는 접속부의 풀림 상태
③ 연결 재료 및 연결 철물의 손상 또는 부식 상태
④ 손잡이의 탈락 여부
⑤ 기둥의 침하·변형·변위 또는 흔들림 상태
⑥ 로프의 부착 상태 및 매단 장치의 흔들림 상태

관련 법령 산업안전보건기준에 관한 규칙 제58조(비계의 점검 및 보수)

14 산업안전보건법령상 작업으로 인하여 물체가 떨어지거나 날아올 위험이 있는 경우, 위험을 방지하기 위하여 필요한 사업주의 조치사항 3가지를 쓰시오.

해답
① 낙하물 방지망 설치
② 수직보호망 설치
③ 방호선반 설치
④ 출입금지구역 설정
⑤ 보호구의 착용

관련 법령 산업안전보건기준에 관한 규칙 제14조(낙하물에 의한 위험 방지)

2023년 제1회 과년도 기출복원문제

PART 02. 필답형

01 산업안전보건법령상 사업주가 구축물 또는 이와 유사한 시설물이 안전진단 등 안전성 평가를 하여 근로자에게 미칠 위험성을 미리 제거하여야 하는 경우를 3가지만 쓰시오(단, 그 밖의 잠재위험이 예상될 경우 제외).

해답
① 구축물 등의 인근에서 굴착·항타작업 등으로 침하·균열 등이 발생하여 붕괴의 위험이 예상될 경우
② 구축물 등에 지진, 동해, 부동침하 등으로 균열·비틀림 등이 발생했을 경우
③ 구축물 등이 그 자체의 무게·적설·풍압 또는 그 밖에 부가되는 하중 등으로 붕괴 등의 위험이 있을 경우
④ 화재 등으로 구축물 등의 내력이 심하게 저하됐을 경우
⑤ 오랜 기간 사용하지 않던 구축물 등을 재사용하게 되어 안전성을 검토해야 하는 경우
⑥ 구축물 등의 주요구조부에 대한 설계 및 시공방법의 전부 또는 일부를 변경하는 경우

관련 법령 산업안전보건기준에 관한 규칙 제52조(구축물 등의 안전성 평가)

02 산업안전보건법령상 지반 굴착 시 굴착면의 기울기 기준과 관련하여 (   ) 안에 적합한 답을 쓰시오.

지반의 종류	굴착면의 기울기
모래	1 : ①
연암 및 풍화암	1 : ②
경암	1 : ③
그 밖의 흙	1 : ④

해답
① 1.8, ② 1.0, ③ 0.5, ④ 1.2

관련 법령 산업안전보건기준에 관한 규칙 별표 11(굴착면의 기울기 기준)

03 사질지반에서 흙막이 주변 수위차로 지하수가 모래와 함께 솟구쳐 오르는 현상을 무엇이라고 하는지 쓰시오.

해답
보일링(boiling) 현상

04 사업장에서 실시하는 TBM(Tool Box Meeting) 활동에 대하여 설명하시오.

해답
현장에서 작업 착수 전 실시하는 안전 미팅으로, 팀별 또는 업체별 소수의 인원이 짧은 시간동안 당일 작업내용 및 발생할 수 있는 위험을 예측하고 사전에 점검하여 대책을 수립하는 안전관리 기법이다.

05 산업안전보건법령상 사업주가 근로자에게 실시해야 하는 안전보건교육 중 근로자의 교육 시간과 관련하여 다음 (   ) 안에 적합한 답을 쓰시오.

정기교육	관리감독자의 지위에 있는 사람 : 연간 (①)시간 이상
채용 시	(1) 일용근로자 및 근로계약기간이 1주일 이하인 기간제근로자 : (②)시간 이상 (2) 근로계약기간이 1주일 초과 1개월 이하인 기간제근로자 : 4시간 이상 (3) 그 밖의 근로자 : 8시간 이상
작업내용 변경 시	(1) 일용근로자 및 근로계약기간이 1주일 이하인 기간제근로자 : 1시간 이상 (2) 그 밖의 근로자 : (③)시간 이상
건설업 기초안전·보건교육	건설 일용근로자 : (④)시간 이상

해답
① 16, ② 1, ③ 2, ④ 4

관련 법령 산업안전보건법 시행규칙 별표 4(안전보건교육 교육과정별 교육시간)

빈출
06 산업안전보건법령상 곤돌라형 달비계를 설치하는 경우 사업주가 달비계에 사용할 수 없는 와이어로프의 조건을 3가지만 쓰시오(단, 이음매가 있는 것, 꼬인 것은 제외).

해답
① 와이어로프의 한 꼬임에서 끊어진 소선의 수가 10% 이상인 것
② 지름의 감소가 공칭지름의 7%를 초과하는 것
③ 심하게 변형되거나 부식된 것
④ 열과 전기충격에 의해 손상된 것

관련 법령 산업안전보건기준에 관한 규칙 제63조(달비계의 구조)

07
산업안전보건법령상 계단 설치기준과 관련하여 다음 (　) 안에 적합한 답을 쓰시오.

(1) 사업주는 계단 및 계단참을 설치하는 경우 매 m²당 (①)kg 이상의 하중에 견딜 수 있는 강도를 가진 구조로 설치하여야 하며, 안전율은 (②) 이상으로 하여야 한다.
(2) 사업주는 높이가 3m를 초과하는 계단에 높이 3m 이내마다 너비 (③)m 이상의 계단참을 설치하여야 한다.
(3) 사업주는 계단을 설치하는 경우 그 폭을 (④)m 이상으로 하여야 한다.
(4) 사업주는 계단을 설치하는 경우 바닥면으로부터 높이 (⑤)m 이내의 공간에 장애물이 없도록 하여야 한다.
(5) 사업주는 높이 (⑥)m 이상인 계단의 개방된 측면에 안전난간을 설치하여야 한다.

해답
① 500, ② 4, ③ 1.2, ④ 1, ⑤ 2, ⑥ 1

관련 법령 산업안전보건기준에 관한 규칙 제26조(계단의 강도), 제27조(계단의 폭), 제28조(계단참의 설치), 제29조(천장의 높이), 제30조(계단의 난간)

08
보호구의 안전인증 고시상 벨트식, 안전그네식 안전대의 사용구분 4가지를 쓰시오.

해답
① 1개 걸이용, ② U자 걸이용, ③ 추락방지대, ④ 안전블록

관련 법령 보호구 안전인증 고시 별표 9(안전대의 성능기준)

09
산업안전보건법령상 항타기 또는 항발기를 조립하거나 해체하는 경우 사업주가 점검해야 할 사항 3가지를 쓰시오.

해답
① 본체 연결부의 풀림 또는 손상의 유무
② 권상용 와이어로프·드럼 및 도르래의 부착 상태의 이상 유무
③ 권상장치의 브레이크 및 쐐기장치 기능의 이상 유무
④ 권상기의 설치 상태의 이상 유무
⑤ 리더(leader)의 버팀방법 및 고정 상태의 이상 유무
⑥ 본체·부속장치 및 부속품의 강도가 적합한지 여부
⑦ 본체·부속장치 및 부속품에 심한 손상·마모·변형 또는 부식이 있는지 여부

관련 법령 산업안전보건기준에 관한 규칙 제207조(조립·해체 시 점검사항)

10 산업안전보건법령상 다음 안전보건표지의 명칭을 쓰시오.

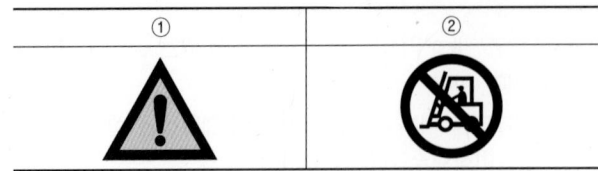

[해답]
① 위험장소경고, ② 차량통행금지

[관련 법령] 산업안전보건법 시행규칙 별표 6(안전보건표지의 종류와 형태)

11 굴착공사를 하는 경우 재해 방지를 위하여 토질에 대하여 사전조사해야 하는 내용 4가지를 쓰시오.

[해답]
① 지형, ② 지질, ③ 지층, ④ 지하수, ⑤ 용수, ⑥ 식생

[관련 법령] 굴착공사 표준안전 작업지침 제3조(사전조사)

12 다음 사업장의 종합재해지수(FSI)를 구하시오.

- 근로자수 : 500명
- 280일/1년
- 연간휴업일수 : 103일
- 8시간/1일
- 연간재해발생건수 : 6건

[해답]
① 도수율 = $\dfrac{재해건수}{연근로시간수} \times 1,000,000 = \dfrac{6}{500 \times 8 \times 280} \times 1,000,000 = 5.357 ≒ 5.36$

② 강도율 = $\dfrac{총근로손실일수}{연근로시간수} \times 1,000 = \dfrac{103 \times \dfrac{280}{365}}{500 \times 8 \times 280} \times 1,000 = 0.071 ≒ 0.07$

∴ 종합재해지수(FSI) = $\sqrt{도수율 \times 강도율} = \sqrt{5.36 \times 0.07} = 0.61$

13 산업안전보건법령상 사업주가 터널 지보공을 설치한 경우에 수시로 점검하여, 이상을 발견한 경우에는 즉시 보강하거나 보수하여야 사항을 3가지만 쓰시오.

해답
① 부재의 손상·변형·부식·변위 탈락의 유무 및 상태
② 부재의 긴압 정도
③ 부재의 접속부 및 교차부의 상태
④ 기둥침하의 유무 및 상태

관련 법령 산업안전보건기준에 관한 규칙 제366조(붕괴 등의 방지)

14 산업안전보건법령상 동바리를 조립하는 경우 사업주의 준수사항과 관련하여 다음 (   ) 안에 적합한 답을 쓰시오.

> (1) 시스템 동바리의 경우, 수직 및 수평하중에 대해 동바리의 구조적 안정성이 확보되도록 조립도에 따라 수직재 및 수평재에는 (①)를 견고하게 설치할 것
> (2) 동바리 최상단과 최하단의 수직재와 받침 철물은 서로 밀착되도록 설치하고 수직재와 (②)의 연결부의 겹침길이는 (②) 전체길이의 (③) 이상 되도록 할 것

해답
① 가새재, ② 받침 철물, ③ 1/3

관련 법령 산업안전보건기준에 관한 규칙 제332조2(시스템 동바리 조립 시의 안전조치)

2023년 제2회 과년도 기출복원문제

01 산업안전보건법령상 강관비계와 관련하여 다음 (   ) 안에 적합한 답을 쓰시오.

> (1) 띠장 간격은 (①)m 이하의 위치에 설치할 것
> (2) 비계기둥의 간격은 띠장 방향에서는 (②)m 이하, 장선 방향에서는 1.5m 이하로 할 것
> (3) 비계기둥의 제일 윗부분으로부터 (③)m되는 지점 밑부분의 비계기둥은 2개의 강관으로 묶어 세울 것
> (4) 비계기둥 간의 적재하중은 (④)kg 을 초과하지 않도록 할 것

해답
① 2, ② 1.85, ③ 31, ④ 400

관련 법령 산업안전보건기준에 관한 규칙 제60조(강관비계의 구조)

02 산업안전보건법령상 건설 현장에서 크레인을 사용하여 작업을 하는 때 작업시작 전, 사업주가 관리감독자로 하여금 점검하도록 해야 할 사항 3가지를 쓰시오(단, 이동식 크레인은 제외).

해답
① 권과방지장치·브레이크·클러치 및 운전장치의 기능
② 주행로의 상측 및 트롤리가 횡행하는 레일의 상태
③ 와이어로프가 통하고 있는 곳의 상태

관련 법령 산업안전보건기준에 관한 규칙 별표 3(작업시작 전 점검사항)

03 산업안전보건법령상 근로자가 지붕 위에서 작업을 할 때에 추락하거나 넘어질 위험이 있는 경우에는 사업주의 조치사항과 관련하여 (   ) 안에 적합한 답을 쓰시오.

> (1) 지붕의 가장자리에 안전난간을 설치할 것
> (2) 채광창(skylight)에는 견고한 구조의 (①)를 설치할 것
> (3) 슬레이트 등 강도가 약한 재료로 덮은 지붕에는 폭 (②)cm 이상의 발판을 설치할 것

해답
① 덮개, ② 30

관련 법령 산업안전보건기준에 관한 규칙 제45조(지붕 위에서의 위험 방지)

04 산업안전보건법령상 가설통로를 설치하는 경우 사업주의 준수사항과 관련하여 (   ) 안에 적합한 답을 쓰시오.

> (1) 견고한 구조로 할 것
> (2) 경사는 (①)° 이하로 할 것
> (3) 경사가 (②)°를 초과하는 경우에는 미끄러지지 아니하는 구조로 할 것
> (4) 추락할 위험이 있는 장소에는 안전난간을 설치할 것
> (5) 수직갱에 가설된 통로의 길이가 (③)m 이상인 경우에는 (④)m 이내마다 계단참을 설치할 것
> (6) 건설공사에 사용하는 높이 (⑤)m 이상인 비계다리에는 (⑥)m 이내마다 계단참을 설치할 것

해답
① 30, ② 15, ③ 15, ④ 10, ⑤ 8, ⑥ 7

관련 법령 산업안전보건기준에 관한 규칙 제23조(가설통로의 구조)

---

05 휴업재해율, 도수율, 강도율의 산출식을 쓰시오.

해답

① 휴업재해율 = $\dfrac{휴업재해자수}{임금근로자수} \times 100$

② 도수율(빈도율) = $\dfrac{재해건수}{연근로시간수} \times 1,000,000$

③ 강도율 = $\dfrac{총요양근로손실일수}{연근로시간수} \times 1,000$

관련 법령 산업재해통계업무처리규정 제3조(산업재해통계의 산출방법 및 정의)

---

06 히빙 현상과 보일링 현상이 발생하기 쉬운 지반을 각각 쓰시오.

해답
① 히빙 현상이 발생하기 쉬운 지반 : 연약한 점토질 지반
② 보일링 현상이 발생하기 쉬운 지반 : 사질토 지반

07 산업안전보건법령상 자율안전확인대상기계·기구 4가지를 쓰시오.

해답
① 연삭기 또는 연마기(휴대형은 제외)
② 산업용 로봇
③ 혼합기
④ 파쇄기 또는 분쇄기
⑤ 식품가공용 기계(파쇄·절단·혼합·제면기만 해당)
⑥ 컨베이어
⑦ 자동차정비용 리프트
⑧ 공작기계(선반, 드릴기, 평삭·형삭기, 밀링만 해당)
⑨ 고정형 목재가공용 기계(둥근톱, 대패, 루타기, 띠톱, 모떼기 기계만 해당)
⑩ 인쇄기

관련 법령 산업안전보건법 시행령 제77조(자율안전확인대상기계 등)

08 콘크리트 타설 시 거푸집에 발생되는 측압이 커지는 경우 4가지를 쓰시오.

해답
① 거푸집 부재단면이 클수록
② 거푸집 수밀성이 클수록
③ 거푸집 표면이 평활할수록
④ 외기 온도가 낮을수록
⑤ 외기 습도가 높을수록
⑥ 시공연도(workability)가 좋을수록
⑦ 철골 또는 철근량이 적을수록
⑧ 콘크리트의 타설속도가 빠를수록
⑨ 콘크리트의 다짐이 과할수록
⑩ 콘크리트의 슬럼프가 클수록
⑪ 콘크리트의 비중이 클수록

09
산업안전보건법령상 흙막이 지보공을 설치하였을 때에 사업주가 정기적으로 점검하고 이상을 발견하면 즉시 보수해야 할 사항 3가지를 쓰시오.

해답
① 부재의 손상·변형·부식·변위 및 탈락의 유무와 상태
② 버팀대의 긴압의 정도
③ 부재의 접속부·부착부 및 교차부의 상태
④ 침하의 정도

관련 법령 산업안전보건기준에 관한 규칙 제347조(붕괴 등의 위험 방지)

10
연약 지반을 개선하기 위한 공법 3가지를 쓰시오.

해답
① 다짐말뚝공법
② 진동다짐공법
③ 폭파다짐공법

11
안면부 여과식 방진마스크 성능 중 여과재 분진 등 포집효율과 관련하여 ( ) 안에 적합한 답을 쓰시오.

염화나트륨(NaCl) 및 파라핀 오일(paraffin oil) 시험(%)	특급	(①)% 이상
	1급	(②)% 이상
	2급	(③)% 이상

해답
① 99, ② 94, ③ 80

관련 법령 보호구 안전인증 고시 별표 4(방진마스크의 성능기준)

12 산업안전보건법령상 안전모의 종류별 사용구분에 따른 용도를 쓰시오.

해답
① AB종 : 물체의 낙하 또는 비래 및 추락에 의한 위험을 방지 또는 경감시키기 위한 것
② AE종 : 물체의 낙하 또는 비래에 의한 위험을 방지 또는 경감하고, 머리부위 감전에 의한 위험을 방지하기 위한 것
③ ABE종 : 물체의 낙하 또는 비래 및 추락에 의한 위험을 방지 또는 경감하고, 머리부위 감전에 의한 위험을 방지하기 위한 것

관련 법령 보호구 안전인증 고시 별표 1(추락 및 감전 위험방지용 안전모의 성능기준)

13 산업안전보건법령상 승강기의 종류 4가지를 쓰시오.

해답
① 승객용 엘리베이터
② 승객화물용 엘리베이터
③ 화물용 엘리베이터
④ 소형화물용 엘리베이터
⑤ 에스컬레이터

관련 법령 산업안전보건기준에 관한 규칙 제132조(양중기)

14 산업안전보건법령상 작업발판과 관련하여 다음 (　) 안에 적합한 답을 쓰시오.

(1) 비계의 높이가 2m 이상인 작업장소에 설치하는 작업발판의 폭은 (①)cm 이상으로 하고, 발판재료 간의 틈은 (②)cm 이하로 할 것
(2) 선박 및 보트 건조작업의 경우 선박블록 또는 엔진실 등의 좁은 작업공간에 작업발판을 설치하기 위하여 필요하면 작업발판의 폭을 (③)cm 이상으로 할 수 있고, 걸침비계의 경우 강관기둥 때문에 발판재료 간의 틈을 3cm 이하로 유지하기 곤란하면 (④)cm 이하로 할 수 있다. 이 경우 그 틈 사이로 물체 등이 떨어질 우려가 있는 곳에는 출입금지 등의 조치를 하여야 한다.
(3) 작업발판재료는 뒤집히거나 떨어지지 않도록 2개소 이상의 지지물에 연결하거나 고정시킬 것

해답
① 40, ② 3, ③ 30, ④ 5

관련 법령 산업안전보건기준에 관한 규칙 제56조(작업발판의 구조)

2023년 제4회 과년도 기출복원문제

01 하인리히의 재해예방 대책 5단계를 순서대로 쓰시오.

해답
① 제1단계 : 안전관리 조직
② 제2단계 : 사실의 발견
③ 제3단계 : 평가분석
④ 제4단계 : 시정책의 선정
⑤ 제5단계 : 시정책의 적용

02 다음 사업장의 사고사망만인율을 구하시오.

(1) 상시근로자수 : 4,000명
(2) 사고사망자 : 1명

해답
사망사고만인율 = $\dfrac{\text{사고사망자}}{\text{상시근로자수}} \times 10,000 = \dfrac{1}{4,000} \times 10,000 = 2.5$

관련 법령 산업안전보건법 시행규칙 별표 1(건설업체 산업재해발생률 및 산업재해 발생 보고의무 위반건수의 산정 기준과 방법)

03 콘크리트 공사 중 철근을 정착시키는 방식 2가지를 쓰시오.

해답
① 철근 끝을 연장해서 콘크리트에 매입시키는 방법
② 갈고리(hook)에 의한 방법
③ 확대머리 이형철근을 사용하는 방법

04 거푸집과 관련하여 다음 (   ) 안에 적합한 답을 쓰시오.

> (1) 거푸집의 일부로써 콘크리트에 직접 접하는 목재나 금속 등의 판류 : (①)
> (2) 타설된 콘크리트가 소정의 강도를 얻기까지 고정하중 및 작업하중 등을 지지하기 위하여 설치하는 부재 또는 작업장소가 높은 경우 발판, 재료의 운반이나 위험물 낙하 방지를 위해 설치하는 임시 지지대 : (②)

해답
① 거푸집 널, ② 동바리

관련 법령 KCS 21 50 05(거푸집 및 동바리 공사 일반사항)

05 무재해운동의 3기둥을 쓰시오.

해답
① 최고 경영자의 경영 자세
② 관리감독자에 의한 라인화 철저
③ 직장 소집단의 자주활동의 활발화

> **더 알아보기** 무재해운동의 이념 3원칙
>
> 1. 무의 원칙
> 2. 참가의 원칙
> 3. 선취의 원칙

06 근로자가 고소작업대에서 작업 중 작업대에서 떨어져 지면에 닿아 재해가 발생했다. 재해분석을 하시오.

> (1) 재해 발생 형태 : (①)
> (2) 기인물 : (②)
> (3) 가해물 : (③)

해답
① 떨어짐(추락), ② 고소작업대, ③ 지면

07 산업안전보건법령상 달비계 또는 높이 5m 이상의 비계를 조립·해체하거나 변경하는 작업을 하는 경우 준수사항을 3가지 쓰시오.

해답
① 근로자가 관리감독자의 지휘에 따라 작업하도록 할 것
② 조립·해체 또는 변경의 시기·범위 및 절차를 그 작업에 종사하는 근로자에게 주지시킬 것
③ 조립·해체 또는 변경 작업구역에는 해당 작업에 종사하는 근로자가 아닌 사람의 출입을 금지하고 그 내용을 보기 쉬운 장소에 게시할 것
④ 비, 눈, 그 밖의 기상 상태의 불안정으로 날씨가 몹시 나쁜 경우에는 그 작업을 중지시킬 것
⑤ 비계재료의 연결·해체작업을 하는 경우에는 폭 20cm 이상의 발판을 설치하고 근로자로 하여금 안전대를 사용하도록 하는 등 추락을 방지하기 위한 조치를 할 것
⑥ 재료·기구 또는 공구 등을 올리거나 내리는 경우에는 근로자가 달줄 또는 달포대 등을 사용하게 할 것

관련 법령 산업안전보건기준에 관한 규칙 제57조(비계 등의 조립·해체 및 변경)

08 산업안전보건법령상 사업주가 근로자에게 실시해야 하는 안전보건교육 중 굴착면의 높이가 2m 이상이 되는 암석 굴착작업 시 특별안전보건교육 내용 3가지를 쓰시오(단, 그 밖에 안전보건관리에 필요한 사항은 제외).

해답
① 폭발물 취급 요령과 대피 요령에 관한 사항
② 안전거리 및 안전기준에 관한 사항
③ 방호물의 설치 및 기준에 관한 사항
④ 보호구 및 신호방법 등에 관한 사항

관련 법령 산업안전보건법 시행규칙 별표 5(안전보건교육 교육대상별 교육내용)

09 다음 사업장의 Safe T-score를 구하고 안전도에 대한 심각성 여부를 판정하시오(단, 판정의 기준도 반드시 쓰시오).

- 전년도 도수율 : 100
- 근로자수 : 100명
- 올해년도 도수율 : 110
- 올해년도 근로시간수 : 1일 8시간 300일 근무

해답

$$\text{Safe T-score} = \frac{\text{현재의 도수율} - \text{과거의 도수율}}{\sqrt{\frac{\text{과거의 도수율}}{\text{근로총시간}} \times 1,000,000}} = \frac{110 - 100}{\sqrt{\frac{100}{100 \times 8 \times 300} \times 1,000,000}}$$

$$= 0.49$$

∴ 안전도에 대한 심각성 여부 : −2.00<T<+2.00이므로 과거와 차이가 없다.

더 알아보기 안전도에 대한 심각성 판단기준

Safe T-score	판단기준
+2.00 이상	과거보다 심각해짐
−2.00 ~ +2.00	과거와 차이 없음
−2.00 이하	과거보다 좋아짐

10 산업안전보건법령상 작업발판 일체형 거푸집의 종류 4가지를 쓰시오.

해답
① 갱 폼
② 슬립 폼
③ 클라이밍 폼
④ 터널 라이닝 폼

관련 법령 산업안전보건기준에 관한 규칙 제331조의3(작업발판 일체형 거푸집의 안전조치)

11 사질토 지반 개량공법의 종류 2가지를 쓰시오.

해답
① 다짐말뚝공법
② 진동다짐공법
③ 전기충격공법
④ 폭파다짐공법
⑤ 고결안정공법
⑥ 웰포인트 공법
⑦ 탈수공법
⑧ 치환공법

12 산업안전보건법령상 콘크리트 타설작업을 하기 위하여 콘크리트 타설장비를 사용하는 경우 사업주의 준수사항을 3가지만 쓰시오.

해답
① 작업을 시작하기 전에 콘크리트 타설장비를 점검하고 이상을 발견하였으면 즉시 보수할 것
② 건축물의 난간 등에서 작업하는 근로자가 호스의 요동·선회로 인하여 추락하는 위험을 방지하기 위하여 안전난간 설치 등 필요한 조치를 할 것
③ 콘크리트 타설장비의 붐을 조정하는 경우에는 주변의 전선 등에 의한 위험을 예방하기 위한 적절한 조치를 할 것
④ 작업 중에 지반의 침하나 아웃트리거 등 콘크리트 타설장비 지지구조물의 손상 등에 의하여 콘크리트 타설장비가 넘어질 우려가 있는 경우에는 이를 방지하기 위한 적절한 조치를 할 것

관련 법령 산업안전보건기준에 관한 규칙 제335조(콘크리트 타설장비 사용 시의 준수사항)

13 초음파를 이용하여 콘크리트의 균열깊이를 평가하는 방법을 3가지 쓰시오.

해답
① T법, ② Tc-To법, ③ BS법

더 알아보기
1. T법 : T-법은 발신자를 고정하고, 수신자를 10~15cm 간격으로 이동시켜 전파거리와 전달시간의 관계로 부터 균열위치를 파악하는 방법이다.
2. Tc-To법 : 수신자와 발신자를 균열의 중심으로 등간격 X로 배치한 경우의 전파시간 Tc와 균열이 없는 부근 2X에서의 전파시간 Ts로부터 균열깊이 h를 추정하는 방법이다.
3. BS법 : 발·수신자를 균열 개구부에 일정 간격으로 배치했을 때의 전파시간을 이용하여 균열깊이 h를 측정하는 방식이다.

14 산업안전보건법령상 사업장 내에서의 명예산업안전감독관의 업무를 4가지 쓰시오.

해답
① 사업장에서 하는 자체점검 참여 및 근로감독관이 하는 사업장 감독 참여
② 사업장 산업재해 예방계획 수립 참여 및 사업장에서 하는 기계·기구 자체검사 참석
③ 법령을 위반한 사실이 있는 경우 사업주에 대한 개선 요청 및 감독기관에의 신고
④ 산업재해 발생의 급박한 위험이 있는 경우 사업주에 대한 작업중지 요청
⑤ 작업환경측정, 근로자 건강진단 시의 참석 및 그 결과에 대한 설명회 참여
⑥ 직업성 질환의 증상이 있거나 질병에 걸린 근로자가 여러 명 발생한 경우 사업주에 대한 임시건강진단 실시 요청
⑦ 근로자에 대한 안전수칙 준수 지도
⑧ 법령 및 산업재해 예방정책 개선 건의
⑨ 안전·보건 의식을 북돋우기 위한 활동 등에 대한 참여와 지원

관련 법령 산업안전보건법 시행령 제32조(명예산업안전감독관 위촉 등)

2024년 제1회 최근 기출복원문제

PART 02. 필답형

01 건설기계에 대한 다음 물음에 답하시오.

> (1) 훅이나 그 밖의 달기구 등을 사용하여 화물을 권상 및 횡행 또는 권상동작만을 하여 양중하는 것의 명칭을 쓰시오.
> (2) 달기 발판 또는 운반구, 승강장치, 그 밖의 장치 및 이들에 부속된 기계부품에 의하여 구성되고, 와이어로프 또는 달기 강선에 의하여 달기 발판 또는 운반구가 전용 승강장치에 의하여 오르내리는 설비의 명칭을 쓰시오.
> (3) 리프트 종류 3가지를 쓰시오.

해답
(1) 호이스트
(2) 곤돌라
(3) 리프트의 종류
 ① 건설용 리프트
 ② 산업용 리프트
 ③ 자동차정비용 리프트
 ④ 이삿짐운반용 리프트

관련 법령 산업안전보건기준에 관한 규칙 제132조(양중기)

02 인간관계의 매커니즘(적응기제) 중 방어기제와 도피기제를 각각 2가지씩 쓰시오.

해답
(1) 방어기제 : ① 보상, ② 합리화, ③ 투사, ④ 승화
(2) 도피기제 : ① 백일몽, ② 억압, ③ 퇴행, ④ 고립

더 알아보기 ▶ 적응기제

적응기제란 스트레스 상황이나 내적 갈등에 대응하기 위해 무의식적으로 사용하는 심리적 방어수단이며, 방어기제와 도피기제가 있다.
1. 방어기제 : 두렵거나 불쾌한 정황이 욕구 불만에 직면하였을 때 스스로를 방어하기 위하여 자동적으로 취하는 적응 행위로 동일시, 보상, 투사, 합리화, 승화, 전이 등이 있다.
2. 도피기제 : 받아들이기 힘든 현실, 고통, 위협 등을 거부하고 피하기 위한 적응기제로 고립, 퇴행, 고착, 백일몽, 해리 등이 있다.

03 산업안전보건법령상 수자원시설(댐)에서 재료비와 직접노무비를 포함한 총공사비가 4,500,000,000원일 때 산업안전보건관리비를 구하시오.

해답

댐공사이므로 중건설공사에 해당하며, 대상액이 50억원 미만이므로 3.05% + 2,975,000원을 적용한다.

산업안전보건관리비 = 대상액(재료비 + 직접노무비) × 비율 + 기초액
= 4,500,000,000원 × 0.0305 + 2,975,000원
= 140,225,000원

관련 법령 건설업 산업안전보건관리비 계상 및 사용기준 제7조(사용기준)

더 알아보기 공사종류 및 규모별 산업안전보건관리비 계상기준표(건설업 산업안전보건관리비 계상 및 사용기준 별표 1)

구분 공사 종류	대상액 5억원 미만인 경우 적용 비율(%)	대상액 5억원 이상 50억원 미만인 경우		대상액 50억원 이상인 경우 적용 비율(%)	영 별표 5에 따른 보건관리자 선임대상 건설공사의 적용 비율(%)
		적용 비율(%)	기초액		
건축공사	3.11%	2.28%	4,325,000원	2.37%	2.64%
토목공사	3.15%	2.53%	3,300,000원	2.60%	2.73%
중건설공사	3.64%	3.05%	2,975,000원	3.11%	3.39%
특수건설공사	2.07%	1.59%	2,450,000원	1.64%	1.78%

04 프리스트레스 콘크리트 도입 시 초기 손실이 발생하는 원인을 2가지 쓰시오.

해답
① 정착장치의 활동
② 콘크리트의 탄성 수축
③ 포스트텐션 긴장재와 덕트 사이의 마찰력
④ 콘크리트의 크리프
⑤ 콘크리트의 건조수축
⑥ 긴장재 응력의 완화

05 산업안전보건법령상 차량계 하역운반기계 등에 화물을 적재하는 경우 사업주가 준수해야 할 사항을 3가지를 쓰시오.

해답
① 하중이 한쪽으로 치우치지 않도록 적재해야 한다.
② 구내운반차 또는 화물자동차의 경우 화물의 붕괴 또는 낙하에 의한 위험을 방지하기 위하여 화물에 로프를 거는 등 필요한 조치를 해야 한다.
③ 운전자의 시야를 가리지 않도록 화물을 적재해야 한다.
④ 화물을 적재하는 경우에는 최대 적재량을 초과해서는 아니 된다.

관련 법령 산업안전보건기준에 관한 규칙 제173조(화물적재 시의 조치)

06 [빈출] 산업안전보건법령상 가설통로를 설치하는 경우 사업주가 준수해야 할 사항을 3가지 쓰시오.

해답
① 견고한 구조로 할 것
② 경사는 30° 이하로 할 것(다만, 계단을 설치하거나 높이 2m 미만의 가설통로로서 튼튼한 손잡이를 설치한 경우는 제외)
③ 경사가 15°를 초과하는 경우에는 미끄러지지 아니하는 구조로 할 것
④ 추락할 위험이 있는 장소에는 안전난간을 설치할 것
⑤ 수직갱에 가설된 통로의 길이가 15m 이상인 경우에는 10m 이내마다 계단참을 설치할 것
⑥ 건설공사에 사용하는 높이 8m 이상인 비계다리에는 7m 이내마다 계단참을 설치할 것

관련 법령 산업안전보건기준에 관한 규칙 제23조(가설통로의 구조)

07 [빈출] 산업안전보건법령상 다음 안전보건표지의 명칭을 쓰시오.

①	②
(해골 그림)	(폭발 그림)

해답
① 급성독성물질 경고
② 폭발성물질 경고

관련 법령 산업안전보건법 시행규칙 별표 6(안전보건표지의 종류와 형태)

08 이동식 크레인의 종류를 3가지 쓰시오.

해답
① 트럭 크레인
② 크롤러 크레인
③ 카고 크레인(트럭 탑재형)
④ 험지형 크레인
⑤ 전지형 크레인

관련 법령 KOSHA GUIDE B-M-8-2025(이동식 크레인 안전보건작업 기술지원규정)

09 토공의 비탈면 보호공법의 종류를 4가지만 쓰시오.

해답
① 식생공법
② 피복공법
③ 뿜칠공법
④ 붙임공법
⑤ 격자틀공법
⑥ 낙석방호공법

10 콘크리트 파쇄용 화약류 취급 시 준수사항을 2가지만 쓰시오.

해답
① 화약류에 의한 발파파쇄 해체 시에는 사전에 시험발파에 의한 폭력, 폭속, 진동치속도 등에 파쇄능력과 진동, 소음의 영향력을 검토하여야 한다.
② 소음, 분진, 진동으로 인한 공해대책, 파편에 대한 예방대책을 수립하여야 한다.
③ 화약류 취급에 대하여는 법, 총포도검화약류단속법 등 관계법에서 규정하는 바에 의하여 취급하여야 하며 화약저장소 설치기준을 준수하여야 한다.
④ 시공순서는 화약취급절차에 의한다.

관련 법령 해체공사표준안전작업지침 제6조(화약류)

11 다음은 흙막이 공법에 대한 내용이다. 물음에 답하시오.

> (1) 흙막이 지지방식에 의한 분류 3가지를 쓰시오.
> (2) 구조방식에 의한 분류 3가지를 쓰시오.

해답
(1) 지지구조 형식에 따른 분류
   ① 자립식
   ② 버팀구조(strut) 형식
   ③ 지반앵커(earth anchor) 형식
   ④ 소일네일링(soil nailing) 형식
   ⑤ 경사고임대(raker) 형식
   ⑥ 띠장 긴장(prestress wale) 형식
(2) 벽체 형식에 따른 분류
   ① 엄지말뚝(H-pile) + 흙막이 판 벽체
   ② 강널말뚝(steel sheet pile) 벽체
   ③ 소일시멘트(soil cement wall) 벽체
   ④ CIP(Cast In placed Pile) 벽체
   ⑤ 지하연속벽체(diaphragm wall)

관련 법령 KOSHA GUIDE D-C-1-2025(흙막이공사에 대한 기술지원규정)

12 산업안전보건법령상 안전보건진단을 받아 안전보건개선계획을 수립하도록 명할 수 있는 사업장의 종류 3가지를 쓰시오.

해답
① 산업재해율이 같은 업종 평균 산업재해율의 2배 이상인 사업장
② 사업주가 필요한 안전조치 또는 보건조치를 이행하지 아니하여 중대재해가 발생한 사업장
③ 직업성 질병자가 연간 2명 이상(상시근로자 1천명 이상 사업장의 경우 3명 이상) 발생한 사업장
④ 그 밖에 작업환경 불량, 화재·폭발 또는 누출 사고 등으로 사업장 주변까지 피해가 확산된 사업장

관련 법령 산업안전보건법 시행령 제49조(안전보건진단을 받아 안전보건개선계획을 수립할 대상)

13 가설 구조물의 구조적 특징을 2가지 쓰시오.

해답
① 부재의 결합이 간단하나 정밀도가 떨어진다.
② 구조계산이 제대로 이루어지지 않아 불안한 구조가 되기 쉽다.
③ 가설시설물 부재들 간의 연결이 제대로 되지 않으면 안전성이 떨어진다.

14 산업안전보건법령상 누전에 의한 감전 위험을 방지하기 위하여 누전 차단기를 설치해야 하는 전기기계·기구 3가지를 쓰시오.

해답
① 대지전압이 150V를 초과하는 이동형 또는 휴대형 전기기계·기구
② 물 등 도전성이 높은 액체가 있는 습윤장소에서 사용하는 저압용 전기기계·기구
③ 철판·철골 위 등 도전성이 높은 장소에서 사용하는 이동형 또는 휴대형 전기기계·기구
④ 임시 배선의 전로가 설치되는 장소에서 사용하는 이동형 또는 휴대형 전기기계·기구

관련 법령 산업안전보건기준에 관한 규칙 제304조(누전차단기에 의한 감전 방지)

2024년 제2회 최근 기출복원문제

PART 02. 필답형

01 정기안전점검 결과 건설공사의 물리적·기능적 결함 등이 있는 경우 보수·보강 등의 필요한 조치를 취하기 위하여 시공자가 건설안전점검기관에 의뢰하여 실시하는 점검을 무엇이라고 하는지 쓰시오.

해답
정밀안전점검

관련 법령 건설기술 진흥법 시행령 제100조(안전점검의 시기·방법 등)

---

02 산업안전보건법령상 중대재해와 관련하여 다음 물음에 답하시오.

(1) 중대재해의 종류를 2가지 쓰시오.
(2) 사업주는 중대재해가 발생한 사실을 알게 된 경우 관할지방고용노동관서의 장에게 전화, 팩스 또는 그 밖에 적절한 방법으로 보고해야 한다. 이때 보고하여야 하는 내용 2가지를 쓰시오.

해답
(1) 중대재해의 종류
　① 사망자가 1명 이상 발생한 재해
　② 3개월 이상의 요양이 필요한 부상자가 동시에 2명 이상 발생한 재해
　③ 부상자 또는 직업성 질병자가 동시에 10명 이상 발생한 재해
(2) 보고사항
　① 발생개요 및 피해 상황
　② 조치 및 전망

관련 법령 산업안전보건법 시행규칙 제3조(중대재해의 범위), 제67조(중대재해 발생 시 보고)

---

03 재해 분석방법 중 통계적 분석법 2가지를 쓰시오.

해답
① 파레토도
② 특성요인도
③ 관리도
④ 클로즈 분석도

04 산업안전보건법령상 콘크리트 타설작업을 하는 경우 사업주가 준수해야 하는 사항 3가지를 쓰시오.

해답
① 당일의 작업을 시작하기 전에 해당 작업에 관한 거푸집 및 동바리의 변형·변위 및 지반의 침하 유무 등을 점검하고 이상이 있으면 보수할 것
② 작업 중에는 감시자를 배치하는 등의 방법으로 거푸집 및 동바리의 변형·변위 및 침하 유무 등을 확인해야 하며, 이상이 있으면 작업을 중지하고 근로자를 대피시킬 것
③ 콘크리트 타설작업 시 거푸집 붕괴의 위험이 발생할 우려가 있으면 충분한 보강조치를 할 것
④ 설계도서상의 콘크리트 양생기간을 준수하여 거푸집 및 동바리를 해체할 것
⑤ 콘크리트를 타설하는 경우에는 편심이 발생하지 않도록 골고루 분산하여 타설할 것

관련 법령 산업안전보건기준에 관한 규칙 제334조(콘크리트의 타설작업)

05 [빈출] 산업안전보건법령상 곤돌라형 달비계를 설치하는 경우 사업주가 달비계에 사용할 수 없는 와이어로프의 조건 3가지를 쓰시오.

해답
① 이음매가 있는 것
② 와이어로프의 한 꼬임에서 끊어진 소선의 수가 10% 이상인 것
③ 지름의 감소가 공칭지름의 7%를 초과하는 것
④ 꼬인 것
⑤ 심하게 변형되거나 부식된 것
⑥ 열과 전기충격에 의해 손상된 것

관련 법령 산업안전보건기준에 관한 규칙 제63조(달비계의 구조)

06 산업안전보건법령상 건설공사 도급인은 관계수급인 근로자가 건설공사도급인의 사업장에서 작업을 하는 경우, 노사협의체를 구성할 때 근로자 위원으로 구성할 수 있는 구성원 3명을 쓰시오.

해답
① 도급 또는 하도급 사업을 포함한 전체 사업의 근로자대표
② 근로자대표가 지명하는 명예산업안전감독관 1명(다만, 명예산업안전감독관이 위촉되어 있지 않은 경우에는 근로자대표가 지명하는 해당 사업장 근로자 1명)
③ 공사금액이 20억원 이상인 공사의 관계수급인의 각 근로자대표

관련 법령 산업안전보건법 시행령 제64조(노사협의체의 구성)

07 작년 총산업재해보상보험 보상액이 25억원인 경우, 하인리히 방식으로 손실비용을 구하시오.

해답
하인리히 손실비용 = 직접손실비용 + 간접손실비용
① 직접손실비용 : 2,500,000,000원
② 간접손실비용 : 10,000,000,000원(직접손실비용×4)
③ 총손실비용 : 12,500,000,000원(직접손실비용 + 간접손실비용)

08 [빈출] 산업안전보건법령상 사업주는 곤돌라의 운반구에 근로자를 탑승시켜서 아니 되나 필요한 조치를 한 경우 가능하다. 운반구에 근로자 탑승이 가능한 경우 2가지를 쓰시오.

해답
① 운반구가 뒤집히거나 떨어지지 않도록 필요한 조치를 한 경우
② 안전대나 구명줄을 설치하고, 안전난간을 설치할 수 있는 구조인 경우에는 안전난간을 설치한 경우

관련 법령 산업안전보건기준에 관한 규칙 제86조(탑승의 제한)

09 크레인과 관련하여 다음 물음에 답하시오.

(1) 크레인의 권상하중에서 훅, 크래브 또는 버킷 등 달기기구의 중량에 상당하는 하중을 뺀 값을 무엇이라 하는지 쓰시오.
(2) 주행레일 중심 간의 거리는 무엇인지 쓰시오.
(3) 수직면에서 지브(jib) 각의 변화를 무엇이라 하는지 쓰시오.

해답
(1) 정격하중
(2) 스팬
(3) 기복

10 산업안전보건법령상 차량계 건설기계의 운전자가 운전 위치를 이탈하는 경우 준수해야 할 사항 2가지를 쓰시오.

해답
① 포크, 버킷, 디퍼 등의 장치를 가장 낮은 위치 또는 지면에 내려 둘 것
② 원동기를 정지시키고 브레이크를 확실히 거는 등 차량계 하역운반기계 등 차량계 건설기계의 갑작스러운 이동을 방지하기 위한 조치를 할 것
③ 운전석을 이탈하는 경우에는 시동키를 운전대에서 분리시킬 것

관련 법령 산업안전보건기준에 관한 규칙 제99조(운전위치 이탈 시의 조치)

11 산업안전보건법령상 사다리식 통로 등을 설치하는 경우 사업주의 준수사항 3가지를 쓰시오.

해답
① 견고한 구조로 할 것
② 심한 손상·부식 등이 없는 재료를 사용할 것
③ 발판의 간격은 일정하게 할 것
④ 발판과 벽과의 사이는 15cm 이상의 간격을 유지할 것
⑤ 폭은 30cm 이상으로 할 것
⑥ 사다리가 넘어지거나 미끄러지는 것을 방지하기 위한 조치를 할 것
⑦ 사다리의 상단은 걸쳐놓은 지점으로부터 60cm 이상 올라가도록 할 것
⑧ 사다리식 통로의 길이가 10m 이상인 경우에는 5m 이내마다 계단참을 설치할 것
⑨ 사다리식 통로의 기울기는 75° 이하로 할 것. 다만, 고정식 사다리식 통로의 기울기는 90° 이하로 하고, 그 높이가 7m 이상인 경우에는 다음의 구분에 따른 조치를 할 것
　㉠ 등받이울이 있어도 근로자 이동에 지장이 없는 경우 : 바닥으로부터 높이가 2.5m되는 지점부터 등받이울을 설치할 것
　㉡ 등받이울이 있으면 근로자가 이동이 곤란한 경우 : 한국산업표준에서 정하는 기준에 적합한 개인용 추락 방지 시스템을 설치하고 근로자로 하여금 한국산업표준에서 정하는 기준에 적합한 전신안전대를 사용하도록 할 것
⑩ 접이식 사다리 기둥은 사용 시 접혀지거나 펼쳐지지 않도록 철물 등을 사용하여 견고하게 조치할 것

관련 법령 산업안전보건기준에 관한 규칙 제24조(사다리식 통로 등의 구조)

12 철골공사표준안전작업지침상 철골공사 중 높이 2m 이상의 장소에서 추락 위험이 있는 작업을 할 경우 갖추어야 할 설비 3가지를 쓰시오.

해답
① 비계
② 달비계
③ 수평통로
④ 안전난간대

관련 법령 철골공사표준안전작업지침 제16조(재해방지 설비)

13 산업안전보건법령상 사업주가 철골작업을 중지해야 하는 기상 조건 3가지를 쓰시오.

해답
① 풍속이 초당 10m 이상인 경우
② 강우량이 시간당 1mm 이상인 경우
③ 강설량이 시간당 1cm 이상인 경우

관련 법령 산업안전보건기준에 관한 규칙 제383조(작업의 제한)

14 안전보건개선계획에 대한 설명이다. 다음 ( ) 안에 적합한 내용을 쓰시오.

> 사업주는 안전보건개선계획을 수립할 때에는 (①)의 심의를 거쳐야 하며, (①)가 설치되어 있지 아니한 사업장의 경우에는 (②)의 의견을 들어야 한다.

해답
① 산업안전보건위원회
② 근로자대표

관련 법령 산업안전보건법 제49조(안전보건개선계획의 수립·시행 명령)

제3회 최근 기출복원문제

2024년 / PART 02. 필답형

01 안전보건관리규정에 대한 설명이다. 다음 물음에 답하시오.

(1) 산업안전보건법령상 건설업에서 안전보건관리규정을 작성해야 할 상시근로자수 기준은 몇 명인지 쓰시오.
(2) 산업안전보건관리규정이 변경하여야 될 사유가 발생할 경우, 며칠 이내에 변경하여야 하는지 쓰시오.

해답
(1) 100명
(2) 30일

관련 법령 산업안전보건법 시행규칙 별표 2(안전보건관리규정을 작성해야 할 사업의 종류 및 상시근로자수), 산업안전보건법 시행규칙 제25조 (안전보건관리규정의 작성)

더 알아보기 안전보건관리규정을 작성해야 할 사업의 종류 및 상시근로자수

사업의 종류	상시근로자수
1. 농업 2. 어업 3. 소프트웨어 개발 및 공급업 4. 컴퓨터 프로그래밍, 시스템 통합 및 관리업 4의2. 영상·오디오물 제공 서비스업 5. 정보서비스업 6. 금융 및 보험업 7. 임대업(부동산 제외) 8. 전문, 과학 및 기술 서비스업(연구개발업은 제외한다) 9. 사업지원 서비스업 10. 사회복지 서비스업	300명 이상
11. 제1호부터 제4호까지, 제4호의2 및 제5호부터 제10호까지의 사업을 제외한 사업	100명 이상

02 다음에서 설명하는 흙막이 공사의 명칭을 쓰시오.

(1) 지반을 천공하여 선단부 앵커를 경질지반에 정착한 후 토압을 지지하는 공법
(2) 굴착작업 전에 지하 외부 벽체와 기둥을 선시공한 후 1개 층씩 단계별로 지하층 토공사와 구조물공사를 위에서 아래로 반복해 가면서 지하구조물을 형성하는 공법

해답
(1) 어스앵커(earth anchor) 공법
(2) 탑다운(top down) 공법

03 산업안전보건법령상 관계수급인 근로자가 도급인 사업장에서 작업 시 산업재해 예방조치를 위한 이행사항 2가지를 쓰시오.

해답
① 도급인과 수급인을 구성원으로 하는 안전 및 보건에 관한 협의체의 구성 및 운영
② 작업장 순회점검
③ 관계수급인이 근로자에게 하는 안전보건교육을 위한 장소 및 자료의 제공 등 지원
④ 관계수급인이 근로자에게 하는 안전보건교육의 실시 확인
⑤ 다음의 어느 하나의 경우에 대비한 경보체계 운영과 대피방법 등 훈련
    ㉠ 작업 장소에서 발파작업을 하는 경우
    ㉡ 작업 장소에서 화재·폭발, 토사·구축물 등의 붕괴 또는 지진 등이 발생한 경우
⑥ 위생시설 등 고용노동부령으로 정하는 시설의 설치 등을 위하여 필요한 장소의 제공 또는 도급인이 설치한 위생시설 이용의 협조
⑦ 같은 장소에서 이루어지는 도급인과 관계수급인 등의 작업에 있어서 관계수급인 등의 작업시기·내용, 안전조치 및 보건조치 등의 확인
⑧ ⑦의 확인 결과 관계수급인 등의 작업 혼재로 인하여 화재·폭발 등 대통령령으로 정하는 위험이 발생할 우려가 있는 경우 관계수급인 등의 작업시기·내용 등의 조정

관련 법령 산업안전보건법 제64조(도급에 따른 산업재해 예방조치)

04 수평·수직재, 가새재 등의 부재를 공장에서 제작하고 현장 조립하여 쓰는 비계의 종류를 쓰시오.

해답
시스템 비계

05 건설업 산업안전보건관리비 계상 및 사용기준과 관련하여 (　) 안에 적합한 내용을 쓰시오.

> (1) 공사원가계산서의 구성항목 중 직접재료비, 간접재료비, 직접노무비를(발주자가 재료를 제공할 경우에는 해당 재료비를 포함) 합한 금액을 (　① 　)(이)라고 한다.
> (2) 건설공사의 시공을 주도하여 총괄·관리하는 자(발주자로부터 건설공사를 최초로 도급받은 수급인은 제외)를 (　② 　)(이)라고 한다.

해답
① 대상액
② 자기공사자

관련 법령 건설업 산업안전보건관리비 계상 및 사용기준 제2조(정의)

06 다음 공사 금액의 범위에 알맞은 안전관리자의 수를 쓰시오.

(1) 800억원 이상 1,500억원 미만 : (①)명
(2) 2,200억원 이상 3,000억원 미만 : (②)명
(3) 3,000억원 이상 3,900억원 미만 : 5명
(4) 7,200억원 이상 8,500억 미만 (③)명
(5) 8,500억원 이상 1조원 미만 : 10명

해답
① 2, ② 4, ③ 9

관련 법령 산업안전보건법 시행령 별표 3(안전관리자를 두어야 하는 사업의 종류, 사업장의 상시근로자수, 안전관리자의 수 및 선임방법)

더 알아보기 건설업 사업장의 상시근로자수, 안전관리자의 수 및 선임방법

사업의 종류	사업장의 상시근로자수	안전관리자의 수
건설업	공사금액 50억원 이상(관계수급인은 100억원 이상) 120억원 미만(토목공사업의 경우에는 150억원 미만)	1명 이상
	공사금액 120억원 이상(토목공사업의 경우에는 150억원 이상) 800억원 미만	
	공사금액 800억원 이상 1,500억원 미만	2명 이상
	공사금액 1,500억원 이상 2,200억원 미만	3명 이상
	공사금액 2,200억원 이상 3,000억원 미만	4명 이상
	공사금액 3,000억원 이상 3,900억원 미만	5명 이상
	공사금액 3,900억원 이상 4,900억원 미만	6명 이상
	공사금액 4,900억원 이상 6,000억원 미만	7명 이상
	공사금액 6,000억원 이상 7,200억원 미만	8명 이상
	공사금액 7,200억원 이상 8,500억원 미만	9명 이상
	공사금액 8,500억원 이상 1조원 미만	10명 이상
	1조원 이상	11명 이상[매 2,000억원(2조원 이상부터는 매 3,000억원)마다 1명씩 추가

07 공기압축기 가동 시 작업 전 점검사항 2가지를 작성하시오.

해답
① 공기저장 압력용기의 외관 상태
② 드레인 밸브의 조작 및 배수
③ 압력방출장치의 기능
④ 언로드 밸브의 기능
⑤ 윤활유의 상태
⑥ 회전부의 덮개 또는 울
⑦ 그 밖의 연결 부위의 이상 유무

관련 법령 산업안전보건기준에 관한 규칙 별표 3(작업시작 전 점검사항)

08 강관비계의 설치기준에 대한 설명이다. 다음 물음에 답하시오.

(1) 다음 ( ) 안에 적절한 내용을 쓰시오.

종류	조립간격	
	수평방향	수직방향
(①)	5m	(②)m
틀비계(높이가 5m 미만인 것은 제외)	6m	(③)m

(2) 인장재와 압축재를 설치한 경우의 간격 기준을 쓰시오.

해답
(1) ① 단관비계, ② 5, ③ 8
(2) 1m

09 다음 조건에 해당하는 강도율을 구하시오.

- 1일 8시간 근무
- 근로자수 : 200명
- 연간 근로일수 : 300일
- 연간 재해건수 5건 : 사망 1명, 14급 2명, 30일 1명, 7일 1명

해답

강도율 = $\dfrac{\text{근로손실일수}}{\text{연근로시간수}} \times 1{,}000$

$= \dfrac{(7{,}500 \times 1) + (50 \times 2) + (30 + 7) \times \dfrac{300}{365}}{200 \times 8 \times 300} \times 1{,}000$

$= 15.90$

더 알아보기 요양근로손실일수 산정요령(산업재해통계업무처리규정 별표 1)

구분	사망	신체장해자 등급											
		1~3	4	5	6	7	8	9	10	11	12	13	14
근로손실일수(일)	7,500	7,500	5,500	4,000	3,000	2,200	1,500	1,000	600	400	200	100	50

10 사고사망만인율에 적용되는 상시근로자수 산출 공식을 쓰시오.

해답

상시근로자수 = $\dfrac{\text{연간 국내공사 실적액} \times \text{노무비율}}{\text{건설업 월평균임금} \times 12}$

관련 법령 산업안전보건법 시행규칙 별표 1(건설업체 산업재해발생률 및 산업재해 발생 보고의무 위반건수의 산정 기준과 방법)

더 알아보기 사고사망만인율

사망자수의 1만 배를 전체 근로자수로 나눈 값으로 전 산업에 종사하는 근로자 중 산업재해로 사망한 근로자가 어느 정도 되는지 파악할 때 사용하는 지표이다.

사고사망만인율 = $\dfrac{\text{사고사망자수}}{\text{상시근로자수}} \times 10{,}000$

11 산업안전보건법령상 안전보건총괄책임자의 직무 3가지를 쓰시오.

해답
① 위험성평가의 실시에 관한 사항
② 작업의 중지
③ 도급 시 산업재해 예방조치
④ 산업안전보건관리비의 관계수급인 간의 사용에 관한 협의·조정 및 그 집행의 감독
⑤ 안전인증대상기계 등과 자율안전확인대상기계 등의 사용 여부 확인

관련 법령 산업안전보건법 시행령 제53조(안전보건총괄책임자의 직무 등)

12 건설 일용근로자의 건설업 기초안전·보건교육 시간은 몇 시간인지 쓰시오.

해답
4시간 이상

관련 법령 산업안전보건법 시행규칙 별표 4(안전보건교육 교육과정별 교육시간)

더 알아보기 ▶ 근로자 안전보건교육

교육과정	교육대상		교육시간
가. 정기교육	사무직 종사 근로자		매 반기 6시간 이상
	그 밖의 근로자	판매업무에 직접 종사하는 근로자	매 반기 6시간 이상
		판매업무에 직접 종사하는 근로자 외의 근로자	매 반기 12시간 이상
나. 채용 시 교육	일용근로자 및 근로계약기간이 1주일 이하인 기간제근로자		1시간 이상
	근로계약기간이 1주일 초과 1개월 이하인 기간제근로자		4시간 이상
	그 밖의 근로자		8시간 이상
다. 작업내용 변경 시 교육	일용근로자 및 근로계약기간이 1주일 이하인 기간제근로자		1시간 이상
	그 밖의 근로자		2시간 이상
라. 특별교육	일용근로자 및 근로계약기간이 1주일 이하인 기간제근로자 : 특별교육 대상(타워크레인 신호수 제외)에 해당하는 작업에 종사하는 근로자에 한정		2시간 이상
	일용근로자 및 근로계약기간이 1주일 이하인 기간제근로자 : 특별교육 대상 중 타워크레인 신호작업에 종사하는 근로자에 한정		8시간 이상
	일용근로자 및 근로계약기간이 1주일 이하인 기간제근로자를 제외한 근로자 : 특별교육 대상에 해당하는 작업에 종사하는 근로자에 한정		• 16시간 이상(최초 작업에 종사하기 전 4시간 이상 실시하고 12시간은 3개월 이내에서 분할하여 실시 가능) • 단기간 작업 또는 간헐적 작업인 경우에는 2시간 이상
마. 건설업 기초안전·보건교육	건설 일용근로자		4시간 이상

13 굴착작업 시 토석이 붕괴되는 외적 원인 3가지를 쓰시오.

해답
① 사면, 법면의 경사 및 기울기의 증가
② 절토 및 성토 높이의 증가
③ 공사에 의한 진동 및 반복 하중의 증가
④ 지표수 및 지하수의 침투에 의한 토사 중량의 증가
⑤ 지진, 차량, 구조물의 하중작용
⑥ 토사 및 암석의 혼합층 두께

관련 법령 굴착공사 표준안전 작업지침 제28조(토석붕괴의 원인)

더 알아보기 토석이 붕괴되는 내적 원인

1. 절토 사면의 토질·암질
2. 성토 사면의 토질구성 및 분포
3. 토석의 강도 저하

14 산업안전보건법령상 사업주는 곤돌라의 운반구에 근로자를 탑승시켜서 아니 되나 필요한 조치를 한 경우 가능하다. 운반구에 근로자 탑승이 가능한 경우 2가지를 쓰시오.

해답
① 운반구가 뒤집히거나 떨어지지 않도록 필요한 조치를 한 경우
② 안전대나 구명줄을 설치하고, 안전난간을 설치할 수 있는 구조인 경우에는 안전난간을 설치한 경우

관련 법령 산업안전보건기준에 관한 규칙 제86조(탑승의 제한)

교육이란 사람이 학교에서 배운 것을 잊어버린 후에 남은 것을 말한다.

– 알버트 아인슈타인 –

무단뽀 건설안전기사 실기
PART 3
작업형

2015~2023년 　과년도 기출복원문제
2024년 　　　　최근 기출복원문제

※ 작업형의 경우 동영상으로 출제되며, 교재에는 관련 사진과 그림, 동영상에 대한 설명으로 대신 표기합니다.
※ 정답에는 가능한 답안을 모두 수록하였으며, 수험생은 그 중 문제에서 제시한 가짓수만 작성하면 됩니다.
※ 최근 개정된 법령에 맞게 기출복원문제를 구성하였습니다.

합격의 공식 시대에듀 www.sdedu.co.kr

제1회 과년도 기출복원문제

2015년 | PART 03. 작업형

1부 | 기출복원문제

01 동영상은 가설계단을 보여주고 있다. 다음 물음에 답하시오.

(1) 계단 및 계단참의 강도는 매 m² 당 (①)kg 이상이어야 하며 안전율은 4 이상으로 하여야 한다.
(2) 계단의 폭은 (②)m 이상으로 하여야 한다(다만, 급유용·보수용·비상용 계단 및 나선형 계단에 대하여는 그러하지 아니하다).
(3) 높이가 3m를 초과하는 계단에 높이 (③)m 이내마다 진행방향으로 길이 (④)m 이상의 계단참을 설치해야 한다.

해답
① 500, ② 1, ③ 3, ④ 1.2

관련 법령 산업안전보건기준에 관한 규칙 제26조(계단의 강도), 제27조(계단의 폭), 제28조(계단참의 설치)

> **더 알아보기**
>
> **계단의 강도(산업안전보건기준에 관한 규칙 제26조)**
> 사업주는 계단 및 계단참을 설치하는 경우 매 m²당 500kg 이상의 하중에 견딜 수 있는 강도를 가진 구조로 설치하여야 하며, 안전율은 4 이상으로 하여야 한다.
>
> **계단의 폭(산업안전보건기준에 관한 규칙 제27조)**
> 사업주는 계단을 설치하는 경우 그 폭을 1m 이상으로 하여야 한다. 다만, 급유용·보수용·비상용 계단 및 나선형 계단이거나 높이 1m 미만의 이동식 계단인 경우에는 그러하지 아니하다.
>
> **계단참의 설치(산업안전보건기준에 관한 규칙 제28조)**
> 사업주는 높이가 3m를 초과하는 계단에 높이 3m 이내마다 진행방향으로 길이 1.2m 이상의 계단참을 설치해야 한다.

02 동영상은 트럭 크레인을 이용하여 강관비계 다발을 인양하던 중 낙하사고가 발생하는 장면을 보여준다. 영상에서 보여주는 인양작업의 문제점 2가지를 쓰시오.

해답
① 1줄 걸이 사용
② 유도로프 미사용
③ 신호수 미배치
④ 해지장치(와이어로프 등이 훅으로부터 벗겨지는 것을 방지하기 위한 장치) 미사용
⑤ 출입금지 구역 미설정

03 동영상에서는 토공작업을 보여준다. 토공작업 시 토석붕괴의 외적 요인 3가지를 쓰시오.

해답
① 사면, 법면의 경사 및 기울기의 증가
② 절토 및 성토 높이의 증가
③ 공사에 의한 진동 및 반복 하중의 증가
④ 지표수 및 지하수의 침투에 의한 토사 중량의 증가
⑤ 지진, 차량, 구조물의 하중작용
⑥ 토사 및 암석의 혼합층 두께

관련 법령 굴착공사 표준안전 작업지침 제28조(토석붕괴의 원인)

04 동영상은 작업자가 비계 위에서 작업하고 있는 모습을 보여준다. 작업자의 낙하사고를 예방하기 위한 작업안전 대책 2가지를 쓰시오.

해답
① 비계 발판 위에서 작업 시 하부 작업자 출입금지 조치를 하여야 한다.
② 안전난간대 설치 시 중간 난간대를 반드시 설치하여야 한다.
③ 비계에 자재를 야적하거나 기대면 안 된다.
④ 최대 적재하중을 초과하여 적재하면 안 된다.
⑤ 최대 하중이 표기된 표지판을 부착한다.

05 동영상에서는 아파트 공사현장에서 발생한 추락사고를 보여준다. 동종 재해의 방지를 위하여 취해야 할 조치사항 3가지를 쓰시오.

출처 : 고용노동부 중대재해 알림e – 중대재해 사이렌

해답
① 근로자가 추락하거나 넘어질 위험이 있는 장소의 경우 비계를 조립하는 등의 방법으로 작업발판을 설치하여야 한다.
② 작업발판을 설치하기 곤란한 경우에는 기준에 맞는 추락방호망을 설치해야 한다. 다만, 추락방호망을 설치하기 곤란한 경우에는 근로자에게 안전대를 착용하도록 하는 등 추락위험을 방지하기 위해 필요한 조치를 해야 한다.
③ 작업발판 및 추락방호망을 설치하기 곤란한 경우에는 근로자로 하여금 3개 이상의 버팀대를 가지고 지면으로부터 안정적으로 세울 수 있는 구조를 갖춘 이동식 사다리를 사용하여 작업을 하게 할 수 있다.

관련 법령 산업안전보건기준에 관한 규칙 제42조(추락의 방지)

06 동영상에서는 굴착한 흙을 덤프트럭으로 운반하는 작업을 보여준다. 동영상에서와 같은 작업 시의 주의사항을 2가지 쓰시오.

해답
① 운전자의 건강 상태를 확인하고 과로시키지 않아야 한다.
② 운전자 및 근로자는 안전모를 착용시켜야 한다.
③ 운전자 외에는 승차를 금지시켜야 한다.
④ 운전석 승강장치를 부착하여 사용하여야 한다.
⑤ 운전을 시작하기 전에 제동장치 및 클러치 등의 작동 유무를 반드시 확인하여야 한다.
⑥ 통행인이나 근로자에게 위험이 미칠 우려가 있는 경우는 유도자의 신호에 의해서 운전하여야 한다.
⑦ 규정된 속도를 지켜 운전해야 한다.
⑧ 정격용량을 초과하는 가동은 금지하여야 하며 연약지반의 노견, 경사면 등의 작업에서는 담당자를 배치하여야 한다.
⑨ 기계의 주행로는 충분한 폭을 확보해야 하며 노면의 다짐도가 충분하게 하고 배수조치를 하며 기존 도로를 이용할 경우 청소에 유의하고 필요한 장소에 담당자를 배치한다.
⑩ 시가지 등 인구 밀집지역에서는 매설물 등을 확인하기 위하여 줄파기 등 인력 굴착을 선행한 후 기계굴착을 실시하여야 한다. 또한 매설물이 손상을 입는 경우는 즉시 작업 책임자에게 보고하고 지시를 받아야 한다.
⑪ 갱이나 지하실 등 환기가 잘 안 되는 장소에서는 환기가 충분히 되도록 조치하여야 한다.
⑫ 전선이나 구조물 등에 인접하여 붐을 선회해야 될 작업에는 사전에 회전반경, 높이제한 등 방호조치를 강구하고 유도자의 신호에 의하여 작업을 하여야 한다.
⑬ 비탈면 천단부 주변에는 굴착된 흙이나 재료 등을 적재해서는 안 된다.
⑭ 위험장소에는 장비 및 근로자, 통행인이 접근하지 못하도록 표지판을 설치하거나 감시인을 배치하여야 한다.
⑮ 장비를 차량으로 운반해야 될 경우에는 전용 트레일러를 사용하여야 하며, 널빤지로된 발판 등을 이용하여 적재할 경우에는 장비가 전도되지 않도록 안전한 기울기, 폭 및 두께를 확보해야 하며 발판 위에서 방향을 바꾸어서는 안 된다.
⑯ 작업의 종료나 중단 시에는 장비를 평탄한 장소에 두고 버킷 등을 지면에 내려놓아야 하며 부득이한 경우에는 바퀴에 고임목 등으로 받쳐 전락 및 구동을 방지하여야 한다.
⑰ 장비는 당해 작업 목적 이외에는 사용하여서는 안 된다.
⑱ 장비에 이상이 발견되면 즉시 수리하고 부속장치를 교환하거나 수리할 때에는 안전담당자가 점검하여야 한다.
⑲ 부착물을 들어 올리고 작업할 경우에는 안전지주, 안전블록 등을 사용하여야 한다.
⑳ 작업종료 시에는 장비관리 책임자가 열쇠를 보관하여야 한다.

관련 법령 굴착공사 표준안전 작업지침 제11조(작업)

07 동영상은 교량의 가설작업을 보여준다. 다음 물음에 답하시오.

(1) 동영상에서 보여주는 공법의 명칭을 쓰시오.
(2) 동영상에서 보여주는 공법의 특징 2가지를 쓰시오.

해답

(1) 명칭 : FCM(Free Cantilever Method) 공법
(2) 공법의 특징
 ① 교량 하부에 동바리를 사용하지 않는다.
 ② 캔틸레버 길이가 비교적 긴 교량도 시공이 가능하다.
 ③ 기 시공된 교량을 이용할 수 있다.
 ④ 주로 산간 계곡, 바다, 하천 등에 설치된다.

관련 법령 KOSHA GUIDE D-C-2-2025(교량 상부공 가설공법의 안전작업에 관한 기술지원규정)

더 알아보기 FCM(Free Cantilever Method) 공법

교량 하부에 동바리 등을 설치하지 않고 이동식 작업대차 또는 이동식 가설용 트러스를 사용하여 교각으로부터 좌우 평행을 유지하면서 한 세그먼트씩 순차적으로 반복 시공하고 프리스트레스를 도입하여 연결해나가는 교량 상부공 가설공법이다.

08 동영상은 흙막이 가시설인 H형강을 행거 클램프를 사용하여 1줄 걸이한 후 인양하는 모습을 보여준다. 트럭에 적재하는 중 톱니가 마모된 클램프로 인해 H형강이 이탈되어 작업자의 머리에 떨어지는 사고가 발생하였다. 동영상에서 재해의 요인으로 추정되는 사항을 3가지 쓰시오.

출처 : 세이프넷(safetynetwork.co.kr)

해답
① 인양물을 1줄 걸이로 인양하였다.
② 톱니가 마모된 클램프를 사용하였다.
③ 인양 작업장에 출입금지 조치를 실시하지 않았다.
④ 신호수 및 유도자를 배치하지 않았다.

2부 | 기출복원문제

01 동영상은 장비를 사용하여 해체작업을 하는 장면을 보여주고 있다. 다음 물음에 답하시오.

(1) 동영상에서 보여주는 해체공법의 명칭을 쓰시오.
(2) 해체작업 시에는 사전조사를 하고 조사결과에 따른 작업계획서를 작성해야 한다. 작업계획서에 포함되어야 할 사항 3가지를 쓰시오.

해답

(1) 명칭 : 압쇄공법
(2) 작업계획서에 포함되어야 할 사항
　① 해체의 방법 및 해체순서 도면
　② 가설설비·방호설비·환기설비 및 살수·방화설비 등의 방법
　③ 사업장 내 연락방법
　④ 해체물의 처분계획
　⑤ 해체작업용 기계·기구 등의 작업계획서
　⑥ 해체작업용 화약류 등의 사용계획서
　⑦ 그 밖의 안전·보건에 관련된 사항

관련 법령 산업안전보건기준에 관한 규칙 별표 4(사전조사 및 작업계획서 내용)

02 동영상에서는 도심지의 깊은 굴착현장에 설치된 흙막이 지보공을 보여준다. 다음 물음에 답하시오.

(1) 동영상에서 보여주는 공법의 명칭을 쓰시오.
(2) 굴착작업 시 필요한 계측기의 종류 3가지와 용도를 쓰시오.

해답

(1) 공법의 명칭 : 어스앵커 공법
(2) 계측기의 종류
　　① 지중경사계 : 배면지반의 거동 및 지중 수평변위 측정
　　② 간극수압계 : 굴착 및 성토에 의한 간극수압 변화 측정
　　③ 지하수위계 : 지하수위 변화 측정
　　④ 지표침하계 : 지표면의 침하량 변화 측정
　　⑤ 건물경사계 : 인접건물의 변형 파악
　　⑥ 균열계 : 주변 구조물, 지반 등의 균열 측정
　　⑦ 변형률계 : 흙막이 부재의 변형 파악
　　⑧ 하중계 : 버팀대(strut), 어스앵커(earth anchor)의 하중 변화 측정

관련 법령 KOSHA GUIDE C-103-2014(굴착공사 계측관리 기술지침)

03 동영상에서는 안전대의 일부분을 보여준다. 화면에서 보여주는 안전대의 명칭과 용도를 쓰시오.

해답
① 명칭 : 추락방지대
② 용도 : 추락에 의한 위험을 방지하기 위해 사용하는 것으로 고소작업 시 오르내리는 경우에 사용한다.

04 동영상에서 보여주는 흙막이 구조물의 공법 명칭과 특징 2가지를 쓰시오.

> **해답**
> (1) 명칭 : 버팀대(strut) 공법
> (2) 특징
>   ① 도심지 지하공사에 적합하다.
>   ② 대규모 현장에 적용된다.
>   ③ 지반이 연약하거나 주변 구조물 보호 시 적합하다.
>   ④ 스트럿(strut) 수를 조정하여 굴착깊이에 대응할 수 있다.

05 동영상은 거푸집의 붕괴장면을 보여준다. 거푸집 조립 시의 안전조치 사항 2가지를 쓰시오.

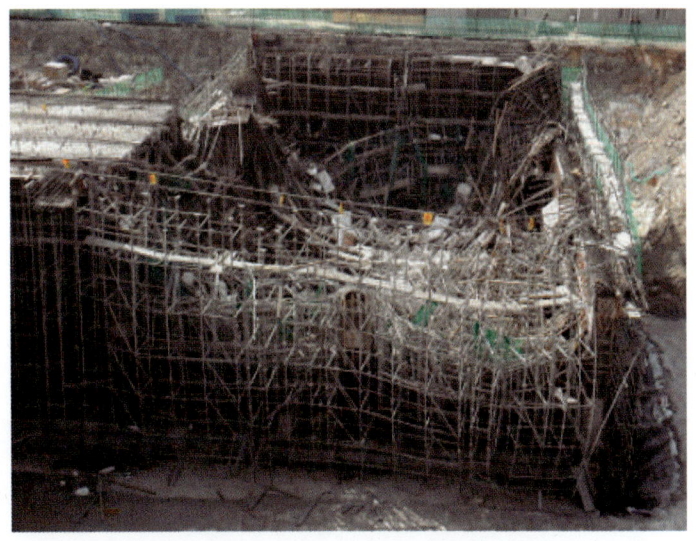

> **해답**
> ① 거푸집을 조립하는 경우에는 거푸집이 콘크리트 하중이나 그 밖의 외력에 견딜 수 있거나, 넘어지지 않도록 견고한 구조의 긴결재, 버팀대 또는 지지대를 설치하는 등 필요한 조치를 할 것
> ② 거푸집이 곡면인 경우에는 버팀대의 부착 등 그 거푸집의 부상을 방지하기 위한 조치를 할 것
>
> **관련 법령** 산업안전보건기준에 관한 규칙 제331조의2(거푸집 조립 시의 안전조치)

06 동영상에서는 굴착작업을 보여주고 있다. 지반붕괴 또는 토석에 의한 위험 방지조치 사항 2가지를 쓰시오.

해답
① 흙막이 지보공의 설치
② 방호망의 설치
③ 근로자의 출입금지
④ 측구를 설치하거나 굴착 경사면 보호

관련 법령 산업안전보건기준에 관한 규칙 제339조(굴착면의 붕괴 등에 의한 위험방지), 제340조(굴착작업 시 위험방지)

07 동영상에서는 건설기계를 보여주고 있다. 다음 물음에 답하시오.

(1) 동영상에서 보여주는 건설기계의 명칭을 쓰시오.
(2) 동영상에서 보여주는 건설기계의 용도 3가지를 쓰시오.

[해답]
(1) 명칭 : 불도저
(2) 용도
   ① 지반 평탄화
   ② 토사 굴착
   ③ 경사각 조절 작업
   ④ 지형 조성

08 동영상은 건설현장을 보여준다. 현장에서 추락사고를 유발할 수 있는 불안전한 상태를 찾아 시설 측면에서 추락을 방지하기 위한 안전대책 3가지를 쓰시오.

출처 : 고용노동부 중대재해 알림e – 중대재해 사이렌

[해답]
① 안전난간을 설치한다.
② 근로자가 추락하거나 넘어질 위험이 있는 장소의 경우 비계를 조립하는 등의 방법으로 작업발판을 설치하여야 한다.
③ 작업발판을 설치하기 곤란한 경우에는 기준에 맞는 추락방호망을 설치해야 한다.
④ 작업발판 및 추락방호망을 설치하기 곤란한 경우에는 근로자로 하여금 3개 이상의 버팀대를 가지고 지면으로부터 안정적으로 세울 수 있는 구조를 갖춘 이동식 사다리를 사용하여 작업을 하게 할 수 있다.

관련 법령 산업안전보건기준에 관한 규칙 제13조(안전난간의 구조 및 설치요건), 제42조(추락의 방지)

3부 | 기출복원문제

01 동영상에서 보여주는 건설기계의 명칭을 쓰시오.

[해답]
모터그레이더

02 동영상은 콘크리트 말뚝의 항타작업을 보여준다. 콘크리트 말뚝의 항타공법 종류를 4가지 쓰시오.

[해답]
① 타격공법, ② 진동공법, ③ 압입공법, ④ 프리보링공법

03 동영상은 안전난간을 보여주고 있다. 안전난간 설치 시 준수하여야 할 사항에 대한 (   ) 안에 적합한 내용을 쓰시오.

(1) 안전난간은 (①), (②), (③) 및 (④)으로 구성할 것
(2) 상부 난간대는 바닥면 등으로부터 (⑤)cm 이상 지점에 설치할 것, 상부 난간대를 (⑥)cm 이하에 설치하는 경우 중간 난간대는 상부 난간대의 바닥면 등의 중간에 설치할 것, 상부 난간대를 (⑥)cm 이상 지점에 설치하는 경우 중간 난간대를 2단 이상으로 균등하게 설치하고 난간의 상하 간격은 (⑦)cm 이하가 되도록 할 것
(3) 발끝막이판은 바닥면 등으로부터 (⑧)cm 이상의 높이를 유지할 것

해답
① 상부 난간대, ② 중간 난간대, ③ 발끝막이판, ④ 난간기둥
⑤ 90, ⑥ 120, ⑦ 60, ⑧ 10

관련 법령 산업안전보건기준에 관한 규칙 제13조(안전난간의 구조 및 설치요건)

더 알아보기 — 안전난간의 구조 및 설치요건

1. 안전난간을 설치하는 경우 상부 난간대, 중간 난간대, 발끝막이판 및 난간기둥으로 구성한다.
2. 상부 난간대는 바닥면·발판 또는 경사로의 표면으로부터 90cm 이상 지점에 설치하고, 상부 난간대를 120cm 이하에 설치하는 경우에는 중간 난간대는 상부 난간대와 바닥면 등의 중간에 설치해야 하며, 120cm 이상 지점에 설치하는 경우에는 중간 난간대를 2단 이상으로 균등하게 설치하고 난간의 상하 간격은 60cm 이하가 되도록 한다.
3. 발끝막이판은 바닥면 등으로부터 10cm 이상의 높이를 유지해야 한다.
4. 난간기둥은 상부 난간대와 중간 난간대를 견고하게 떠받칠 수 있도록 적정한 간격을 유지해야 한다.
5. 상부 난간대와 중간 난간대는 난간 길이 전체에 걸쳐 바닥면 등과 평행을 유지해야 한다.
6. 난간대는 지름 2.7cm 이상의 금속제 파이프나 그 이상의 강도가 있는 재료로 한다.
7. 안전난간은 구조적으로 가장 취약한 지점에서 가장 취약한 방향으로 작용하는 100kg 이상의 하중에 견딜 수 있는 튼튼한 구조이어야 한다.

04 동영상은 작업자가 백호로 굴착작업을 하고 있으며 굴착기의 작업 반경 내에 다른 작업자가 지나가는 모습을 보여준다. 동영상에서의 위험요인 3가지를 쓰시오.

해답
① 굴착기 작업반경 내 출입금지 조치 미실시
② 근로자 개인보호구 미착용
③ 유도자, 신호수 미배치

05 동영상은 건물의 엘리베이터 피트 거푸집 공사 현장을 보여준다. 영상에서와 같은 엘리베이터 피트 부분에서 발생할 수 있는 사고의 형태와 사고의 원인 1가지를 쓰시오.

[해답]
(1) 사고의 형태 : ① 떨어짐, ② 감전
(2) 사고의 원인
　① 거푸집 지지대 설치 미흡
　② 전기공구 사용 시 점검 미실시
　③ 작업자 상부에 물체(자재) 거치
　④ 근로자 안전대 미착용

06 동영상에서는 터널 굴착작업을 보여준다. 다음 물음에 답하시오.

(1) 동영상에서 보여주는 굴착공법의 명칭을 쓰시오.
(2) 터널 굴착작업을 하는 때에는 사전에 작업계획서를 작성하여야 한다. 이때 반드시 포함하여야 할 사항을 2가지 쓰시오.

[해답]
(1) 명칭 : TBM(Tunnel Boring Machine) 공법
(2) 작업계획서에 포함되어야 할 사항
　① 굴착의 방법
　② 터널지보공 및 복공의 시공방법과 용수의 처리방법
　③ 환기 또는 조명시설을 설치할 때에는 그 방법

관련 법령 산업안전보건기준에 관한 규칙 별표 4(사전조사 및 작업계획서 내용)

07 동영상을 보고 다음 물음에 답하시오.

(1) 동영상에서 보여주는 차량계 건설기계의 명칭을 쓰시오.
(2) 동영상에서 보여주는 건설기계의 용도 2가지를 쓰시오.

> **해답**
> (1) 명칭 : 클램셸
> (2) 용도
>   ① 수중 굴착
>   ② 연약지반 굴착
>   ③ 좁은 장소의 깊은 굴착

08 동영상은 리프트의 탑승구를 보여준다. 다음 물음에 답하시오.

(1) 리프트에 설치하여야 하는 안전시설물 3가지를 쓰시오.
(2) 리프트 이용 시 발생 가능한 재해 형태에 대해 쓰시오.

> **해답**
> (1) 리프트에 설치해야 하는 안전시설물
>   ① 방호울, ② 방호선반, ③ 안전난간, ④ 가설통로
> (2) 재해 형태 : 떨어짐

2015년 제2회 과년도 기출복원문제

1부 | 기출복원문제

01 동영상은 차량계 건설기계를 보여준다. 동영상을 보고 다음 물음에 답하시오.

(1) 동영상에서 보여주는 차량계 건설기계의 명칭을 쓰시오.
(2) 동영상에서의 건설기계가 화물의 하중을 직접 지지하는 경우 사용되는 와이어로프의 안전계수는 얼마인지 쓰시오.

해답
(1) 이동식 크레인
(2) 5 이상

관련 법령 산업안전보건기준에 관한 규칙 제163조(와이어로프 등 달기구의 안전계수)

더 알아보기 ▶ 와이어로프 등 달기구의 안전계수
1. 근로자가 탑승하는 운반구를 지지하는 달기 와이어로프 또는 달기 체인의 경우 : 10 이상
2. 화물의 하중을 직접 지지하는 달기 와이어로프 또는 달기 체인의 경우 : 5 이상
3. 훅, 섀클, 클램프, 리프팅 빔의 경우 : 3 이상
4. 그 밖의 경우 : 4 이상

02 동영상에서는 발파 직전의 모습을 보여준다. 동영상에서와 같은 작업 시의 주의사항을 3가지 쓰시오.

해답
① 얼어붙은 다이너마이트는 화기에 접근시키거나 그 밖의 고열물에 직접 접촉시키는 등 위험한 방법으로 융해되지 않도록 할 것
② 화약이나 폭약을 장전하는 경우에는 그 부근에서 화기를 사용하거나 흡연을 하지 않도록 할 것
③ 장전구는 마찰·충격·정전기 등에 의한 폭발의 위험이 없는 안전한 것을 사용할 것
④ 발파공의 충진재료는 점토·모래 등 발화성 또는 인화성의 위험이 없는 재료를 사용할 것
⑤ 점화 후 장전된 화약류가 폭발하지 아니한 경우 또는 장전된 화약류의 폭발 여부를 확인하기 곤란한 경우에는 다음의 사항을 따를 것
　㉠ 전기뇌관에 의한 경우에는 발파모선을 점화기에서 떼어 그 끝을 단락시켜 놓는 등 재점화되지 않도록 조치하고 그 때부터 5분 이상 경과한 후가 아니면 화약류의 장전장소에 접근시키지 않도록 할 것
　㉡ 전기뇌관 외의 것에 의한 경우에는 점화한 때부터 15분 이상 경과한 후가 아니면 화약류의 장전장소에 접근시키지 않도록 할 것
⑥ 전기뇌관에 의한 발파의 경우 점화하기 전에 화약류를 장전한 장소로부터 30m 이상 떨어진 안전한 장소에서 전선에 대하여 저항측정 및 도통(導通)시험을 할 것

관련 법령 산업안전보건기준에 관한 규칙 제348조(발파의 작업기준)

03 동영상은 건설현장의 흙막이 시설을 보여준다. 다음 물음에 답하시오.

(1) 동영상에서와 같은 흙막이 공법의 명칭을 쓰시오.
(2) 동영상에서와 같은 흙막이 공법의 구성요소의 명칭을 2가지 쓰시오.

해답
(1) 명칭 : H-pile 토류벽 공법
(2) 구성요소의 명칭
   ① H-pile(엄지말뚝), ② 토류판(가로널), ③ 띠장, ④ 어스앵커, ⑤ 코너 스트럿

04 동영상은 고소작업대의 모습을 보여준다. 고소작업대 이동 시 주의사항 2가지를 쓰시오.

해답
① 작업대를 가장 낮게 내려야 한다.
② 작업자를 태우고 이동하지 말아야 한다.
③ 이동통로의 요철 상태 또는 장애물의 유무 등을 확인해야 한다.

관련 법령 산업안전보건기준에 관한 규칙 제186조(고소작업대 설치 등의 조치)

05 동영상에서 보여주는 현장에서의 추락사고를 방지할 수 있는 시설 3가지를 쓰시오.

해답
① 안전난간
② 작업발판
③ 추락방호망
④ 안전대 부착설비

관련 법령 산업안전보건기준에 관한 규칙 제13조(안전난간의 구조 및 설치요건), 제42조(추락의 방지)

06 동영상은 차량계 건설기계로 작업하는 모습을 보여준다. 동영상을 보고 다음 물음에 답하시오.

(1) 동영상에서 보여주는 건설기계의 명칭을 쓰시오.
(2) 동영상에서 보여주는 건설기계의 용도 2가지를 쓰시오.

해답
(1) 명칭 : 롤러
(2) 용도
   ① 넓은 지반 또는 지층 다지기
   ② 도로포장 시 아스콘 다지기

07 동영상은 항타기의 작업 모습을 보여준다. 항타기의 권상용 와이어로프 사용금지 기준 4가지를 쓰시오.

해답
① 이음매가 있는 것
② 와이어로프의 한 꼬임에서 끊어진 소선의 수가 10% 이상인 것
③ 지름의 감소가 공칭지름의 7%를 초과하는 것
④ 꼬인 것
⑤ 심하게 변형되거나 부식된 것
⑥ 열과 전기충격에 의해 손상된 것

관련 법령 산업안전보건기준에 관한 규칙 제63조(달비계의 구조), 제210조(이음매가 있는 권상용 와이어로프의 사용금지)

08 동영상은 차량계 건설기계를 보여준다. 동영상을 보고 다음 물음에 답하시오.

(1) 동영상에서 보여주는 차량계 건설기계의 명칭을 쓰시오.
(2) 동영상에서 보여주는 건설기계의 용도를 2가지 쓰시오.

해답
(1) 명칭 : 스키드로더
(2) 용도
    ① 지반굴착 및 정지작업
    ② 덤프 상차 및 적재작업

2부 | 기출복원문제

01 동영상은 굴착기로 하수관을 인양하는 장면을 보여주고 있다. 근로자의 하수관 깔림사고를 방지하기 위한 안전 준수사항 3가지를 쓰시오.

해답
① 굴착기 제조사에서 정한 작업설명서에 따라 인양할 것
② 사람을 지정하여 인양작업을 신호하게 할 것
③ 인양물과 근로자가 접촉할 우려가 있는 장소에 근로자의 출입을 금지시킬 것
④ 지반의 침하 우려가 없고 평평한 장소에서 작업할 것
⑤ 인양 대상 화물의 무게는 정격하중을 넘지 않을 것

관련 법령 산업안전보건기준에 관한 규칙 제221조의5(인양작업 시 조치)

02 동영상에서는 휴대용 톱을 사용하여 작업하는 모습을 보여준다. 근로자의 감전사고 방지조치 사항 3가지를 쓰시오.

> 해답
① 충전부가 노출되지 않도록 폐쇄형 외함이 있는 구조로 할 것
② 충전부에 충분한 절연효과가 있는 방호망이나 절연덮개를 설치할 것
③ 충전부는 내구성이 있는 절연물로 완전히 덮어 감쌀 것
④ 발전소·변전소 및 개폐소 등 구획되어 있는 장소로서 관계 근로자가 아닌 사람의 출입이 금지되는 장소에 충전부를 설치하고, 위험표시 등의 방법으로 방호를 강화할 것
⑤ 전주 위 및 철탑 위 등 격리되어 있는 장소로서 관계 근로자가 아닌 사람이 접근할 우려가 없는 장소에 충전부를 설치할 것

관련 법령 산업안전보건기준에 관한 규칙 제301조(전기기계·기구 등의 충전부 방호)

03 동영상은 강교량의 시공과정을 보여준다. 콘크리트 상판에서 작업 시 추락사고를 예방할 수 있는 추락 방지시설 3가지를 쓰시오.

> 해답
① 안전난간
② 작업발판
③ 추락방호망
④ 안전대 부착설비

관련 법령 산업안전보건기준에 관한 규칙 제13조(안전난간의 구조 및 설치요건), 제42조(추락의 방지)

04 사면보호공법 중 구조물에 의한 보호공법 2가지를 쓰시오.

> [해답]
> ① 콘크리트블록 격자공법
> ② 돌망태공법
> ③ 블록쌓기공법
> ④ 블록붙임공법, 돌붙임공법
> ⑤ 콘크리트 뿜어붙이기공법, 모르타르 뿜어붙이기공법

05 동영상에서는 콘크리트 타설작업 현장을 보여준다. 콘크리트 펌프카를 사용하는 경우 준수하여야 할 사항을 4가지 쓰시오.

해답
① 작업을 시작하기 전에 콘크리트 타설장비(콘크리트 플레이싱 붐, 콘크리트 분배기, 콘크리트 펌프카 등)를 점검하고 이상을 발견하였으면 즉시 보수할 것
② 건축물의 난간 등에서 작업하는 근로자가 호스의 요동·선회로 인하여 추락하는 위험을 방지하기 위하여 안전난간 설치 등 필요한 조치를 할 것
③ 콘크리트 타설장비의 붐을 조정하는 경우에는 주변의 전선 등에 의한 위험을 예방하기 위한 적절한 조치를 할 것
④ 작업 중에 지반의 침하나 아웃트리거 등 콘크리트 타설장비 지지구조물의 손상 등에 의하여 콘크리트 타설장비가 넘어질 우려가 있는 경우에는 이를 방지하기 위한 적절한 조치를 할 것

관련 법령 산업안전보건기준에 관한 규칙 제335조(콘크리트 타설장비 사용 시의 준수사항)

06 동영상은 이동식 틀비계 위에 올라가 전기 용접기를 이용하여 용접작업 중 사고가 발생한 장면을 보여준다. 사고발생 원인을 2가지 쓰시오.

해답
① 이동식 틀비계에 안전난간 미설치
② 안전대 고리 미체결
③ 자동전격방지기 미설치

07 동영상은 타워크레인을 이용하여 자재를 인양하는 모습을 보여준다. 자재가 떨어지는 사고를 방지하기 위한 조치사항 3가지를 쓰시오.

해답
① 인양할 하물을 바닥에서 끌어당기거나 밀어내는 작업을 하지 아니할 것
② 유류드럼이나 가스통 등 운반 도중에 떨어져 폭발하거나 누출될 가능성이 있는 위험물 용기는 보관함에 담아 안전하게 매달아 운반할 것
③ 고정된 물체를 직접 분리·제거하는 작업을 하지 아니할 것
④ 미리 근로자의 출입을 통제하여 인양 중인 하물이 작업자의 머리 위로 통과하지 않도록 할 것
⑤ 인양할 하물이 보이지 아니하는 경우에는 어떠한 동작도 하지 아니할 것

관련 법령 산업안전보건기준에 관한 규칙 제146조(크레인 작업 시의 조치)

08 동영상에서는 사다리식 통로를 보여준다. 사다리식 통로 설치 시의 준수사항에 대한 다음의 (   ) 안에 적합한 내용을 적으시오.

(1) 고정식 사다리식 통로의 기울기는 (①)° 이하로 하고 그 높이가 (②)m 이상인 경우에는 바닥으로부터 높이가 (③)m되는 지점부터 등받이울을 설치할 것
(2) 사다리식 통로의 길이가 (④)m 이상인 경우에는 (⑤)m 이내마다 계단참을 설치할 것
(3) 사다리의 상단은 걸쳐놓은 지점으로부터 (⑥)cm 이상 올라가도록 할 것

해답
① 90, ② 7, ③ 2.5, ④ 10, ⑤ 5, ⑥ 60

관련 법령 산업안전보건기준에 관한 규칙 제24조(사다리식 통로 등의 구조)

더 알아보기 사다리식 통로 등의 구조

사업주는 사다리식 통로 등을 설치하는 경우 다음의 사항을 준수하여야 한다.
1. 견고한 구조로 할 것
2. 심한 손상·부식 등이 없는 재료를 사용할 것
3. 발판의 간격은 일정하게 할 것
4. 발판과 벽과의 사이는 15cm 이상의 간격을 유지할 것
5. 폭은 30cm 이상으로 할 것
6. 사다리가 넘어지거나 미끄러지는 것을 방지하기 위한 조치를 할 것
7. 사다리의 상단은 걸쳐놓은 지점으로부터 60cm 이상 올라가도록 할 것
8. 사다리식 통로의 길이가 10m 이상인 경우에는 5m 이내마다 계단참을 설치할 것
9. 사다리식 통로의 기울기는 75° 이하로 할 것. 다만, 고정식 사다리식 통로의 기울기는 90° 이하로 하고, 그 높이가 7m 이상인 경우에는 다음의 구분에 따른 조치를 할 것
   가. 등받이울이 있어도 근로자 이동에 지장이 없는 경우 : 바닥으로부터 높이가 2.5m되는 지점부터 등받이울을 설치할 것
   나. 등받이울이 있으면 근로자가 이동이 곤란한 경우 : 한국산업표준에서 정하는 기준에 적합한 개인용 추락 방지 시스템을 설치하고 근로자로 하여금 한국산업표준에서 정하는 기준에 적합한 전신안전대를 사용하도록 할 것
10. 접이식 사다리 기둥은 사용 시 접혀지거나 펼쳐지지 않도록 철물 등을 사용하여 견고하게 조치할 것

3부 | 기출복원문제

01 동영상은 작업장의 조명을 보여준다. 초정밀작업, 정밀작업, 보통작업, 그 밖의 작업에 대한 조도기준을 쓰시오.

해답
① 초정밀작업 : 750lx(럭스) 이상
② 정밀작업 : 300lx 이상
③ 보통작업 : 150lx 이상
④ 그 밖의 작업 : 75lx 이상

관련 법령 산업안전보건기준에 관한 규칙 제8조(작업장의 조도)

02 동영상은 건설현장의 흙막이 시설을 보여준다. 다음 물음에 답하시오.

(1) 동영상에서와 같은 흙막이 공법의 명칭을 쓰시오.
(2) 동영상에서와 같은 흙막이 공법의 구성요소의 명칭을 2가지 쓰시오.

해답
(1) 명칭 : 버팀대(strut) 공법
(2) 구성요소의 명칭
① H-Plie(엄지말뚝), ② 토류판(가로널), ③ 버팀대, ④ 띠장

03 주변에 충전전로가 있는 장소에서 건설작업을 하는 경우 작업자의 신체가 전로에 직간접 접촉함으로 인한 감전의 위험이 있다. 감전의 위험을 결정하는 요소 3가지를 적으시오.

해답
① 통전시간, ② 통전전원의 종류, ③ 통전경로, ④ 통전전류의 크기

04 동영상에서는 차량계 건설기계 작업을 보여준다. 차량계 건설기계 작업 시 기계의 전도, 전락 방지 및 근로자와의 접촉 방지를 위한 조치사항 3가지를 적으시오.

해답
① 유도하는 사람을 배치해야 한다.
② 지반의 부동침하 방지, 갓길의 붕괴 방지 및 도로 폭의 유지 등 필요한 조치를 하여야 한다.
③ 근로자 출입금지 조치를 해야 한다.
④ 차량계 건설기계의 운전자는 유도자가 유도하는 대로 따라야 한다.

관련 법령 산업안전보건기준에 관한 규칙 제199조(전도 등의 방지), 제200조(접촉 방지)

05 동영상은 파이프 서포트를 사용한 거푸집 동바리를 보여준다. 파이프 서포트를 동바리로 사용할 경우 준수사항에 대한 다음 ( ) 안에 적합한 내용을 쓰시오.

(1) 파이프 서포트를 (①)개 이상 이어서 사용하지 않도록 할 것
(2) 파이프 서포트를 이어서 사용하는 경우에는 (②)개 이상의 (③) 또는 전용철물을 사용하여 이을 것
(3) 높이가 (④)m를 초과하는 경우에는 높이 (⑤)m 이내마다 수평 연결재를 2개 방향으로 만들고 수평 연결재의 변위를 방지할 것

해답
① 3, ② 4, ③ 볼트, ④ 3.5, ⑤ 2

관련 법령 산업안전보건기준에 관한 규칙 제332조의2(동바리 유형에 따른 동바리 조립 시의 안전조치)

06 동영상에서는 터널공사 중 일부 공정의 작업하는 모습을 보여주고 있다. 다음 물음에 답하시오.

(1) 동영상에서 보여주는 공정의 명칭을 적으시오.
(2) 터널 굴착작업을 하는 때에는 사전에 작업계획서를 작성하여야 한다. 이때 반드시 포함하여야 할 사항을 3가지 적으시오.

해답
(1) 명칭 : 숏크리트 뿜칠공법
(2) 작업계획서 포함내용
   ① 굴착의 방법
   ② 터널지보공 및 복공의 시공방법과 용수의 처리방법
   ③ 환기 또는 조명시설을 설치할 때에는 그 방법

관련 법령 산업안전보건기준에 관한 규칙 별표 4(사전조사 및 작업계획서 내용)

07 동영상은 타워크레인을 이용하여 자재를 와이어로프 한 가닥으로만 묶고 들어 올리는 모습을 보여준다. 다음 물음에 답하시오.

출처 : 고용노동부 중대재해 알림e – 중대재해 사이렌

(1) 재해발생 형태를 적으시오.
(2) 재해발생 원인과 방지대책을 각각 한 가지씩 적으시오.

해답

(1) 재해발생 형태 : 물체에 맞음
(2) ① 발생 원인 : 인양물을 1줄 걸이로 작업했다.
    ② 방지대책 : 인양물을 2줄 걸이로 작업하고 유도로프를 이용하여 인양한다.

08 동영상에서는 차량계 건설기계 작업을 보여준다. 차량계 건설기계를 이송하기 위하여 자주 또는 견인에 의하여 화물자동차 등에 싣거나 내리는 작업에 있어서 차량계 건설기계의 전도 또는 굴러떨어짐에 의한 위험을 방지하기 위하여 준수하여야 하는 사항 3가지를 적으시오.

해답
① 싣거나 내리는 작업은 평탄하고 견고한 장소에서 할 것
② 발판을 사용하는 경우에는 충분한 길이·폭 및 강도를 가진 것을 사용하고 적당한 경사를 유지하기 위하여 견고하게 설치할 것
③ 가설대 등을 사용하는 경우에는 충분한 폭 및 강도와 적당한 경사를 확보할 것
④ 지정운전자의 성명·연락처 등을 보기 쉬운 곳에 표시하고 지정운전자 외에는 운전하지 않도록 할 것

관련 법령 산업안전보건기준에 관한 규칙 제174조(차량계 하역운반기계 등의 이송)

1부 | 기출복원문제

01 동영상에서는 아파트 건설현장의 외벽 거푸집 작업을 보여준다. 동영상을 보고 다음 물음에 답하시오.

(1) 동영상에서 보여주는 거푸집의 명칭을 적으시오.
(2) 동영상에서 보여주는 거푸집의 장점을 2가지 적으시오.

해답
(1) 명칭 : 갱 폼
(2) 장점
  ① 조립·해체과정 단축으로 공기 단축이 가능하다.
  ② 정밀시공이 가능하므로 품질이 우수하다.
  ③ 주요 부재 재사용으로 인한 전용성이 우수하다.
  ④ 작업발판과 거푸집이 일체형으로 안전하다.

02 동영상은 현장에서 가스 용접작업하는 모습을 보여준다. 가스용접 시 준수해야 할 사항 3가지를 적으시오.

해답
① 가스 등의 호스와 취관은 손상·마모 등에 의하여 가스 등이 누출될 우려가 없는 것을 사용해야 한다.
② 가스 등의 취관 및 호스의 상호 접촉부분은 호스밴드, 호스클립 등 조임 기구를 사용하여 가스 등이 누출되지 않도록 해야 한다.
③ 가스 등의 호스에 가스 등을 공급하는 경우에는 미리 그 호스에서 가스 등이 방출되지 않도록 필요한 조치를 해야 한다.
④ 사용 중인 가스 등을 공급하는 공급구의 밸브나 콕에는 그 밸브나 콕에 접속된 가스 등의 호스를 사용하는 사람의 이름표를 붙이는 등 가스 등의 공급에 대한 오조작을 방지하기 위한 표시를 해야 한다.
⑤ 용단작업을 하는 경우에는 취관으로부터 산소의 과잉 방출로 인한 화상을 예방하기 위하여 근로자가 조절밸브를 서서히 조작하도록 주지시켜야 한다.
⑥ 작업을 중단하거나 마치고 작업 장소를 떠날 경우에는 가스 등의 공급구의 밸브나 콕을 잠가야 한다.
⑦ 가스 등의 분기관은 전용 접속 기구를 사용하여 불량 체결을 방지하여야 하며, 서로 이어지지 않는 구조의 접속 기구 사용, 서로 다른 색상의 배관·호스의 사용 및 꼬리표 부착 등을 통하여 서로 다른 가스배관과의 불량 체결을 방지해야 한다.

관련 법령 산업안전보건기준에 관한 규칙 제233조(가스용접 등의 작업)

03 동영상은 지반 보강에 대한 작업을 보여준다. 지반 보강공법 2가지를 쓰시오.

해답
① 소일네일링 공법, ② 약액주입공법, ③ 치환공법

04 동영상은 근로자가 밀폐공간에서 작업을 하고 있는 장면을 보여준다. 다음 물음에 답하시오.

(1) 산소 결핍의 기준을 쓰시오.
(2) 밀폐공간 내 작업 시의 조치사항 3가지를 쓰시오.

해답
(1) 공기 중의 산소농도가 18% 미만인 상태
(2) 조치사항
　① 작업을 시작하기 전과 작업 중에 해당 작업장을 적정공기 상태가 유지되도록 환기하여야 한다.
　② 근로자를 입장시킬 때와 퇴장시킬 때마다 인원을 점검하여야 한다.
　③ 출입금지 조치 및 출입금지 표지를 밀폐공간 근처의 보기 쉬운 장소에 게시하여야 한다.
　④ 작업을 하는 동안 작업상황을 감시할 수 있는 감시인을 지정하여 밀폐공간 외부에 배치하여야 한다.
　⑤ 안전대나 구명밧줄, 공기호흡기 또는 송기마스크를 지급하여 착용하도록 하여야 한다.
　⑥ 공기호흡기 또는 송기마스크, 사다리 및 섬유로프 등 비상시에 근로자를 피난시키거나 구출하기 위하여 필요한 기구를 갖추어 두어야 한다.

관련 법령 산업안전보건기준에 관한 규칙 제620조(환기 등), 제621조(인원의 점검), 제622조(출입의 금지), 제623조(감시인의 배치 등), 제624조(안전대 등), 제625조(대피용 기구의 비치)

05 동영상은 터널공사 작업현장을 보여준다. 터널공사 작업 전 확인해야 하는 지반조사 사항 4가지를 쓰시오.

해답
① 시추(보링) 위치, ② 토층분포 상태, ③ 투수계수, ④ 지하수위, ⑤ 지반의 지지력

관련 법령 터널공사 표준안전 작업지침-NATM공법 제3조(지반조사의 확인)

06 동영상은 계단 거푸집을 보여주고 있다. 계단 거푸집 설치작업 시 추락사고를 방지할 수 있는 안전대책 3가지를 쓰시오.

해답
① 안전난간 설치
② 안전대 착용 및 고리체결
③ 근로자 작업발판 및 진입로 확보
④ 안전대 부착설비 시설 설치

07 동영상에서는 터널공사 중 계측작업을 보여준다. 다음 물음에 답하시오.

(1) 동영상에서 보여주는 계측기의 명칭을 쓰시오.
(2) 계측기의 종류 3가지를 쓰시오.

해답

(1) 명칭 : 록 볼트 축력계
(2) 계측기의 종류
　① 내공변위계
　② 천단침하계
　③ 지중 및 지표침하계
　④ 록 볼트 축력측정계
　⑤ 숏크리트 응력계

관련 법령 터널공사 표준안전 작업지침-NATM공법 제6조(일반사항)

08 동영상에서는 오토클라이밍 폼 작업과정을 보여준다. 오토클라이밍 폼 조립·해체·이동 시 준수사항 3가지를 쓰시오.

해답
① 조립 등의 범위 및 작업절차를 미리 그 작업에 종사하는 근로자에게 주지시킬 것
② 근로자가 안전하게 구조물 내부에서 ACS 폼의 작업발판으로 출입할 수 있는 이동통로를 설치할 것
③ ACS 폼의 지지 또는 고정철물의 이상 유무를 수시점검하고 이상이 발견된 경우에는 교체하도록 할 것
④ ACS 폼을 조립하거나 해체하는 경우에는 ACS 폼을 인양장비에 매단 후에 작업을 실시하도록 하고, 인양장비에 매달기 전에 지지 또는 고정철물을 미리 해체하지 않도록 할 것
⑤ ACS 폼 인양 시 작업발판용 케이지에 근로자가 탑승한 상태에서 ACS 폼의 인양작업을 하지 않을 것

관련 법령 산업안전보건기준에 관한 규칙 제331조의3(작업발판 일체형 거푸집의 안전조치)

2부 | 기출복원문제

01 동영상에서는 차량계 건설기계를 이송하는 장면을 보여준다. 차량계 건설기계 이송 시 전도 또는 굴러떨어짐에 의한 위험을 방지하기 위한 준수사항 3가지를 쓰시오.

해답
① 싣거나 내리는 작업은 평탄하고 견고한 장소에서 할 것
② 발판을 사용하는 경우에는 충분한 길이·폭 및 강도를 가진 것을 사용하고 적당한 경사를 유지하기 위하여 견고하게 설치할 것
③ 자루·가설대 등을 사용하는 경우에는 충분한 폭 및 강도와 적당한 경사를 확보할 것

관련 법령 산업안전보건기준에 관한 규칙 제201조(차량계 건설기계의 이송)

02 동영상은 건설현장의 흙막이 시설을 보여준다. 다음 물음에 답하시오.

(1) 동영상에서와 같은 흙막이 공법의 명칭을 쓰시오.
(2) 동영상에서와 같은 흙막이 공법에 대하여 설명하시오.

해답

(1) 명칭 : 슬러리월 공법
(2) 벤토나이트 안정액을 사용하여 지반을 굴착하고 철근망을 삽입한 후 콘크리트를 타설하여 지중에 시공된 철근콘크리트 연속벽체로, 주로 영구벽체로 사용하는 공법이다.

관련 법령 KOSHA GUIDE D-C-1-2025(흙막이공사에 대한 기술지원규정)

03 동영상에서는 근로자의 추락을 방지하는 추락방호망을 보여준다. 추락방호망의 구조 3가지를 적으시오.

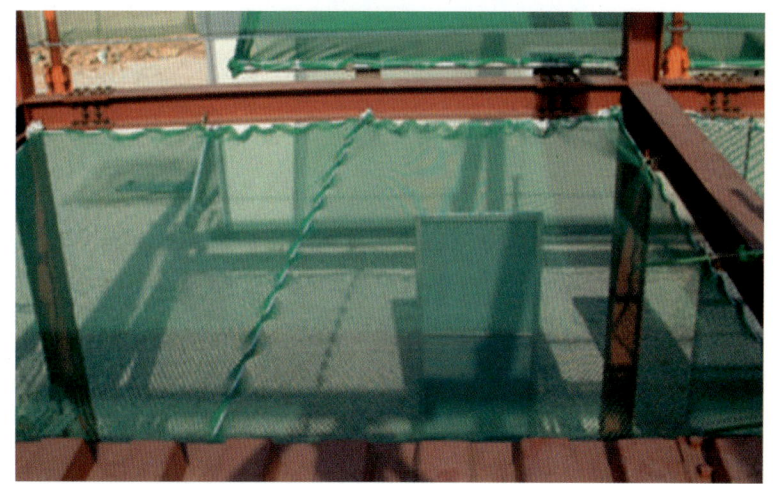

해답

① 방망, ② 테두리 로프, ③ 달기 로프, ④ 재봉사

관련 법령 KOSHA GUIDE A-G-1-2025(추락방호망 설치 기술지원규정)

더 알아보기 추락방호망의 구성(예시)

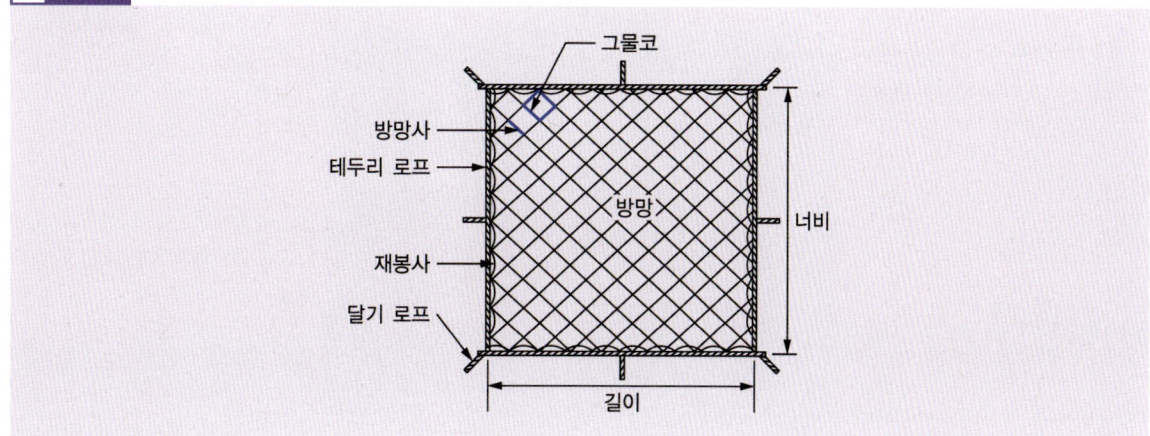

04 동영상에서는 타워크레인의 모습을 보여준다. 크레인 해체작업 시 조치사항 3가지를 쓰시오.

해답
① 작업순서를 정하고 그 순서에 따라 작업을 할 것
② 작업을 할 구역에 관계 근로자가 아닌 사람의 출입을 금지하고 그 취지를 보기 쉬운 곳에 표시할 것
③ 비, 눈, 그 밖에 기상 상태의 불안정으로 날씨가 몹시 나쁜 경우에는 그 작업을 중지시킬 것
④ 작업장소는 안전한 작업이 이루어질 수 있도록 충분한 공간을 확보하고 장애물이 없도록 할 것
⑤ 들어 올리거나 내리는 기자재는 균형을 유지하면서 작업을 하도록 할 것
⑥ 크레인의 성능, 사용조건 등에 따라 충분한 응력을 갖는 구조로 기초를 설치하고 침하 등이 일어나지 않도록 할 것
⑦ 규격품인 조립용 볼트를 사용하고 대칭되는 곳을 차례로 결합하고 분해할 것

관련 법령 산업안전보건기준에 관한 규칙 제141조(조립 등의 작업 시 조치사항)

05 동영상은 교량작업을 보여준다. 교량작업 시 준수하여야 하는 사항 4가지를 쓰시오.

해답
① 작업을 하는 구역에는 관계 근로자가 아닌 사람의 출입을 금지할 것
② 재료, 기구 또는 공구 등을 올리거나 내릴 경우에는 근로자로 하여금 달줄, 달포대 등을 사용하도록 할 것
③ 중량물 부재를 크레인 등으로 인양하는 경우에는 부재에 인양용 고리를 견고하게 설치하고, 인양용 로프는 부재에 두 군데 이상 결속하여 인양하여야 하며, 중량물이 안전하게 거치되기 전까지는 걸이로프를 해제시키지 아니할 것
④ 자재나 부재의 낙하·전도 또는 붕괴 등에 의하여 근로자에게 위험을 미칠 우려가 있을 경우에는 출입금지 구역의 설정, 자재 또는 가설시설의 좌굴 또는 변형 방지를 위한 보강재 부착 등의 조치를 할 것

관련 법령 산업안전보건기준에 관한 규칙 제369조(작업 시 준수사항)

06 동영상에서는 거푸집 조립작업을 보여준다. 거푸집 조립 시 안전조치 사항 2가지를 쓰시오.

해답
① 거푸집을 조립하는 경우에는 거푸집이 콘크리트 하중이나 그 밖의 외력에 견딜 수 있거나, 넘어지지 않도록 견고한 구조의 긴결재, 버팀대 또는 지지대를 설치하는 등 필요한 조치를 할 것
② 거푸집이 곡면인 경우에는 버팀대의 부착 등 그 거푸집의 부상을 방지하기 위한 조치를 할 것

관련 법령 산업안전보건기준에 관한 규칙 제331조의2(거푸집 조립 시의 안전조치)

07 동영상에서 보여주는 기계의 명칭과 용도를 쓰시오.

해답
① 명칭 : 고소작업대
② 용도 : 높은 곳에서 작업을 하기 위해 사용

08 동영상에서는 2명의 작업자가 철근을 조립하는 모습을 보여준다. 철근을 인력으로 운반 시에 준수하여야 할 사항 4가지를 쓰시오.

해답
① 1인당 무게는 25kg 정도가 적절하며, 무리한 운반을 삼가하여야 한다.
② 2인 이상이 1조가 되어 어깨메기로 하여 운반하는 등 안전을 도모하여야 한다.
③ 긴 철근을 부득이 한 사람이 운반할 때에는 한쪽을 어깨에 메고 한쪽 끝을 끌면서 운반하여야 한다.
④ 운반할 때에는 양 끝을 묶어 운반하여야 한다.
⑤ 내려놓을 때는 천천히 내려놓고 던지지 않아야 한다.
⑥ 공동작업을 할 때에는 신호에 따라 작업을 하여야 한다.

관련 법령 콘크리트공사표준안전작업지침 제12조(운반)

3부 | 기출복원문제

01 동영상에서는 건설기계의 작업 장면을 보여준다. 화면에서 보여주는 건설기계의 명칭과 용도를 쓰시오.

해답
① 명칭 : 굴착기
② 용도 : 토사 굴착 및 토사 상차

02 동영상에서는 철근을 조립하는 모습을 보여준다. 철근 운반 시 감전사고를 예방하기 위한 대책을 3가지 쓰시오.

해답
① 철근 운반작업을 하는 바닥 부근에는 전선이 배치되어 있지 않아야 한다.
② 철근 운반작업을 하는 주변의 전선은 사용 철근의 최대 길이 이상의 높이에 배선되어야 하며 이격거리는 최소한 2m 이상이어야 한다.
③ 운반장비는 반드시 전선의 배선 상태를 확인한 후 운행하여야 한다.

관련 법령 콘크리트공사표준안전작업지침 제12조(운반)

빈출
03 동영상은 공사현장의 개구부를 보여준다. 추락 위험이 있는 개구부 등에서의 방호조치 사항 2가지를 쓰시오.

해답
① 작업발판 및 통로의 끝이나 개구부로서 근로자가 추락할 위험이 있는 장소에는 안전난간, 울타리, 수직형 추락방망 또는 덮개 등의 방호 조치를 충분한 강도를 가진 구조로 튼튼하게 설치하여야 한다.
② 덮개를 설치하는 경우에는 뒤집히거나 떨어지지 않도록 설치하여야 한다.
③ 어두운 장소에서도 알아볼 수 있도록 개구부임을 표시해야 한다.
④ 난간 등을 설치하는 것이 매우 곤란하거나, 작업의 필요상 임시로 난간 등을 해체하여야 하는 경우 추락방호망을 설치하여야 한다.
⑤ 추락방호망을 설치하기 곤란한 경우에는 근로자에게 안전대를 착용하도록 하여야 한다.

관련 법령 산업안전보건기준에 관한 규칙 제43조(개구부 등의 방호 조치)

04 사진은 건설현장 강관비계의 설치 모습이다. 다음 (   ) 안에 알맞은 내용을 쓰시오.

(1) 단관비계의 조립간격은 수직 방향 (①)m, 수평 방향 (②)m이다.
(2) 틀비계(높이가 5m 미만인 것은 제외)의 조립간격은 수직 방향 (③)m, 수평 방향 (④)m이다.

해답
① 5, ② 5, ③ 6, ④ 8

관련 법령 산업안전보건기준에 관한 규칙 별표 5(강관비계의 조립간격)

05 동영상은 현장에서의 안전대 부착설비를 보여준다. 안전대 부착설비에 대한 조치사항 2가지를 쓰시오.

해답
① 지지로프 등을 설치하는 경우에는 처지거나 풀리는 것을 방지해야 한다.
② 안전대 및 부속설비의 이상 유무를 작업을 시작하기 전에 점검하여야 한다.

관련 법령 산업안전보건기준에 관한 규칙 제44조(안전대의 부착설비 등)

> **더 알아보기 ▶ 안전대의 부착설비 등**
>
> 1. 사업주는 추락할 위험이 있는 높이 2m 이상의 장소에서 근로자에게 안전대를 착용시킨 경우 안전대를 안전하게 걸어 사용할 수 있는 설비 등을 설치하여야 한다. 이러한 안전대 부착설비로 지지로프 등을 설치하는 경우에는 처지거나 풀리는 것을 방지하기 위하여 필요한 조치를 하여야 한다.
> 2. 사업주는 1.에 따른 안전대 및 부속설비의 이상 유무를 작업을 시작하기 전에 점검하여야 한다.

06 [빈출] 동영상은 지게차의 작업 모습을 보여주고 있다. 이러한 차량계 하역운반기계 등을 사용하는 작업 시 작업계획서에 포함되어야 하는 내용 2가지를 쓰시오.

해답
① 해당 작업에 따른 추락, 낙하, 전도, 협착 및 붕괴 등의 위험 예방대책
② 차량계 하역운반기계 등의 운행경로 및 작업방법

관련 법령 산업안전보건기준에 관한 규칙 별표 4(사전조사 및 작업계획서 내용)

07 동영상에서는 굴착작업을 보여준다. 굴착작업 시 사전조사에 포함되어야 할 사항 3가지를 쓰시오.

해답
① 형상, 지질 및 지층의 상태
② 균열, 함수, 용수 및 동결의 유무 또는 상태
③ 매설물 등의 유무 또는 상태
④ 지반의 지하수위 상태

관련 법령 산업안전보건기준에 관한 규칙 별표 4(사전조사 및 작업계획서 내용)

더 알아보기 사전조사 및 작업계획서 내용

작업명	사전조사 내용	작업계획서 내용
굴착작업	가. 형상·지질 및 지층의 상태 나. 균열·함수·용수 및 동결의 유무 또는 상태 다. 매설물 등의 유무 또는 상태 라. 지반의 지하수위 상태	가. 굴착방법 및 순서, 토사 등 반출방법 나. 필요한 인원 및 장비 사용계획 다. 매설물 등에 대한 이설·보호대책 라. 사업장 내 연락방법 및 신호방법 마. 흙막이 지보공 설치방법 및 계측계획 바. 작업지휘자의 배치계획 사. 그 밖에 안전·보건에 관련된 사항

08 동영상에서는 가설통로를 보여준다. 다음 (   ) 안에 적합한 내용을 쓰시오.

> (1) 경사는 (①)° 이하로 할 것. 다만, 계단을 설치하거나 높이 (②)m 미만의 가설통로로서 튼튼한 손잡이를 설치한 경우에는 그러하지 아니하다.
> (2) 경사가 (③)°를 초과하는 경우에는 미끄러지지 아니하는 구조로 할 것
> (3) 수직갱에 가설된 통로의 길이가 (④)m 이상인 경우에는 (⑤)m 이내마다 계단참을 설치할 것
> (4) 건설공사에 사용하는 높이 (⑥)m 이상인 비계다리에는 (⑦)m 이내마다 계단참을 설치할 것

해답
① 30, ② 2, ③ 15, ④ 15, ⑤ 10, ⑥ 8, ⑦ 7

관련 법령 산업안전보건기준에 관한 규칙 제23조(가설통로의 구조)

더 알아보기 가설통로의 구조

1. 견고한 구조로 할 것
2. 경사는 30° 이하로 할 것(다만, 계단을 설치하거나 높이 2m 미만의 가설통로로서 튼튼한 손잡이를 설치한 경우는 제외)
3. 경사가 15°를 초과하는 경우에는 미끄러지지 아니하는 구조로 할 것
4. 추락할 위험이 있는 장소에는 안전난간을 설치할 것
5. 수직갱에 가설된 통로의 길이가 15m 이상인 경우에는 10m 이내마다 계단참을 설치할 것
6. 건설공사에 사용하는 높이 8m 이상인 비계다리에는 7m 이내마다 계단참을 설치할 것

제1회 과년도 기출복원문제

1부 | 기출복원문제

01 동영상에서는 가스용기를 보여준다. 현장에서 가스용기 취급 시의 주의해야 할 사항 3가지를 적으시오.

해답
① 통풍이나 환기가 불충분한 장소, 화기를 사용하는 장소 및 그 부근, 위험물 또는 인화성 액체를 취급하는 장소 및 그 부근에서 사용하거나 해당 장소에 설치·저장 또는 방치하지 않도록 할 것
② 용기의 온도를 40℃ 이하로 유지할 것
③ 전도의 위험이 없도록 할 것
④ 충격을 가하지 않도록 할 것
⑤ 운반하는 경우에는 캡을 씌울 것
⑥ 사용하는 경우에는 용기의 마개에 부착되어 있는 유류 및 먼지를 제거할 것
⑦ 밸브의 개폐는 서서히 할 것
⑧ 사용 전 또는 사용 중인 용기와 그 밖의 용기를 명확히 구별하여 보관할 것
⑨ 용해아세틸렌의 용기는 세워 둘 것
⑩ 용기의 부식·마모 또는 변형 상태를 점검한 후 사용할 것

관련 법령 산업안전보건기준에 관한 규칙 제234조(가스 등의 용기)

02 동영상에서는 건설기계의 작업 장면을 보여준다. 화면에서 보여주는 건설기계의 명칭과 용도를 쓰시오.

해답
① 명칭 : 파워셔블
② 용도 : 장비가 위치한 지면보다 높은 곳의 굴착, 단단한 지반 굴착

03 동영상에서는 토공작업을 보여준다. 토공작업 시 토석붕괴의 외적 요인 3가지를 쓰시오.

> [해답]
> ① 사면, 법면의 경사 및 기울기의 증가
> ② 절토 및 성토 높이의 증가
> ③ 공사에 의한 진동 및 반복하중의 증가
> ④ 지표수 및 지하수의 침투에 의한 토사 중량의 증가
> ⑤ 지진, 차량, 구조물의 하중작용
> ⑥ 토사 및 암석의 혼합층 두께

관련 법령 굴착공사 표준안전 작업지침 제28조(토석붕괴의 원인)

> [더 알아보기] 토석이 붕괴되는 내적 원인
> 1. 절토 사면의 토질·암질
> 2. 성토 사면의 토질구성 및 분포
> 3. 토석의 강도 저하

04 동영상은 이동식 비계를 이용한 작업을 보여준다. 이동식 비계를 조립하여 작업하는 경우 준수사항 2가지를 쓰시오.

해답
① 이동식 비계의 바퀴에는 뜻밖의 갑작스러운 이동 또는 전도를 방지하기 위하여 브레이크·쐐기 등으로 바퀴를 고정시킨 다음 비계의 일부를 견고한 시설물에 고정하거나 아웃트리거를 설치하는 등 필요한 조치를 할 것
② 승강용 사다리는 견고하게 설치할 것
③ 비계의 최상부에서 작업을 하는 경우에는 안전난간을 설치할 것
④ 작업발판은 항상 수평을 유지하고 작업발판 위에서 안전난간을 딛고 작업을 하거나 받침대 또는 사다리를 사용하여 작업하지 않도록 할 것
⑤ 작업발판의 최대 적재하중은 250kg을 초과하지 않도록 할 것

관련 법령 산업안전보건기준에 관한 규칙 제68조(이동식 비계)

05 동영상은 타워크레인을 이용하여 양중하는 모습을 보여준다. 양중작업 중 사고 방지를 위해 조치해야 할 사항 2가지를 쓰시오.

해답
① 와이어로프 등은 크레인의 후크 중심에 걸어야 하며, 인양 물체의 안정을 위하여 2줄 걸이 이상을 사용하여야 한다.
② 미리 근로자의 출입을 통제하여 인양 중인 하물이 작업자의 머리 위로 통과하지 않도록 할 것
③ 타워크레인마다 근로자와 조종작업을 하는 사람 간에 신호업무를 담당하는 사람을 각각 두어야 한다.

관련 법령 운반하역 표준안전 작업지침 제22조(걸이), 산업안전보건기준에 관한 규칙 제146조(크레인 작업 시의 조치)

06 동영상에서는 굴착작업을 보여주고 있다. 다음 물음에 답하시오.

(1) 굴착작업 시 사전조사 내용 3가지를 적으시오.
(2) 굴착작업 시 사전조사에 따라 작성하여야 하는 작업계획서의 내용을 3가지 적으시오.

해답
(1) 사전조사 내용
  ① 형상, 지질 및 지층의 상태
  ② 균열, 함수, 용수 및 동결의 유무 또는 상태
  ③ 매설물 등의 유무 또는 상태
  ④ 지반의 지하수위 상태
(2) 작업계획서 내용
  ① 굴착방법 및 순서, 토사 등 반출방법
  ② 필요한 인원 및 장비 사용계획
  ③ 매설물 등에 대한 이설·보호대책
  ④ 사업장 내 연락방법 및 신호방법
  ⑤ 흙막이 지보공 설치방법 및 계측계획
  ⑥ 작업지휘자의 배치계획
  ⑦ 그 밖에 안전·보건에 관련된 사항

관련 법령 산업안전보건기준에 관한 규칙 별표 4(사전조사 및 작업계획서 내용)

07 동영상은 전기작업을 보여준다. 감전위험이 있는 장소에서 작업을 하는 경우 근로자의 감전사고 예방 대책 3가지를 적으시오.

해답
① 전로의 정격에 적합하고 감도가 양호하며 확실하게 작동하는 감전방지용 누전차단기를 설치해야 한다.
② 감전 방지용 누전차단기를 설치하기 어려운 경우에는 작업시작 전에 접지선의 연결 및 접속부 상태 등이 적합한지 확실하게 점검하여야 한다.
③ 전기기계·기구를 사용하기 전에 해당 누전차단기의 작동 상태를 점검하고 이상이 발견되면 즉시 보수하거나 교환하여야 한다.

관련 법령 산업안전보건기준에 관한 규칙 제304조(누전차단기에 의한 감전 방지)

더 알아보기 감전 방지용 누전차단기를 설치해야 하는 전기기계·기구

1. 대지전압이 150V를 초과하는 이동형 또는 휴대형 전기기계·기구
2. 물 등 도전성이 높은 액체가 있는 습윤장소에서 사용하는 저압용 전기기계·기구
3. 철판·철골 위 등 도전성이 높은 장소에서 사용하는 이동형 또는 휴대형 전기기계·기구
4. 임시배선의 전로가 설치되는 장소에서 사용하는 이동형 또는 휴대형 전기기계·기구

08 동영상은 낙하물 방지망을 보여주고 있다. 낙하물 방지망의 설치기준에 관하여 다음 (   ) 안에 적합한 내용을 쓰시오.

(1) 낙하물 방지망 또는 방호선반을 설치하는 경우 높이 (①)m 이내마다 설치하고, 내민 길이는 벽면으로부터 (②)m 이상으로 할 것
(2) 수평면과의 각도는 (③)° 이상 (④)° 이하를 유지할 것

해답
① 10, ② 2, ③ 20, ④ 30

관련 법령 산업안전보건기준에 관한 규칙 제14조(낙하물에 의한 위험의 방지)

더 알아보기 낙하물 방지망 또는 방호선반 설치기준

1. 높이 10m 이내마다 설치하고, 내민 길이는 벽면으로부터 2m 이상으로 할 것
2. 수평면과의 각도는 20° 이상 30° 이하를 유지할 것

2부 | 기출복원문제

01 동영상은 교량작업을 보여준다. 다음 물음에 답하시오.

(1) 동영상에서 보여주는 교량공법의 명칭을 쓰시오.
(2) 동영상에서 보여주는 공법의 장점을 3가지 쓰시오.

해답

(1) 명칭 : PSM(Precast Segment Method) 공법
(2) 장점
    ① 공사기간 단축이 가능하다.
    ② 콘크리트의 품질관리가 용이하다.
    ③ 인력 투입이 적다.

02 동영상은 철근을 조립하는 모습을 보여준다. 철근조립 시 준수해야 할 사항 2가지를 쓰시오.

해답
① 양중기로 철근을 운반할 경우 두 군데 이상 묶어서 수평으로 운반할 것
② 작업위치의 높이가 2m 이상일 경우 작업발판을 설치하거나 안전대를 착용하게 하는 등 위험 방지를 위하여 필요한 조치를 할 것

관련 법령 산업안전보건기준에 관한 규칙 제333조(조립·해체 등 작업 시의 준수사항)

03 동영상은 작업발판 일체형 거푸집을 보여준다. 작업발판 일체형 거푸집의 종류 3가지를 쓰시오.

해답
① 갱 폼
② 슬립 폼
③ 클라이밍 폼
④ 터널 라이닝 폼
⑤ 그 밖에 거푸집과 작업발판이 일체로 제작된 거푸집 등

관련 법령 산업안전보건기준에 관한 규칙 제331조의3(작업발판 일체형 거푸집의 안전조치)

04 동영상에서는 동바리 조립작업을 보여 주고 있다. 동바리 조립 시 하중의 지지 상태를 유지할 수 있도록 하기 위해 준수해야 할 사항 3가지를 적으시오.

해답
① 받침목이나 깔판의 사용, 콘크리트 타설, 말뚝박기 등 동바리의 침하를 방지하기 위한 조치를 할 것
② 동바리의 상하 고정 및 미끄러짐 방지조치를 해야 한다.
③ 상부·하부의 동바리가 동일 수직선상에 위치하도록 하여 깔판·받침목에 고정시켜야 한다.
④ 개구부 상부에 동바리를 설치하는 경우에는 상부 하중을 견딜 수 있는 견고한 받침대를 설치해야 한다.
⑤ U헤드 등의 단판이 없는 동바리의 상단에 멍에 등을 올릴 경우에는 해당 상단에 U헤드 등의 단판을 설치하고, 멍에 등이 전도되거나 이탈되지 않도록 고정시킬 것
⑥ 동바리의 이음은 같은 품질의 재료를 사용해야 한다.
⑦ 강재의 접속부 및 교차부는 볼트·클램프 등 전용철물을 사용하여 단단히 연결해야 한다.
⑧ 거푸집의 형상에 따른 부득이한 경우를 제외하고는 깔판이나 받침목은 2단 이상 끼우지 않도록 해야 한다.
⑨ 깔판이나 받침목을 이어서 사용하는 경우에는 그 깔판·받침목을 단단히 연결해야 한다.

관련 법령 산업안전보건기준에 관한 규칙 제332조(동바리 조립 시의 안전조치)

05 동영상에서는 철근을 운반하는 장면을 보여준다. 철근을 인력으로 운반할 경우의 준수사항 2가지를 적으시오.

해답
① 1인당 무게는 25kg 정도가 적절하며, 무리한 운반을 삼가하여야 한다.
② 2인 이상이 1조가 되어 어깨메기로 하여 운반하는 등 안전을 도모하여야 한다.
③ 긴 철근을 부득이 한 사람이 운반할 때에는 한쪽을 어깨에 메고 한쪽 끝을 끌면서 운반하여야 한다.
④ 운반할 때에는 양 끝을 묶어 운반하여야 한다.
⑤ 내려놓을 때는 천천히 내려놓고 던지지 않아야 한다.
⑥ 공동작업을 할 때에는 신호에 따라 작업을 하여야 한다.

관련 법령 콘크리트공사표준안전작업지침 제12조(운반)

06 동영상에서는 콘크리트 타설작업 현장을 보여준다. 콘크리트 펌프카를 사용하는 경우 준수하여야 할 사항 3가지를 적으시오.

해답
① 작업을 시작하기 전에 콘크리트 타설장비(콘크리트 플레이싱 붐, 콘크리트 분배기, 콘크리트 펌프카 등)를 점검하고 이상을 발견하였으면 즉시 보수할 것
② 건축물의 난간 등에서 작업하는 근로자가 호스의 요동·선회로 인하여 추락하는 위험을 방지하기 위하여 안전난간 설치 등 필요한 조치를 할 것
③ 콘크리트 타설장비의 붐을 조정하는 경우에는 주변의 전선 등에 의한 위험을 예방하기 위한 적절한 조치를 할 것
④ 작업 중에 지반의 침하나 아웃트리거 등 콘크리트 타설장비 지지구조물의 손상 등에 의하여 콘크리트 타설장비가 넘어질 우려가 있는 경우에는 이를 방지하기 위한 적절한 조치를 할 것

관련 법령 산업안전보건기준에 관한 규칙 제335조(콘크리트 타설장비 사용 시의 준수사항)

07 동영상에서 터널공사 중 일부 공정의 작업하는 모습을 보여주고 있다. 다음 물음에 답하시오.

(1) 동영상에서 보여주는 공법의 명칭을 적으시오.
(2) 터널 굴착작업을 하는 때에는 사전에 작업계획서를 작성하여야 한다. 이때 반드시 포함하여야 할 사항을 3가지 적으시오.

해답
(1) 명칭 : 숏크리트 뿜칠공법
(2) 작업계획서에 포함되어야 할 사항
① 굴착의 방법
② 터널지보공 및 복공의 시공방법과 용수의 처리방법
③ 환기 또는 조명시설을 설치할 때에는 그 방법

관련 법령 산업안전보건기준에 관한 규칙 별표 4(사전조사 및 작업계획서 내용)

08 동영상에서는 터널공사 내에서 장약작업을 하는 모습을 보여준다. 장약작업 시의 준수사항 3가지를 적으시오.

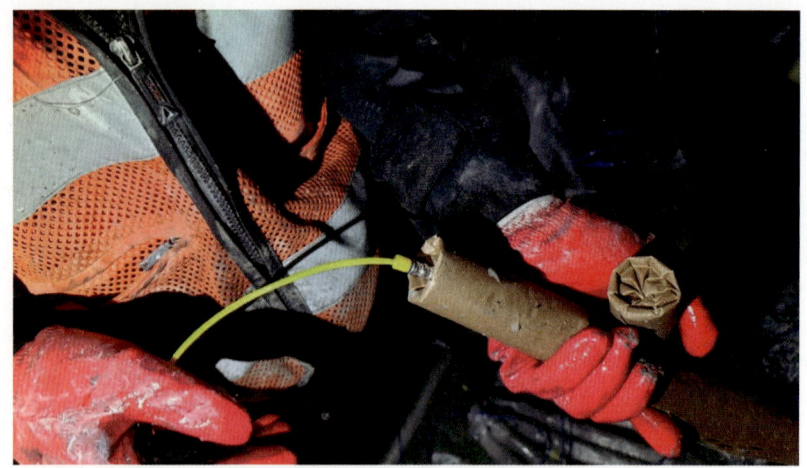

해답
① 장약작업 장소 인근에서는 화기사용 및 흡연을 하지 않도록 할 것
② 장약작업 장소 인근에서는 전기용접 작업이나 동력을 사용하는 기계를 사용하지 않을 것
③ 장약작업을 하는 근로자가 안전모 등 적절한 보호구를 착용하도록 할 것
④ 기존의 발파에 사용된 발파공에는 장약하지 않도록 할 것
⑤ 약포는 1개씩 손을 사용하여 신중하게 장약봉으로 넣고, 약포 간에 간격이 없도록 그때마다 구멍길이의 차를 측정하면서 장약을 수행하도록 할 것
⑥ 장약봉은 곧바르고 견고하며, 마찰·충격·정전기 등에 대하여 안전한 부도체(플라스틱, 나무 등)를 사용하여 약포 지름보다 약간 굵고, 적당한 길이로 하고, 개수는 충분히 준비하게 할 것
⑦ 장약은 뇌관의 관체, 각선, 연결장치 등이 충격 또는 손상되지 않도록 주의하며, 각선의 길이는 결선작업을 고려하여 충분한 길이의 것을 사용하게 할 것
⑧ 초유폭약을 장약하는 경우 다음의 사항을 따를 것
  ㉠ 장약 중에 흡습 또는 이물의 혼입을 방지하기 위한 조치를 강구할 것
  ㉡ 갱내에서는 가스 등의 환기에 유의하고, 통기가 나쁜 장소에서는 사용하지 말 것
  ㉢ 폭약을 장약한 후에는 신속하게 기폭할 것
⑨ 낙석 또는 붕락의 위험이 있는 뜬돌(부석) 등의 유무를 확인하고, 이를 제거하는 등 안전조치 후 작업하도록 할 것
⑩ 장약작업 중에는 관계 근로자가 아닌 사람의 출입을 금지할 것

관련 법령 발파 표준안전 작업지침 제13조(장약)

3부 | 기출복원문제

01 동영상은 아파트 공사현장을 보여준다. 영상을 참고하여 근로자의 추락재해를 방지하기 위한 안전조치 3가지를 적으시오.

해답
① 안전난간을 설치한다.
② 울타리를 설치하는 등 관계 근로자가 아닌 사람의 출입을 금지해야 한다.
③ 안전모와 안전대 등의 보호구를 지급하고 착용하도록 해야 한다.
④ 비계를 조립하는 등의 방법으로 작업발판을 설치하여야 한다.
⑤ 작업발판을 설치하기 곤란한 경우 추락방호망을 설치해야 한다.
⑥ 추락방호망을 설치하기 곤란한 경우에는 근로자에게 안전대를 착용하도록 하는 등 추락위험을 방지하기 위해 필요한 조치를 해야 한다.
⑦ 작업발판 및 추락방호망을 설치하기 곤란한 경우에는 근로자로 하여금 3개 이상의 버팀대를 가지고 지면으로부터 안정적으로 세울 수 있는 구조를 갖춘 이동식 사다리를 사용하여 작업을 하게 할 수 있다.

관련 법령 산업안전보건기준에 관한 규칙 제13조(안전난간의 구조 및 설치요건), 제20조(출입의 금지 등), 제32조(보호구의 지급 등), 제42조(추락의 방지)

02 동영상은 흙막이 지보공 작업 장면을 보여 주고 있다. 흙막이 지보공을 설치하였을 때 정기적으로 점검해야 할 사항 2가지를 적으시오.

해답
① 부재의 손상·변형·부식·변위 및 탈락의 유무와 상태
② 버팀대의 긴압의 정도
③ 부재의 접속부·부착부 및 교차부의 상태
④ 침하의 정도

관련 법령 산업안전보건기준에 관한 규칙 제347조(붕괴 등의 위험 방지)

03 동영상은 사면이 보호된 현장을 보여준다. 사면보호공법 중 구조물에 의한 보호공법 2가지를 쓰시오.

해답
① 콘크리트블록 격자공법
② 돌망태공법
③ 블록쌓기공법
④ 블록붙임공법, 돌붙임공법
⑤ 콘크리트 뿜어붙이기공법, 모르타르 뿜어붙이기공법

04 동영상에서는 거푸집을 보여준다. 거푸집 조립작업 시 준수해야 하는 사항 3가지를 쓰시오.

> [해답]
> ① 거푸집 지보공을 조립할 때에는 안전담당자를 배치하여야 한다.
> ② 거푸집의 운반, 설치작업에 필요한 작업장 내의 통로 및 비계가 충분한가를 확인하여야 한다.
> ③ 재료, 기구, 공구를 올리거나 내릴 때에는 달줄, 달포대 등을 사용하여야 한다.
> ④ 강풍, 폭우, 폭설 등의 악천후에는 작업을 중지시켜야 한다.
> ⑤ 작업장 주위에는 작업원 이외의 통행을 제한하고 슬래브 거푸집을 조립할 때에는 많은 인원이 한곳에 집중되지 않도록 하여야 한다.
> ⑥ 사다리 또는 이동식 틀비계를 사용하여 작업할 때에는 항상 보조원을 대기시켜야 한다.
> ⑦ 거푸집을 현장에서 제작할 때는 별도의 작업장에서 제작하여야 한다.

관련 법령 콘크리트공사표준안전작업지침 제6조(조립)

05 동영상은 거푸집 동바리의 조립 작업을 보여준다. 동바리 조립작업 시 조치해야 하는 사항 3가지를 쓰시오.

> [해답]
> ① 거푸집이 곡면일 경우에는 버팀대의 부착 등 당해 거푸집의 변형을 방지하기 위한 조치를 하여야 한다.
> ② 지주의 침하를 방지하고 각부가 활동하지 아니하도록 견고하게 하여야 한다.
> ③ 강재와 강재와의 접속부 및 교차부는 볼트, 클램프 등의 철물로 정확하게 연결하여야 한다.
> ④ 강관 지주는 3본 이상 이어서 사용하지 아니하여야 하며, 또 높이가 3.6m 이상의 경우에는 높이 1.8m 이내마다 수평 연결재를 2개 방향으로 설치하고 수평 연결재의 변위가 일어나지 아니하도록 이음 부분은 견고하게 연결하여 좌굴을 방지하여야 한다.
> ⑤ 지보공 하부의 받침판 또는 받침목은 2단 이상 삽입하지 않도록 하고 작업인원의 보행에 지장이 없어야 하며, 이탈되지 않도록 고정시켜야 한다.

관련 법령 콘크리트공사표준안전작업지침 제6조(조립)

06 동영상은 건설현장의 흙막이 시설을 보여준다. 동영상에서와 같은 흙막이 공법의 명칭과 구성요소의 명칭을 2가지 쓰시오.

해답
(1) 공법의 명칭 : H-pile 토류벽 공법
(2) 구성요소의 명칭
① H-pile(엄지말뚝), ② 토류판(가로널), ③ 띠장, ④ 어스앵커, ⑤ 코너 스트럿

07 동영상은 철골의 일부 구조를 보여준다. 화면에서 원 안에 있는 부분의 명칭을 쓰시오.

해답
철골 기둥 승강용 트랩

08 동영상은 이동식 비계 위에서 작업하는 모습을 보여주고 있다. 동영상에서 작업자의 추락원인 2가지를 적으시오.

해답
① 안전난간 및 안전대 부착설비 미설치
② 작업장의 정리정돈 미흡
③ 근로자 안전대 미착용 및 고리 미체결
④ 작업발판 설치 및 고정 상태 미흡

2016년 제2회 과년도 기출복원문제

1부 | 기출복원문제

01 동영상은 PHC 말뚝의 항타작업을 보여준다. PHC 말뚝의 항타공법의 종류를 3가지 적으시오.

해답
① 타격공법
② 진동공법
③ 압입공법
④ 프리보링공법

빈출 02 동영상은 공사현장의 개구부를 보여준다. 공사현장의 개구부 등 추락 위험이 존재하는 장소에서의 방호장치를 3가지 적으시오.

해답
① 안전난간
② 울타리
③ 수직형 추락방망
④ 덮개(뒤집히거나 떨어지지 않는 구조)
⑤ 추락방호망

관련 법령 산업안전보건기준에 관한 규칙 제43조(개구부 등의 방호 조치)

> **더 알아보기** 개구부 등의 방호 조치
>
> 1. 사업주는 작업발판 및 통로의 끝이나 개구부로서 근로자가 추락할 위험이 있는 장소에는 안전난간, 울타리, 수직형 추락방망 또는 덮개 등(이하 난간 등)의 방호 조치를 충분한 강도를 가진 구조로 튼튼하게 설치하여야 하며, 덮개를 설치하는 경우에는 뒤집히거나 떨어지지 않도록 설치하여야 한다. 이 경우 어두운 장소에서도 알아볼 수 있도록 개구부임을 표시해야 하며, 수직형 추락방망은 한국산업표준에서 정하는 성능기준에 적합한 것을 사용해야 한다.
> 2. 사업주는 난간 등을 설치하는 것이 매우 곤란하거나 작업의 필요상 임시로 난간 등을 해체하여야 하는 경우 기준에 맞는 추락방호망을 설치하여야 한다. 다만, 추락방호망을 설치하기 곤란한 경우에는 근로자에게 안전대를 착용하도록 하는 등 추락할 위험을 방지하기 위하여 필요한 조치를 하여야 한다.

03 동영상에서는 장비를 사용하여 아파트 해체작업을 하는 장면을 보여준다. 다음 물음에 답하시오.

(1) 영상에서 보여주는 해체공법의 명칭을 적으시오.
(2) 해체작업 시에는 해체건물의 사전조사에 따른 작업계획서를 작성해야 한다. 작업계획서에 포함되어야 할 사항 3가지를 적으시오.

해답

(1) 명칭 : 대형브레이커 공법
(2) 작업계획서에 포함되어야 할 사항
   ① 해체의 방법 및 해체순서 도면
   ② 가설설비·방호설비·환기설비 및 살수·방화설비 등의 방법
   ③ 사업장 내 연락방법
   ④ 해체물의 처분계획
   ⑤ 해체작업용 기계·기구 등의 작업계획서
   ⑥ 해체작업용 화약류 등의 사용계획서
   ⑦ 그 밖의 안전·보건에 관련된 사항

관련 법령 산업안전보건기준에 관한 규칙 별표 4(사전조사 및 작업계획서 내용)

04 동영상에서는 강관틀비계의 조립작업을 보여준다. 강관틀비계 사용 시 준수하여야 할 사항 3가지를 적으시오.

해답
① 비계기둥의 밑둥에는 밑받침 철물을 사용하여야 하며 밑받침에 고저차가 있는 경우에는 조절형 밑받침 철물을 사용하여 각각의 강관틀비계가 항상 수평 및 수직을 유지하도록 해야 한다.
② 높이가 20m를 초과하거나 중량물의 적재를 수반하는 작업을 할 경우에는 주틀 간의 간격을 1.8m 이하로 해야 한다.
③ 주틀 간에 교차 가새를 설치하고 최상층 및 5층 이내마다 수평재를 설치해야 한다.
④ 수직 방향으로 6m, 수평 방향으로 8m 이내마다 벽이음을 해야 한다.
⑤ 길이가 띠장 방향으로 4m 이하이고 높이가 10m를 초과하는 경우에는 10m 이내마다 띠장 방향으로 버팀기둥을 설치해야 한다.

관련 법령 산업안전보건기준에 관한 규칙 제62조(강관틀비계)

05 동영상에서 보여주는 비계의 명칭을 쓰시오.

해답
달대비계

06 동영상은 발파작업을 보여준다. 발파작업 착수 전 작업계획서를 작성하여야 하는데 이때 포함되어야 할 내용 5가지를 쓰시오.

해답
① 발파작업장소의 지형, 지질 및 지층의 상태
② 발파작업 방법 및 순서(발파패턴 및 규모 등 중요사항을 포함한다)
③ 발파작업장소에서 굴착기계 등의 운행경로 및 작업방법
④ 토사·구축물 등의 붕괴 및 물체가 떨어지거나 날아오는 것을 예방하기 위한 안전조치
⑤ 뇌우나 모래폭풍이 접근하고 있는 경우 화약류 취급이나 사용 등 모든 작업을 중지하고 근로자들을 안전한 장소로 대피하는 방안
⑥ 발파공별로 시차를 두고 발파하는 지발식 발파를 할 때 비산, 진동 등의 제어대책

관련 법령 발파 표준안전 작업지침 제4조(일반 안전기준)

07 동영상은 달기구인 와이어로프를 보여준다. 달기구 안전계수의 정의를 쓰시오.

해답
달기구 안전계수란 달기구 절단하중의 값을 그 달기구에 걸리는 하중의 최댓값으로 나눈 값을 말한다.

관련 법령 산업안전보건기준에 관한 규칙 제163조(와이어로프 등 달기구의 안전계수)

08 동영상에서는 흙막이 지보공 설치장면을 보여준다. 흙막이 및 흙막이 지보공에 설치해야 하는 계측기의 종류 3가지를 적으시오.

해답
① 수위계
② 경사계
③ 하중 및 침하계
④ 응력계

관련 법령 굴착공사 표준안전 작업지침 제15조(착공 전 조사)

2부 | 기출복원문제

01 동영상에서는 건축현장을 보여주고 있다. 화면에서 보여주는 장비의 명칭과 사용 시 준수사항 3가지를 쓰시오.

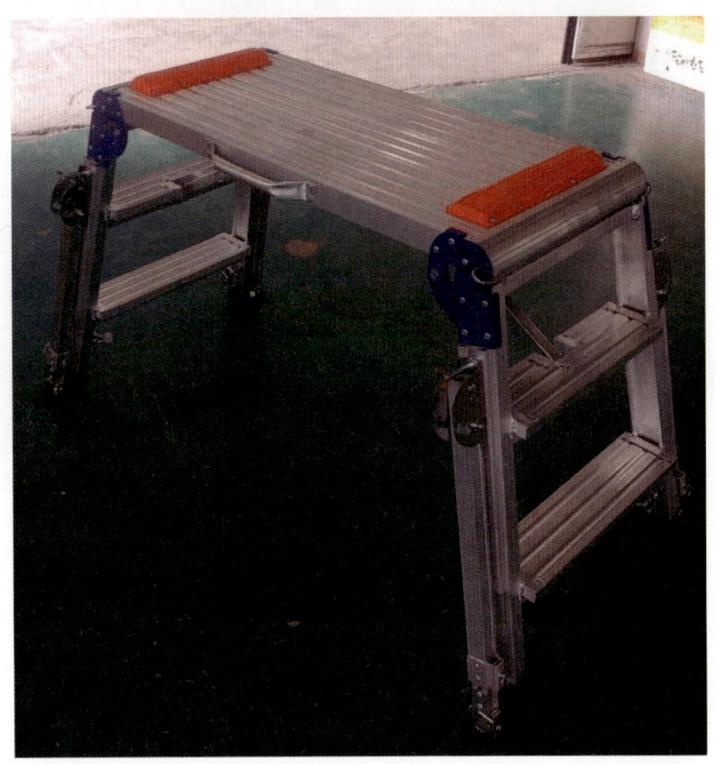

해답
(1) 명칭 : 말비계
(2) 사용 시 준수사항
　① 지주부재의 하단에는 미끄럼 방지장치를 하고, 근로자가 양측 끝부분에 올라서서 작업하지 않도록 해야 한다.
　② 지주부재와 수평면의 기울기를 75° 이하로 하고, 지주부재와 지주부재 사이를 고정시키는 보조부재를 설치해야 한다.
　③ 말비계의 높이가 2m를 초과하는 경우에는 작업발판의 폭을 40cm 이상으로 해야 한다.

관련 법령 산업안전보건기준에 관한 규칙 제67조(말비계)

02 동영상에서는 차량계 건설기계를 보여준다. 다음 물음에 답하시오.

(1) 동영상에서 보여주는 건설기계의 명칭을 쓰시오.
(2) 동영상에서의 건설기계의 용도를 쓰시오.

해답
(1) 명칭 : 불도저
(2) 용도 : 고르지 못한 지반 평탄화 작업

03 동영상에서는 근로자의 추락을 방지하는 추락방호망을 보여준다. 추락방호망에 표시하여야 하는 사항 3가지를 쓰시오.

해답
① 제조자명, ② 제조연월, ③ 재봉치수, ④ 그물코, ⑤ 신품인 때의 방망의 강도

관련 법령 추락재해방지표준안전작업지침 제13조(표시)

04 동영상은 철골 설치작업을 보여준다. 건립 중 강풍에 의한 풍압 등 외압에 대한 내력이 설계에 고려되었는지 확인해야 하는 철골구조물 3가지를 쓰시오.

▶ 해답
① 높이 20m 이상의 구조물
② 구조물의 폭과 높이의 비가 1 : 4 이상인 구조물
③ 단면 구조에 현저한 차이가 있는 구조물
④ 연면적당 철골량이 50kg/m² 이하인 구조물
⑤ 기둥이 타이플레이트(tie plate)형인 구조물
⑥ 이음부가 현장용접인 구조물

관련 법령 철골공사표준안전작업지침 제3조(설계도 및 공작도 확인)

05 동영상은 공사현장의 개구부를 보여준다. 공사현장의 개구부 등 추락 위험이 존재하는 장소에서의 방호조치 3가지를 쓰시오.

> [해답]
> ① 안전난간
> ② 울타리
> ③ 수직형 추락방망
> ④ 덮개(뒤집히거나 떨어지지 않는 구조)
> ⑤ 추락방호망

> [관련 법령] 산업안전보건기준에 관한 규칙 제43조(개구부 등의 방호 조치)

> [더 알아보기] 개구부 등의 방호 조치
> 1. 사업주는 작업발판 및 통로의 끝이나 개구부로서 근로자가 추락할 위험이 있는 장소에는 안전난간, 울타리, 수직형 추락방망 또는 덮개 등(이하 난간 등)의 방호 조치를 충분한 강도를 가진 구조로 튼튼하게 설치하여야 하며, 덮개를 설치하는 경우에는 뒤집히거나 떨어지지 않도록 설치하여야 한다. 이 경우 어두운 장소에서도 알아볼 수 있도록 개구부임을 표시해야 하며, 수직형 추락방망은 한국산업표준에서 정하는 성능기준에 적합한 것을 사용해야 한다.
> 2. 사업주는 난간 등을 설치하는 것이 매우 곤란하거나 작업의 필요상 임시로 난간 등을 해체하여야 하는 경우 기준에 맞는 추락방호망을 설치하여야 한다. 다만, 추락방호망을 설치하기 곤란한 경우에는 근로자에게 안전대를 착용하도록 하는 등 추락할 위험을 방지하기 위하여 필요한 조치를 하여야 한다.

06 동영상은 밀폐공간에서의 작업을 보여준다. 다음 물음에 답하시오.

(1) 영상에서와 같은 잠함 등 내부에서 작업을 하는 때에 준수하여야 할 사항 3가지를 쓰시오.
(2) 산소 결핍의 기준을 쓰시오.

해답
(1) 준수사항
　① 산소 결핍 우려가 있는 경우에는 산소의 농도를 측정하는 사람을 지명하여 측정하도록 해야 한다.
　② 근로자가 안전하게 오르내리기 위한 설비를 설치해야 한다.
　③ 굴착 깊이가 20m를 초과하는 경우에는 해당 작업장소와 외부와의 연락을 위한 통신설비 등을 설치해야 한다.
(2) 공기 중의 산소농도가 18% 미만인 상태를 말한다.

관련 법령 산업안전보건기준에 관한 규칙 제377조(잠함 등 내부에서의 작업), 제618조(정의)

07 동영상에서는 철골작업을 보여준다. 철골작업 시 작업을 중지해야 하는 경우에 대해 다음 (　) 안에 적합한 내용을 적으시오.

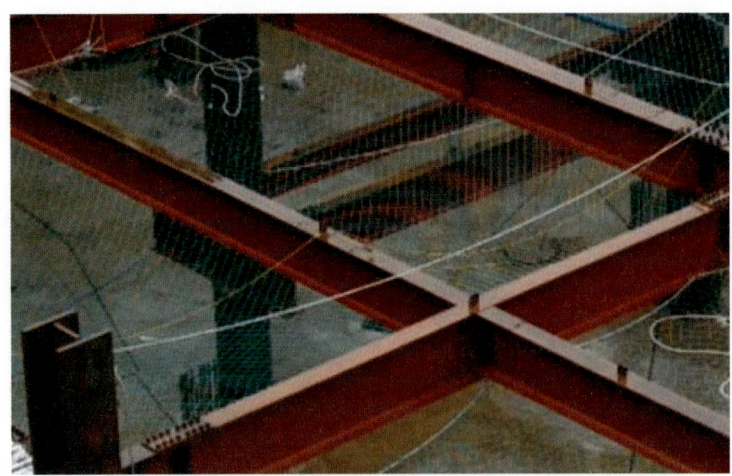

(1) 풍속이 초당 (　① 　)m 이상인 경우
(2) 강우량이 시간당 (　② 　)mm 이상인 경우
(3) 강설량이 시간당 (　③ 　)cm 이상인 경우

해답
① 10, ② 1, ③ 1

관련 법령 산업안전보건기준에 관한 규칙 제383조(작업의 제한)

08 동영상은 작업장을 보여준다. 초정밀작업, 정밀작업, 보통작업의 작업면 조도기준을 쓰시오.

해답
① 초정밀작업 : 750lx(럭스) 이상
② 정밀작업 : 300lx 이상
③ 보통작업 : 150lx 이상
④ 그 밖의 작업 : 75lx 이상

관련 법령 산업안전보건기준에 관한 규칙 제8조(작업장의 조도)

3부 | 기출복원문제

01 동영상에서는 차량계 건설기계 작업을 보여준다. 차량계 건설기계 작업 시 기계의 전도, 전락 방지 및 근로자와의 접촉 방지를 위한 조치사항 3가지를 적으시오.

해답
① 유도하는 사람을 배치해야 한다.
② 지반의 부동침하 방지, 갓길의 붕괴 방지 및 도로 폭의 유지 등 필요한 조치를 하여야 한다.
③ 근로자 출입금지 조치를 해야 한다.
④ 차량계 건설기계의 운전자는 유도자가 유도하는 대로 따라야 한다.

관련 법령 산업안전보건기준에 관한 규칙 제199조(전도 등의 방지), 제200조(접촉 방지)

02 동영상은 현장의 가설통로를 보여준다. 가설통로 설치 시 준수하여야 할 사항 3가지를 쓰시오.

해답
① 견고한 구조로 할 것
② 경사는 30° 이하로 할 것
③ 경사가 15°를 초과하는 경우에는 미끄러지지 아니하는 구조로 할 것
④ 추락할 위험이 있는 장소에는 안전난간을 설치할 것
⑤ 수직갱에 가설된 통로의 길이가 15m 이상인 경우에는 10m 이내마다 계단참을 설치할 것
⑥ 건설공사에 사용하는 높이 8m 이상인 비계다리에는 7m 이내마다 계단참을 설치할 것

관련 법령 산업안전보건기준에 관한 규칙 제23조(가설통로의 구조)

03 동영상은 타워크레인 현장작업을 보여준다. 다음 ( ) 안에 적합한 내용을 쓰시오.

순간풍속이 초당 (①)m를 초과하는 경우 타워크레인의 설치·수리·점검 또는 해체작업을 중지하여야 하며, 순간풍속이 초당 (②)m를 초과하는 경우에는 타워크레인의 운전작업을 중지하여야 한다.

해답

① 10, ② 15

관련 법령 산업안전보건기준에 관한 규칙 제37조(악천후 및 강풍 시 작업 중지)

> **더 알아보기** 악천후 및 강풍 시 작업 중지
> 1. 사업주는 비·눈·바람 또는 그 밖의 기상 상태의 불안정으로 인하여 근로자가 위험해질 우려가 있는 경우 작업을 중지하여야 한다. 다만, 태풍 등으로 위험이 예상되거나 발생되어 긴급 복구작업을 필요로 하는 경우에는 그러하지 아니하다.
> 2. 사업주는 순간풍속이 초당 10m를 초과하는 경우 타워크레인의 설치·수리·점검 또는 해체작업을 중지하여야 하며, 순간풍속이 초당 15m를 초과하는 경우에는 타워크레인의 운전작업을 중지하여야 한다.

04 동영상은 이동식 비계를 이용한 작업을 보여준다. 이동식 비계에서 작업 시 준수사항 3가지를 적으시오.

해답

① 이동식 비계의 바퀴에는 뜻밖의 갑작스러운 이동 또는 전도를 방지하기 위하여 브레이크·쐐기 등으로 바퀴를 고정시킨 다음 비계의 일부를 견고한 시설물에 고정하거나 아웃트리거를 설치하는 등 필요한 조치를 할 것
② 승강용 사다리는 견고하게 설치할 것
③ 비계의 최상부에서 작업을 하는 경우에는 안전난간을 설치할 것
④ 작업발판은 항상 수평을 유지하고 작업발판 위에서 안전난간을 딛고 작업을 하거나 받침대 또는 사다리를 사용하여 작업하지 않도록 할 것
⑤ 작업발판의 최대 적재하중은 250kg을 초과하지 않도록 할 것

관련 법령 산업안전보건기준에 관한 규칙 제68조(이동식 비계)

05 동영상에서는 굴착한 흙을 덤프트럭으로 운반하는 작업을 보여준다. 동영상에서와 같은 작업 시의 주의사항 3가지를 적으시오.

해답
① 장비의 진입로와 작업장에서의 주행로를 확보하고, 다짐도, 노폭, 경사도 등의 상태를 점검하여야 한다.
② 유도자와 교통정리원을 배치하여야 한다.
③ 작업반경 내에 근로자가 출입하지 않도록 방호설비를 하거나 감시인을 배치한다.
④ 운전자가 자격을 갖추었는지를 확인하여야 한다.

관련 법령 굴착공사 표준안전 작업지침 제10조(준비)

06 동영상에서는 콘크리트 타설작업 현장을 보여준다. 콘크리트 펌프카를 사용하는 경우 준수하여야 할 사항 4가지를 적으시오.

해답
① 작업을 시작하기 전에 콘크리트 타설장비(콘크리트 플레이싱 붐, 콘크리트 분배기, 콘크리트 펌프카 등)를 점검하고 이상을 발견하였으면 즉시 보수할 것
② 건축물의 난간 등에서 작업하는 근로자가 호스의 요동·선회로 인하여 추락하는 위험을 방지하기 위하여 안전난간 설치 등 필요한 조치를 할 것
③ 콘크리트 타설장비의 붐을 조정하는 경우에는 주변의 전선 등에 의한 위험을 예방하기 위한 적절한 조치를 할 것
④ 작업 중에 지반의 침하나 아웃트리거 등 콘크리트 타설장비 지지구조물의 손상 등에 의하여 콘크리트 타설장비가 넘어질 우려가 있는 경우에는 이를 방지하기 위한 적절한 조치를 할 것

관련 법령 산업안전보건기준에 관한 규칙 제335조(콘크리트 타설장비 사용 시의 준수사항)

07 동영상에서는 사다리식 통로를 보여준다. 사다리식 통로의 설치기준 3가지를 쓰시오.

해답
① 견고한 구조로 해야 한다.
② 심한 손상·부식 등이 없는 재료를 사용해야 한다.
③ 발판의 간격은 일정하게 해야 한다.
④ 발판과 벽과의 사이는 15cm 이상의 간격을 유지해야 한다.
⑤ 폭은 30cm 이상으로 해야 한다.
⑥ 사다리가 넘어지거나 미끄러지는 것을 방지하기 위한 조치를 해야 한다.
⑦ 사다리의 상단은 걸쳐놓은 지점으로부터 60cm 이상 올라가도록 해야 한다.
⑧ 사다리식 통로의 길이가 10m 이상인 경우에는 5m 이내마다 계단참을 설치해야 한다.
⑨ 사다리식 통로의 기울기는 75° 이하로 할 것. 다만, 고정식 사다리식 통로의 기울기는 90° 이하로 하고, 그 높이가 7m 이상인 경우에는 다음의 구분에 따른 조치를 할 것
  ㉠ 등받이울이 있어도 근로자 이동에 지장이 없는 경우 : 바닥으로부터 높이가 2.5m되는 지점부터 등받이울을 설치할 것
  ㉡ 등받이울이 있으면 근로자가 이동이 곤란한 경우 : 한국산업표준에서 정하는 기준에 적합한 개인용 추락 방지 시스템을 설치하고 근로자로 하여금 한국산업표준에서 정하는 기준에 적합한 전신안전대를 사용하도록 할 것
⑩ 접이식 사다리 기둥은 사용 시 접혀지거나 펼쳐지지 않도록 철물 등을 사용하여 견고하게 조치해야 한다.

관련 법령 산업안전보건기준에 관한 규칙 제24조(사다리식 통로 등의 구조)

08 동영상은 낙하물 방지망을 보여주고 있다. 낙하물 방지망의 설치기준 2가지를 적으시오.

해답
① 높이 10m 이내마다 설치하고, 내민 길이는 벽면으로부터 2m 이상으로 할 것
② 수평면과의 각도는 20° 이상 30° 이하를 유지할 것

관련 법령 산업안전보건기준에 관한 규칙 제14조(낙하물 방지망에 의한 위험의 방지)

1부 | 기출복원문제

01 동영상에서는 항타기 작업을 보여주고 있다. 항타기 및 항발기의 무너짐을 방지하기 위한 조치사항 4가지를 적으시오.

해답
① 연약한 지반에 설치하는 경우에는 아웃트리거·받침 등 지지구조물의 침하를 방지하기 위하여 깔판·받침목 등을 사용해야 한다.
② 시설 또는 가설물 등에 설치하는 경우에는 그 내력을 확인하고 내력이 부족하면 그 내력을 보강해야 한다.
③ 아웃트리거·받침 등 지지구조물이 미끄러질 우려가 있는 경우에는 말뚝 또는 쐐기 등을 사용하여 해당 지지구조물을 고정시켜야 한다.
④ 궤도 또는 차로 이동하는 항타기 또는 항발기에 대해서는 불시에 이동하는 것을 방지하기 위하여 레일 클램프 및 쐐기 등으로 고정시켜야 한다.
⑤ 상단 부분은 버팀대·버팀줄로 고정하여 안정시키고, 그 하단 부분은 견고한 버팀·말뚝 또는 철골 등으로 고정시켜야 한다.

관련 법령 산업안전보건기준에 관한 규칙 제209조(무너짐의 방지)

02 동영상에서는 차량계 건설기계 작업을 보여준다. 차량계 건설기계의 명칭과 용도 2가지를 쓰시오.

해답
(1) 명칭 : 콘크리트믹서 트럭
(2) 용도
   ① 콘크리트 재료를 섞으며 현장으로 운반하는데 사용된다.
   ② 콘크리트가 굳지 않게 회전함으로써 품질을 유지시켜 준다.

03 동영상은 건설용 리프트를 보여준다. 건설용 리프트의 안전장치 3가지를 쓰시오.

해답
① 권과방지장치, ② 과부하방지장치, ③ 비상정지장치

관련 법령 산업안전보건 기준에 관한 규칙 제151조(권과 방지 등)

04 동영상에서는 가설계단을 보여준다. 가설계단의 설치기준 3가지를 쓰시오.

해답
① 계단 및 계단참을 설치하는 경우 매 m²당 500kg 이상의 하중에 견딜 수 있는 강도를 가진 구조로 설치하여야 하며, 안전율은 4 이상으로 하여야 한다.
② 계단 및 승강구 바닥을 구멍이 있는 재료로 만드는 경우 렌치나 그 밖의 공구 등이 낙하할 위험이 없는 구조로 하여야 한다.
③ 계단을 설치하는 경우 그 폭을 1m 이상으로 하여야 한다.
④ 계단에 손잡이 외의 다른 물건 등을 설치하거나 쌓아 두어서는 아니 된다.
⑤ 높이가 3m를 초과하는 계단에 높이 3m 이내마다 진행방향으로 길이 1.2m 이상의 계단참을 설치해야 한다.
⑥ 계단을 설치하는 경우 바닥면으로부터 높이 2m 이내의 공간에 장애물이 없도록 하여야 한다.
⑦ 높이 1m 이상인 계단의 개방된 측면에 안전난간을 설치하여야 한다.

관련 법령 산업안전보건기준에 관한 규칙 제26조(계단의 강도), 제27조(계단의 폭), 제28조(계단참의 설치), 제29조(천장의 높이), 제30조(계단의 난간)

05 동영상에서는 터널현장의 콘크리트 라이닝 작업을 보여주고 있다. 콘크리트 라이닝의 목적 2가지를 적으시오.

해답
① 터널의 방수 및 차수기능 향상
② 터널의 내구성 향상
③ 굴착면 부착 강화로 부석의 떨어짐 방지
④ 토압과 수압 지지
⑤ 토사유입 방지

06 동영상은 교각의 거푸집 작업을 보여준다. 다음 물음에 답하시오.

(1) 동영상에서 보여주는 거푸집의 명칭을 쓰시오.
(2) 동영상에서 보여주는 거푸집의 장점을 2가지 쓰시오.

해답
(1) 명칭 : 슬라이딩 폼
(2) 장점
　① 공사기간 단축
　② 자재 및 인건비 절감
　③ 구조물의 품질 향상

07 동영상은 건설현장을 보여준다. 건설현장에서 사용되는 개인보호구의 종류 3가지를 쓰시오.

해답
① 안전모, ② 안전대, ③ 안전화, ④ 보안경, ⑤ 보안면, ⑥ 절연용 보호구, ⑦ 방열복, ⑧ 방진마스크,
⑨ 방한모·방한복·방한화·방한장갑

관련 법령 산업안전보건기준에 관한 규칙 제32조(보호구의 지급 등)

08 동영상은 현장작업을 보여준다. 작업시작 전 사전조사에 따른 작업계획서를 작성해야 하는 작업 3가지를 쓰시오.

해답
① 타워크레인을 설치·조립·해체하는 작업
② 차량계 하역운반기계 등을 사용하는 작업
③ 차량계 건설기계를 사용하는 작업
④ 화학설비와 그 부속설비를 사용하는 작업
⑤ 전기작업
⑥ 굴착면의 높이가 2m 이상이 되는 지반의 굴착작업
⑦ 터널굴착작업
⑧ 교량의 설치 해체 또는 변경작업
⑨ 채석작업
⑩ 구축물, 건축물, 그 밖의 시설물 등의 해체작업
⑪ 중량물의 취급작업
⑫ 궤도나 그 밖의 관련 설비의 보수·점검작업
⑬ 열차의 교환, 연결 또는 분리작업(입환작업)

관련 법령 산업안전보건기준에 관한 규칙 제38조(사전조사 및 작업계획서의 작성 등)

2부 | 기출복원문제

01 동영상은 차량계 건설기계를 보여준다. 동영상을 보고 다음 물음에 답하시오.

(1) 동영상에서 보여주는 차량계 건설기계의 명칭을 적으시오.
(2) 콘크리트의 비비기로부터 치기가 끝날 때까지의 시간은 원칙적으로 외기온도가 (①)℃를 이상일 때는 (②)시간, (①)℃ 미만일 때는 (③)시간을 넘어서는 안 된다.

해답
(1) 콘크리트믹서 트럭
(2) ① 25, ② 1.5, ③ 2

관련 법령 KCS 표준시방서(KCS 14 20 10 일반콘크리트)

02 동영상은 터널공사 현장의 록 볼트 설치장면을 보여준다. 록 볼트의 역할을 3가지 적으시오.

> **해답**
> ① 암반을 고정하여 부석 및 낙반의 낙하를 방지한다.
> ② 록 볼트의 인장력이 터널의 내압으로 작용한다.
> ③ 암반의 균열과 절리면에 록 볼트를 삽입하여 균열에 따른 지반의 파괴를 방지한다.

03 동영상은 시스템 비계를 보여준다. 시스템 비계의 설치기준 3가지를 적으시오.

> **해답**
> ① 수직재·수평재·가새재를 견고하게 연결하는 구조가 되도록 해야 한다.
> ② 비계 밑단의 수직재와 받침 철물은 밀착되도록 설치하고, 수직재와 받침 철물의 연결부의 겹침길이는 받침 철물 전체길이의 1/3 이상이 되도록 해야 한다.
> ③ 수평재는 수직재와 직각으로 설치하여야 하며, 체결 후 흔들림이 없도록 견고하게 설치해야 한다.
> ④ 수직재와 수직재의 연결철물은 이탈되지 않도록 견고한 구조로 해야 한다.
> ⑤ 벽 연결재의 설치간격은 제조사가 정한 기준에 따라 설치해야 한다.
>
> **관련 법령** 산업안전보건기준에 관한 규칙 제69조(시스템 비계의 구조)

04 동영상은 추락의 위험이 있는 장소를 보여준다. 추락사고를 예방할 수 있는 추락 방지시설 3가지를 적으시오.

해답
① 작업발판
② 추락방호망
③ 안전대
④ 이동식 사다리

관련 법령 산업안전보건기준에 관한 규칙 제42조(추락의 방지)

05 동영상에서는 타워크레인의 모습을 보여준다. 크레인 해체작업 시 조치사항 3가지를 적으시오.

해답
① 작업순서를 정하고 그 순서에 따라 작업을 할 것
② 작업을 할 구역에 관계 근로자가 아닌 사람의 출입을 금지하고 그 취지를 보기 쉬운 곳에 표시할 것
③ 비, 눈, 그 밖에 기상 상태의 불안정으로 날씨가 몹시 나쁜 경우에는 그 작업을 중지시킬 것
④ 작업장소는 안전한 작업이 이루어질 수 있도록 충분한 공간을 확보하고 장애물이 없도록 할 것
⑤ 들어 올리거나 내리는 기자재는 균형을 유지하면서 작업을 하도록 할 것
⑥ 크레인의 성능, 사용조건 등에 따라 충분한 응력을 갖는 구조로 기초를 설치하고 침하 등이 일어나지 않도록 할 것
⑦ 규격품인 조립용 볼트를 사용하고 대칭되는 곳을 차례로 결합하고 분해할 것

관련 법령 산업안전보건기준에 관한 규칙 제141조(조립 등의 작업 시 조치사항)

06 동영상에서는 굴착작업을 보여주고 있다. 지반붕괴 또는 토석에 의한 위험 방지조치 사항 2가지를 적으시오.

해답
① 흙막이 지보공의 설치
② 방호망의 설치
③ 근로자의 출입금지
④ 측구를 설치하거나 굴착 경사면 보호

관련 법령 산업안전보건기준에 관한 규칙 제339조(굴착면의 붕괴 등에 의한 위험방지), 제340조(굴착작업 시 위험방지)

07 동영상에서는 터널공사 중 일부 공정의 작업하는 모습을 보여주고 있다. 다음 물음에 답하시오.

(1) 동영상에서 보여주는 공법의 명칭을 적으시오.
(2) 터널 굴착작업을 하는 때에는 사전에 작업계획서를 작성하여야 한다. 이때 반드시 포함하여야 할 사항을 3가지 적으시오.

해답
(1) 명칭 : 숏크리트 뿜칠공법
(2) 작업계획서에 포함되어야 할 사항
　① 굴착의 방법
　② 터널지보공 및 복공의 시공방법과 용수의 처리방법
　③ 환기 또는 조명시설을 설치할 때에는 그 방법

관련 법령 산업안전보건기준에 관한 규칙 별표 4(사전조사 및 작업계획서 내용)

08 동영상은 양중기를 보여준다. 양중기의 종류 4가지를 쓰시오.

해답
① 크레인
② 이동식 크레인
③ 리프트
④ 곤돌라
⑤ 승강기

관련 법령 산업안전보건기준에 관한 규칙 제132조(양중기)

3부 | 기출복원문제

01 동영상은 크레인 작업을 보여준다. 크레인 설치, 해체, 조립 등을 하는 경우 준수사항 3가지를 쓰시오.

해답
① 작업순서를 정하고 그 순서에 따라 작업을 할 것
② 작업을 할 구역에 관계 근로자가 아닌 사람의 출입을 금지하고 그 취지를 보기 쉬운 곳에 표시할 것
③ 비, 눈, 그 밖에 기상 상태의 불안정으로 날씨가 몹시 나쁜 경우에는 그 작업을 중지시킬 것
④ 작업장소는 안전한 작업이 이루어질 수 있도록 충분한 공간을 확보하고 장애물이 없도록 할 것
⑤ 들어 올리거나 내리는 기자재는 균형을 유지하면서 작업을 하도록 할 것
⑥ 크레인의 성능, 사용조건 등에 따라 충분한 응력을 갖는 구조로 기초를 설치하고 침하 등이 일어나지 않도록 할 것
⑦ 규격품인 조립용 볼트를 사용하고 대칭되는 곳을 차례로 결합하고 분해할 것

관련 법령 산업안전보건기준에 관한 규칙 제141조(조립 등의 작업 시 조치사항)

02 동영상은 와이어로프를 보여준다. 달비계의 와이어로프의 사용금지 기준 3가지를 쓰시오.

해답
① 이음매가 있는 것
② 와이어로프의 한 꼬임에서 끊어진 소선의 수가 10% 이상인 것
③ 지름의 감소가 공칭지름의 7%를 초과하는 것
④ 꼬인 것
⑤ 심하게 변형되거나 부식된 것
⑥ 열과 전기충격에 의해 손상된 것

관련 법령 산업안전보건기준에 관한 규칙 제63조(달비계의 구조)

03 동영상은 후진하는 뒷바퀴에 근로자가 깔리는 사고를 보여준다. 사고발생 원인 2가지를 쓰시오.

출처 : 대한산업안전협회 블로그

해답
① 근로자가 위험해질 우려가 있는 장소에는 근로자를 출입금지 조치를 실시하지 않았다.
② 작업지휘자 또는 유도자를 배치하지 않았다.

관련 법령 산업안전보건기준에 관한 규칙 제172조(접촉의 방지)

04 동영상은 지게차를 이용하여 하역하는 모습을 보여준다. 차량계 하역운반기계를 이용하여 싣거나 내리는 작업을 하는 경우 준수해야 하는 사항 3가지를 쓰시오.

해답
① 작업순서 및 그 순서마다의 작업방법을 정하고 작업을 지휘해야 한다.
② 기구와 공구를 점검하고 불량품을 제거해야 한다.
③ 해당 작업을 하는 장소에 관계 근로자가 아닌 사람이 출입하는 것을 금지해야 한다.
④ 로프 풀기 작업 또는 덮개 벗기기 작업은 적재함의 화물이 떨어질 위험이 없음을 확인한 후에 하도록 해야 한다.

관련 법령 산업안전보건기준에 관한 규칙 제177조(싣거나 내리는 작업)

05 동영상은 타워크레인을 보여준다. 타워크레인의 지지방법 2가지를 쓰시오.

해답
① 벽체 지지
② 와이어로프 지지

관련 법령 산업안전보건기준에 관한 규칙 제142조(타워크레인의 지지)

더 알아보기 타워크레인의 지지

사업주는 타워크레인을 자립고(自立高) 이상의 높이로 설치하는 경우 건축물 등의 벽체에 지지하도록 하여야 한다. 다만, 지지할 벽체가 없는 등 부득이한 경우에는 와이어로프에 의하여 지지할 수 있다.

06 동영상은 고소작업대를 보여준다. 고소작업대를 이동하는 경우 준수사항 3가지를 쓰시오.

해답
① 작업대를 가장 낮게 내린 후 이동해야 한다.
② 작업자를 태우고 이동하지 말아야 한다.
③ 이동통로의 요철 상태 또는 장애물의 유무 등을 확인해야 한다.

관련 법령 산업안전보건기준에 관한 규칙 제186조(고소작업대 설치 등의 조치)

07 동영상은 차량계 건설기계를 보여준다. 차량계 건설기계의 종류 4가지를 쓰시오.

해답
① 도저형 건설기계, ② 모터그레이더, ③ 로더, ④ 스크레이퍼, ⑤ 굴착기

관련 법령 산업안전보건기준에 관한 규칙 별표 6(차량계 건설기계)

> **더 알아보기** 차량계 건설기계의 종류

1. 도저형 건설기계(불도저, 스트레이트도저, 틸트도저, 앵글도저, 버킷도저 등)
2. 모터그레이더(motor grader, 땅 고르는 기계)
3. 로더(포크 등 부착물 종류에 따른 용도 변경 형식을 포함한다)
4. 스크레이퍼(scraper, 흙을 절삭·운반하거나 펴 고르는 등의 작업을 하는 토공기계)
5. 크레인형 굴착기계(클램셸, 드래그라인 등)
6. 굴착기(브레이커, 크러셔, 드릴 등 부착물 종류에 따른 용도 변경 형식을 포함한다)
7. 항타기 및 항발기
8. 천공용 건설기계(어스드릴, 어스오거, 크롤러 드릴, 점보드릴 등)
9. 지반 압밀침하용 건설기계(샌드드레인 머신, 페이퍼드레인 머신, 팩드레인 머신 등)
10. 지반 다짐용 건설기계(타이어 롤러, 매커덤 롤러, 탠덤롤러 등)
11. 준설용 건설기계(버킷 준설선, 그래브 준설선, 펌프 준설선 등)
12. 콘크리트 펌프카
13. 덤프트럭
14. 콘크리트믹서 트럭
15. 도로포장용 건설기계(아스팔트 살포기, 콘크리트 살포기, 아스팔트 피니셔, 콘크리트 피니셔 등)
16. 골재 채취 및 살포용 건설기계(쇄석기, 자갈채취기, 골재살포기 등)

08 동영상은 용접 장면을 보여준다. 용접에 의한 화재를 예방하기 위한 조치사항 3가지를 쓰시오.

해답
① 작업 준비 및 작업 절차 수립
② 작업장 내 위험물의 사용·보관 현황 파악
③ 화기작업에 따른 인근 가연성 물질에 대한 방호조치 및 소화기구 비치
④ 용접불티 비산방지덮개, 용접방화포 등 불꽃, 불티 등 비산방지조치
⑤ 인화성 액체의 증기 및 인화성 가스가 남아 있지 않도록 환기 등의 조치
⑥ 작업근로자에 대한 화재예방 및 피난교육 등 비상조치

관련 법령 산업안전보건기준에 관한 규칙 제241조(화재위험작업 시의 준수사항)

2017년 제1회 과년도 기출복원문제

1부 | 기출복원문제

01 동영상은 밀폐공간에서의 작업을 보여준다. 다음 물음에 답하시오.

(1) 밀폐공간 작업 시 적정공기 수준의 정의를 쓰시오.
(2) 밀폐공간 내부에서의 굴착작업 시 준수사항 3가지를 쓰시오.

해답
(1) 적정공기 : 산소농도의 범위가 18% 이상 23.5% 미만, 이산화탄소의 농도가 1.5% 미만, 일산화탄소의 농도가 30ppm 미만, 황화수소의 농도가 10ppm 미만인 수준의 공기를 말한다.
(2) 밀폐공간 내부에서 굴착작업 시 준수사항
  ① 산소 결핍 우려가 있는 경우에는 산소의 농도를 측정하는 사람을 지명하여 측정하도록 해야 한다.
  ② 근로자가 안전하게 오르내리기 위한 설비를 설치해야 한다.
  ③ 굴착 깊이가 20m를 초과하는 경우에는 해당 작업장소와의 연락을 위한 통신설비 등을 설치해야 한다.

관련 법령 산업안전보건기준에 관한 규칙 제377조(잠함 등 내부에서의 작업), 제618조(정의)

02 동영상은 굴착작업을 보여 주고 있다. 다음 물음에 답하시오.

(1) 굴착작업 시 사전조사 내용 3가지를 적으시오.
(2) 굴착작업 시 작성하여야 하는 작업계획서의 내용 3가지를 적으시오.

해답
(1) 사전조사 사항
　① 형상, 지질 및 지층의 상태
　② 균열, 함수, 용수 및 동결의 유무 또는 상태
　③ 매설물 등의 유무 또는 상태
　④ 지반의 지하수위 상태
(2) 작업계획서 내용
　① 굴착방법 및 순서, 토사 등 반출방법
　② 필요한 인원 및 장비 사용계획
　③ 매설물 등에 대한 이설·보호대책
　④ 사업장 내 연락방법 및 신호방법
　⑤ 흙막이 지보공 설치방법 및 계측계획
　⑥ 작업지휘자의 배치계획
　⑦ 그 밖의 안전·보건에 관련된 사항

관련 법령 산업안전보건기준에 관한 규칙 별표 4(사전조사 및 작업계획서 내용)

03 동영상은 차량계 건설기계를 보여준다. 다음 물음에 답하시오.

(1) 차량계 건설기계의 명칭을 적으시오.
(2) 차량계 건설기계를 사용하여 작업을 하는 때에 작성하여야 하는 작업계획서의 내용 2가지를 적으시오.

해답
(1) 명칭 : 모터 그레이더
(2) 작업계획서 내용
　　① 사용하는 차량계 건설기계의 종류 및 성능
　　② 차량계 건설기계의 운행 경로
　　③ 차량계 건설기계에 의한 작업방법

관련 법령 산업안전보건기준에 관한 규칙 별표 4(사전조사 및 작업계획서 내용)

더 알아보기 사전조사 및 작업계획서 내용

작업명	사전조사 내용	작업계획서 내용
차량계 건설기계를 사용하는 작업	해당 기계의 굴러떨어짐, 지반의 붕괴 등으로 인한 근로자의 위험을 방지하기 위한 해당 작업장소의 지형 및 지반 상태	가. 사용하는 차량계 건설기계의 종류 및 성능 나. 차량계 건설기계의 운행경로 다. 차량계 건설기계에 의한 작업방법

04 동영상은 공사현장의 개구부를 보여준다. 공사현장의 개구부 등 추락 위험이 존재하는 장소에서의 방호조치 3가지를 적으시오.

해답
① 안전난간
② 울타리
③ 수직형 추락방망
④ 덮개(뒤집히거나 떨어지지 않는 구조)
⑤ 추락방호망

관련 법령 산업안전보건기준에 관한 규칙 제43조(개구부 등의 방호 조치)

더 알아보기 개구부 등의 방호 조치

1. 사업주는 작업발판 및 통로의 끝이나 개구부로서 근로자가 추락할 위험이 있는 장소에는 안전난간, 울타리, 수직형 추락방망 또는 덮개 등(이하 난간 등)의 방호 조치를 충분한 강도를 가진 구조로 튼튼하게 설치하여야 하며, 덮개를 설치하는 경우에는 뒤집히거나 떨어지지 않도록 설치하여야 한다. 이 경우 어두운 장소에서도 알아볼 수 있도록 개구부임을 표시해야 하며, 수직형 추락방망은 한국산업표준에서 정하는 성능기준에 적합한 것을 사용해야 한다.
2. 사업주는 난간 등을 설치하는 것이 매우 곤란하거나 작업의 필요상 임시로 난간 등을 해체하여야 하는 경우 기준에 맞는 추락방호망을 설치하여야 한다. 다만, 추락방호망을 설치하기 곤란한 경우에는 근로자에게 안전대를 착용하도록 하는 등 추락할 위험을 방지하기 위하여 필요한 조치를 하여야 한다.

05 동영상에서는 타워크레인의 모습을 보여준다. 크레인 해체작업 시 조치사항 3가지를 적으시오.

해답
① 작업순서를 정하고 그 순서에 따라 작업을 할 것
② 작업을 할 구역에 관계 근로자가 아닌 사람의 출입을 금지하고 그 취지를 보기 쉬운 곳에 표시할 것
③ 비, 눈, 그 밖에 기상 상태의 불안정으로 날씨가 몹시 나쁜 경우에는 그 작업을 중지시킬 것
④ 작업장소는 안전한 작업이 이루어질 수 있도록 충분한 공간을 확보하고 장애물이 없도록 할 것
⑤ 들어 올리거나 내리는 기자재는 균형을 유지하면서 작업을 하도록 할 것
⑥ 크레인의 성능, 사용조건 등에 따라 충분한 응력을 갖는 구조로 기초를 설치하고 침하 등이 일어나지 않도록 할 것
⑦ 규격품인 조립용 볼트를 사용하고 대칭되는 곳을 차례로 결합하고 분해할 것

관련 법령 산업안전보건기준에 관한 규칙 제141조(조립 등의 작업 시 조치사항)

06 동영상은 건설현장의 흙막이 시설을 보여준다. 다음 물음에 답하시오.

(1) 동영상에서와 같은 흙막이 공법의 명칭을 쓰시오.
(2) 동영상에서와 같은 흙막이 공법의 구성요소의 명칭 2가지를 쓰시오.

해답
(1) 명칭 : 버팀대(strut) 공법
(2) 구성요소의 명칭
  ① 엄지말뚝(H-pile)
  ② 토류판(가로널)
  ③ 버팀대
  ④ 띠장

07 동영상에서는 안전대를 착용하고 작업하는 모습을 보여준다. 다음 물음에 답하시오.

(1) 안전대의 종류 2가지를 적으시오.
(2) U자 걸이용 안전대 사용 시 준수사항 2가지를 적으시오.

해답

(1) 안전대의 종류 : ① 벨트식, ② 안전그네식
(2) 준수사항
　① U자 걸이로 1종, 3종 또는 4종 안전대를 사용하여야 하며, 후크를 걸고 벗길 때 추락을 방지하기 위하여 1종, 3종은 보조 로프, 4종은 훅을 사용하여야 한다.
　② 훅이 확실하게 걸려 있는지 확인하고 체중을 옮길 때는 갑자기 손을 떼지 말고 서서히 체중을 옮겨 이상이 없는가를 확인한 후 손을 떼도록 하여야 한다.
　③ 전주나 구조물 등에 돌려진 로프의 위치는 허리에 착용한 벨트의 위치보다 낮아지지 않도록 주의하여야 한다.
　④ 로프의 길이는 작업상 필요한 최소한의 길이로 하여야 한다.
　⑤ 추락 저지 시 로프가 아래로 미끄러져 내려가지 않는 장소에 로프를 설치하여야 한다.

관련 법령 보호구 안전인증 고시 별표 9(안전대의 성능기준), 추락재해방지표준안전작업지침 제17조(안전대의 사용)

더 알아보기 안전대의 종류

종류	사용 구분
벨트식, 안전그네식	1개 걸이용
	U자 걸이용
	추락방지대
	안전블록

08 동영상은 차량계 건설기계를 보여준다. 다음 물음에 답하시오.

(1) 동영상에서 보여주는 차량계 건설기계의 명칭을 적으시오.
(2) 동영상에서 보여주는 차량계 건설기계의 용도(사용되는 작업) 2가지를 적으시오.

해답
(1) 명칭 : 클램셸
(2) 용도 : ① 수중 굴착, ② 연약지반 굴착, ③ 좁은 장소의 깊은 굴착

2부 | 기출복원문제

01 동영상은 파이프 서포트를 사용한 거푸집 동바리를 보여준다. 파이프 서포트를 지주로 사용할 경우 준수해야 할 사항 2가지를 적으시오.

해답
① 파이프 서포트를 3개 이상 이어서 사용하지 않도록 해야 한다.
② 파이프 서포트를 이어서 사용하는 경우에는 4개 이상의 볼트 또는 전용철물을 사용하여 이어야 한다.
③ 높이가 3.5m를 초과하는 경우에는 높이 2m 이내마다 수평 연결재를 2개 방향으로 만들고 수평 연결재의 변위를 방지해야 한다.

관련 법령 산업안전보건기준에 관한 규칙 제332조의2(동바리 유형에 따른 동바리 조립 시의 안전조치)

빈출
02 동영상은 이동식 비계를 이용한 작업을 보여준다. 이동식 비계에서 작업 시 준수사항 3가지를 쓰시오.

해답
① 이동식 비계의 바퀴에는 뜻밖의 갑작스러운 이동 또는 전도를 방지하기 위하여 브레이크·쐐기 등으로 바퀴를 고정시킨 다음 비계의 일부를 견고한 시설물에 고정하거나 아웃트리거를 설치하는 등 필요한 조치를 할 것
② 승강용 사다리는 견고하게 설치할 것
③ 비계의 최상부에서 작업을 하는 경우에는 안전난간을 설치할 것
④ 작업발판은 항상 수평을 유지하고 작업발판 위에서 안전난간을 딛고 작업을 하거나 받침대 또는 사다리를 사용하여 작업하지 않도록 할 것
⑤ 작업발판의 최대 적재하중은 250kg을 초과하지 않도록 할 것

관련 법령 산업안전보건기준에 관한 규칙 제68조(이동식 비계)

03 동영상에서는 임시 분전반 주변에서 작업하는 모습을 보여준다. 작업자가 충전부에 직접 접촉함으로써 발생할 수 있는 감전사고를 방지하기 위해 취해야 할 조치사항 3가지를 적으시오.

해답
① 충전부가 노출되지 않도록 폐쇄형 외함이 있는 구조로 할 것
② 충전부에 충분한 절연효과가 있는 방호망이나 절연덮개를 설치할 것
③ 충전부는 내구성이 있는 절연물로 완전히 덮어 감쌀 것
④ 발전소·변전소 및 개폐소 등 구획되어 있는 장소로서 관계 근로자가 아닌 사람의 출입이 금지되는 장소에 충전부를 설치하고, 위험표시 등의 방법으로 방호를 강화할 것
⑤ 전주 위 및 철탑 위 등 격리되어 있는 장소로서 관계 근로자가 아닌 사람이 접근할 우려가 없는 장소에 충전부를 설치할 것

관련 법령 산업안전보건기준에 관한 규칙 제301조(전기기계·기구 등의 충전부 방호)

04 동영상에서는 콘크리트 타설작업 현장을 보여준다. 콘크리트 펌프카를 사용하는 경우 준수하여야 할 사항 3가지를 적으시오.

해답
① 작업을 시작하기 전에 콘크리트 타설장비(콘크리트 플레이싱 붐, 콘크리트 분배기, 콘크리트 펌프카 등)를 점검하고 이상을 발견하였으면 즉시 보수할 것
② 건축물의 난간 등에서 작업하는 근로자가 호스의 요동·선회로 인하여 추락하는 위험을 방지하기 위하여 안전난간 설치 등 필요한 조치를 할 것
③ 콘크리트 타설장비의 붐을 조정하는 경우에는 주변의 전선 등에 의한 위험을 예방하기 위한 적절한 조치를 할 것
④ 작업 중에 지반의 침하나 아웃트리거 등 콘크리트 타설장비 지지구조물의 손상 등에 의하여 콘크리트 타설장비가 넘어질 우려가 있는 경우에는 이를 방지하기 위한 적절한 조치를 할 것

관련 법령 산업안전보건기준에 관한 규칙 제335조(콘크리트 타설장비 사용 시의 준수사항)

05 동영상은 크레인을 보여준다. 크레인을 사용하여 근로자를 운반하거나 작업이 가능하도록 하기 위한 조치사항 3가지를 쓰시오.

해답
① 탑승설비가 뒤집히거나 떨어지지 않도록 필요한 조치를 해야 한다.
② 안전대나 구명줄을 설치하고, 안전난간을 설치할 수 있는 구조인 경우에는 안전난간을 설치해야 한다.
③ 탑승설비를 하강시킬 때에는 동력하강방법으로 해야 한다.

관련 법령 산업안전보건기준에 관한 규칙 제86조(탑승의 제한)

06 동영상은 흙막이 지보공 작업 장면을 보여 주고 있다. 흙막이 지보공 설치 시 정기점검 사항 3가지를 쓰시오.

해답
① 부재의 손상·변형·부식·변위 및 탈락의 유무와 상태
② 버팀대의 긴압의 정도
③ 부재의 접속부·부착부 및 교차부의 상태
④ 침하의 정도

관련 법령 산업안전보건기준에 관한 규칙 제347조(붕괴 등의 위험 방지)

07 동영상은 양중기를 보여준다. 양중기의 종류 4가지를 쓰시오.

> [해답]
> ① 크레인
> ② 이동식 크레인
> ③ 리프트
> ④ 곤돌라
> ⑤ 승강기
>
> [관련 법령] 산업안전보건기준에 관한 규칙 제132조(양중기)

08 동영상은 차량계 건설기계 작업을 보여준다. 차량계 건설기계 등을 사용하는 작업을 할 때에 그 기계가 넘어지거나 굴러떨어짐으로써 근로자에게 위험을 미칠 우려가 있는 경우 조치사항 2가지를 쓰시오.

> [해답]
> ① 유도하는 사람을 배치
> ② 지반의 부동침하 방지
> ③ 갓길의 붕괴 방지
> ④ 도로 폭의 유지
>
> [관련 법령] 산업안전보건기준에 관한 규칙 제199조(전도 등의 방지)

3부 | 기출복원문제

01 동영상은 화물적재 장면을 보여준다. 화물적재 시의 조치사항을 2가지 쓰시오.

해답
① 하중이 한쪽으로 치우치지 않도록 적재해야 한다.
② 구내운반차 또는 화물자동차의 경우 화물의 붕괴 또는 낙하에 의한 위험을 방지하기 위하여 화물에 로프를 거는 등 필요한 조치를 해야 한다.
③ 운전자의 시야를 가리지 않도록 화물을 적재해야 한다.
④ 화물을 적재하는 경우에는 최대 적재량을 초과해서는 아니 된다.

관련 법령 산업안전보건기준에 관한 규칙 제173조(화물적재 시의 조치)

02 동영상에서는 고소작업대를 보여준다. 고소작업대 설치 시 준수사항 2가지를 쓰시오.

> **해답**
> ① 바닥과 고소작업대는 가능하면 수평을 유지하도록 할 것
> ② 갑작스러운 이동을 방지하기 위하여 아웃트리거 또는 브레이크 등을 확실히 사용할 것
>
> **관련 법령** 산업안전보건기준에 관한 규칙 제186조(고소작업대 설치 등의 조치)

03 동영상은 항타기를 보여준다. 항타기 조립·해체 시 점검사항 3가지를 쓰시오.

> **해답**
> ① 본체 연결부의 풀림 또는 손상의 유무
> ② 권상용 와이어로프·드럼 및 도르래의 부착 상태의 이상 유무
> ③ 권상장치의 브레이크 및 쐐기장치 기능의 이상 유무
> ④ 권상기의 설치 상태의 이상 유무
> ⑤ 리더(leader)의 버팀방법 및 고정 상태의 이상 유무
> ⑥ 본체·부속장치 및 부속품의 강도가 적합한지 여부
> ⑦ 본체·부속장치 및 부속품에 심한 손상·마모·변형 또는 부식이 있는지 여부
>
> **관련 법령** 산업안전보건기준에 관한 규칙 제207조(조립·해체 시 점검사항)

04 동영상은 굴착기로 화물을 인양하는 장면을 보여준다. 굴착기를 이용한 화물 인양작업을 위해 갖추어야 할 사항 3가지를 쓰시오.

해답
① 굴착기의 퀵커플러 또는 작업장치에 달기구가 부착되어 있는 등 인양작업이 가능하도록 제작된 기계일 것
② 굴착기 제조사에서 정한 정격하중이 확인되는 굴착기를 사용할 것
③ 달기구에 해지장치가 사용되는 등 작업 중 인양물의 낙하 우려가 없을 것

관련 법령 산업안전보건기준에 관한 규칙 제221조의5(인양작업 시 조치)

05 동영상은 가스용기의 보관 상태를 보여준다. 가스용기를 보관하거나 방치하면 안 되는 장소 3곳을 쓰시오.

[해답]
① 통풍이나 환기가 불충분한 장소
② 화기를 사용하는 장소 및 그 부근
③ 위험물 또는 인화성 액체를 취급하는 장소 및 그 부근

[관련 법령] 산업안전보건기준에 관한 규칙 제234조(가스 등의 용기)

06 동영상은 흙막이를 보여준다. 흙막이 지보공을 설치하였을 때 정기적으로 점검해야 하는 사항 3가지를 쓰시오.

[해답]
① 부재의 손상·변형·부식·변위 및 탈락의 유무와 상태
② 버팀대의 긴압의 정도
③ 부재의 접속부·부착부 및 교차부의 상태
④ 침하의 정도

[관련 법령] 산업안전보건기준에 관한 규칙 제347조(붕괴 등의 위험 방지)

07 동영상은 발파작업을 보여준다. 발파작업 시 작업기준 사항 3가지를 쓰시오.

해답
① 얼어붙은 다이너마이트는 화기에 접근시키거나 그 밖의 고열물에 직접 접촉시키는 등 위험한 방법으로 융해되지 않도록 할 것
② 화약이나 폭약을 장전하는 경우에는 그 부근에서 화기를 사용하거나 흡연을 하지 않도록 할 것
③ 장전구는 마찰·충격·정전기 등에 의한 폭발의 위험이 없는 안전한 것을 사용할 것
④ 발파공의 충진재료는 점토·모래 등 발화성 또는 인화성의 위험이 없는 재료를 사용할 것
⑤ 점화 후 장전된 화약류가 폭발하지 아니한 경우 또는 장전된 화약류의 폭발 여부를 확인하기 곤란한 경우에는 다음의 사항을 따를 것
  ㉠ 전기뇌관에 의한 경우에는 발파모선을 점화기에서 떼어 그 끝을 단락시켜 놓는 등 재점화되지 않도록 조치하고 그 때부터 5분 이상 경과한 후가 아니면 화약류의 장전장소에 접근시키지 않도록 할 것
  ㉡ 전기뇌관 외의 것에 의한 경우에는 점화한 때부터 15분 이상 경과한 후가 아니면 화약류의 장전장소에 접근시키지 않도록 할 것
⑥ 전기뇌관에 의한 발파의 경우 점화하기 전에 화약류를 장전한 장소로부터 30m 이상 떨어진 안전한 장소에서 전선에 대하여 저항측정 및 도통(導通)시험을 할 것

관련 법령 산업안전보건기준에 관한 규칙 제348조(발파의 작업기준)

08 동영상은 거푸집 작업을 보여준다. 거푸집 조립 시 안전조치 사항 2가지를 쓰시오.

해답
① 거푸집을 조립하는 경우에는 거푸집이 콘크리트 하중이나 그 밖의 외력에 견딜 수 있거나, 넘어지지 않도록 견고한 구조의 긴결재, 버팀대 또는 지지대를 설치하는 등 필요한 조치를 할 것
② 거푸집이 곡면인 경우에는 버팀대의 부착 등 그 거푸집의 부상을 방지하기 위한 조치를 할 것

관련 법령 산업안전보건기준에 관한 규칙 제331조의2(거푸집 조립 시의 안전조치)

과년도 기출복원문제

1부 | 기출복원문제

01 동영상은 콘크리트 타설작업 현장을 보여준다. 콘크리트 펌프카를 사용하는 경우 준수하여야 할 사항 3가지를 적으시오.

해답
① 작업을 시작하기 전에 콘크리트 타설장비(콘크리트 플레이싱 붐, 콘크리트 분배기, 콘크리트 펌프카 등)를 점검하고 이상을 발견하였으면 즉시 보수할 것
② 건축물의 난간 등에서 작업하는 근로자가 호스의 요동·선회로 인하여 추락하는 위험을 방지하기 위하여 안전난간 설치 등 필요한 조치를 할 것
③ 콘크리트 타설장비의 붐을 조정하는 경우에는 주변의 전선 등에 의한 위험을 예방하기 위한 적절한 조치를 할 것
④ 작업 중에 지반의 침하나 아웃트리거 등 콘크리트 타설장비 지지구조물의 손상 등에 의하여 콘크리트 타설장비가 넘어질 우려가 있는 경우에는 이를 방지하기 위한 적절한 조치를 할 것

관련 법령 산업안전보건기준에 관한 규칙 제335조(콘크리트 타설장비 사용 시의 준수사항)

02 동영상에서는 동바리 작업을 보여준다. 동바리로 강관틀을 사용하는 경우 준수사항 3가지를 쓰시오.

해답
① 강관틀과 강관틀 사이에 교차 가새를 설치할 것
② 최상단 및 5단 이내마다 동바리의 측면과 틀면의 방향 및 교차 가새의 방향에서 5개 이내마다 수평 연결재를 설치하고 수평 연결재의 변위를 방지할 것
③ 최상단 및 5단 이내마다 동바리의 틀면의 방향에서 양단 및 5개틀 이내마다 교차 가새의 방향으로 띠장틀을 설치할 것

관련 법령 산업안전보건기준에 관한 규칙 제332조의2(동바리 유형에 따른 동바리 조립 시의 안전조치)

03 동영상은 거푸집 작업을 보여준다. 거푸집 해체작업 시 준수사항 3가지를 쓰시오.

해답
① 해당 작업을 하는 구역에는 관계 근로자가 아닌 사람의 출입을 금지할 것
② 비, 눈, 그 밖의 기상 상태의 불안정으로 날씨가 몹시 나쁜 경우에는 그 작업을 중지할 것
③ 재료, 기구 또는 공구 등을 올리거나 내리는 경우에는 근로자로 하여금 달줄·달포대 등을 사용하도록 할 것
④ 낙하·충격에 의한 돌발적 재해를 방지하기 위하여 버팀목을 설치하고 거푸집 및 동바리를 인양장비에 매단 후에 작업을 하도록 하는 등 필요한 조치를 할 것

관련 법령 산업안전보건기준에 관한 규칙 제333조(조립·해체 등 작업 시의 준수사항)

04 동영상은 철근 가공장을 보여준다. 임시 분전함 문을 열어놓고 콘센트를 꽂았으며 작업장 주변은 전날 비가 와서 물기가 있다. 근로자는 더워서 반팔 작업복을 입고 있으며 끼고 있는 장갑은 젖어 있다. 동영상에서 위험요인 3가지를 찾아 쓰시오.

해답
① 임시 분전함 시건장치 누락
② 작업장 주변 물기 미제거
③ 반팔 작업복 착용

05 동영상은 동바리 작업을 보여준다. 시스템 동바리 사용 시 준수사항 3가지를 쓰시오.

해답
① 수평재는 수직재와 직각으로 설치해야 하며, 흔들리지 않도록 견고하게 설치할 것
② 연결철물을 사용하여 수직재를 견고하게 연결하고, 연결부위가 탈락 또는 꺾어지지 않도록 할 것
③ 수직 및 수평하중에 대해 동바리의 구조적 안정성이 확보되도록 조립도에 따라 수직재 및 수평재에는 가새재를 견고하게 설치할 것
④ 동바리 최상단과 최하단의 수직재와 받침 철물은 서로 밀착되도록 설치하고 수직재와 받침 철물의 연결부의 겹침길이는 받침 철물 전체길이의 1/3 이상 되도록 할 것

관련 법령 산업안전보건기준에 관한 규칙 제332조의2(동바리 유형에 따른 동바리 조립 시의 안전조치)

06 동영상에서는 타워크레인을 이용하여 동바리 자재인 파이프 서포트를 지상 5층으로 인양하고 있다. 상부에서 이동 중 1줄 걸이한 파이프 서포트 1개가 떨어져 아래를 지나던 근로자가 맞는 사고가 발생하였다. 이 사고의 재해 발생 형태, 기인물, 가해물을 쓰시오.

출처 : 세이프넷(safetynetwork.co.kr)

해답
① 재해 발생 형태 : 물체에 맞음
② 기인물 : 1줄 걸이
③ 가해물 : 파이프 서포트

07 동영상은 철근작업을 보여준다. 철근조립 작업 시 준수사항 2가지를 쓰시오.

해답
① 양중기로 철근을 운반할 경우 두 군데 이상 묶어서 수평으로 운반할 것
② 작업위치의 높이가 2m 이상일 경우 작업발판을 설치하거나 안전대를 착용하게 하는 등 위험 방지를 위하여 필요한 조치를 할 것

관련 법령 산업안전보건기준에 관한 규칙 제333조(조립·해체 등 작업 시의 준수사항)

08 동영상은 콘크리트 타설작업을 보여준다. 콘크리트 타설 시 준수사항 3가지를 쓰시오.

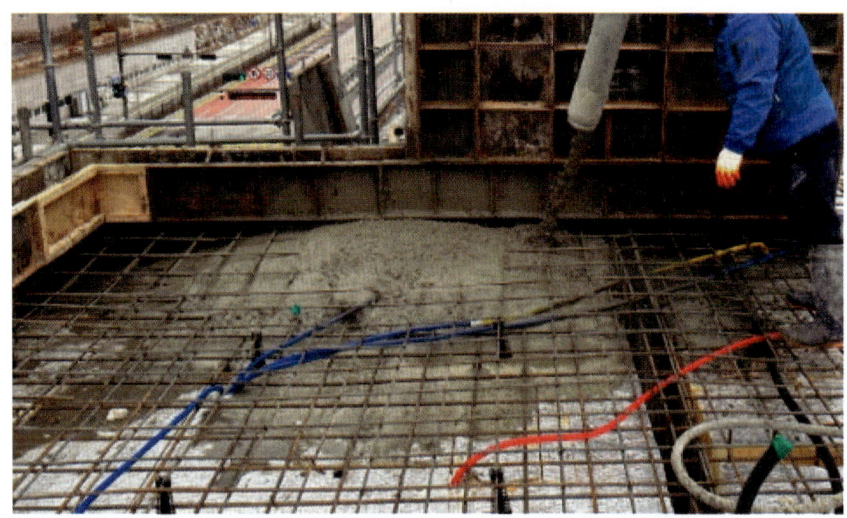

해답
① 당일의 작업을 시작하기 전에 해당 작업에 관한 거푸집 및 동바리의 변형·변위 및 지반의 침하 유무 등을 점검하고 이상이 있으면 보수할 것
② 작업 중에는 감시자를 배치하는 등의 방법으로 거푸집 및 동바리의 변형·변위 및 침하 유무 등을 확인해야 하며, 이상이 있으면 작업을 중지하고 근로자를 대피시킬 것
③ 콘크리트 타설작업 시 거푸집 붕괴의 위험이 발생할 우려가 있으면 충분한 보강조치를 할 것
④ 설계도서상의 콘크리트 양생기간을 준수하여 거푸집 및 동바리를 해체할 것
⑤ 콘크리트를 타설하는 경우에는 편심이 발생하지 않도록 골고루 분산하여 타설할 것

관련 법령 산업안전보건기준에 관한 규칙 제334조(콘크리트의 타설작업)

2부 | 기출복원문제

01 동영상은 발파작업을 보여준다. 발파작업을 중단해야 하는 경우 2가지를 쓰시오.

해답
① 사업주는 벼락이 떨어질 우려가 있는 경우에는 화약 또는 폭약의 장전작업을 중지하고 근로자들을 안전한 장소로 대피시켜야 한다.
② 사업주는 발파작업 시 근로자가 안전한 거리로 피난할 수 없는 경우에는 앞면과 상부를 견고하게 방호한 피난장소를 설치하여야 한다.

관련 법령 산업안전보건기준에 관한 규칙 제349조(작업중지 및 피난)

02 동영상에서는 현장에서 사용하는 가스용기를 보여주고 있다. 가스용기 취급 시의 주의사항 4가지를 적으시오.

> [해답]
① 통풍이나 환기가 불충분한 장소, 화기를 사용하는 장소 및 그 부근, 위험물 또는 인화성 액체를 취급하는 장소 및 그 부근에서 사용하거나 해당 장소에 설치·저장 또는 방치하지 않도록 할 것
② 용기의 온도를 40℃ 이하로 유지할 것
③ 전도의 위험이 없도록 할 것
④ 충격을 가하지 않도록 할 것
⑤ 운반하는 경우에는 캡을 씌울 것
⑥ 사용하는 경우에는 용기의 마개에 부착되어 있는 유류 및 먼지를 제거할 것
⑦ 밸브의 개폐는 서서히 할 것
⑧ 사용 전 또는 사용 중인 용기와 그 밖의 용기를 명확히 구별하여 보관할 것
⑨ 용해아세틸렌의 용기는 세워 둘 것
⑩ 용기의 부식·마모 또는 변형상태를 점검한 후 사용할 것

> [관련 법령] 산업안전보건기준에 관한 규칙 제234조(가스 등의 용기)

03 동영상은 굴착작업을 보여주고 있다. 굴착작업 시 사전조사 내용 3가지를 적으시오.

> [해답]
① 형상, 지질 및 지층의 상태
② 균열, 함수, 용수 및 동결의 유무 또는 상태
③ 매설물 등의 유무 또는 상태
④ 지반의 지하수위 상태

> [관련 법령] 산업안전보건기준에 관한 규칙 별표 4(사전조사 및 작업계획서 내용)

더 알아보기 | 사전조사 및 작업계획서 내용

작업명	사전조사 내용	작업계획서 내용
굴착작업	가. 형상·지질 및 지층의 상태 나. 균열·함수·용수 및 동결의 유무 또는 상태 다. 매설물 등의 유무 또는 상태 라. 지반의 지하수위 상태	가. 굴착방법 및 순서, 토사 등 반출방법 나. 필요한 인원 및 장비 사용계획 다. 매설물 등에 대한 이설·보호대책 라. 사업장 내 연락방법 및 신호방법 마. 흙막이 지보공 설치방법 및 계측계획 바. 작업지휘자의 배치계획 사. 그 밖에 안전·보건에 관련된 사항

04 동영상은 터널 용접작업을 보여준다. 터널 내부에서 용접 시 화재 방지조치 사항 3가지를 쓰시오.

해답
① 부근에 있는 넝마, 나무부스러기, 종이부스러기, 그 밖의 인화성 액체를 제거하거나, 그 인화성 액체에 불연성 물질의 덮개를 하거나, 그 작업에 수반하는 불티 등이 날아 흩어지는 것을 방지하기 위한 격벽을 설치할 것
② 해당 작업에 종사하는 근로자에게 소화설비의 설치장소 및 사용방법을 주지시킬 것
③ 해당 작업 종료 후 불티 등에 의하여 화재가 발생할 위험이 있는지를 확인할 것

관련 법령 산업안전보건기준에 관한 규칙 제356조(용접 등 작업 시의 조치)

05 동영상은 철근작업을 보여준다. 철근을 인력으로 운반 시에 준수하여야 하는 사항 3가지를 쓰시오.

해답
① 1인당 무게는 25kg 정도가 적절하며, 무리한 운반을 삼가하여야 한다.
② 2인 이상이 1조가 되어 어깨메기로 하여 운반하는 등 안전을 도모하여야 한다.
③ 긴 철근을 부득이 한 사람이 운반할 때에는 한쪽을 어깨에 메고 한쪽 끝을 끌면서 운반하여야 한다.
④ 운반할 때에는 양 끝을 묶어 운반하여야 한다.
⑤ 내려놓을 때는 천천히 내려놓고 던지지 않아야 한다.
⑥ 공동작업을 할 때에는 신호에 따라 작업을 하여야 한다.

관련 법령 콘크리트공사표준안전작업지침 제12조(운반)

06 동영상은 이동식 비계를 보여준다. 이동식 비계에서 작업 시 준수사항 3가지를 쓰시오.

[해답]
① 이동식 비계의 바퀴에는 뜻밖의 갑작스러운 이동 또는 전도를 방지하기 위하여 브레이크·쐐기 등으로 바퀴를 고정시킨 다음 비계의 일부를 견고한 시설물에 고정하거나 아웃트리거를 설치하는 등 필요한 조치를 할 것
② 승강용 사다리는 견고하게 설치할 것
③ 비계의 최상부에서 작업을 하는 경우에는 안전난간을 설치할 것
④ 작업발판은 항상 수평을 유지하고 작업발판 위에서 안전난간을 딛고 작업을 하거나 받침대 또는 사다리를 사용하여 작업하지 않도록 할 것
⑤ 작업발판의 최대 적재하중은 250kg을 초과하지 않도록 할 것

[관련 법령] 산업안전보건기준에 관한 규칙 제68조(이동식 비계)

07 동영상은 교량작업을 보여준다. 교량작업 시 준수사항 3가지를 쓰시오.

[해답]
① 작업을 하는 구역에는 관계 근로자가 아닌 사람의 출입을 금지할 것
② 재료, 기구 또는 공구 등을 올리거나 내릴 경우에는 근로자로 하여금 달줄, 달포대 등을 사용하도록 할 것
③ 중량물 부재를 크레인 등으로 인양하는 경우에는 부재에 인양용 고리를 견고하게 설치하고, 인양용 로프는 부재에 두 군데 이상 결속하여 인양하여야 하며, 중량물이 안전하게 거치되기 전까지는 걸이로프를 해제시키지 아니할 것
④ 자재나 부재의 낙하·전도 또는 붕괴 등에 의하여 근로자에게 위험을 미칠 우려가 있을 경우에는 출입금지 구역의 설정, 자재 또는 가설시설의 좌굴 또는 변형 방지를 위한 보강재 부착 등의 조치를 할 것

[관련 법령] 산업안전보건기준에 관한 규칙 제369조(작업 시 준수사항)

08 동영상은 채석작업을 보여준다. 채석작업 시 지반 붕괴 등의 위험을 방지하기 위한 조치사항 2가지를 쓰시오.

해답
① 점검자를 지명하고 당일 작업시작 전에 작업장소 및 그 주변 지반의 부석과 균열의 유무와 상태, 함수·용수 및 동결 상태의 변화를 점검할 것
② 점검자는 발파 후 그 발파 장소와 그 주변의 부석 및 균열의 유무와 상태를 점검할 것

관련 법령 산업안전보건기준에 관한 규칙 제370조(지반 붕괴 등의 위험방지)

3부 | 기출복원문제

01 동영상은 굴착기 작업을 보여준다. 굴착기에 사람이 부딪히는 것을 방지하기 위한 장치 2가지를 쓰시오.

해답
① 후사경, ② 후방영상표시장치

관련 법령 산업안전보건기준에 관한 규칙 제221조의2(충돌위험 방지조치)

02 동영상은 용접작업을 보여준다. 용접작업 시 화재감시자를 배치해야 하는 장소 3곳을 쓰시오.

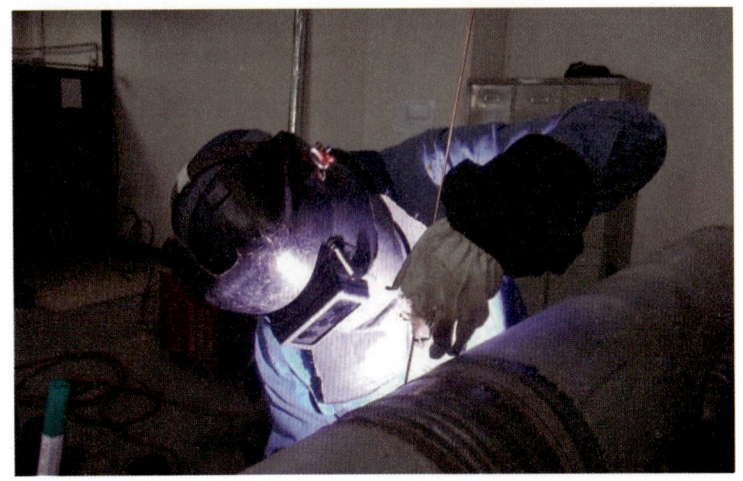

> **해답**
> ① 작업반경 11m 이내에 건물구조 자체나 내부에 가연성 물질이 있는 장소
> ② 작업반경 11m 이내의 바닥 하부에 가연성 물질이 11m 이상 떨어져 있지만 불꽃에 의해 쉽게 발화될 우려가 있는 장소
> ③ 가연성 물질이 금속으로 된 칸막이·벽·천장 또는 지붕의 반대쪽 면에 인접해 있어 열전도나 열복사에 의해 발화될 우려가 있는 장소
>
> **관련 법령** 산업안전보건기준에 관한 규칙 제241조의2(화재감시자)

03 동영상은 덤프트럭으로 흙을 운반하는 작업을 보여준다. 덤프트럭 운반 시 준수사항 3가지를 쓰시오.

> **해답**
> ① 장비의 진입로와 작업장에서의 주행로를 확보하고, 다짐도, 노폭, 경사도 등의 상태를 점검하여야 한다.
> ② 유도자와 교통정리원을 배치하여야 한다.
> ③ 작업반경 내에 근로자가 출입하지 않도록 방호설비를 하거나 감시인을 배치한다.
> ④ 운전자가 자격을 갖추었는지를 확인하여야 한다.
>
> **관련 법령** 굴착공사 표준안전 작업지침 제10조(준비)

04 동영상은 화물차에 짐을 싣는 장면을 보여준다. 짐걸이로 사용되는 섬유로프의 사용금지 기준 2가지를 쓰시오.

해답
① 꼬임이 끊어진 것
② 심하게 손상되거나 부식된 것

관련 법령 산업안전보건기준에 관한 규칙 제188조(꼬임이 끊어진 섬유로프 등의 사용금지)

05 동영상은 크레인 양중작업을 보여준다. 걸이작업 시 준수해야 할 사항 2가지를 쓰시오.

> [해답]
> ① 와이어로프 등은 크레인의 후크 중심에 걸어야 한다.
> ② 인양 물체의 안정을 위하여 2줄 걸이 이상을 사용하여야 한다.
> ③ 밑에 있는 물체를 걸고자 할 때에는 위의 물체를 제거한 후에 행하여야 한다.
> ④ 매다는 각도는 60° 이내로 하여야 한다.
> ⑤ 근로자를 매달린 물체 위에 탑승시키지 않아야 한다.
>
> [관련 법령] 운반하역 표준안전 작업지침 제22조(걸이)

06 동영상은 파일 자재를 야적한 모습을 보여준다. 자재의 구름 방지를 위한 조치사항 2가지를 쓰시오.

> [해답]
> ① 구름멈춤대, 쐐기 등을 이용하여 중량물의 동요나 이동을 조절해야 한다.
> ② 중량물이 구를 위험이 있는 방향 앞의 일정거리 이내로는 근로자의 출입을 제한해야 한다.
> ③ 중량물을 보관하거나 작업 중인 장소가 경사면인 경우에는 경사면 아래로는 근로자의 출입을 제한해야 한다.
>
> [관련 법령] 산업안전보건기준에 관한 규칙 제386조(중량물의 구름 위험 방지)

07 동영상은 PHC 파일을 보여준다. PHC 말뚝의 항타공법 종류 3가지를 쓰시오.

해답
① 타격공법
② 진동공법
③ 압입공법
④ 프리보링공법

08 동영상은 이동식 비계를 보여준다. 이동식 비계의 사용 시 준수사항 3가지를 쓰시오.

해답
① 안전담당자의 지휘하에 작업을 행하여야 한다.
② 비계의 최대 높이는 밑변 최소폭의 4배 이하이어야 한다.
③ 작업대의 발판은 전면에 걸쳐 빈틈없이 깔아야 한다.
④ 비계의 일부를 건물에 체결하여 이동, 전도 등을 방지하여야 한다.
⑤ 승강용 사다리는 견고하게 부착하여야 한다.
⑥ 최대 적재하중을 표시하여야 한다.
⑦ 부재의 접속부, 교차부는 확실하게 연결하여야 한다.
⑧ 작업대에는 안전난간을 설치하여야 하며 낙하물 방지조치를 설치하여야 한다.
⑨ 불의의 이동을 방지하기 위한 제동장치를 반드시 갖추어야 한다.
⑩ 이동할 때에는 작업원이 없는 상태이어야 한다.
⑪ 비계의 이동에는 충분한 인원배치를 하여야 한다.
⑫ 안전모를 착용하여야 하며 지지로프를 설치하여야 한다.
⑬ 재료, 공구의 오르내리기에는 포대, 로프 등을 이용하여야 한다.
⑭ 작업장 부근에 고압선 등이 있는가를 확인하고 적절한 방호조치를 취하여야 한다.
⑮ 상하에서 동시에 작업을 할 때에는 충분한 연락을 취하면서 작업을 하여야 한다.

관련 법령 가설공사 표준안전 작업지침 제13조(이동식 비계)

2017년 제4회 과년도 기출복원문제

1부 | 기출복원문제

01 동영상은 화재감시자를 보여준다. 화재감시자의 업무 3가지를 쓰시오.

해답
① 가연성 물질이 있는지 여부의 확인
② 가스 검지, 경보 성능을 갖춘 가스 검지 및 경보 장치의 작동 여부의 확인
③ 화재 발생 시 사업장 내 근로자의 대피 유도

관련 법령 산업안전보건기준에 관한 규칙 제241조의2(화재감시자)

02 동영상은 사면이 보호된 장면을 보여준다. 구조물에 의한 사면보호공법 3가지를 쓰시오.

해답
① 콘크리트블록 격자공법
② 돌망태공법
③ 블록쌓기공법
④ 블록붙임공법, 돌붙임공법
⑤ 콘크리트 뿜어붙이기공법, 모르타르 뿜어붙이기공법

03 동영상은 전기작업을 보여준다. 감전 방지용 누전차단기를 설치해야 하는 전기기계·기구 3가지를 쓰시오.

해답
① 대지전압이 150V를 초과하는 이동형 또는 휴대형 전기기계·기구
② 물 등 도전성이 높은 액체가 있는 습윤장소에서 사용하는 저압용 전기기계·기구
③ 철판·철골 위 등 도전성이 높은 장소에서 사용하는 이동형 또는 휴대형 전기기계·기구
④ 임시배선의 전로가 설치되는 장소에서 사용하는 이동형 또는 휴대형 전기기계·기구

관련 법령 산업안전보건기준에 관한 규칙 제304조(누전차단기에 의한 감전 방지)

04 동영상은 작업발판 일체형 거푸집을 보여준다. 작업발판 일체형 거푸집 조립 시 준수사항 3가지를 쓰시오.

해답
① 조립 등의 범위 및 작업절차를 미리 그 작업에 종사하는 근로자에게 주지시킬 것
② 근로자가 안전하게 구조물 내부에서 갱 폼의 작업발판으로 출입할 수 있는 이동통로를 설치할 것
③ 갱 폼의 지지 또는 고정철물의 이상 유무를 수시점검하고 이상이 발견된 경우에는 교체하도록 할 것
④ 갱 폼을 조립하거나 해체하는 경우에는 갱 폼을 인양장비에 매단 후에 작업을 실시하도록 하고, 인양장비에 매달기 전에 지지 또는 고정철물을 미리 해체하지 않도록 할 것
⑤ 갱 폼 인양 시 작업발판용 케이지에 근로자가 탑승한 상태에서 갱 폼의 인양작업을 하지 않을 것

관련 법령 산업안전보건기준에 관한 규칙 제331조의3(작업발판 일체형 거푸집의 안전조치)

05 동영상은 콘크리트 펌프카를 이용한 콘크리트 타설작업을 보여준다. 펌프카를 이용한 콘크리트 타설 시 준수사항 3가지를 쓰시오.

해답
① 작업을 시작하기 전에 콘크리트 타설장비를 점검하고 이상을 발견하였으면 즉시 보수할 것
② 건축물의 난간 등에서 작업하는 근로자가 호스의 요동·선회로 인하여 추락하는 위험을 방지하기 위하여 안전난간 설치 등 필요한 조치를 할 것
③ 콘크리트 타설장비의 붐을 조정하는 경우에는 주변의 전선 등에 의한 위험을 예방하기 위한 적절한 조치를 할 것
④ 작업 중에 지반의 침하나 아웃트리거 등 콘크리트 타설장비 지지구조물의 손상 등에 의하여 콘크리트 타설장비가 넘어질 우려가 있는 경우에는 이를 방지하기 위한 적절한 조치를 할 것

관련 법령 산업안전보건기준에 관한 규칙 제335조(콘크리트 타설장비 사용 시의 준수사항)

06 동영상은 굴착작업을 보여준다. 굴착작업 시 토사붕괴 등의 위험 발생이 예상될 경우 조치사항 2가지를 쓰시오.

> **해답**
> ① 흙막이 지보공의 설치
> ② 방호망의 설치
> ③ 근로자의 출입 금지

관련 법령 산업안전보건기준에 관한 규칙 제340조(굴착작업 시 위험방지)

07 동영상은 교량작업을 보여준다. 교량 설치·해체작업 시 준수사항 3가지를 쓰시오.

> **해답**
> ① 작업을 하는 구역에는 관계 근로자가 아닌 사람의 출입을 금지할 것
> ② 재료, 기구 또는 공구 등을 올리거나 내릴 경우에는 근로자로 하여금 달줄, 달포대 등을 사용하도록 할 것
> ③ 중량물 부재를 크레인 등으로 인양하는 경우에는 부재에 인양용 고리를 견고하게 설치하고, 인양용 로프는 부재에 두 군데 이상 결속하여 인양하여야 하며, 중량물이 안전하게 거치되기 전까지는 걸이로프를 해제시키지 아니할 것
> ④ 자재나 부재의 낙하·전도 또는 붕괴 등에 의하여 근로자에게 위험을 미칠 우려가 있을 경우에는 출입금지 구역의 설정, 자재 또는 가설시설의 좌굴 또는 변형 방지를 위한 보강재 부착 등의 조치를 할 것

관련 법령 산업안전보건기준에 관한 규칙 제369조(작업 시 준수사항)

08 동영상은 가설도로를 보여준다. 가설도로 설치 시 준수사항 3가지를 쓰시오.

해답
① 도로는 장비와 차량이 안전하게 운행할 수 있도록 견고하게 설치할 것
② 도로와 작업장이 접하여 있을 경우에는 울타리 등을 설치할 것
③ 도로는 배수를 위하여 경사지게 설치하거나 배수시설을 설치할 것
④ 차량의 속도제한 표지를 부착할 것

관련 법령 산업안전보건기준에 관한 규칙 제379조(가설도로)

2부 | 기출복원문제

01 동영상은 굴착기를 이용하여 화물을 인양하는 장면을 보여준다. 인양작업 시 준수사항 3가지를 쓰시오.

해답
① 굴착기 제조사에서 정한 작업설명서에 따라 인양할 것
② 사람을 지정하여 인양작업을 신호하게 할 것
③ 인양물과 근로자가 접촉할 우려가 있는 장소에 근로자의 출입을 금지시킬 것
④ 지반의 침하 우려가 없고 평평한 장소에서 작업할 것
⑤ 인양 대상 화물의 무게는 정격하중을 넘지 않을 것

관련 법령 산업안전보건기준에 관한 규칙 제221조의5(인양작업 시 조치)

02 동영상은 추락방호망을 보여준다. 추락방호망 설치 시 준수사항 3가지를 쓰시오.

> **해답**
> ① 추락방호망의 설치위치는 가능하면 작업면으로부터 가까운 지점에 설치하여야 하며, 작업면으로부터 망의 설치지점까지의 수직거리는 10m를 초과하지 아니할 것
> ② 추락방호망은 수평으로 설치하고, 망의 처짐은 짧은 변 길이의 12% 이상이 되도록 할 것
> ③ 건축물 등의 바깥쪽으로 설치하는 경우 추락방호망의 내민 길이는 벽면으로부터 3m 이상 되도록 할 것
>
> **관련 법령** 산업안전보건기준에 관한 규칙 제42조(추락의 방지)

03 동영상은 철골용접을 하는 작업자를 보여준다. 가스를 사용하여 금속의 용접·용단 또는 가열작업을 하는 경우 가스의 누출 또는 방출로 인한 폭발·화재 또는 화상을 예방하기 위하여 준수해야 하는 사항 3가지를 적으시오.

> **해답**
> ① 가스 등의 호스와 취관은 손상·마모 등에 의하여 가스 등이 누출될 우려가 없는 것을 사용해야 한다.
> ② 가스 등의 취관 및 호스의 상호 접촉부분은 호스밴드, 호스클립 등 조임 기구를 사용하여 가스 등이 누출되지 않도록 해야 한다.
> ③ 가스 등의 호스에 가스 등을 공급하는 경우에는 미리 그 호스에서 가스 등이 방출되지 않도록 필요한 조치를 해야 한다.
> ④ 사용 중인 가스 등을 공급하는 공급구의 밸브나 콕에는 그 밸브나 콕에 접속된 가스 등의 호스를 사용하는 사람의 이름표를 붙이는 등 가스 등의 공급에 대한 오조작을 방지하기 위한 표시를 해야 한다.
> ⑤ 용단작업을 하는 경우에는 취관으로부터 산소의 과잉 방출로 인한 화상을 예방하기 위하여 근로자가 조절밸브를 서서히 조작하도록 주지시켜야 한다.
> ⑥ 작업을 중단하거나 마치고 작업 장소를 떠날 경우에는 가스 등의 공급구의 밸브나 콕을 잠가야 한다.
> ⑦ 가스 등의 분기관은 전용 접속 기구를 사용하여 불량 체결을 방지하여야 하며, 서로 이어지지 않는 구조의 접속 기구 사용, 서로 다른 색상의 배관·호스의 사용 및 꼬리표 부착 등을 통하여 서로 다른 가스배관과의 불량 체결을 방지해야 한다.
>
> **관련 법령** 산업안전보건기준에 관한 규칙 제233조(가스용접 등의 작업)

빈출
04 동영상은 둥근톱 작업을 보여준다. 목재 가공용 둥근톱기계의 방호장치 2가지를 쓰시오.

해답
① 반발예방장치
② 톱날접촉예방장치

관련 법령 산업안전보건기준에 관한 규칙 제105조(둥근톱기계의 반발예방장치), 제106조(둥근톱기계의 톱날접촉예방장치)

05 동영상은 굴착작업을 보여준다. 굴착기계 작업 전 점검사항 3가지를 쓰시오.

해답

① 공사의 규모, 주변환경, 토질, 공사기간 등의 조건을 고려한 적절한 기계를 선정하여야 한다.
② 작업 전에 기계의 정비 상태를 정비기록표 등에 의해 확인하고 다음의 사항을 점검하여야 한다.
  ㉠ 낙석, 낙하물 등의 위험이 예상되는 작업 시 견고한 헤드가드 설치 상태
  ㉡ 브레이크 및 클러치의 작동 상태
  ㉢ 타이어 및 궤도차륜 상태
  ㉣ 경보장치 작동 상태
  ㉤ 부속장치의 상태
③ 정비 상태가 불량한 기계는 투입해서는 안 된다.
④ 장비의 진입로와 작업장에서의 주행로를 확보하고, 다짐도, 노폭, 경사도 등의 상태를 점검하여야 한다.
⑤ 굴착된 토사의 운반통로, 노면의 상태, 노폭, 기울기, 회전반경 및 교차점, 장비의 운행 시 근로자의 비상대피처 등에 대해서 조사하여 대책을 강구하여야 한다.
⑥ 인력굴착과 기계굴착을 병행할 경우 각각의 작업 범위와 작업추진 방향을 명확히 하고 기계의 작업반경내에 근로자가 출입하지 않도록 방호설비를 하거나 감시인을 배치한다.
⑦ 발파, 붕괴 시 대피장소가 확보되어야 한다.
⑧ 장비 연료 및 정비용 기구 공구 등의 보관장소가 적절한지를 확인하여야 한다.
⑨ 운전자가 자격을 갖추었는지를 확인하여야 한다.
⑩ 굴착된 토사를 덤프트럭 등을 이용하여 운반할 경우는 유도자와 교통정리원을 배치하여야 한다.

관련 법령 굴착공사 표준안전 작업지침 제10조(준비)

06 동영상은 철골작업을 보여준다. 철골작업 시 작업을 중지해야 하는 조건 3가지를 쓰시오.

> [해답]
> ① 풍속이 초당 10m 이상인 경우
> ② 강우량이 시간당 1mm 이상인 경우
> ③ 강설량이 시간당 1cm 이상인 경우
>
> [관련 법령] 산업안전보건기준에 관한 규칙 제383조(작업의 제한)

07 동영상은 철골작업을 보여준다. 건립 중 기둥 승강용 트랩의 설치기준 2가지를 쓰시오.

> [해답]
> ① 기둥 승강설비로서 기둥 제작 시 16mm 철근 등을 이용하여 30cm 이내의 간격, 30cm 이상의 폭으로 트랩을 설치하여야 한다.
> ② 안전대 부착설비 구조를 겸용하여야 한다.
>
> [관련 법령] 철골공사표준안전작업지침 제16조(재해방지 설비)

08 동영상은 교량 상부에서 콘크리트 펌프카를 이용하여 콘크리트 타설장면을 보여주고 있다. 콘크리트 펌프카를 사용하는 경우 준수하여야 할 사항 2가지를 적으시오.

해답
① 작업을 시작하기 전에 콘크리트 타설장비(콘크리트 플레이싱 붐, 콘크리트 분배기, 콘크리트 펌프카 등)를 점검하고 이상을 발견하였으면 즉시 보수할 것
② 건축물의 난간 등에서 작업하는 근로자가 호스의 요동·선회로 인하여 추락하는 위험을 방지하기 위하여 안전난간 설치 등 필요한 조치를 할 것
③ 콘크리트 타설장비의 붐을 조정하는 경우에는 주변의 전선 등에 의한 위험을 예방하기 위한 적절한 조치를 할 것
④ 작업 중에 지반의 침하나 아웃트리거 등 콘크리트 타설장비 지지구조물의 손상 등에 의하여 콘크리트 타설장비가 넘어질 우려가 있는 경우에는 이를 방지하기 위한 적절한 조치를 할 것

관련 법령 산업안전보건기준에 관한 규칙 제335조(콘크리트 타설장비 사용 시의 준수사항)

3부 | 기출복원문제

01 동영상은 거푸집 작업을 보여준다. 거푸집 동바리 고정·해체작업 시 관리감독자의 직무사항 3가지를 쓰시오.

해답
① 안전한 작업방법을 결정하고 작업을 지휘하는 일
② 재료·기구의 결함 유무를 점검하고 불량품을 제거하는 일
③ 작업 중 안전대 및 안전모 등 보호구 착용 상황을 감시하는 일

관련 법령 산업안전보건기준에 관한 규칙 별표 2(관리감독자의 유해·위험 방지)

02 동영상은 터널작업을 보여준다. NATM 공법의 터널공사에서 지질 및 지층에 관한 조사를 통해 확인할 사항 3가지를 쓰시오.

> [해답]
> ① 시추(보링) 위치
> ② 토층 분포 상태
> ③ 투수계수
> ④ 지하수위
> ⑤ 지반의 지지력
>
> [관련 법령] 터널공사 표준안전 작업지침-NATM공법 제3조(지반조사의 확인)

03 동영상은 강말뚝을 보여준다. 강말뚝의 부식 방지대책 3가지를 쓰시오.

> [해답]
> ① 콘크리트 피복에 의한 방법
> ② 도장에 의한 방법
> ③ 말뚝 두께를 증가하는 방법
> ④ 전기방식 방법

04 동영상은 리프트를 보여준다. 리프트 설치 시 준수해야 하는 사항 3가지를 쓰시오.

해답
① 작업을 지휘하는 사람을 선임하여 그 사람의 지휘하에 작업을 실시할 것
② 작업을 할 구역에 관계 근로자가 아닌 사람의 출입을 금지하고 그 취지를 보기 쉬운 장소에 표시할 것
③ 비, 눈, 그 밖에 기상 상태의 불안정으로 날씨가 몹시 나쁜 경우에는 그 작업을 중지시킬 것

관련 법령 산업안전보건기준에 관한 규칙 제156조(조립 등의 작업)

05 동영상은 흙막이를 보여준다. 흙막이 지보공 설치 시 정기점검 사항 4가지를 쓰시오.

해답
① 부재의 손상·변형·부식·변위 및 탈락의 유무와 상태
② 버팀대의 긴압의 정도
③ 부재의 접속부·부착부 및 교차부의 상태
④ 침하의 정도

관련 법령 산업안전보건기준에 관한 규칙 제347조(붕괴 등의 위험 방지)

06 동영상은 해체작업을 보여준다. 해체작업 시 위험방지를 위한 준수사항 2가지를 쓰시오.

해답
① 구축물 등의 해체작업 시 구축물 등을 무너뜨리는 작업을 하기 전에 구축물 등이 넘어지는 위치, 파편의 비산거리 등을 고려하여 해당 작업 반경 내에 사람이 없는지 미리 확인한 후 작업을 실시해야 하고, 무너뜨리는 작업 중에는 해당 작업 반경 내에 관계 근로자가 아닌 사람의 출입을 금지해야 한다.
② 건축물 해체공법 및 해체공사 구조 안전성을 검토한 결과 해체계획서대로 해체되지 못하고 건축물이 붕괴할 우려가 있는 경우에는 구조보강계획을 작성해야 한다.

관련 법령 산업안전보건기준에 관한 규칙 제384조(해체작업 시 준수사항)

07 동영상은 굴착작업 현장을 보여준다. 굴착작업 시 굴착기계에 의한 위험을 방지하기 위해 조치해야 하는 사항 2가지를 쓰시오.

해답
① 굴착기계 등의 사용으로 가스도관, 지중전선로, 그 밖에 지하에 위치한 공작물이 파손되어 그 결과 근로자가 위험해질 우려가 있는 경우에는 그 기계를 사용한 굴착작업을 중지해야 한다.
② 굴착기계 등의 운행경로 및 토석 적재장소의 출입방법을 정하여 관계 근로자에게 주지시켜야 한다.

관련 법령 산업안전보건기준에 관한 규칙 제342조(굴착기계 등에 의한 위험방지)

08 동영상은 동바리 작업을 보여준다. 트러스 형식의 동바리를 사용 시 준수사항 3가지를 쓰시오.

해답
① 접합부는 충분한 걸침 길이를 확보하고 못, 용접 등으로 양 끝을 지지물에 고정시켜 미끄러짐 및 탈락을 방지해야 한다.
② 양 끝에 설치된 보 거푸집을 지지하는 동바리 사이에는 수평 연결재를 설치하거나 동바리를 추가로 설치하는 등 보 거푸집이 옆으로 넘어지지 않도록 견고하게 해야 한다.
③ 설계도면, 시방서 등 설계도서를 준수하여 설치해야 한다.

관련 법령 산업안전보건기준에 관한 규칙 제332조의2(동바리 유형에 따른 동바리 조립 시의 안전조치)

2018년 제1회 과년도 기출복원문제

1부 | 기출복원문제

01 동영상은 불도저를 사용하여 작업하는 장면을 보여준다. 불도저 작업 시 안전조치 사항 3가지를 쓰시오.

해답
① 유자격자 운전 및 유도
② 작업장소, 지반 상태 사전점검
③ 이동 시 지정된 이동통로 통행

02 동영상은 채석을 위한 굴착작업을 보여준다. 관리감독자의 위험 방지를 위한 직무수행 내용 3가지를 쓰시오.

해답
① 대피방법을 미리 교육하는 일
② 작업을 시작하기 전 또는 폭우가 내린 후에는 토사 등의 낙하·균열의 유무 또는 함수·용수 및 동결의 상태를 점검하는 일
③ 발파한 후에는 발파장소 및 그 주변의 토사 등의 낙하·균열의 유무를 점검하는 일

관련 법령 산업안전보건기준에 관한 규칙 별표 2(관리감독자의 유해·위험 방지)

03 동영상은 작업자가 둥근톱을 사용하며 나무를 자르고 있는 모습을 보여준다. 둥근톱기계의 방호장치 2가지를 쓰시오.

해답
① 반발예방장치
② 톱날접촉예방장치

관련 법령 산업안전보건기준에 관한 규칙 제105조(둥근톱기계의 반발예방장치), 제106조(둥근톱기계의 톱날접촉예방장치)

04 동영상은 건물의 해체작업을 보여준다. 다음 물음에 답하시오.

(1) 동영상에서 보여주고 있는 해체공법의 명칭을 적으시오.
(2) 동영상에서와 같은 작업 시 작업계획서에 포함되어야 할 사항 3가지를 적으시오.

해답
(1) 명칭 : 대형브레이커 공법
(2) 작업계획서에 포함되어야 할 사항
　　① 해체의 방법 및 해체순서 도면
　　② 가설설비·방호설비·환기설비 및 살수·방화설비 등의 방법
　　③ 사업장 내 연락방법
　　④ 해체물의 처분계획
　　⑤ 해체작업용 기계·기구 등의 작업계획서
　　⑥ 해체작업용 화약류 등의 사용계획서
　　⑦ 그 밖의 안전·보건에 관련된 사항

관련 법령 산업안전보건기준에 관한 규칙 별표 4(사전조사 및 작업계획서 내용)

05 동영상은 추락방호망을 보여준다. 추락방호망 설치 시 준수사항에 대하여 (   ) 안에 적합한 내용을 쓰시오.

추락방호망은 수평으로 설치하고, 망의 처짐은 짧은 변 길이의 (   ) 이상이 되도록 해야 한다.

해답
12%

06 동영상은 굴착작업 중 굴착기 운전자가 내려 이탈하는 모습을 보여준다. 차량계 하역운반기계의 운전자가 운전 위치를 이탈하고자 할 때 운전자가 준수하여야 할 사항 3가지를 쓰시오.

> [해답]
> ① 포크, 버킷, 디퍼 등의 장치를 가장 낮은 위치 또는 지면에 내려 둘 것
> ② 원동기를 정지시키고 브레이크를 확실히 거는 등 차량계 하역운반기계 등 차량계 건설기계의 갑작스러운 이동을 방지하기 위한 조치를 할 것
> ③ 운전석을 이탈하는 경우에는 시동키를 운전대에서 분리시킬 것
>
> [관련 법령] 산업안전보건기준에 관한 규칙 제99조(운전위치 이탈 시의 조치)

07 [빈출] 동영상은 철골작업을 보여준다. 건설현장에서 철골작업 시 작업을 중지하여야 하는 기후조건 3가지를 쓰시오.

> [해답]
> ① 풍속이 초당 10m 이상인 경우
> ② 강우량이 시간당 1mm 이상인 경우
> ③ 강설량이 시간당 1cm 이상인 경우
>
> [관련 법령] 산업안전보건기준에 관한 규칙 제383조(작업의 제한)

08 동영상은 콘크리트 타설을 보여준다. 콘크리트 타설 시 반드시 점검해야 하는 사항 3가지를 쓰시오.

해답
① 콘크리트를 타설할 때 거푸집의 부상 및 이동방지 조치
② 건물의 보, 요철부분, 내민부분의 조립 상태 및 콘크리트 타설 시 이탈방지장치
③ 청소구의 유무 확인 및 콘크리트 타설 시 청소구 폐쇄 조치
④ 거푸집의 흔들림을 방지하기 위한 턴 버클, 가새 등의 필요한 조치

관련 법령 콘크리트공사표준안전작업지침 제7조(점검)

2부 | 기출복원문제

01 동영상은 굴착기를 이용하여 굴착한 흙을 덤프트럭으로 운반하는 작업을 하고 있다. 굴착작업 시 사전조사 내용 3가지를 쓰시오.

해답
① 형상, 지질 및 지층의 상태
② 균열, 함수, 용수 및 동결의 유무 또는 상태
③ 매설물 등의 유무 또는 상태
④ 지반의 지하수위 상태

관련 법령 산업안전보건기준에 관한 규칙 별표 4(사전조사 및 작업계획서 내용)

더 알아보기 사전조사 및 작업계획서 내용

작업명	사전조사 내용	작업계획서 내용
굴착작업	가. 형상·지질 및 지층의 상태 나. 균열·함수·용수 및 동결의 유무 또는 상태 다. 매설물 등의 유무 또는 상태 라. 지반의 지하수위 상태	가. 굴착방법 및 순서, 토사 등 반출방법 나. 필요한 인원 및 장비 사용계획 다. 매설물 등에 대한 이설·보호대책 라. 사업장 내 연락방법 및 신호방법 마. 흙막이 지보공 설치방법 및 계측계획 바. 작업지휘자의 배치계획 사. 그 밖에 안전·보건에 관련된 사항

02 동영상은 터널 굴착작업을 보여준다. 터널 굴착작업 시 작업계획서에 포함되어야 할 사항 3가지를 쓰시오.

해답
① 굴착의 방법
② 터널지보공 및 복공의 시공방법과 용수의 처리방법
③ 환기 또는 조명시설을 설치할 때에는 그 방법

관련 법령 산업안전보건기준에 관한 규칙 별표 4(사전조사 및 작업계획서 내용)

03 동영상은 달대비계를 보여준다. 달대비계 사용 시 준수사항 2가지를 쓰시오.

해답
① 달대비계를 매다는 철선은 #8 소성철선을 사용하며 4가닥 정도로 꼬아서 하중에 대한 안전계수가 8 이상 확보되어야 한다.
② 철근을 사용할 때에는 19mm 이상을 쓰며 근로자는 반드시 안전모와 안전대를 착용하여야 한다.

관련 법령 가설공사 표준안전 작업지침 제11조(달대비계)

04 동영상은 흙막이 지보공을 보여주고 있다. 흙막이 지보공 설치 시 정기점검 사항 2가지를 쓰시오.

해답
① 부재의 손상·변형·부식·변위 및 탈락의 유무와 상태
② 버팀대의 긴압의 정도
③ 부재의 접속부·부착부 및 교차부의 상태
④ 침하의 정도

관련 법령 산업안전보건기준에 관한 규칙 제347조(붕괴 등의 위험 방지)

05 동영상은 밀폐된 공간에서 작업을 하는 장면을 보여준다. 밀폐공간 작업시작 전 확인하여야 할 사항 3가지를 쓰시오.

해답
① 작업 일시, 기간, 장소 및 내용 등 작업 정보
② 관리감독자, 근로자, 감시인 등 작업자 정보
③ 산소 및 유해가스 농도의 측정결과 및 후속조치 사항
④ 작업 중 불활성가스 또는 유해가스의 누출·유입·발생 가능성 검토 및 후속조치 사항
⑤ 작업 시 착용하여야 할 보호구의 종류
⑥ 비상연락체계

관련 법령 산업안전보건기준에 관한 규칙 제619조(밀폐공간 작업 프로그램의 수립·시행)

06 터널공사(NATM 공법) 중 안정성 확보를 위한 계측기의 종류 3가지를 쓰시오.

> [해답]
> ① 내공변위계
> ② 천단침하계
> ③ 지중 및 지표침하계
> ④ 록 볼트 축력측정계
> ⑤ 숏크리트 응력계
>
> 관련 법령 터널공사 표준안전 작업지침-NATM공법 제6조(일반사항)

07 동영상은 안전난간을 보여준다. 결속 및 조립 시 준수사항 3가지를 쓰시오.

> [해답]
> ① 안전난간의 각 부재는 탈락, 미끄러짐 등을 발생하지 않도록 확실하게 설치하고, 상부 난간대는 용이하게 회전하지 않도록 한다.
> ② 상부 난간대, 중간대 또는 띠장목에 이음재를 사용할 때에는 그 이음부분이 이탈되지 않도록 한다.
> ③ 난간기둥의 설치는 작업바닥에 대해 수직으로 한다. 또한 작업바닥의 바닥재료에 직접 설치할 경우 작업바닥은 비틀림, 전도, 부풀음 등이 없는 견고한 것으로 한다.
>
> 관련 법령 추락재해방지표준안전작업지침 제34조(조립 또는 부착)

08 동영상은 항타기 작업을 보여준다. 항타기 작업 시 무너짐 방지를 위한 준수사항 3가지를 쓰시오.

해답
① 연약한 지반에 설치하는 경우에는 아웃트리거·받침 등 지지구조물의 침하를 방지하기 위하여 깔판·받침목 등을 사용해야 한다.
② 시설 또는 가설물 등에 설치하는 경우에는 그 내력을 확인하고 내력이 부족하면 그 내력을 보강해야 한다.
③ 아웃트리거·받침 등 지지구조물이 미끄러질 우려가 있는 경우에는 말뚝 또는 쐐기 등을 사용하여 해당 지지구조물을 고정시켜야 한다.
④ 궤도 또는 차로 이동하는 항타기 또는 항발기에 대해서는 불시에 이동하는 것을 방지하기 위하여 레일 클램프 및 쐐기 등으로 고정시켜야 한다.
⑤ 상단 부분은 버팀대·버팀줄로 고정하여 안정시키고, 그 하단 부분은 견고한 버팀·말뚝 또는 철골 등으로 고정시켜야 한다.

관련 법령 산업안전보건기준에 관한 규칙 제209조(무너짐의 방지)

3부 | 기출복원문제

01 동영상은 해체작업을 보여준다. 분진 발생을 억제하기 위하여 조치할 사항 2가지를 쓰시오.

해답
① 직접 발생 부분에 피라밋식, 수평 살수식으로 물을 뿌린다.
② 간접적으로 방진시트, 분진차단막 등의 방진벽을 설치한다.

관련 법령 해체공사표준안전작업지침 제23조(분진)

02 동영상은 굴착작업 현장을 보여준다. 굴착작업 시 상하 동시 작업을 할 경우 유의사항을 3가지 쓰시오.

해답
① 상부로부터의 낙하물 방호설비를 한다.
② 굴착면 등에 있는 부석 등을 완전히 제거한 후 작업을 한다.
③ 사용하지 않는 기계, 재료, 공구 등을 작업장소에 방치하지 않는다.
④ 작업은 책임자의 감독하에 진행한다.

관련 법령 굴착공사 표준안전 작업지침 제11조(작업)

---

03 동영상은 굴착작업을 보여준다. 토사 붕괴의 발생을 예방하기 위하여 취해야 할 조치사항 3가지를 쓰시오.

해답
① 적절한 경사면의 기울기를 계획하여야 한다.
② 경사면의 기울기가 당초 계획과 차이가 발생되면 즉시 재검토하여 계획을 변경시켜야 한다.
③ 활동할 가능성이 있는 토석은 제거하여야 한다.
④ 경사면의 하단부에 압성토 등 보강공법으로 활동에 대한 저항대책을 강구하여야 한다.
⑤ 말뚝(강관, H형강, 철근 콘크리트)을 타입하여 지반을 강화시킨다.

관련 법령 굴착공사 표준안전 작업지침 제31조(예방)

04 동영상은 노면 정리작업을 보여준다. 영상에서의 차량계 건설기계의 명칭과 용도 2가지를 쓰시오.

해답
(1) 명칭 : 로더
(2) 용도 : ① 지반 고르기, ② 토사 운반

05 동영상은 펌프카를 이용한 콘크리트 타설 장면을 보여준다. 펌프카를 이용한 콘크리트 타설작업 시 준수사항 3가지를 쓰시오.

> **해답**
> ① 레디믹스트 콘크리트(이하 레미콘) 트럭과 펌프카를 적절히 유도하기 위하여 차량안내자를 배치하여야 한다.
> ② 펌프배관용 비계를 사전점검하고 이상이 있을 때에는 보강 후 작업하여야 한다.
> ③ 펌프카의 배관 상태를 확인하여야 하며, 레미콘 트럭과 펌프카와 호스선단의 연결작업을 확인하여야 하며 장비사양의 적정호스 길이를 초과하여서는 아니 된다.
> ④ 호스선단이 요동하지 아니하도록 확실히 붙잡고 타설하여야 한다.
> ⑤ 공기압송 방법의 펌프카를 사용할 때에는 콘크리트가 비산하는 경우가 있으므로 주의하여 타설하여야 한다.
> ⑥ 펌프카의 붐대를 조정할 때에는 주변 전선 등 지장물을 확인하고 이격거리를 준수하여야 한다.
> ⑦ 아웃트리거를 사용할 때 지반의 부동침하로 펌프카가 전도되지 않도록 하여야 한다.
> ⑧ 펌프카의 전후에는 식별이 용이한 안전표지판을 설치하여야 한다.
>
> **관련 법령** 콘크리트공사표준안전작업지침 제14조(펌프카)

06 동영상은 이동식 비계를 보여준다. 이동식 비계에서 작업 시 준수사항 3가지를 쓰시오.

> **해답**
> ① 이동식 비계의 바퀴에는 뜻밖의 갑작스러운 이동 또는 전도를 방지하기 위하여 브레이크·쐐기 등으로 바퀴를 고정시킨 다음 비계의 일부를 견고한 시설물에 고정하거나 아웃트리거를 설치하는 등 필요한 조치를 할 것
> ② 승강용 사다리는 견고하게 설치할 것
> ③ 비계의 최상부에서 작업을 하는 경우에는 안전난간을 설치할 것
> ④ 작업발판은 항상 수평을 유지하고 작업발판 위에서 안전난간을 딛고 작업을 하거나 받침대 또는 사다리를 사용하여 작업하지 않도록 할 것
> ⑤ 작업발판의 최대 적재하중은 250kg을 초과하지 않도록 할 것
>
> **관련 법령** 산업안전보건기준에 관한 규칙 제68조(이동식 비계)

07 동영상은 작업장에 설치된 계단을 보여주고 있다. 작업장에 계단 및 계단참을 설치할 경우 준수하여야 하는 사항에 대하여 다음 (   ) 안에 알맞은 내용을 쓰시오.

(1) 계단 및 계단참을 설치하는 경우 매 m²당 (①)kg 이상의 하중에 견딜 수 있는 강도를 가진 구조로 설치하여야 하며, 안전율은 (②) 이상으로 하여야 한다.
(2) 계단을 설치하는 경우 그 폭을 (③)m 이상으로 하여야 한다. 다만, 급유용·보수용·비상용 계단 및 나선형 계단에 대하여는 그러하지 아니하다.
(3) 높이가 3m를 초과하는 계단에 높이 (④)m 이내마다 진행방향으로 길이 (⑤)m 이상의 계단참을 설치해야 한다.
(4) 계단을 설치하는 경우 바닥면으로부터 높이 (⑥)m 이내의 공간에 장애물이 없도록 하여야 한다.

해답
① 500, ② 4, ③ 1, ④ 3, ⑤ 1.2, ⑥ 2

관련 법령 산업안전보건기준에 관한 규칙 제26조(계단의 강도), 제27조(계단의 폭), 제28조(계단참의 설치), 제29조(천장의 높이)

08 동영상은 터널 굴착작업을 보여준다. 터널 굴착작업 시 작업계획서에 포함되어야 할 사항 3가지를 쓰시오.

해답
① 굴착의 방법
② 터널지보공 및 복공의 시공방법과 용수의 처리방법
③ 환기 또는 조명시설을 설치할 때에는 그 방법

관련 법령 산업안전보건기준에 관한 규칙 별표 4(사전조사 및 작업계획서 내용)

제2회 과년도 기출복원문제

1부 | 기출복원문제

01 동영상은 추락방호망을 보여준다. 추락방호망 설치 시 준수사항 3가지를 쓰시오.

해답
① 추락방호망의 설치위치는 가능하면 작업면으로부터 가까운 지점에 설치하여야 하며, 작업면으로부터 망의 설치지점까지의 수직거리는 10m를 초과하지 않아야 한다.
② 추락방호망은 수평으로 설치하고, 망의 처짐은 짧은 변 길이의 12% 이상이 되도록 해야 한다.
③ 건축물 등의 바깥쪽으로 설치하는 경우 추락방호망의 내민 길이는 벽면으로부터 3m 이상 되도록 해야 한다.

관련 법령 산업안전보건기준에 관한 규칙 제42조(추락의 방지)

02 동영상에서 말비계를 보여주고 있다. 말비계 사용 시 준수사항 2가지를 쓰시오.

해답
① 사다리의 각부는 수평하게 놓아서 상부가 한쪽으로 기울지 않도록 하여야 한다.
② 각부에는 미끄럼 방지장치를 하여야 하며, 제일 상단에 올라서서 작업하지 말아야 한다.

관련 법령 가설공사 표준안전 작업지침 제12조(말비계)

03 동영상은 건설기계를 이용한 사면 굴착공사를 보여주고 있다. 차량계 건설기계 작업 시 넘어지거나, 굴러떨어짐에 의해 근로자에게 위험을 미칠 우려가 있을 때 조치사항 2가지를 쓰시오.

해답
① 기계를 유도하는 사람을 배치
② 지반의 부동침하 방지
③ 갓길의 붕괴 방지 및 도로 폭의 유지 등

관련 법령 산업안전보건기준에 관한 규칙 제199조(전도 등의 방지)

04 동영상은 강관틀비계를 보여준다. 강관틀비계의 벽이음 간격 기준에 대해서 쓰시오.

해답

수직 방향으로 6m, 수평 방향으로 8m 이내마다 벽이음을 할 것

관련 법령 산업안전보건기준에 관한 규칙 제62조(강관틀비계)

더 알아보기 강관틀비계

1. 비계기둥의 밑둥에는 밑받침 철물을 사용하여야 하며 밑받침에 고저차가 있는 경우에는 조절형 밑받침 철물을 사용하여 각각의 강관틀비계가 항상 수평 및 수직을 유지하도록 할 것
2. 높이가 20m를 초과하거나 중량물의 적재를 수반하는 작업을 할 경우에는 주틀 간의 간격을 1.8m 이하로 할 것
3. 주틀 간에 교차 가새를 설치하고 최상층 및 5층 이내마다 수평재를 설치할 것
4. 수직 방향으로 6m, 수평 방향으로 8m 이내마다 벽이음을 할 것
5. 길이가 띠장 방향으로 4m 이하이고 높이가 10m를 초과하는 경우에는 10m 이내마다 띠장 방향으로 버팀기둥을 설치할 것

05 동영상은 흙막이 시공 장면을 보여주고 있다. 공법의 명칭과 해당 공법의 장점 2가지를 쓰시오.

해답
(1) 명칭 : 슬러리월 공법(지하연속벽)
(2) 장점
   ① 차수성이 우수하다.
   ② 깊은 흙막이도 가능하다.
   ③ 도심지 공사에 적합하다.

06 동영상은 흙막이를 보여 주고 있다. 이 공법의 명칭과 계측기의 종류 및 용도 3가지를 쓰시오.

> **해답**
> (1) 명칭 : 어스앵커 공법
> (2) 계측기의 종류와 용도
>   ① 지중경사계 : 배면지반의 거동 및 지중 수평변위 측정
>   ② 간극수압계 : 굴착 및 성토에 의한 간극수압 변화 측정
>   ③ 지하수위계 : 지하수위 변화 측정
>   ④ 지표침하계 : 지표면의 침하량 변화 측정
>   ⑤ 건물경사계 : 인접건물의 변형 파악
>   ⑥ 균열계 : 주변 구조물, 지반 등의 균열 측정
>   ⑦ 변형률계 : 흙막이 부재의 변형 파악
>   ⑧ 하중계 : 버팀대(strut), 어스앵커(earth anchor)의 하중 변화 측정

관련 법령 KOSHA GUIDE C-103-2014(굴착공사 계측관리 기술지침)

07 동영상은 토석이 붕괴되는 장면을 보여준다. 내적 붕괴 원인을 3가지 쓰시오.

> **해답**
> ① 절토 사면의 토질·암질
> ② 성토 사면의 토질구성 및 분포
> ③ 토석의 강도 저하

관련 법령 굴착공사 표준안전 작업지침 제28조(토석붕괴의 원인)

> **더 알아보기** 토석이 붕괴되는 외적 원인
>
> 1. 사면, 법면의 경사 및 기울기의 증가
> 2. 절토 및 성토 높이의 증가
> 3. 공사에 의한 진동 및 반복하중의 증가
> 4. 지표수 및 지하수의 침투에 의한 토사 중량의 증가
> 5. 지진, 차량, 구조물의 하중작용
> 6. 토사 및 암석의 혼합층 두께

08 동영상은 거푸집을 보여준다. 거푸집 점검 시 반드시 점검해야 하는 사항 3가지를 쓰시오.

해답
① 직접 거푸집을 제작, 조립한 책임자가 검사
② 기초 거푸집을 검사할 때에는 터파기 폭
③ 거푸집의 형상 및 위치 등 정확한 조립 상태
④ 거푸집에 못이 돌출되어 있거나 날카로운 것이 돌출되어 있을 시에는 제거

관련 법령 콘크리트공사표준안전작업지침 제7조(점검)

2부 | 기출복원문제

01 동영상은 철근을 운반하는 모습을 보여준다. 철근을 인력으로 운반할 때 주의하여야 할 사항을 3가지 쓰시오.

해답
① 1인당 무게는 25kg 정도가 적절하며, 무리한 운반을 삼가하여야 한다.
② 2인 이상이 1조가 되어 어깨메기로 하여 운반하는 등 안전을 도모하여야 한다.
③ 긴 철근을 부득이 한 사람이 운반할 때에는 한쪽을 어깨에 메고 한쪽 끝을 끌면서 운반하여야 한다.
④ 운반할 때에는 양 끝을 묶어 운반하여야 한다.
⑤ 내려놓을 때는 천천히 내려놓고 던지지 않아야 한다.
⑥ 공동작업을 할 때에는 신호에 따라 작업을 하여야 한다.

관련 법령 콘크리트공사표준안전작업지침 제12조(운반)

02 동영상은 가설계단을 보여주고 있다. 가설계단 설치기준 3가지를 쓰시오.

> [해답]
① 계단 및 계단참을 설치하는 경우 매 m^2당 500kg 이상의 하중에 견딜 수 있는 강도를 가진 구조로 설치하여야 하며, 안전율은 4 이상으로 하여야 한다.
② 계단 및 승강구 바닥을 구멍이 있는 재료로 만드는 경우 렌치나 그 밖의 공구 등이 낙하할 위험이 없는 구조로 하여야 한다.
③ 계단을 설치하는 경우 그 폭을 1m 이상으로 하여야 한다.
④ 계단에 손잡이 외의 다른 물건 등을 설치하거나 쌓아 두어서는 아니 된다.
⑤ 높이가 3m를 초과하는 계단에 높이 3m 이내마다 진행방향으로 길이 1.2m 이상의 계단참을 설치해야 한다.
⑥ 계단을 설치하는 경우 바닥면으로부터 높이 2m 이내의 공간에 장애물이 없도록 하여야 한다.
⑦ 높이 1m 이상인 계단의 개방된 측면에 안전난간을 설치하여야 한다.

> [관련 법령] 산업안전보건기준에 관한 규칙 제26조(계단의 강도), 제27조(계단의 폭), 제28조(계단참의 설치), 제29조(천장의 높이), 제30조(계단의 난간)

03 동영상은 리프트를 보여준다. 건설현장에서 사용하는 건설작업용 리프트의 방호장치 3가지를 쓰시오.

> [해답]
① 과부하방지장치, ② 권과방지장치, ③ 비상정지장치, ④ 제동장치

> [관련 법령] 산업안전보건 기준에 관한 규칙 제134조(방호장치의 조정)

04 동영상은 낙하물 방지망을 보여준다. 낙하물 방지망 기준 관련 ( ) 안에 적합한 내용을 쓰시오.

낙하물 방지망의 수평면과의 각도는 (①) 이상 (②) 이하를 유지해야 한다.

해답
① 20°
② 30°

관련 법령 산업안전보건기준에 관한 규칙 제14조(낙하물에 의한 위험의 방지)

더 알아보기 낙하물 방지망 또는 방호선반을 설치하는 경우 준수사항
1. 높이 10m 이내마다 설치하고, 내민 길이는 벽면으로부터 2m 이상으로 할 것
2. 수평면과의 각도는 20° 이상 30° 이하를 유지할 것

05 동영상은 전기작업을 보여준다. 전기기계·기구의 조작부분을 점검하거나 보수하는 경우 안전조치 사항 2가지를 쓰시오.

해답
① 전기기계·기구의 조작부분을 점검하거나 보수하는 경우에는 근로자가 안전하게 작업할 수 있도록 전기기계·기구로부터 폭 70cm 이상의 작업공간을 확보하여야 한다.
② 전기적 불꽃 또는 아크에 의한 화상의 우려가 있는 고압 이상의 충전전로 작업 근로자는 방염처리된 작업복 또는 난연성능을 가진 작업복을 착용하여야 한다.

관련 법령   산업안전보건기준에 관한 규칙 제310조(전기기계·기구의 조작 시 등의 안전조치)

06 동영상은 중량물 취급 작업을 보여준다. 중량물의 취급 작업 시 작업계획서에 포함되어야 할 내용 3가지를 쓰시오.

> **해답**
> ① 추락위험을 예방할 수 있는 안전대책
> ② 낙하위험을 예방할 수 있는 안전대책
> ③ 전도위험을 예방할 수 있는 안전대책
> ④ 협착위험을 예방할 수 있는 안전대책
> ⑤ 붕괴위험을 예방할 수 있는 안전대책
>
> **관련 법령** 산업안전보건기준에 관한 규칙 별표 4(사전조사 및 작업계획서 내용)

07 동영상은 차량계 건설기계의 작업을 보여준다. 영상 속 건설기계의 명칭 및 용도 2가지를 쓰시오.

> **해답**
> (1) 명칭 : 크롤러 드릴
> (2) 용도 : ① 암반 천공, ② 터널 굴착 및 지반 보강

08 동영상은 교량작업을 보여준다. 교량건설 작업 시 준수사항에 대해서 3가지를 쓰시오.

해답
① 작업을 하는 구역에는 관계 근로자가 아닌 사람의 출입을 금지할 것
② 재료, 기구 또는 공구 등을 올리거나 내릴 경우에는 근로자로 하여금 달줄, 달포대 등을 사용하도록 할 것
③ 중량물 부재를 크레인 등으로 인양하는 경우에는 부재에 인양용 고리를 견고하게 설치하고, 인양용 로프는 부재에 두 군데 이상 결속하여 인양하여야 하며, 중량물이 안전하게 거치되기 전까지는 걸이로프를 해제시키지 아니할 것
④ 자재나 부재의 낙하·전도 또는 붕괴 등에 의하여 근로자에게 위험을 미칠 우려가 있을 경우에는 출입금지 구역의 설정, 자재 또는 가설시설의 좌굴 또는 변형 방지를 위한 보강재 부착 등의 조치를 할 것

관련 법령 산업안전보건기준에 관한 규칙 제369조(작업 시 준수사항)

3부 | 기출복원문제

01 동영상은 작업자가 지붕 위에서 작업하는 장면을 보여준다. 지붕 위에서 작업 시 조치사항 3가지를 쓰시오.

해답
① 지붕의 가장자리에 안전난간을 설치해야 한다.
② 채광창에는 견고한 구조의 덮개를 설치해야 한다.
③ 슬레이트 등 강도가 약한 재료로 덮은 지붕에는 폭 30cm 이상의 발판을 설치해야 한다.

관련 법령 산업안전보건기준에 관한 규칙 제45조(지붕 위에서의 위험 방지)

02 동영상은 사다리식 통로를 보여준다. 사다리식 통로 설치기준 3가지를 쓰시오.

해답
① 견고한 구조로 해야 한다.
② 심한 손상·부식 등이 없는 재료를 사용해야 한다.
③ 발판의 간격은 일정하게 해야 한다.
④ 발판과 벽과의 사이는 15cm 이상의 간격을 유지해야 한다.
⑤ 폭은 30cm 이상으로 해야 한다.
⑥ 사다리가 넘어지거나 미끄러지는 것을 방지하기 위한 조치를 해야 한다.
⑦ 사다리의 상단은 걸쳐놓은 지점으로부터 60cm 이상 올라가도록 해야 한다.
⑧ 사다리식 통로의 길이가 10m 이상인 경우에는 5m 이내마다 계단참을 설치해야 한다.
⑨ 사다리식 통로의 기울기는 75° 이하로 할 것. 다만, 고정식 사다리식 통로의 기울기는 90° 이하로 하고, 그 높이가 7m 이상인 경우에는 다음의 구분에 따른 조치를 할 것
  ㉠ 등받이울이 있어도 근로자 이동에 지장이 없는 경우 : 바닥으로부터 높이가 2.5m되는 지점부터 등받이울을 설치할 것
  ㉡ 등받이울이 있으면 근로자가 이동이 곤란한 경우 : 한국산업표준에서 정하는 기준에 적합한 개인용 추락 방지 시스템을 설치하고 근로자로 하여금 한국산업표준에서 정하는 기준에 적합한 전신안전대를 사용하도록 할 것
⑩ 접이식 사다리 기둥은 사용 시 접혀지거나 펼쳐지지 않도록 철물 등을 사용하여 견고하게 조치해야 한다.

관련 법령 산업안전보건기준에 관한 규칙 제24조(사다리식 통로 등의 구조)

빈출

03 동영상은 안전난간을 보여준다. 바닥 개구부나 가설 구조물의 단부에서 추락위험을 방지하기 위해 설치해야 하는 안전난간의 구조 및 설치요건과 관련하여 ( ) 안에 적합한 내용을 쓰시오.

(1) 안전난간은 (①), (②), (③) 및 (④)으로 구성한다.
(2) (①)는 바닥면·발판 또는 경사로의 표면으로부터 (⑤) 이상 지점에 설치하고, 상부 난간대를 (⑥) 이하에 설치하는 경우에는 (②)는 (①)와 바닥면 등의 중간에 설치해야 하며, (⑥) 이상 지점에 설치하는 경우에는 (②)를 2단 이상으로 균등하게 설치하고 난간의 상하 간격은 60cm 이하가 되도록 한다.
(3) (③)은 바닥면 등으로부터 (⑦) 이상의 높이를 유지한다.

해답

① 상부 난간대, ② 중간 난간대, ③ 발끝막이판, ④ 난간기둥, ⑤ 90cm, ⑥ 120cm, ⑦ 10cm

관련 법령 산업안전보건기준에 관한 규칙 제13조(안전난간의 구조 및 설치요건)

더 알아보기 안전난간의 구조 및 설치요건

1. 안전난간을 설치하는 경우 상부 난간대, 중간 난간대, 발끝막이판 및 난간기둥으로 구성한다.
2. 상부 난간대는 바닥면·발판 또는 경사로의 표면으로부터 90cm 이상 지점에 설치하고, 상부 난간대를 120cm 이하에 설치하는 경우에는 중간 난간대는 상부 난간대와 바닥면 등의 중간에 설치해야 하며, 120cm 이상 지점에 설치하는 경우에는 중간 난간대를 2단 이상으로 균등하게 설치하고 난간의 상하 간격은 60cm 이하가 되도록 한다.
3. 발끝막이판은 바닥면 등으로부터 10cm 이상의 높이를 유지해야 한다.
4. 난간기둥은 상부 난간대와 중간 난간대를 견고하게 떠받칠 수 있도록 적정한 간격을 유지해야 한다.
5. 상부 난간대와 중간 난간대는 난간 길이 전체에 걸쳐 바닥면 등과 평행을 유지해야 한다.
6. 난간대는 지름 2.7cm 이상의 금속제 파이프나 그 이상의 강도가 있는 재료로 한다.
7. 안전난간은 구조적으로 가장 취약한 지점에서 가장 취약한 방향으로 작용하는 100kg 이상의 하중에 견딜 수 있는 튼튼한 구조이어야 한다.

04 동영상은 굴착 사면을 보여준다. 사면보호공법 2가지를 쓰시오.

해답
① 콘크리트블록 격자공법
② 돌망태공법
③ 블록쌓기공법
④ 블록붙임공법, 돌붙임공법
⑤ 콘크리트 뿜어붙이기공법, 모르타르 뿜어붙이기공법
⑥ 비탈면 녹화공법

05 동영상은 건물의 해체작업을 보여준다. 다음 물음에 답하시오.

(1) 동영상에서 보여주고 있는 해체공법의 명칭을 쓰시오.
(2) 동영상에서와 같은 작업 시 작업계획서에 포함되어야 할 사항 3가지를 쓰시오.

해답
(1) 명칭 : 압쇄공법
(2) 작업계획서에 포함되어야 할 사항
　　① 해체의 방법 및 해체순서 도면
　　② 가설설비·방호설비·환기설비 및 살수·방화설비 등의 방법
　　③ 사업장 내 연락방법
　　④ 해체물의 처분계획
　　⑤ 해체작업용 기계·기구 등의 작업계획서
　　⑥ 해체작업용 화약류 등의 사용계획서
　　⑦ 그 밖의 안전·보건에 관련된 사항

관련 법령 산업안전보건기준에 관한 규칙 별표 4(사전조사 및 작업계획서 내용)

06 동영상은 크레인 양중작업을 보여준다. 섬유로프 사용금지 기준 2가지를 쓰시오.

해답
① 꼬임이 끊어진 것
② 심하게 손상되거나 부식된 것

관련 법령 산업안전보건기준에 관한 규칙 제188조(꼬임이 끊어진 섬유로프 등의 사용금지)

07 동영상에서 보여주는 것과 같이 가설구조물이나 개구부 등에서 추락 위험을 방지하기 위해 설치하여야 하는 안전난간의 구조 및 설치요건 3가지를 쓰시오.

해답
① 안전난간을 설치하는 경우 상부 난간대, 중간 난간대, 발끝막이판 및 난간기둥으로 구성한다.
② 상부 난간대는 바닥면·발판 또는 경사로의 표면으로부터 90cm 이상 지점에 설치하고, 상부 난간대를 120cm 이하에 설치하는 경우에는 중간 난간대는 상부 난간대와 바닥면 등의 중간에 설치해야 하며, 120cm 이상 지점에 설치하는 경우에는 중간 난간대를 2단 이상으로 균등하게 설치하고 난간의 상하 간격은 60cm 이하가 되도록 한다.
③ 발끝막이판은 바닥면 등으로부터 10cm 이상의 높이를 유지해야 한다.
④ 난간기둥은 상부 난간대와 중간 난간대를 견고하게 떠받칠 수 있도록 적정한 간격을 유지해야 한다.
⑤ 상부 난간대와 중간 난간대는 난간 길이 전체에 걸쳐 바닥면 등과 평행을 유지해야 한다.
⑥ 난간대는 지름 2.7cm 이상의 금속제 파이프나 그 이상의 강도가 있는 재료로 한다.
⑦ 안전난간은 구조적으로 가장 취약한 지점에서 가장 취약한 방향으로 작용하는 100kg 이상의 하중에 견딜 수 있는 튼튼한 구조이어야 한다.

관련 법령 산업안전보건기준에 관한 규칙 제13조(안전난간의 구조 및 설치요건)

08 동영상은 발파작업을 보여준다. 발파작업에서 최소 저항선이 무엇인지 정의를 쓰시오.

해답
장약(발파를 위해 천공한 구멍에 장약한 폭약을 말한다)의 중심에서 자유면(암석 등 발파 대상물이 대기나 물에 접하는 면을 말한다)에 이르는 최단 거리를 말한다.

관련 법령 발파 표준안전 작업지침 제2조(용어의 정의)

1부 | 기출복원문제

01 동영상은 작업발판 위에서 작업하는 모습을 보여준다. 작업발판의 설치기준 3가지를 쓰시오.

> **해답**
> ① 발판재료는 작업할 때의 하중을 견딜 수 있도록 견고한 것으로 할 것
> ② 작업발판의 폭은 40cm 이상으로 하고, 발판재료 간의 틈은 3cm 이하로 할 것
> ③ 선박 및 보트 건조작업의 경우 선박블록 또는 엔진실 등의 좁은 작업공간에 작업발판을 설치하기 위하여 필요하면 작업발판의 폭을 30cm 이상으로 할 수 있고, 걸침비계의 경우 강관기둥 때문에 발판재료 간의 틈을 3cm 이하로 유지하기 곤란하면 5cm 이하로 할 것
> ④ 추락의 위험이 있는 장소에는 안전난간을 설치할 것
> ⑤ 작업발판의 지지물은 하중에 의하여 파괴될 우려가 없는 것을 사용할 것
> ⑥ 작업발판 재료는 뒤집히거나 떨어지지 않도록 둘 이상의 지지물에 연결하거나 고정시킬 것
> ⑦ 작업발판을 작업에 따라 이동시킬 경우에는 위험 방지에 필요한 조치를 할 것

관련 법령 산업안전보건기준에 관한 규칙 제56조(작업발판의 구조)

02 동영상은 터널 굴착 장면을 보여준다. 공법의 명칭 및 터널 작업계획서 포함사항에 대해서 쓰시오.

해답
(1) 명칭 : NATM 공법
(2) 작업계획서에 포함되어야 할 사항
   ① 굴착의 방법
   ② 터널지보공 및 복공의 시공방법과 용수의 처리방법
   ③ 환기 또는 조명시설을 설치할 때에는 그 방법

관련 법령 산업안전보건기준에 관한 규칙 별표 4(사전조사 및 작업계획서 내용)

빈출

03 동영상은 전기용접 작업을 보여준다. 용접작업 시 작업자가 착용해야 하는 보호구 3가지를 쓰시오.

해답
① 보안면, ② 내화 앞치마, ③ 용접 장갑, ④ 용접복

04 동영상은 흙막이 시설이 설치되어 있는 현장을 보여주고 있다. 이와 같은 흙막이 공법의 명칭을 쓰시오.

[해답]
시트파일(sheet pile) 공법

05 동영상은 가설도로를 보여준다. 가설도로 설치 시 준수사항 3가지를 쓰시오.

[해답]
① 도로는 장비와 차량이 안전하게 운행할 수 있도록 견고하게 설치할 것
② 도로와 작업장이 접하여 있을 경우에는 울타리 등을 설치할 것
③ 도로는 배수를 위하여 경사지게 설치하거나 배수시설을 설치할 것
④ 차량의 속도제한 표지를 부착할 것

[관련 법령] 산업안전보건기준에 관한 규칙 제379조(가설도로)

06 동영상은 고소작업대를 보여준다. 고소작업대 설치 시 조치사항 2가지를 쓰시오.

해답
① 바닥과 고소작업대는 가능하면 수평을 유지하도록 할 것
② 갑작스러운 이동을 방지하기 위하여 아웃트리거 또는 브레이크 등을 확실히 사용할 것

관련 법령 산업안전보건기준에 관한 규칙 제186조(고소작업대 설치 등의 조치)

07 동영상은 화물자동차를 보여준다. 섬유로프를 짐걸이에 사용할 경우 작업시작 전에 조치해야 하는 사항 3가지를 쓰시오.

[해답]
① 작업순서와 순서별 작업방법을 결정하고 작업을 직접 지휘하는 일
② 기구와 공구를 점검하고 불량품을 제거하는 일
③ 해당 작업을 하는 장소에 관계 근로자가 아닌 사람의 출입을 금지하는 일
④ 로프 풀기 작업 및 덮개 벗기기 작업을 하는 경우에는 적재함의 화물에 낙하 위험이 없음을 확인한 후에 해당 작업의 착수를 지시하는 일

[관련 법령] 산업안전보건기준에 관한 규칙 제189조(섬유로프 등의 점검 등)

08 동영상은 크레인 작업을 보여준다. 크레인의 방호장치를 3가지 쓰시오.

[해답]
① 과부하방지장치
② 권과방지장치
③ 비상정지장치
④ 제동장치

[관련 법령] 산업안전보건기준에 관한 규칙 제134조(방호장치의 조정)

2부 | 기출복원문제

01 동영상은 작업장에 설치된 사다리를 보여주고 있다. 미끄럼 방지를 위한 준수사항 3가지를 쓰시오.

해답
① 사다리 지주의 끝에 고무, 코르크, 가죽, 강스파이크 등을 부착시켜 바닥과의 미끄럼을 방지하는 안전장치가 있어야 한다.
② 쐐기형 강스파이크는 지반이 평탄한 맨땅 위에 세울 때 사용하여야 한다.
③ 미끄럼 방지 판자 및 미끄럼 방지 고정쇠는 돌마무리 또는 인조석 깔기마감한 바닥용으로 사용하여야 한다.
④ 미끄럼 방지 발판은 인조고무 등으로 마감한 실내용을 사용하여야 한다.

관련 법령 가설공사 표준안전 작업지침 제21조(미끄럼 방지 장치)

02 동영상은 아파트 공사현장에서 작업장을 이동하던 작업자가 하역준비 중인 화물자동차 적재함에 불안전하게 있던 배관 파이프 1묶음이 떨어져 파이프에 맞는 사고를 보여준다. 동영상에서 위험요소 및 안전대책을 각각 2가지 쓰시오.

출처 : 안전보건공단

> 해답
(1) 위험요소
    ① 화물차 주변에 출입금지 조치 누락
    ② 로프를 풀기 전 화물 상태 점검 누락
(2) 안전대책
    ① 작업 반경 내 출입금지 조치 실시
    ② 로프를 풀기 전 화물 상태 점검

03 동영상은 흙막이 지보공이 설치되어 있는 현장을 보여주고 있다. 정기적으로 검사해야 하는 사항 3가지를 쓰시오.

> 해답
① 부재의 손상·변형·부식·변위 및 탈락의 유무와 상태
② 버팀대의 긴압의 정도
③ 부재의 접속부·부착부 및 교차부의 상태
④ 침하의 정도

관련 법령 산업안전보건기준에 관한 규칙 제347조(붕괴 등의 위험 방지)

04 동영상은 달대비계를 보여준다. 달대비계 조립 시 준수사항 2가지를 쓰시오.

해답
① 달대비계를 매다는 철선은 #8 소성철선을 사용하며 4가닥 정도로 꼬아서 하중에 대한 안전계수가 8 이상 확보되어야 한다.
② 철근을 사용할 때에는 19mm 이상을 쓰며 근로자는 반드시 안전모와 안전대를 착용하여야 한다.

관련 법령 가설공사 표준안전 작업지침 제11조(달대비계)

05 동영상은 고소작업대를 보여준다. 고소작업대 이동 시 준수사항 3가지를 쓰시오.

해답
① 작업대를 가장 낮게 내려야 한다.
② 작업자를 태우고 이동하지 말아야 한다.
③ 이동통로의 요철 상태 또는 장애물의 유무 등을 확인해야 한다.

관련 법령 산업안전보건기준에 관한 규칙 제186조(고소작업대 설치 등의 조치)

06 동영상은 채석작업을 보여준다. 채석작업 시 사전조사 사항을 쓰시오.

해답

지반의 붕괴·굴착기계의 굴러떨어짐 등에 의한 근로자에게 발생할 위험을 방지하기 위한 해당 작업장의 지형·지질 및 지층의 상태

관련 법령 산업안전보건기준에 관한 규칙 별표 4(사전조사 및 작업계획서 내용)

더 알아보기 사전조사 및 작업계획서 내용

작업명	사전조사 내용	작업계획서 내용
채석작업	지반의 붕괴·굴착기계의 굴러떨어짐 등에 의한 근로자에게 발생할 위험을 방지하기 위한 해당 작업장의 지형·지질 및 지층의 상태	가. 노천굴착과 갱내 굴착의 구별 및 채석방법 나. 굴착면의 높이와 기울기 다. 굴착면 소단의 위치와 넓이 라. 갱내에서의 낙반 및 붕괴 방지방법 마. 발파방법 바. 암석의 분할방법 사. 암석의 가공 장소 아. 사용하는 굴착기계·분할기계·적재기계 또는 운반기계(굴착기계 등)의 종류 및 성능 자. 토석 또는 암석의 적재 및 운반방법과 운반경로 차. 표토 또는 용수의 처리방법

07 동영상은 차량계 건설기계를 보여준다. 차량계 건설기계에 견고한 낙하물 보호구조를 갖춰야 하는 건설기계 3종류를 쓰시오.

해답
① 불도저, ② 트랙터, ③ 굴착기, ④ 로더, ⑤ 스크레이퍼,
⑥ 덤프트럭, ⑦ 모터그레이더, ⑧ 롤러, ⑨ 천공기, ⑩ 항타기 및 항발기

관련 법령 산업안전보건기준에 관한 규칙 제198조(낙하물 보호구조)

08 동영상은 거푸집 해체작업을 보여준다. 거푸집 해체작업 시 준수해야 할 사항 3가지를 쓰시오.

해답
① 해체작업을 할 때에는 안전모 등 안전 보호장구를 착용토록 하여야 한다.
② 거푸집 해체작업장 주위에는 관계자를 제외하고는 출입을 금지시켜야 한다.
③ 상하 동시 작업은 원칙적으로 금지하여 부득이한 경우에는 긴밀히 연락을 위하며 작업을 하여야 한다.
④ 거푸집 해체 때 구조체에 무리한 충격이나 큰 힘에 의한 지렛대 사용은 금지하여야 한다.
⑤ 보 또는 슬래브 거푸집을 제거할 때에는 거푸집의 낙하 충격으로 인한 작업원의 돌발적 재해를 방지하여야 한다.
⑥ 해체된 거푸집이나 각목 등에 박혀 있는 못 또는 날카로운 돌출물은 즉시 제거하여야 한다.
⑦ 해체된 거푸집이나 각목은 재사용 가능한 것과 보수하여야 할 것을 선별, 분리하여 적치하고 정리정돈을 하여야 한다.

관련 법령 콘크리트공사표준안전작업지침 제9조(해체)

01 동영상은 신축공사 현장에서 목재 팔레트에 적재된 벽돌 묶음을 옥상으로 인양하던 중 벽돌이 쏟아지면서 근처를 지나가던 근로자가 떨어지는 벽돌에 맞는 사고를 보여준다. 이 영상의 재해 발생원인과 예방대책 2가지를 각각 쓰시오.

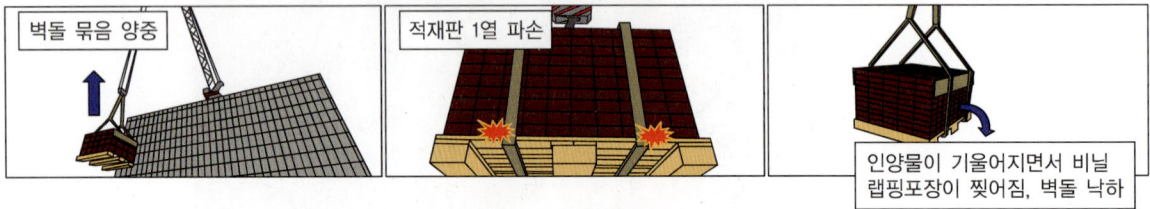

해답
(1) 발생원인
    ① 낙하물 발생 위험구역 근로자 통제 미실시
    ② 인양물을 들기 전 줄걸이 상태 확인 누락
(2) 예방대책
    ① 인양물 하부에 출입금지 조치 실시
    ② 낙하물 발생 위험구역 개인보호구 착용

02 동영상은 발파작업을 보여준다. 전기 발파 작업시작 전 발파기재에 대하여 확인해야 하는 사항 3가지를 쓰시오.

해답
① 사용하고자 하는 전기식 발파기의 능력을 측정하고 이상 유무를 확인해야 한다.
② 발파모선의 저항이 크면 뇌관에 전달되는 전류가 작아짐을 고려하여 발파모선의 규격을 신중히 선택하고, 절연저항과 피복의 파손 여부를 확인해야 한다.
③ 모든 결선 부위는 전류의 누설이나 전선의 단선을 방지하기 위하여 절연테이프로 감아주거나 나무상자 등 절연물에 고정하여 지면으로부터 이격시켜야 한다.
④ 발파모선을 뇌관에 연결하기 전에 단선 또는 단락 여부를 확인해야 한다.

관련 법령 발파 표준안전 작업지침 제16조(발파기재의 검사)

빈출 03 동영상은 둥근톱을 사용하는 장면을 보여준다. 둥근톱기계 사용 시 준수사항 2가지를 쓰시오.

해답
① 목재 가공용 둥근톱기계에 분할날 등 반발예방장치를 설치하여야 한다.
② 목재 가공용 둥근톱기계에는 톱날접촉예방장치를 설치하여야 한다.

관련 법령 산업안전보건기준에 관한 규칙 제105조(둥근톱기계의 반발예방장치), 제106조(둥근톱기계의 톱날접촉예방장치)

04 동영상은 가설계단을 보여준다. 가설계단 설치기준 관련 (   ) 안에 적합한 내용을 쓰시오.

(1) 계단 및 계단참을 설치하는 경우 매 m²당 (①) 이상의 하중에 견딜 수 있는 강도를 가진 구조로 설치해야 한다.
(2) 높이가 3m를 초과하는 계단에 높이 (②) 이내마다 진행방향으로 길이 (③) 이상의 계단참을 설치해야 한다.
(3) 바닥면으로부터 높이 (④) 이내의 공간에 장애물이 없도록 하여야 한다.

해답
① 500kg
② 3m
③ 1.2m
④ 2m

관련 법령 산업안전보건기준에 관한 규칙 제26조(계단의 강도), 제28조(계단참의 설치), 제29조(천장의 높이)

05 동영상은 아파트 건설공사 현장에 설치된 타워크레인을 보여준다. 타워크레인의 방호장치를 2가지 쓰시오.

해답
① 과부하방지장치, ② 권과방지장치, ③ 비상정지장치, ④ 제동장치

관련 법령 산업안전보건기준에 관한 규칙 제134조(방호장치의 조정)

06 동영상에서 말비계를 보여주고 있다. 말비계를 조립하여 사용 시 준수사항을 3가지 쓰시오.

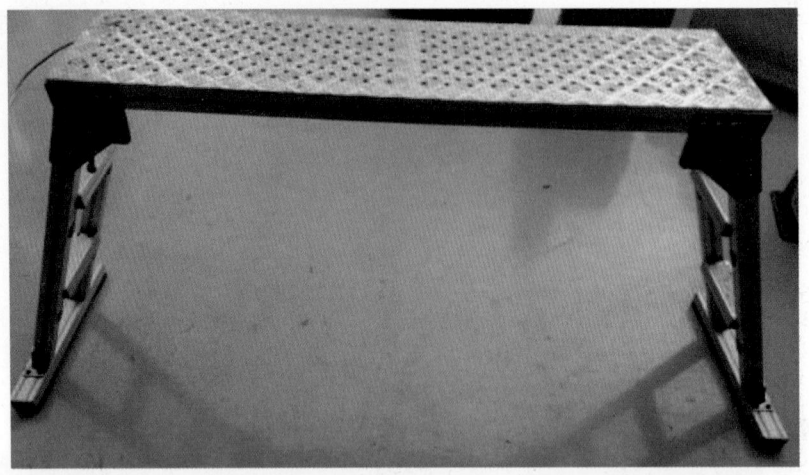

해답
① 지주부재의 하단에는 미끄럼 방지장치를 하고, 근로자가 양측 끝부분에 올라서서 작업하지 않도록 해야 한다.
② 지주부재와 수평면의 기울기를 75° 이하로 하고, 지주부재와 지주부재 사이를 고정시키는 보조부재를 설치해야 한다.
③ 말비계의 높이가 2m를 초과하는 경우에는 작업발판의 폭을 40cm 이상으로 해야 한다.

관련 법령 산업안전보건기준에 관한 규칙 제67조(말비계)

07 동영상은 철골작업을 보여준다. 기둥승강 설비의 설치기준 2가지를 쓰시오.

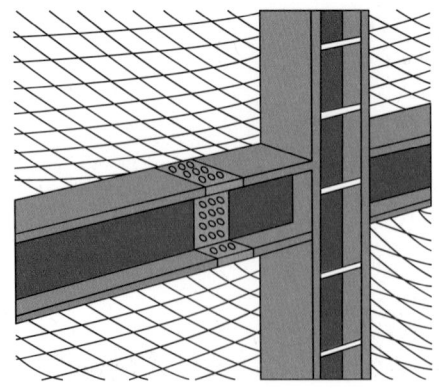

해답
① 수직 방향으로 이동하는 철골부재에는 답단 간격이 30cm 이내인 고정된 승강로를 설치하여야 한다.
② 수평 방향 철골과 수직 방향 철골이 연결되는 부분에는 연결작업을 위하여 작업발판 등을 설치하여야 한다.

관련 법령 산업안전보건기준에 관한 규칙 제381조(승강로의 설치)

08 동영상은 곤돌라를 보여준다. 곤돌라 사용 전 관리감독자가 점검해야 하는 사항 2가지를 쓰시오.

해답
① 방호장치·브레이크의 기능
② 와이어로프·슬링와이어(sling wire) 등의 상태

관련 법령 산업안전보건기준에 관한 규칙 별표 3(작업시작 전 점검사항)

2019년 제1회 과년도 기출복원문제

1부 | 기출복원문제

[빈출] 01 동영상은 철골작업을 보여준다. 건설현장에서 철골작업 시 작업을 중지하여야 하는 기후조건 3가지를 쓰시오.

해답
① 풍속이 초당 10m 이상인 경우
② 강우량이 시간당 1mm 이상인 경우
③ 강설량이 시간당 1cm 이상인 경우

관련 법령 산업안전보건기준에 관한 규칙 제383조(작업의 제한)

02 동영상은 차량계 건설기계를 보여준다. 차량계 건설기계 이송 시 준수사항 3가지를 쓰시오.

해답
① 싣거나 내리는 작업은 평탄하고 견고한 장소에서 할 것
② 발판을 사용하는 경우에는 충분한 길이·폭 및 강도를 가진 것을 사용하고 적당한 경사를 유지하기 위하여 견고하게 설치할 것
③ 자루·가설대 등을 사용하는 경우에는 충분한 폭 및 강도와 적당한 경사를 확보할 것

관련 법령 산업안전보건기준에 관한 규칙 제201조(차량계 건설기계의 이송)

03 동영상은 작업자가 목재 가공용 기계로 나무를 자르고 있는 모습을 보여주고 있다. 위험 방지를 위해 작업 전 관리감독자가 수행해야 하는 일 2가지를 쓰시오.

해답
① 목재 가공용 기계를 취급하는 작업을 지휘하는 일
② 목재 가공용 기계 및 그 방호장치를 점검하는 일
③ 목재 가공용 기계 및 그 방호장치에 이상이 발견된 즉시 보고 및 필요한 조치를 하는 일
④ 작업 중 지그(jig) 및 공구 등의 사용 상황을 감독하는 일

관련 법령 산업안전보건기준에 관한 규칙 별표 2(관리감독자의 유해·위험 방지)

04 동영상은 용단작업을 보여준다. 용단작업 시작 전 점검해야 하는 사항 3가지를 쓰시오.

해답
① 작업 준비 및 작업 절차 수립 여부
② 화기작업에 따른 인근 가연성 물질에 대한 방호조치 및 소화기구 비치 여부
③ 용접불티 비산방지덮개 또는 용접방화포 등 불꽃·불티 등의 비산을 방지하기 위한 조치 여부
④ 인화성 액체의 증기 또는 인화성 가스가 남아 있지 않도록 하는 환기 조치 여부
⑤ 작업근로자에 대한 화재예방 및 피난교육 등 비상조치 여부

관련 법령 산업안전보건기준에 관한 규칙 별표 3(작업시작 전 점검사항)

05 동영상은 차량계 건설기계를 보여준다. 동영상의 건설기계 명칭을 쓰시오.

해답
아스팔트 살포기

관련 법령 산업안전보건기준에 관한 규칙 별표 6(차량계 건설기계)

06 동영상은 건설기계를 보여준다. 기계 운전 시작 전 조치사항 2가지를 쓰시오.

해답
① 근로자가 위험해질 우려가 있으면 근로자 배치 및 교육, 작업방법, 방호장치 등 필요한 사항을 미리 확인한 후 위험 방지를 위하여 필요한 조치를 하여야 한다.
② 기계의 운전을 시작하는 경우 일정한 신호방법과 해당 근로자에게 신호할 사람을 정하고, 신호방법에 따라 그 근로자에게 신호하도록 하여야 한다.

관련 법령 산업안전보건기준에 관한 규칙 제89조(운전 시작 전 조치)

07 동영상은 이동식 크레인을 이용하여 철근을 인양하던 중 신호수 간에 신호방법이 맞지 않아 물체가 흔들리며 철골에 부딪쳐 작업자 위로 자재가 떨어지는 사고가 발생한 현장을 보여준다. 재해 발생 원인과 방지대책 각각 2가지를 쓰시오.

출처 : 세이프넷(safetynetwork.co.kr)

[해답]
(1) 발생원인
　① 신호수의 신호방법 미숙지
　② 인양물 하부에 출입금지 조치 미실시
(2) 방지대책
　① 신호수의 신호방법 교육 및 점검
　② 인양물 하부에 출입금지 조치 실시

빈출 08 동영상은 거푸집 동바리 점검을 보여준다. 거푸집 동바리 점검 시 반드시 점검해야 하는 사항 3가지를 쓰시오.

[해답]
① 지주를 지반에 설치할 때에는 받침 철물 또는 받침목 등을 설치하여 부동침하 방지조치
② 강관지주(동바리) 사용 시 접속부 나사 등의 손상 상태
③ 이동식 틀비계를 지보공(동바리) 대용으로 사용할 때에는 바퀴의 제동장치

[관련 법령] 콘크리트공사표준안전작업지침 제7조(점검)

2부 | 기출복원문제

01 동영상은 차량계 하역운반기계를 보여준다. 차량계 하역운반기계를 사용하는 작업 시 작업계획서에 포함되어야 할 내용 2가지를 쓰시오.

해답
① 해당 작업에 따른 추락·낙하·전도·협착 및 붕괴 등의 위험 예방대책
② 차량계 하역운반기계 등의 운행경로 및 작업방법

관련 법령 산업안전보건기준에 관한 규칙 별표 4(사전조사 및 작업계획서 내용)

02 동영상은 터널작업을 보여준다. 터널공사 작업 전 지반조사 실시 후 확인해야 하는 사항 3가지를 쓰시오.

해답
① 시추(보링) 위치
② 토층분포 상태
③ 투수계수
④ 지하수위
⑤ 지반의 지지력

관련 법령 터널공사 표준안전 작업지침-NATM공법 제3조(지반조사의 확인)

03 동영상은 강관틀비계를 보여준다. 강관틀비계를 조립하여 사용하는 경우 준수사항을 3가지 쓰시오.

해답
① 비계기둥의 밑둥에는 밑받침 철물을 사용하여야 하며 밑받침에 고저차가 있는 경우에는 조절형 밑받침 철물을 사용하여 각각의 강관틀비계가 항상 수평 및 수직을 유지하도록 해야 한다.
② 높이가 20m를 초과하거나 중량물의 적재를 수반하는 작업을 할 경우에는 주틀 간의 간격을 1.8m 이하로 해야 한다.
③ 주틀 간에 교차 가새를 설치하고 최상층 및 5층 이내마다 수평재를 설치해야 한다.
④ 수직 방향으로 6m, 수평 방향으로 8m 이내마다 벽이음을 해야 한다.
⑤ 길이가 띠장 방향으로 4m 이하이고 높이가 10m를 초과하는 경우에는 10m 이내마다 띠장 방향으로 버팀기둥을 설치해야 한다.

관련 법령 산업안전보건기준에 관한 규칙 제62조(강관틀비계)

04 동영상은 터널 발파작업을 보여주고 있다. 발파작업 시 준수사항 3가지를 쓰시오.

해답
① 발파작업은 설계 및 시방에서 정한 발파기준을 준수하여 실시하여야 한다.
② 암질변화 구간의 발파는 반드시 시험발파를 선행하여 실시하고 암질에 따른 발파시방을 작성하여야 하며 진동치, 속도, 폭력 등 발파 영향력을 검토하여야 한다.
③ 암질변화 구간 및 이상암질의 출현 시 반드시 암질판별을 실시하여야 한다.
④ 발파구간 인접구조물에 대한 피해 및 손상 등을 예방하기 위한 발파허용진동치를 준수하여야 한다.
⑤ 암질판별 및 발파허용진동치는 건설기술 진흥법에 따라 정한 건설공사 설계기준 및 표준시방서 등 관계 법령·규칙에서 정하는 기준에 따른다.
⑥ 발파시방을 변경하는 경우 반드시 시험발파를 실시하여야 하며 진동파속도, 폭력, 폭속 등의 조건에 의해 적정한 발파시방이어야 한다.

관련 법령 굴착공사 표준안전 작업지침 제12조(발파 준비)

05 동영상은 수직보호망을 보여준다. 사용하지 말아야 할 방망의 조건 3가지를 쓰시오.

해답
① 방망사가 규정한 강도 이하인 방망
② 인체 또는 이와 동등 이상의 무게를 갖는 낙하물에 대해 충격을 받은 방망
③ 파손한 부분을 보수하지 않은 방망
④ 강도가 명확하지 않은 방망

관련 법령 추락재해방지표준안전작업지침 제12조(사용제한)

06 동영상은 화약발파 해체공사를 보여준다. 화약발파 공사 시 유의사항 3가지를 쓰시오.

해답
① 장약 전에 구조물 부근에 누설전류와 지전류 및 발화성 물질의 유무를 확인하여야 한다.
② 전기 뇌관 결선 시 결선부위는 방수 및 누전 방지를 위해 절연 테이프를 감아야 한다.
③ 발파방식은 순발 및 지발을 구분하여 계획하고 사전에 필히 도통시험에 의한 도화선 연결 상태를 점검하여야 한다.
④ 발파작업 시 출입금지 구역을 설정하여야 한다.
⑤ 점화신호(깃발 및 사이렌 등의 신호)의 확인을 하여야 한다.
⑥ 폭발여주가 확실하지 않을 때는 지발전기뇌관 발파 시는 5분, 그 밖의 발파에서는 15분 이내에 현장에 접근해서는 안 된다.
⑦ 발파 시 발생하는 폭풍압과 비산석을 방지할 수 있는 방호막을 설치해야 한다.
⑧ 1단 발파 후 후속발파 전에 반드시 전회의 불발장약을 확인하고 발견 시 제거 후 후속발파를 실시하여야 한다.

관련 법령 해체공사표준안전작업지침 제21조(화약발파 공법)

07 동영상은 말비계를 보여준다. 말비계 조립 시 준수사항 3가지를 쓰시오.

> **해답**
> ① 지주부재의 하단에는 미끄럼 방지장치를 하고, 근로자가 양측 끝부분에 올라서서 작업하지 않도록 할 것
> ② 지주부재와 수평면의 기울기를 75° 이하로 하고, 지주부재와 지주부재 사이를 고정시키는 보조부재를 설치할 것
> ③ 말비계의 높이가 2m를 초과하는 경우에는 작업발판의 폭을 40cm 이상으로 할 것
>
> **관련 법령** 산업안전보건기준에 관한 규칙 제67조(말비계)

08 동영상은 철골작업을 보여준다. 외압에 대한 내력이 고려되었는지 확인해야 하는 철골구조물 3가지를 쓰시오.

> **해답**
> ① 높이 20m 이상의 구조물
> ② 구조물의 폭과 높이의 비가 1:4 이상인 구조물
> ③ 단면 구조에 현저한 차이가 있는 구조물
> ④ 연면적당 철골량이 50kg/m² 이하인 구조물
> ⑤ 기둥이 타이플레이트(tie plate)형인 구조물
> ⑥ 이음부가 현장용접인 구조물
>
> **관련 법령** 철골공사표준안전작업지침 제3조(설계도 및 공작도 확인)

3부 | 기출복원문제

01 동영상은 작업장에 설치된 계단을 보여주고 있다. 작업장에 계단 및 계단참을 설치할 경우 준수하여야 하는 사항에 대하여 다음 ( ) 안에 알맞은 내용을 쓰시오.

(1) 계단 및 계단참을 설치하는 경우 매 m²당 (①)kg 이상의 하중에 견딜 수 있는 강도를 가진 구조로 설치하여야 하며, 안전율은 (②) 이상으로 하여야 한다.
(2) 계단을 설치하는 경우 그 폭을 (③)m 이상으로 하여야 한다. 다만, 급유용·보수용·비상용 계단 및 나선형 계단에 대하여는 그러하지 아니하다.
(3) 높이가 3m를 초과하는 계단에 높이 (④)m 이내마다 진행방향으로 길이 (⑤)m 이상의 계단참을 설치해야 한다.
(4) 계단을 설치하는 경우 바닥면으로부터 높이 (⑥)m 이내의 공간에 장애물이 없도록 하여야 한다.

해답
① 500
② 4
③ 1
④ 3
⑤ 1.2
⑥ 2

관련 법령 산업안전보건기준에 관한 규칙 제26조(계단의 강도), 제27조(계단의 폭), 제28조(계단참의 설치), 제29조(천장의 높이)

02 동영상은 굴착작업 현장을 보여주고 있다. 굴착작업 전 조사해야 하는 지하매설물 3가지를 쓰시오.

해답
① 가스관
② 상하수도관
③ 지하케이블
④ 건축물의 기초

관련 법령 굴착공사 표준안전 작업지침 제3조(사전조사)

03 동영상은 통로발판을 보여준다. 통로발판 사용 시 준수사항 4가지를 쓰시오.

해답
① 근로자가 작업 및 이동하기에 충분한 넓이가 확보되어야 한다.
② 추락의 위험이 있는 곳에는 안전난간이나 철책을 설치하여야 한다.
③ 발판을 겹쳐 이음하는 경우 장선 위에서 이음을 하고 겹침길이는 20cm 이상으로 하여야 한다.
④ 발판 1개에 대한 지지물은 2개 이상이어야 한다.
⑤ 작업발판의 최대폭은 1.6m 이내이어야 한다.
⑥ 작업발판 위에는 돌출된 못, 옹이, 철선 등이 없어야 한다.
⑦ 비계발판의 구조에 따라 최대 적재하중을 정하고 이를 초과하지 않도록 하여야 한다.

관련 법령 가설공사 표준안전 작업지침 제15조(통로발판)

04 동영상은 차량계 건설기계를 보여준다. 건설기계의 명칭과 용도를 쓰시오.

해답
① 명칭 : 쇄석기
② 용도 : 원석을 잘게 파쇄하여 골재를 공급

05 동영상은 철근작업을 보여준다. 철근 가스절단 시 유념해야 할 사항 4가지를 쓰시오.

해답
① 가스절단 및 용접자는 해당 자격 소지자이어야 하며, 작업 중에는 보호구를 착용하여야 한다.
② 가스절단 작업 시 호스는 겹치거나 구부러지거나 또는 밟히지 않도록 하고 전선의 경우에는 피복이 손상되어 있는지를 확인하여야 한다.
③ 호스, 전선 등은 다른 작업장을 거치지 않는 직선상 배선이어야 하며, 길이가 짧아야 한다.
④ 작업장에서 가연성 물질에 인접하여 용접작업할 때에는 소화기를 비치하여야 한다.

관련 법령 콘크리트공사표준안전작업지침 제11조(가공)

06 동영상은 철골 앵커 볼트를 보여준다. 철골건립에 있어 기초에 대해 확인하여야 하는 사항 3가지를 쓰시오.

해답
① 기둥간격, 수직·수평도 등의 기본치수를 측정하여 확인해야 한다.
② 부정확하게 설치된 앵커 볼트는 수정하여야 한다.
③ 철골기초 콘크리트의 배합강도는 설계기준과 동일한지 확인하여야 한다.

관련 법령 철골공사표준안전작업지침 제6조(기본치수의 측정)

07 동영상은 흙막이를 보여 주고 있다. 영상 속 흙막이 공법의 명칭과 계측기의 종류 및 용도 3가지를 쓰시오.

해답
(1) 명칭 : 어스앵커 공법
(2) 계측기의 종류 및 용도
　① 지중경사계 : 배면지반의 거동 및 지중 수평변위 측정
　② 간극수압계 : 굴착 및 성토에 의한 간극수압 변화 측정
　③ 지하수위계 : 지하수위 변화 측정
　④ 지표침하계 : 지표면의 침하량 변화 측정
　⑤ 건물경사계 : 인접건물의 변형 파악
　⑥ 균열계 : 주변 구조물, 지반 등의 균열 측정
　⑦ 변형률계 : 흙막이 부재의 변형 파악
　⑧ 하중계 : 버팀대(strut), 어스앵커(earth anchor)의 하중 변화 측정

관련 법령 KOSHA GUIDE C-103-2014(굴착공사 계측관리 기술지침)

08 동영상은 차량계 건설기계 작업을 보여준다. 차량계 건설기계 작업 시 작업계획서에 포함되어야 할 사항 3가지를 쓰시오.

해답
① 사용하는 차량계 건설기계의 종류 및 성능
② 차량계 건설기계의 운행경로
③ 차량계 건설기계에 의한 작업방법

관련 법령 산업안전보건기준에 관한 규칙 별표 4(사전조사 및 작업계획서 내용)

더 알아보기 사전조사 및 작업계획서 내용

작업명	사전조사 내용	작업계획서 내용
차량계 건설기계를 사용하는 작업	해당 기계의 굴러떨어짐, 지반의 붕괴 등으로 인한 근로자의 위험을 방지하기 위한 해당 작업장소의 지형 및 지반 상태	가. 사용하는 차량계 건설기계의 종류 및 성능 나. 차량계 건설기계의 운행경로 다. 차량계 건설기계에 의한 작업방법

2019년 제2회 과년도 기출복원문제

1부 | 기출복원문제

01 동영상은 철골작업을 보여준다. 철골 기둥을 일으켜 세울 때 미끄럼 방지를 위한 준수사항 3가지를 쓰시오.

해답
① 기둥을 일으켜 세우기 전에 기둥의 밑부분에 미끄럼 방지를 위한 깔판을 삽입하여야 한다.
② 기둥을 일으켜 세울 때는 밑부분이 미끄러지지 않게 서서히 들어 올려야 한다.
③ 좌우회전 시 급히 움직이면 회전운동이 발생하므로 서서히 실시해야 한다.
④ 달아올린 기둥이 흔들릴 때는 일단 지면으로 내려 흔들림을 멈추게 한 다음 바로 잡아 다시 올려야 한다.

관련 법령 철골공사표준안전작업지침 제9조(기둥의 인양)

02 동영상은 달비계를 보여주고 있다. 달비계에 사용할 수 없는 와이어로프의 기준 3가지를 쓰시오.

해답
① 이음매가 있는 것
② 와이어로프의 한 꼬임에서 끊어진 소선의 수가 10% 이상인 것
③ 지름의 감소가 공칭지름의 7%를 초과하는 것
④ 꼬인 것
⑤ 심하게 변형되거나 부식된 것
⑥ 열과 전기충격에 의해 손상된 것

관련 법령 산업안전보건기준에 관한 규칙 제63조(달비계의 구조)

03 동영상은 하역운반기계 작업을 보여주고 있다. 중량물을 운반할 때 준수해야 하는 사항 2가지를 쓰시오.

해답
① 숙련된 경험자를 작업지휘자로 선정하여 운반방법, 운반 단계 등을 협의하여 결정하여야 한다.
② 공동으로 중량물을 운반할 때에는 근로자의 체력, 키 등을 고려하여 현저한 차이가 있는 근로자는 제외하고 작업지휘자의 지시에 따라 통일된 행동을 하여야 한다.
③ 무게 중심이 높은 하물은 인력으로 운반하여서는 아니 된다.

관련 법령 운반하역 표준안전 작업지침 제10조(중량물)

04 동영상은 건물 해체를 보여준다. 해체 대상 건물과 부지상황에 대해 조사하여야 하는 사항 5가지를 쓰시오.

해답
① 부지 내 공지 유무, 해체용 기계설비 위치, 발생재 처리장소
② 해체공사 착수에 앞서 철거, 이설, 보호해야 할 필요가 있는 공사 장애물 현황
③ 접속도로의 폭, 출입구 개수 및 매설물의 종류 및 개폐 위치
④ 인근 건물 동수 및 거주자 현황
⑤ 도로 상황조사, 가공 고압선 유무
⑥ 차량대기 장소 유무 및 교통량(통행인 포함)
⑦ 진동, 소음발생 영향권 조사

관련 법령 해체공사표준안전작업지침 제15조(부지상황 조사)

05 동영상은 터널 내 용접작업을 보여준다. 화재를 예방하기 위해 조치하여야 하는 사항 3가지를 쓰시오.

해답
① 부근에 있는 넝마, 나무부스러기, 종이부스러기, 그 밖의 인화성 액체를 제거하거나, 그 인화성 액체에 불연성 물질의 덮개를 하거나, 그 작업에 수반하는 불티 등이 날아 흩어지는 것을 방지하기 위한 격벽을 설치할 것
② 해당 작업에 종사하는 근로자에게 소화설비의 설치장소 및 사용방법을 주지시킬 것
③ 해당 작업 종료 후 불티 등에 의하여 화재가 발생할 위험이 있는지를 확인할 것

관련 법령 산업안전보건기준에 관한 규칙 제356조(용접 등 작업 시의 조치)

06 동영상은 낙하물 방지망을 보여준다. 낙하물 방지망 기준 관련 (   ) 안에 적합한 내용을 쓰시오.

낙하물 방지망의 수평면과의 각도는 (①) 이상 (②) 이하를 유지해야 한다.

[해답]
① 20°, ② 30°

[관련 법령] 산업안전보건기준에 관한 규칙 제14조(낙하물에 의한 위험의 방지)

[더 알아보기] 낙하물 방지망 또는 방호선반을 설치하는 경우 준수사항
1. 높이 10m 이내마다 설치하고, 내민 길이는 벽면으로부터 2m 이상으로 할 것
2. 수평면과의 각도는 20° 이상 30° 이하를 유지할 것

07 동영상은 굴착 경사면을 보여준다. 경사면의 안정성을 확인하기 위하여 검토해야 하는 사항을 3가지 쓰시오.

[해답]
① 지질조사 : 층별 또는 경사면의 구성 토질구조
② 토질시험 : 최적함수비, 삼축압축강도, 전단시험, 점착도 등의 시험
③ 사면붕괴 이론적 분석 : 원호활절법, 유한요소법 해석
④ 과거의 붕괴된 사례 유무
⑤ 토층의 방향과 경사면의 상호 관련성
⑥ 단층, 파쇄대의 방향 및 폭
⑦ 풍화의 정도
⑧ 용수의 상황

[관련 법령] 굴착공사 표준안전 작업지침 제30조(경사면의 안정성 검토)

08 동영상은 갱 폼을 보여준다. 갱 폼의 조립·양중·이동·해체 시 준수사항 4가지를 쓰시오.

해답
① 조립 등의 범위 및 작업절차를 미리 그 작업에 종사하는 근로자에게 주지시킬 것
② 근로자가 안전하게 구조물 내부에서 갱 폼의 작업발판으로 출입할 수 있는 이동통로를 설치할 것
③ 갱 폼의 지지 또는 고정철물의 이상 유무를 수시점검하고 이상이 발견된 경우에는 교체하도록 할 것
④ 갱 폼을 조립하거나 해체하는 경우에는 갱 폼을 인양장비에 매단 후에 작업을 실시하도록 하고, 인양장비에 매달기 전에 지지 또는 고정철물을 미리 해체하지 않도록 할 것
⑤ 갱 폼 인양 시 작업발판용 케이지에 근로자가 탑승한 상태에서 갱 폼의 인양작업을 하지 않을 것

관련 법령 산업안전보건기준에 관한 규칙 제331조의3(작업발판 일체형 거푸집의 안전조치)

2부 | 기출복원문제

01 동영상은 철근을 운반하는 모습이다. 철근을 기계로 운반할 때 주의하여야 할 사항을 3가지 쓰시오.

해답
① 운반작업 시에는 작업 책임자를 배치하여 수신호 또는 표준신호 방법에 의하여 시행한다.
② 달아 올릴 때에는 로프와 기구의 허용하중을 검토하여 과다하게 달아올리지 않아야 한다.
③ 비계나 거푸집 등에 대량의 철근을 걸쳐 놓거나 얹어 놓아서는 안 된다.
④ 달아 올리는 부근에는 관계근로자 이외 사람의 출입을 금지시켜야 한다.
⑤ 권양기의 운전자는 현장책임자가 지정하는 자가 하여야 한다.

관련 법령 콘크리트공사표준안전작업지침 제12조(운반)

02 동영상은 옥외용 사다리를 보여주고 있다. 옥외용 사다리의 설치기준 3가지를 쓰시오.

> [해답]
> ① 철재로 원칙으로 한다.
> ② 길이가 10m 이상인 때에는 5m 이내의 간격으로 계단참을 두어야 한다.
> ③ 사다리 전면의 사방 75cm 이내에는 장애물이 없어야 한다.
>
> [관련 법령] 가설공사 표준안전 작업지침 제17조(옥외용 사다리)

03 동영상은 리프트를 보여준다. 리프트 피트의 바닥 청소를 하는 경우 운반구의 낙하에 의한 근로자의 위험을 방지하기 위해 조치해야 하는 사항 2가지를 쓰시오.

> [해답]
> ① 승강로에 각재 또는 원목 등을 걸칠 것
> ② ①에 따라 걸친 각재 또는 원목 위에 운반구를 놓고 역회전방지기가 붙은 브레이크를 사용하여 구동모터 또는 윈치(winch)를 확실하게 제동해 둘 것
>
> [관련 법령] 산업안전보건기준에 관한 규칙 제153조(피트 청소 시의 조치)

04 동영상은 안전난간을 보여준다. 바닥 개구부나 가설 구조물의 단부에서 추락위험을 방지하기 위해 설치해야 하는 안전난간의 구조 및 설치요건 관련 ( ) 안에 적합한 내용을 쓰시오.

(1) 안전난간은 (①), (②), (③) 및 (④)으로 구성한다.
(2) (①)는 바닥면·발판 또는 경사로의 표면으로부터 (⑤) 이상 지점에 설치하고, 상부 난간대를 (⑥) 이하에 설치하는 경우에는 (②)는 (①)와 바닥면 등의 중간에 설치해야 하며, (⑥) 이상 지점에 설치하는 경우에는 (②)를 2단 이상으로 균등하게 설치하고 난간의 상하 간격은 60cm 이하가 되도록 한다.
(3) (③)은 바닥면 등으로부터 (⑦) 이상의 높이를 유지한다.

해답
① 상부 난간대, ② 중간 난간대
③ 발끝막이판, ④ 난간기둥
⑤ 90cm, ⑥ 120cm
⑦ 10cm

관련 법령 산업안전보건기준에 관한 규칙 제13조(안전난간의 구조 및 설치요건)

05 동영상은 운반하역작업을 보여준다. 길이가 긴 장척물을 운반할 때 준수사항 2가지를 쓰시오.

해답
① 단독으로 어깨에 메고 운반할 때에는 하물 앞부분 끝을 근로자 신장보다 약간 높게 하여 모서리, 곡선 등에 충돌하지 않도록 주의하여야 한다.
② 공동으로 운반할 때에는 근로자 모두 동일한 어깨에 메고 지휘자의 지시에 따라 작업하여야 한다.
③ 하역할 때에는 튀어오름, 굴러내림 등의 돌발사태에 주의하여야 한다.

관련 법령 운반하역 표준안전 작업지침 제9조(장척물)

06 동영상은 교량작업을 보여준다. 교량에서 추락 방지를 위해 조치해야 하는 사항 3가지를 쓰시오.

해답
① 안전난간 설치, ② 안전망 설치, ③ 안전대 지급

관련 법령 산업안전보건기준에 관한 규칙 제418조(교량에서의 추락 방지)

07 동영상은 차량계 건설기계 작업을 보여준다. 건설기계의 명칭 및 용도 2가지를 쓰시오.

해답
(1) 명칭 : 점보드릴
(2) 용도 : ① 고속도 굴진, ② 대단면 갱도 굴착

08 동영상은 터널작업을 보여준다. 터널 전 지역에 공기를 공급하기 위한 환기용량 산출 시 고려되어야 하는 사항 3가지를 쓰시오.

> [해답]
> ① 발파 후 가스 단위 배출량을 산출하고 이의 소요환기량
> ② 근로자의 호흡에 필요한 소요환기량
> ③ 디젤기관의 유해가스에 대한 소요환기량
> ④ 뿜어붙이기 콘크리트의 분진에 대한 소요환기량
> ⑤ 암반 및 지반자체의 유독가스 발생량
>
> [관련 법령] 터널공사 표준안전 작업지침-NATM공법 제39조(환기)

3부 | 기출복원문제

01 동영상은 작업자가 지붕 위에서 작업하는 장면을 보여준다. 작업자는 안전대를 착용하였으나 고리를 걸지 않고 단부에서 작업 중 아래로 떨어졌다. 이 사고의 위험요인 2가지를 쓰시오.

출처 : 안전보건공단(지붕작업 안전수칙)

해답
① 안전대 고리 미체결
② 추락방지망, 안전난간 등 추락방지시설 미설치

02 동영상은 철재사다리를 보여준다. 철재사다리 사용 시 준수사항 3가지를 쓰시오.

해답
① 수직재와 발 받침대는 횡좌굴을 일으키지 않도록 충분한 강도를 가진 것으로 하여야 한다.
② 발 받침대는 미끄러짐을 방지하기 위한 미끄럼 방지장치를 하여야 한다.
③ 받침대의 간격은 25~35cm로 하여야 한다.
④ 사다리 몸체 또는 전면에 기름 등과 같은 미끄러운 물질이 묻어 있어서는 아니 된다.

관련 법령 가설공사 표준안전 작업지침 제19조(철재사다리)

03 동영상은 록 볼트 설치작업을 하고 있는 터널공사 현장을 보여준다. 계측결과로부터 록 볼트의 추가 시공을 해야 하는 사항 3가지를 쓰시오.

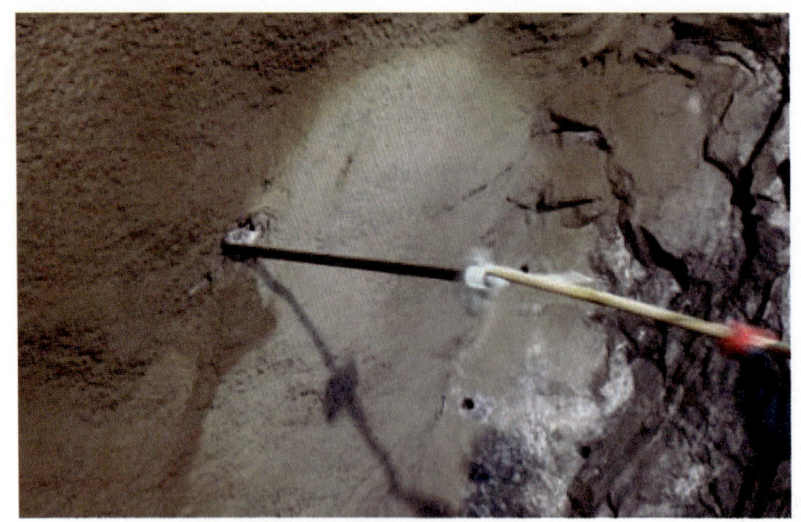

해답
① 터널벽면의 변형이 록 볼트 길이의 약 6% 이상으로 판단되는 경우
② 록 볼트의 인발시험 결과로부터 충분한 인발내력이 얻어지지 않는 경우
③ 록 볼트 길이의 약 반 이상으로부터 지반 심부까지의 사이에 축력분포의 최대치가 존재하는 경우
④ 소성영역의 확대가 록 볼트 길이를 초과한 것으로 판단되는 경우

관련 법령 터널공사 표준안전 작업지침-NATM공법 제21조(시공)

04 동영상은 옹벽 굴착작업을 보여준다. 옹벽 굴착 시 준수사항 3가지를 쓰시오.

해답
① 수평 방향의 연속시공을 금하며, 블록으로 나누어 단위시공 단면적을 최소화하여 분단시공을 한다.
② 하나의 구간을 굴착하면 방치하지 말고 즉시 버팀 콘크리트를 타설하고 기초 및 본체구조물 축조를 마무리 한다.
③ 절취경사면에 전석, 낙석의 우려가 있고 혹은 장기간 방치할 경우에는 숏크리트, 록 볼트, 네트, 캔버스 및 모르타르 등으로 방호한다.
④ 작업위치의 좌우에 만일의 경우에 대비한 대피통로를 확보하여 둔다.

관련 법령 굴착공사 표준안전 작업지침 제14조(옹벽축조)

05 동영상은 해체작업을 보여준다. 소음과 진동에 대해 준수하여야 할 사항 3가지를 쓰시오.

해답
① 공기압축기 등은 적당한 장소에 설치하여야 하며 장비의 소음 진동기준은 관계법에서 정하는 바에 따라서 처리하여야 한다.
② 전도공법의 경우 전도물 규모를 작게 하여 중량을 최소화하며 전도대상물의 높이도 되도록 작게 하여야 한다.
③ 철해머 공법의 경우 해머의 중량과 낙하높이를 가능한 한 낮게 하여야 한다.
④ 현장 내에서는 대형 부재로 해체하며 장외에서 잘게 파쇄하여야 한다.
⑤ 인접건물의 피해를 줄이기 위해 방음, 방진 목적의 가시설을 설치하여야 한다.

관련 법령 해체공사표준안전작업지침 제22조(소음 및 진동)

06 동영상은 하역작업을 보여준다. 인력으로 하역작업 시 준수사항 2가지를 쓰시오.

해답
① 등은 직립을 유지하고 발은 움직이지 않는 상태에서 다리를 구부려 가능한 낮은 자세로서 한쪽 면을 바닥에 놓은 다음 다른 면을 내려놓아야 한다.
② 조급하게 던져서 하역하여서는 아니 된다.
③ 중량물을 어깨 또는 허리 높이에서 하역할 때에는 도움을 받아 안전하게 하역하여야 한다.

관련 법령 운반하역 표준안전 작업지침 제12조(하역)

07 동영상에서 건설현장 우회로를 보여준다. 우회로를 설치하여 사용하는 경우 준수사항 3가지를 쓰시오.

해답
① 교통량을 유지시킬 수 있도록 계획되어야 한다.
② 시공 중인 교량이나 높은 구조물의 밑을 통과해서는 안 되며 부득이 시공 중인 교량이나 높은 구조물의 밑을 통과하여야 할 경우에는 필요한 안전조치를 하여야 한다.
③ 모든 교통통제나 신호등은 교통법규에 적합하도록 하여야 한다.
④ 우회로는 항시 유지보수 되도록 확실한 점검을 실시하여야 하며 필요한 경우에는 가설 등을 설치하여야 한다.
⑤ 우회로의 사용이 완료되면 모든 것을 원상복구하여야 한다.

관련 법령 가설공사 표준안전 작업지침 제26조(우회로)

08 전기용접작업이 진행 중인 모습을 보여준다. 작업자가 착용해야 하는 보호구 3가지를 쓰시오.

해답
① 보안면, ② 용접 장갑, ③ 내화 앞치마, ④ 용접복

2019년 제4회 과년도 기출복원문제

1부 | 기출복원문제

01 동영상은 달비계에서 작업하는 모습을 보여준다. 달비계에 사용해서는 안 되는 달기 체인 조건 3가지를 쓰시오.

해답
① 달기 체인의 길이가 달기 체인이 제조된 때의 길이의 5%를 초과한 것
② 링의 단면지름이 달기 체인이 제조된 때의 해당 링의 지름의 10%를 초과하여 감소한 것
③ 균열이 있거나 심하게 변형된 것

관련 법령 산업안전보건기준에 관한 규칙 제63조(달비계의 구조)

02 동영상은 터널작업을 보여준다. 작업시작 전 자동경보장치에 대해 점검해야 하는 사항 3가지를 쓰시오.

해답
① 계기의 이상 유무
② 검지부의 이상 유무
③ 경보장치의 작동 상태

관련 법령 산업안전보건기준에 관한 규칙 제350조(인화성 가스의 농도측정 등)

03 동영상은 크레인 작업을 보여준다. 크레인의 방호장치를 3가지 쓰시오.

> [해답]
> ① 과부하방지장치
> ② 권과방지장치
> ③ 비상정지장치
> ④ 제동장치
>
> 관련 법령   산업안전보건기준에 관한 규칙 제134조(방호장치의 조정)

04 동영상은 발파작업을 보여주고 있다. 불발된 장약 처리 시 준수사항 5가지를 쓰시오.

> [해답]
> ① 불발된 천공 구멍으로부터 60cm 이상(손으로 뚫은 구멍인 경우에는 30cm 이상)의 간격을 두고 평행으로 천공하여 다시 발파하고 불발한 화약류를 회수해야 한다.
> ② 불발된 천공 구멍에 물을 주입하고 그 물의 힘으로 전색물과 화약류를 흘러나오게 하여 불발된 화약류를 회수해야 한다.
> ③ 불발된 화약류를 회수할 수 없는 때에는 그 장소에 표시를 하고, 인근 장소에 출입을 금지해야 한다.
> ④ 불발된 발파공에 압축공기를 넣어 전색물을 뽑아내거나 뇌관에 영향을 미치지 아니하게 하면서 조금씩 장약하고 다시 기폭해야 한다.
> ⑤ 전기뇌관을 사용한 경우에는 저항측정기를 사용하여 불발공의 회로를 점검하고 이상이 없으면 발파회로에 다시 연결하여 재발파하고, 불발공이 단락되어 있으면 압축공기나 물로 장약된 화약류 및 전색물을 제거한 후 기폭약포를 재장약하여 발파해야 한다.
> ⑥ 비전기뇌관을 사용한 경우에는 육안으로 불발공의 회로를 점검하고 이상이 없으면 발파회로에 다시 연결하여 재발파하고, 시그널튜브가 손상되어 있으면 압축공기나 물로 장약된 화약류 및 전색물을 제거한 다음 기폭약포를 재장약하여 발파해야 한다.
> ⑦ 전자뇌관을 사용한 경우에는 회로점검기를 사용하여 불발공의 회로를 점검하고 이상이 없으면 발파회로에 다시 연결하여 재발파하고, 뇌관의 통신이 되지 않으면 압축공기나 물로 장약된 화약류 및 전색물을 제거한 다음 기폭약포를 재장약하여 발파해야 한다.
>
> 관련 법령   발파 표준안전 작업지침 제34조(불발에 따른 조치)

05 동영상은 지게차를 보여준다. 준비작업 시 준수사항 3가지를 쓰시오.

해답
① 백레스트를 붙였는지 여부를 확인하여야 한다.
② 헤드 가드가 붙어 있는지 여부를 확인하여야 한다.
③ 하물의 크기와 중심의 위치를 고려하고 포크의 간격을 결정하여야 한다.
④ 파렛트를 사용하지 않는 때에는 작업에 적격한 부착물을 선정하고 그것을 견고하게 설치하여야 한다.

관련 법령 운반하역 표준안전 작업지침 제53조(준비작업)

06 동영상은 셔블로더를 보여준다. 셔블로더를 점검할 경우 준수사항 3가지를 쓰시오.

> **해답**
> ① 관계자 이외에는 접근시키지 말아야 한다.
> ② 점검장소는 다른 기계의 조작이나 작업에 지장이 없는 평탄한 곳을 선택하여 실시하여야 한다.
> ③ 버킷은 반드시 작업지면에 내려놓고 점검하여야 하며 점검 시에 버킷을 올릴 필요가 있을 때에는 레버 블록을 걸어 놓음과 동시에 받침대 위에 올려놓아 버킷 낙하를 방지하여야 한다.
> ④ 셔블로더의 하부의 점검은 피트, 검차대를 이용하여야 한다.
> ⑤ 점검에 사용하는 수공구 등은 정해진 것을 사용하도록 하여야 한다.
>
> **관련 법령** 운반하역 표준안전 작업지침 제65조(점검)

07 동영상은 추락방호망을 보여준다. 방망에 표시하여야 하는 사항 3가지를 쓰시오.

> **해답**
> ① 제조자명
> ② 제조연월
> ③ 재봉치수
> ④ 그물코
> ⑤ 신품인 때의 방망의 강도
>
> **관련 법령** 추락재해방지표준안전작업지침 제13조(표시)

08 동영상은 채석작업을 보여준다. 채석작업 시 사전조사 내용을 쓰시오.

해답
지반의 붕괴·굴착기계의 굴러떨어짐 등에 의한 근로자에게 발생할 위험을 방지하기 위한 해당 작업장의 지형·지질 및 지층의 상태

관련 법령 산업안전보건기준에 관한 규칙 별표 4(사전조사 및 작업계획서 내용)

더 알아보기 사전조사 및 작업계획서 내용

작업명	사전조사 내용	작업계획서 내용
채석작업	지반의 붕괴·굴착기계의 굴러떨어짐 등에 의한 근로자에게 발생할 위험을 방지하기 위한 해당 작업장의 지형·지질 및 지층의 상태	가. 노천굴착과 갱내 굴착의 구별 및 채석방법 나. 굴착면의 높이와 기울기 다. 굴착면 소단의 위치와 넓이 라. 갱내에서의 낙반 및 붕괴 방지방법 마. 발파방법 바. 암석의 분할방법 사. 암석의 가공 장소 아. 사용하는 굴착기계·분할기계·적재기계 또는 운반기계(굴착기계 등)의 종류 및 성능 자. 토석 또는 암석의 적재 및 운반방법과 운반경로 차. 표토 또는 용수의 처리방법

2부 | 기출복원문제

01 동영상은 사다리식 통로를 보여준다. 사다리식 통로의 기울기 기준을 쓰시오.

해답
75° 이내로 해야 한다.

관련 법령 산업안전보건기준에 관한 규칙 제24조(사다리식 통로 등의 구조)

더 알아보기 ▶ 사다리식 통로 등의 구조

사다리식 통로의 기울기는 75° 이하로 할 것. 다만, 고정식 사다리식 통로의 기울기는 90° 이하로 하고, 그 높이가 7m 이상인 경우에는 다음의 구분에 따른 조치를 할 것
1. 등받이울이 있어도 근로자 이동에 지장이 없는 경우 : 바닥으로부터 높이가 2.5m되는 지점부터 등받이울을 설치할 것
2. 등받이울이 있으면 근로자가 이동이 곤란한 경우 : 한국산업표준에서 정하는 기준에 적합한 개인용 추락 방지 시스템을 설치하고 근로자로 하여금 한국산업표준에서 정하는 기준에 적합한 전신안전대를 사용하도록 할 것

02 동영상은 곤돌라를 보여준다. 곤돌라를 사용하여 작업을 할 때 작업시작 전 점검해야 하는 사항 2가지를 쓰시오.

해답
① 방호장치·브레이크의 기능
② 와이어로프·슬링와이어(sling wire) 등의 상태

관련 법령 산업안전보건기준에 관한 규칙 별표 3(작업시작 전 점검사항)

03 동영상은 흙막이 시설을 보여준다. 구축물의 붕괴 위험을 방지하기 위한 조치사항 3가지를 쓰시오.

해답
① 지반은 안전한 경사로 하고 낙하의 위험이 있는 토석을 제거하거나 옹벽, 흙막이 지보공 등을 설치해야 한다.
② 토사 등의 붕괴 또는 낙하 원인이 되는 빗물이나 지하수 등을 배제해야 한다.
③ 갱내의 낙반·측벽 붕괴의 위험이 있는 경우에는 지보공을 설치하고 부석을 제거하는 등 필요한 조치를 해야 한다.

관련 법령 산업안전보건기준에 관한 규칙 제50조(토사 등에 의한 위험 방지)

04 동영상은 건물 외벽의 시스템 비계를 보여준다. 시스템 비계를 구성하는 경우 준수사항 3가지를 쓰시오.

해답
① 수직재·수평재·가새재를 견고하게 연결하는 구조가 되도록 해야 한다.
② 비계 밑단의 수직재와 받침 철물은 밀착되도록 설치하고, 수직재와 받침 철물의 연결부의 겹침길이는 받침 철물 전체길이의 1/3 이상이 되도록 해야 한다.
③ 수평재는 수직재와 직각으로 설치하여야 하며, 체결 후 흔들림이 없도록 견고하게 설치해야 한다.
④ 수직재와 수직재의 연결철물은 이탈되지 않도록 견고한 구조로 해야 한다.
⑤ 벽 연결재의 설치간격은 제조사가 정한 기준에 따라 설치해야 한다.

관련 법령 산업안전보건기준에 관한 규칙 제69조(시스템 비계의 구조)

05 동영상은 고소작업대를 보여준다. 고소작업대 이동 시 준수사항 3가지를 쓰시오.

해답
① 작업대를 가장 낮게 내려야 한다.
② 작업자를 태우고 이동하지 말아야 한다.
③ 이동통로의 요철 상태 또는 장애물의 유무 등을 확인해야 한다.

관련 법령 산업안전보건기준에 관한 규칙 제186조(고소작업대 설치 등의 조치)

06 동영상은 차량계 건설기계를 보여준다. 차량계 건설기계 종류 5가지를 쓰시오.

해답
① 도저형 건설기계
② 모터그레이더
③ 로더
④ 스크레이퍼
⑤ 굴착기
⑥ 항타기 및 항발기

관련 법령 산업안전보건기준에 관한 규칙 별표 6(차량계 건설기계)

더 알아보기 차량계 건설기계의 종류

1. 도저형 건설기계(불도저, 스트레이트도저, 틸트도저, 앵글도저, 버킷도저 등)
2. 모터그레이더(motor grader, 땅 고르는 기계)
3. 로더(포크 등 부착물 종류에 따른 용도 변경 형식을 포함한다)
4. 스크레이퍼(scraper, 흙을 절삭·운반하거나 펴 고르는 등의 작업을 하는 토공기계)
5. 크레인형 굴착기계(클램셸, 드래그라인 등)
6. 굴착기(브레이커, 크러셔, 드릴 등 부착물 종류에 따른 용도 변경 형식을 포함한다)
7. 항타기 및 항발기
8. 천공용 건설기계(어스드릴, 어스오거, 크롤러 드릴, 점보드릴 등)
9. 지반 압밀침하용 건설기계(샌드드레인 머신, 페이퍼드레인 머신, 팩드레인 머신 등)
10. 지반 다짐용 건설기계(타이어 롤러, 매커덤 롤러, 탠덤롤러 등)
11. 준설용 건설기계(버킷 준설선, 그래브 준설선, 펌프 준설선 등)
12. 콘크리트 펌프카
13. 덤프트럭
14. 콘크리트믹서 트럭
15. 도로포장용 건설기계(아스팔트 살포기, 콘크리트 살포기, 아스팔트 피니셔, 콘크리트 피니셔 등)
16. 골재 채취 및 살포용 건설기계(쇄석기, 자갈채취기, 골재살포기 등)

07 동영상은 항타기 작업을 보여준다. 항타기의 조립·해체 시 준수사항 3가지를 쓰시오.

해답
① 항타기 또는 항발기에 사용하는 권상기에 쐐기장치 또는 역회전방지용 브레이크를 부착할 것
② 항타기 또는 항발기의 권상기가 들리거나 미끄러지거나 흔들리지 않도록 설치할 것
③ 그 밖에 조립·해체에 필요한 사항은 제조사에서 정한 설치·해체작업 설명서에 따를 것

관련 법령 산업안전보건기준에 관한 규칙 제207조(조립·해체 시 점검사항)

08 동영상은 거푸집 동바리를 보여준다. 보 형식의 동바리를 사용 하는 경우 준수사항 3가지를 쓰시오.

해답
① 접합부는 충분한 걸침 길이를 확보하고 못, 용접 등으로 양 끝을 지지물에 고정시켜 미끄러짐 및 탈락을 방지해야 한다.
② 양 끝에 설치된 보 거푸집을 지지하는 동바리 사이에는 수평 연결재를 설치하거나 동바리를 추가로 설치하는 등 보 거푸집이 옆으로 넘어지지 않도록 견고하게 해야 한다.
③ 설계도면, 시방서 등 설계도서를 준수하여 설치해야 한다.

관련 법령 산업안전보건기준에 관한 규칙 제332조의2(동바리 유형에 따른 동바리 조립 시의 안전조치)

3부 | 기출복원문제

01 동영상은 원심력 철근콘크리트 말뚝을 시공하는 현장을 보여준다. 말뚝의 항타공법 종류 2가지를 쓰시오.

해답
① 타격공법 : 드롭해머, 스팀해머, 디젤해머, 유압해머
② 진동공법 : 바이브로 해머로 상하 진동을 주어 타입
③ 선행굴착공법(pre-boring) : 어스 오거(earth auger)로 천공 후 기성말뚝 삽입
④ 워터제트 공법 : 고압으로 물을 분사시켜 마찰력을 감소시키며 말뚝 매입
⑤ 압입공법 : 유압 압입장치의 반력을 이용하여 말뚝 매입
⑥ 중공굴착공법 : 말뚝의 내부를 스파이럴 오거로 굴착하면서 말뚝 매입

02 동영상은 이동식 비계작업을 보여준다. 이동식 비계에서 작업 시 전도를 방지하기 위한 조치사항 2가지를 쓰시오.

해답
① 이동식 비계의 바퀴에는 뜻밖의 갑작스러운 이동 또는 전도를 방지하기 위하여 브레이크·쐐기 등으로 바퀴를 고정시킨 다음 비계의 일부를 견고한 시설물에 고정해야 한다.
② 아웃트리거를 설치하는 등 필요한 조치를 해야 한다.

관련 법령 산업안전보건기준에 관한 규칙 제68조(이동식 비계)

더 알아보기 ▶ 이동식 비계

사업주는 이동식 비계를 조립하여 작업을 하는 경우에는 다음의 사항을 준수하여야 한다.
1. 이동식 비계의 바퀴에는 뜻밖의 갑작스러운 이동 또는 전도를 방지하기 위하여 브레이크·쐐기 등으로 바퀴를 고정시킨 다음 비계의 일부를 견고한 시설물에 고정하거나 아웃트리거를 설치하는 등 필요한 조치를 할 것
2. 승강용 사다리는 견고하게 설치할 것
3. 비계의 최상부에서 작업을 하는 경우에는 안전난간을 설치할 것
4. 작업발판은 항상 수평을 유지하고 작업발판 위에서 안전난간을 딛고 작업을 하거나 받침대 또는 사다리를 사용하여 작업하지 않도록 할 것
5. 작업발판의 최대 적재하중은 250kg을 초과하지 않도록 할 것

03 동영상은 차량계 하역운반기계를 보여준다. 하역운반기계의 운전자가 운전위치 이탈 시 준수해야 할 사항 3가지를 쓰시오.

해답
① 포크, 버킷, 디퍼 등의 장치를 가장 낮은 위치 또는 지면에 내려 둘 것
② 원동기를 정지시키고 브레이크를 확실히 거는 등 차량계 하역운반기계 등 차량계 건설기계의 갑작스러운 이동을 방지하기 위한 조치를 할 것
③ 운전석을 이탈하는 경우에는 시동키를 운전대에서 분리시킬 것

관련 법령 산업안전보건기준에 관한 규칙 제99조(운전위치 이탈 시의 조치)

04 동영상은 리프트를 보여준다. 리프트의 설치·해체작업 시 조치사항 3가지를 쓰시오.

해답
① 작업을 지휘하는 사람을 선임하여 그 사람의 지휘하에 작업을 실시할 것
② 작업을 할 구역에 관계 근로자가 아닌 사람의 출입을 금지하고 그 취지를 보기 쉬운 장소에 표시할 것
③ 비, 눈, 그 밖에 기상 상태의 불안정으로 날씨가 몹시 나쁜 경우에는 그 작업을 중지시킬 것

관련 법령 산업안전보건기준에 관한 규칙 제156조(조립 등의 작업)

05 동영상은 구내운반차를 보여준다. 구내운반차 사용 시 준수사항 3가지를 쓰시오.

[해답]
① 주행을 제동하거나 정지 상태를 유지하기 위하여 유효한 제동장치를 갖출 것
② 경음기를 갖출 것
③ 운전석이 차 실내에 있는 것은 좌우에 한 개씩 방향지시기를 갖출 것
④ 전조등과 후미등을 갖출 것
⑤ 구내운반차가 후진 중에 주변의 근로자 또는 차량계 하역운반기계 등과 충돌할 위험이 있는 경우에는 구내운반차에 후진경보기와 경광등을 설치할 것

[관련 법령] 산업안전보건기준에 관한 규칙 제184조(제동장치 등)

06 동영상은 항발기를 보여준다. 항발기를 조립·해체할 때 준수사항 3가지를 쓰시오.

[해답]
① 항타기 또는 항발기에 사용하는 권상기에 쐐기장치 또는 역회전방지용 브레이크를 부착할 것
② 항타기 또는 항발기의 권상기가 들리거나 미끄러지거나 흔들리지 않도록 설치할 것
③ 그 밖에 조립·해체에 필요한 사항은 제조사에서 정한 설치·해체작업 설명서에 따를 것

[관련 법령] 산업안전보건기준에 관한 규칙 제207조(조립·해체 시 점검사항)

07 동영상은 강관비계를 보여준다. 다음 (   ) 안에 적합한 내용을 쓰시오.

(1) 비계기둥 간의 적재하중은 (①)kg을 초과하지 않도록 할 것
(2) 비계기둥의 간격은 띠장 방향에서는 1.85m 이하, 장선 방향에서는 (②)m 이하로 할 것
(3) 띠장 간격은 (③)m 이하로 할 것
(4) 비계기둥의 제일 윗부분으로부터 (④)m되는 지점 밑부분의 비계기둥은 (⑤)개의 강관으로 묶어 세울 것

해답
① 400, ② 1.5, ③ 2.0, ④ 31, ⑤ 2

관련 법령 산업안전보건기준에 관한 규칙 제60조(강관비계의 구조)

더 알아보기 강관비계의 구조

1. 비계기둥의 간격은 띠장 방향에서는 1.85m 이하, 장선 방향에서는 1.5m 이하로 할 것. 다만, 다음의 어느 하나에 해당하는 작업의 경우에는 안전성에 대한 구조검토를 실시하고 조립도를 작성하면 띠장 방향 및 장선 방향으로 각각 2.7m 이하로 할 수 있다.
   가. 선박 및 보트 건조작업
   나. 그 밖에 장비 반입·반출을 위하여 공간 등을 확보할 필요가 있는 등 작업의 성질상 비계기둥 간격에 관한 기준을 준수하기 곤란한 작업
2. 띠장 간격은 2.0m 이하로 할 것. 다만, 작업의 성질상 이를 준수하기가 곤란하여 쌍기둥틀 등에 의하여 해당 부분을 보강한 경우에는 그러하지 아니하다.
3. 비계기둥의 제일 윗부분으로부터 31m되는 지점 밑부분의 비계기둥은 2개의 강관으로 묶어 세울 것. 다만, 브래킷(bracket, 까치발) 등으로 보강하여 2개의 강관으로 묶을 경우 이상의 강도가 유지되는 경우에는 그러하지 아니하다.
4. 비계기둥 간의 적재하중은 400kg을 초과하지 않도록 할 것

08 동영상은 달대비계를 보여준다. 달대비계 또는 높이 5m 이상의 비계를 조립·해체하거나 변경하는 작업에서 관리감독자의 직무수행 내용을 3가지 쓰시오.

해답
① 재료의 결함 유무를 점검하고 불량품을 제거하는 일
② 기구·공구·안전대 및 안전모 등의 기능을 점검하고 불량품을 제거하는 일
③ 작업방법 및 근로자의 배치를 결정하고 작업진행 상태를 감시하는 일
④ 안전대와 안전모 등의 착용상황을 감시하는 일

관련 법령 산업안전보건기준에 관한 규칙 별표 2(관리감독자의 유해·위험 방지)

2020년 제1회 과년도 기출복원문제

1부 | 기출복원문제

01 동영상은 콘크리트믹서 트럭을 보여준다. 콘크리트믹서 트럭의 용도 2가지를 쓰시오.

해답
① 콘크리트의 경화 방지
② 재료분리 방지

02 동영상은 추락방호망을 보여준다. 추락방호망 설치기준 관련 (　　) 안에 알맞은 내용을 쓰시오.

> (1) 추락방호망의 설치위치는 가능하면 작업면으로부터 가까운 지점에 설치하여야 하며, 작업면으로부터 망의 설치지점까지의 수직거리는 (①)m를 초과하지 아니해야 한다.
> (2) 추락방호망은 수평으로 설치하고, 망의 처짐은 짧은 변 길이의 (②)% 이상이 되도록 해야 한다.
> (3) 건축물 등의 바깥쪽으로 설치하는 경우 추락방호망의 내민 길이는 벽면으로부터 (③)m 이상 되도록 해야 한다.

해답

① 10, ② 12, ③ 3

관련 법령 산업안전보건기준에 관한 규칙 제42조(추락의 방지)

03 동영상은 작업자가 이동식 비계 최상부에 올라가서 작업하는 모습을 보여준다. 안전대를 착용하였으나 고리를 체결할 곳이 없어서 안전대 고리를 체결하지 않고 작업 중이다. 이동식 비계가 조금씩 움직이고 있었고 주변에는 아무도 없었다. 이때 작업자가 작업발판 위에 있던 시멘트를 피해 이동하다 떨어지는 사고가 발생했다. 이 사고의 발생원인 3가지를 쓰시오.

출처 : 세이프넷(safetynetwork.co.kr)

해답

① 안전대 고리 미체결
② 안전대 부착설비 미설치
③ 2인 1조 작업 위반
④ 작업발판 위 자재 야적
⑤ 이동식 비계 아웃트리거, 브레이크 미설치
⑥ 최상부 안전난간 미설치

04 동영상은 달비계를 이용한 페인트 도장작업을 하는 장면을 보여준다. 달비계 사용 시 준수사항 3가지를 쓰시오.

해답
① 안전담당자의 지휘하에 작업을 진행하여야 한다.
② 와이어로프 및 강선의 안전계수는 10 이상이어야 한다.
③ 와이어로프의 일단은 권양기에 확실히 감겨져 있어야 한다.
④ 와이어로프를 사용함에 있어 와이어로프 소선이 10% 이상 절단된 것, 지름이 공칭지름의 7% 이상 감소된 것, 몹시 변형되었거나 비틀어진 것은 사용할 수 없다.
⑤ 승강하는 경우 작업대는 수평을 유지하도록 하여야 한다.
⑥ 허용하중 이상의 작업원이 타지 않도록 하여야 한다.
⑦ 권양기에는 제동장치를 설치하여야 한다.
⑧ 작업발판은 40cm 이상의 폭이어야 하며, 움직이지 않게 고정하여야 한다.
⑨ 발판 위 약 10cm 위까지 발끝막이판을 설치하여야 한다.
⑩ 난간은 안전난간을 설치하여야 하며, 움직이지 않게 고정하여야 한다.
⑪ 작업성질상 안전난간을 설치하는 것이 곤란하거나 임시로 안전난간을 해체하여야 하는 경우에는 방망을 치거나 안전대를 착용하여야 한다.
⑫ 안전모와 안전대를 착용하여야 한다.
⑬ 달비계 위에서는 각립사다리 등을 사용해서는 안 된다.
⑭ 난간 밖에서 작업하지 않도록 하여야 한다.
⑮ 달비계의 동요 또는 전도를 방지할 수 있는 장치를 하여야 한다.
⑯ 급작스런 행동으로 인한 비계의 동요, 전도 등을 방지하여야 한다.
⑰ 추락에 의한 근로자의 위험을 방지하기 위하여 달비계에 구명줄을 설치하여야 한다.

관련 법령 가설공사 표준안전 작업지침 제10조(달비계)

05 동영상은 발파를 위해 장약작업을 하는 모습을 보여주고 있다. 장약작업 시 주의사항 3가지를 쓰시오.

해답
① 장약작업 장소 인근에서는 화기사용 및 흡연을 하지 않도록 할 것
② 장약작업 장소 인근에서는 전기용접 작업이나 동력을 사용하는 기계를 사용하지 않을 것
③ 장약작업을 하는 근로자가 안전모 등 적절한 보호구를 착용하도록 할 것
④ 기존의 발파에 사용된 발파공에는 장약하지 않도록 할 것
⑤ 약포는 1개씩 손을 사용하여 신중하게 장약봉으로 넣고, 약포 간에 간격이 없도록 그때마다 구멍길이의 차를 측정하면서 장약을 수행하도록 할 것
⑥ 장약봉은 곧바르고 견고하며, 마찰·충격·정전기 등에 대하여 안전한 부도체(플라스틱, 나무 등)를 사용하여 약포 지름보다 약간 굵고, 적당한 길이로 하고, 개수는 충분히 준비하게 할 것
⑦ 장약은 뇌관의 관체, 각선, 연결장치 등이 충격 또는 손상되지 않도록 주의하며, 각선의 길이는 결선작업을 고려하여 충분한 길이의 것을 사용하게 할 것
⑧ 초유폭약을 장약하는 경우 다음의 사항을 따를 것
  ㉠ 장약 중에 흡습 또는 이물의 혼입을 방지하기 위한 조치를 강구할 것
  ㉡ 갱내에서는 가스 등의 환기에 유의하고, 통기가 나쁜 장소에서는 사용하지 말 것
  ㉢ 폭약을 장약한 후에는 신속하게 기폭할 것
⑨ 낙석 또는 붕락의 위험이 있는 뜬돌(부석) 등의 유무를 확인하고, 이를 제거하는 등 안전조치 후 작업하도록 할 것
⑩ 장약작업 중에는 관계 근로자가 아닌 사람의 출입을 금지할 것

관련 법령 발파 표준안전 작업지침 제13조(장약)

06 동영상은 터널작업을 보여준다. 다음 물음에 답하시오.

(1) 동영상에서 보여주는 공법의 명칭을 쓰시오.
(2) 터널공사 작업계획서에 포함되어야 할 사항 3가지를 쓰시오.

해답
(1) 명칭 : 숏크리트(shotcrete) 뿜칠공법
(2) 작업계획서에 포함되어야 할 사항
　① 굴착의 방법
　② 터널지보공 및 복공의 시공방법과 용수의 처리방법
　③ 환기 또는 조명시설을 설치할 때에는 그 방법

관련 법령 산업안전보건기준에 관한 규칙 별표 4(사전조사 및 작업계획서 내용)

07 동영상은 연마작업을 보여준다. 연마작업 시 착용해야 할 보호구 3가지를 쓰시오.

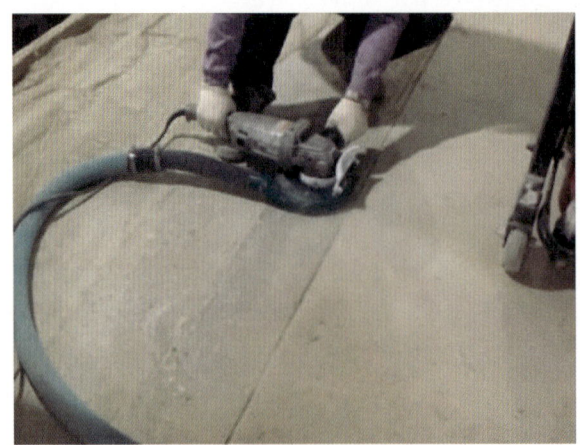

해답
① 방진마스크, ② 보안경, ③ 청력보호구

08 동영상은 굴착작업을 보여준다. 풍화암, 연암, 경암에 대한 사면의 기울기 기준을 쓰시오.

해답
① 풍화암 1 : 1.0
② 연암 1 : 1.0
③ 경암 1 : 0.5

관련 법령 산업안전보건기준에 관한 규칙 별표 11(굴착면의 기울기 기준)

더 알아보기 굴착면의 기울기 기준

지반의 종류	굴착면의 기울기
모래	1 : 1.8
연암 및 풍화암	1 : 1.0
경암	1 : 0.5
그 밖의 흙	1 : 1.2

2부 | 기출복원문제

01 동영상은 거푸집 작업을 보여준다. 동영상의 거푸집 명칭을 쓰시오.

해답
슬립 폼

02 동영상은 작업자가 이동식 비계를 사용하여 작업하는 모습을 보여준다. 이동식 비계 사용 시 준수사항 3가지를 쓰시오.

해답
① 안전담당자의 지휘하에 작업을 행하여야 한다.
② 비계의 최대 높이는 밑변 최소폭의 4배 이하이어야 한다.
③ 작업대의 발판은 전면에 걸쳐 빈틈없이 깔아야 한다.
④ 비계의 일부를 건물에 체결하여 이동, 전도 등을 방지하여야 한다.
⑤ 승강용 사다리는 견고하게 부착하여야 한다.
⑥ 최대 적재하중을 표시하여야 한다.
⑦ 부재의 접속부, 교차부는 확실하게 연결하여야 한다.
⑧ 작업대에는 안전난간을 설치하여야 하며 낙하물 방지조치를 설치하여야 한다.
⑨ 불의의 이동을 방지하기 위한 제동장치를 반드시 갖추어야 한다.
⑩ 이동할 때에는 작업원이 없는 상태이어야 한다.
⑪ 비계의 이동에는 충분한 인원배치를 하여야 한다.
⑫ 안전모를 착용하여야 하며 지지로프를 설치하여야 한다.
⑬ 재료, 공구의 오르내리기에는 포대, 로프 등을 이용하여야 한다.
⑭ 작업장 부근에 고압선 등이 있는가를 확인하고 적절한 방호조치를 취하여야 한다.
⑮ 상하에서 동시에 작업을 할 때에는 충분한 연락을 취하면서 작업을 하여야 한다.

관련 법령 가설공사 표준안전 작업지침 제13조(이동식 비계)

03 동영상은 전기작업을 보여준다. 전기기계·기구 또는 전로 등의 충전부분에 접촉 시 감전 방지대책 3가지를 쓰시오.

해답
① 충전부가 노출되지 않도록 폐쇄형 외함이 있는 구조로 할 것
② 충전부에 충분한 절연효과가 있는 방호망이나 절연덮개를 설치할 것
③ 충전부는 내구성이 있는 절연물로 완전히 덮어 감쌀 것
④ 발전소·변전소 및 개폐소 등 구획되어 있는 장소로서 관계 근로자가 아닌 사람의 출입이 금지되는 장소에 충전부를 설치하고, 위험표시 등의 방법으로 방호를 강화할 것
⑤ 전주 위 및 철탑 위 등 격리되어 있는 장소로서 관계 근로자가 아닌 사람이 접근할 우려가 없는 장소에 충전부를 설치할 것

관련 법령 산업안전보건기준에 관한 규칙 제301조(전기기계·기구 등의 충전부 방호)

04 동영상은 콘크리트 타설 장면을 보여준다. 콘크리트 펌프카 이용 작업 시 준수사항 3가지를 쓰시오.

해답
① 작업을 시작하기 전에 콘크리트 타설장비(콘크리트 플레이싱 붐, 콘크리트 분배기, 콘크리트 펌프카 등)를 점검하고 이상을 발견하였으면 즉시 보수할 것
② 건축물의 난간 등에서 작업하는 근로자가 호스의 요동·선회로 인하여 추락하는 위험을 방지하기 위하여 안전난간 설치 등 필요한 조치를 할 것
③ 콘크리트 타설장비의 붐을 조정하는 경우에는 주변의 전선 등에 의한 위험을 예방하기 위한 적절한 조치를 할 것
④ 작업 중에 지반의 침하나 아웃트리거 등 콘크리트 타설장비 지지구조물의 손상 등에 의하여 콘크리트 타설장비가 넘어질 우려가 있는 경우에는 이를 방지하기 위한 적절한 조치를 할 것

관련 법령 산업안전보건기준에 관한 규칙 제335조(콘크리트 타설장비 사용 시의 준수사항)

05 동영상은 가설통로를 보여준다. 가설통로의 설치 시 준수사항 4가지를 쓰시오.

해답
① 견고한 구조로 할 것
② 경사는 30° 이하로 할 것
③ 경사가 15°를 초과하는 경우에는 미끄러지지 아니하는 구조로 할 것
④ 추락할 위험이 있는 장소에는 안전난간을 설치할 것
⑤ 수직갱에 가설된 통로의 길이가 15m 이상인 경우에는 10m 이내마다 계단참을 설치할 것
⑥ 건설공사에 사용하는 높이 8m 이상인 비계다리에는 7m 이내마다 계단참을 설치할 것

관련 법령 산업안전보건기준에 관한 규칙 제23조(가설통로의 구조)

06 동영상은 와이어로프를 보여준다. 양중기의 와이어로프 사용금지 조건에 대한 다음 (   ) 안에 알맞은 내용을 쓰시오.

(1) 와이어로프의 한 가닥에서 소선의 수가 (①)% 이상 절단된 것
(2) 지름의 감소가 공칭지름의 (②)%를 초과하는 것

해답
① 10, ② 7

관련 법령 산업안전보건기준에 관한 규칙 제63조(달비계의 구조), 제166조(이음매가 있는 와이어로프 등의 사용금지)

빈출 07
동영상은 거푸집 공사현장을 보여주고 있다. 거푸집 점검 시 반드시 점검해야 하는 사항을 3가지 쓰시오.

해답
① 직접 거푸집을 제작, 조립한 책임자가 검사
② 기초 거푸집을 검사할 때에는 터파기 폭
③ 거푸집의 형상 및 위치 등 정확한 조립 상태
④ 거푸집에 못이 돌출되어 있거나 날카로운 것이 돌출되어 있을 시에는 제거

관련 법령 콘크리트공사표준안전작업지침 제7조(점검)

08 동영상은 안전난간을 보여준다. 다음 ( ) 안에 적합한 내용을 쓰시오.

상부 난간대는 바닥면·발판 또는 경사로의 표면으로부터 (①)cm 이상 지점에 설치하고, 상부 난간대를 (②)cm 이하에 설치하는 경우에는 중간 난간대는 상부 난간대와 바닥면 등의 중간에 설치해야 하며, (②)cm 이상 지점에 설치하는 경우에는 중간 난간대를 2단 이상으로 균등하게 설치하고 난간의 상하 간격은 (③)cm 이하가 되도록 해야 한다. 다만, 난간기둥 간의 간격이 (④)cm 이하인 경우에는 중간 난간대를 설치하지 않을 수 있다.

해답

① 90, ② 120, ③ 60, ④ 25

관련 법령 산업안전보건기준에 관한 규칙 제13조(안전난간의 구조 및 설치요건)

더 알아보기 안전난간의 구조 및 설치요건

1. 안전난간을 설치하는 경우 상부 난간대, 중간 난간대, 발끝막이판 및 난간기둥으로 구성한다.
2. 상부 난간대는 바닥면·발판 또는 경사로의 표면으로부터 90cm 이상 지점에 설치하고, 상부 난간대를 120cm 이하에 설치하는 경우에는 중간 난간대는 상부 난간대와 바닥면 등의 중간에 설치해야 하며, 120cm 이상 지점에 설치하는 경우에는 중간 난간대를 2단 이상으로 균등하게 설치하고 난간의 상하 간격은 60cm 이하가 되도록 한다. 다만, 난간기둥 간의 간격이 25cm 이하인 경우에는 중간 난간대를 설치하지 않을 수 있다.
3. 발끝막이판은 바닥면 등으로부터 10cm 이상의 높이를 유지해야 한다.
4. 난간기둥은 상부 난간대와 중간 난간대를 견고하게 떠받칠 수 있도록 적정한 간격을 유지해야 한다.
5. 상부 난간대와 중간 난간대는 난간 길이 전체에 걸쳐 바닥면 등과 평행을 유지해야 한다.
6. 난간대는 지름 2.7cm 이상의 금속제 파이프나 그 이상의 강도가 있는 재료로 한다.
7. 안전난간은 구조적으로 가장 취약한 지점에서 가장 취약한 방향으로 작용하는 100kg 이상의 하중에 견딜 수 있는 튼튼한 구조이어야 한다.

3부 | 기출복원문제

01 동영상은 흙막이를 보여준다. 시트파일 흙막이 공사의 재해예방을 위한 유의사항을 3가지 쓰시오.

해답
① 지하수위 변화 점검
② 계측기 설치 및 관리(경사계, 침하계 등)
③ 시트파일 배면에 자재 야적 금지
④ 시트파일의 근입깊이를 깊게 설치

02 동영상은 벽이음을 보여준다. 비계 설치 시 벽이음의 역할 3가지를 쓰시오.

해답
① 바람으로 인한 비계의 전도 방지
② 충격, 진동 등 외력에 대한 안전 상태 유지
③ 비계의 형태 유지

03 동영상은 흙막이 시공 장면을 보여준다. 흙막이 구조물에서 사용되는 계측기기의 종류를 2가지 쓰시오.

해답
① 지중경사계 : 배면지반의 거동 및 지중 수평변위 측정
② 간극수압계 : 굴착 및 성토에 의한 간극수압 변화 측정
③ 지하수위계 : 지하수위 변화 측정
④ 지표침하계 : 지표면의 침하량 변화 측정
⑤ 건물경사계 : 인접건물의 변형 파악
⑥ 균열계 : 주변 구조물, 지반 등의 균열 측정
⑦ 변형률계 : 흙막이 부재의 변형 파악
⑧ 하중계 : 버팀대(strut), 어스앵커(earth anchor)의 하중 변화 측정

관련 법령 KOSHA GUIDE C-103-2014(굴착공사 계측관리 기술지침)

04 동영상은 양중기 작업을 보여준다. 양중기의 와이어로프 사용금지 사항으로 ( ) 안에 적합한 내용을 쓰시오.

(1) 와이어로프의 한 가닥에서 소선의 수가 (①)% 이상 절단된 것
(2) 지름의 감소가 공칭지름의 (②)%를 초과하는 것

해답
① 10, ② 7

관련 법령 산업안전보건기준에 관한 규칙 제63조(달비계의 구조), 제166조(이음매가 있는 와이어로프 등의 사용금지)

05 동영상은 시스템 비계를 보여준다. 시스템 비계를 사용하여 비계를 설치하는 경우 준수해야 할 사항 3가지를 쓰시오.

> **해답**
> ① 수직재·수평재·가새재를 견고하게 연결하는 구조가 되도록 해야 한다.
> ② 비계 밑단의 수직재와 받침 철물은 밀착되도록 설치하고, 수직재와 받침 철물의 연결부의 겹침길이는 받침 철물 전체길이의 1/3 이상이 되도록 해야 한다.
> ③ 수평재는 수직재와 직각으로 설치하여야 하며, 체결 후 흔들림이 없도록 견고하게 설치해야 한다.
> ④ 수직재와 수직재의 연결철물은 이탈되지 않도록 견고한 구조로 해야 한다.
> ⑤ 벽 연결재의 설치간격은 제조사가 정한 기준에 따라 설치해야 한다.
>
> **관련 법령** 산업안전보건기준에 관한 규칙 제69조(시스템 비계의 구조)

06 동영상은 철근을 인력으로 운반하는 모습이다. 이와 같은 운반작업을 할 때 주의하여야 할 사항을 3가지 쓰시오.

> **해답**
> ① 1인당 무게는 25kg 정도가 적절하며, 무리한 운반을 삼가하여야 한다.
> ② 2인 이상이 1조가 되어 어깨메기로 하여 운반하는 등 안전을 도모하여야 한다.
> ③ 긴 철근을 부득이 한 사람이 운반할 때에는 한쪽을 어깨에 메고 한쪽 끝을 끌면서 운반하여야 한다.
> ④ 운반할 때에는 양 끝을 묶어 운반하여야 한다.
> ⑤ 내려놓을 때는 천천히 내려놓고 던지지 않아야 한다.
> ⑥ 공동작업을 할 때에는 신호에 따라 작업을 하여야 한다.
>
> **관련 법령** 콘크리트공사표준안전작업지침 제12조(운반)

07 동영상에서 오픈 컷 굴착공사를 보여준다. 토사 붕괴의 발생을 예방하기 위해 점검해야 하는 사항을 3가지 쓰시오.

해답
① 전 지표면의 답사
② 경사면의 지층 변화부 상황 확인
③ 부석의 상황 변화의 확인
④ 용수의 발생 유무 또는 용수량의 변화 확인
⑤ 결빙과 해빙에 대한 상황의 확인
⑥ 각종 경사면 보호공의 변위, 탈락 유무

관련 법령 굴착공사 표준안전 작업지침 제32조(점검)

08 동영상은 인양작업을 보여준다. 다음 (   ) 안에 적합한 내용을 쓰시오.

물체 인양 시 훅에 매다는 와이어로프의 각도는 (   )° 이하로 한다.

해답
60

관련 법령 운반하역 표준안전 작업지침 제22조(걸이)

더 알아보기 걸이

1. 와이어로프 등은 크레인의 훅 중심에 걸어야 한다.
2. 인양 물체의 안정을 위하여 2줄 걸이 이상을 사용하여야 한다.
3. 밑에 있는 물체를 걸고자 할 때에는 위의 물체를 제거한 후에 행하여야 한다.
4. 매다는 각도는 60° 이내로 하여야 한다.
5. 근로자를 매달린 물체 위에 탑승시키지 않아야 한다.

2020년 제2회 과년도 기출복원문제

1부 | 기출복원문제

01 동영상은 터널작업을 보여준다. 동영상의 터널 굴착공법의 명칭과 작업계획서에 포함되어야 할 사항 3가지를 쓰시오.

해답
(1) 명칭 : TBM(Tunnel Boring Machine) 공법
(2) 작업계획서에 포함되어야 할 사항
　① 굴착의 방법
　② 터널지보공 및 복공의 시공방법과 용수의 처리방법
　③ 환기 또는 조명시설을 설치할 때에는 그 방법

관련 법령 산업안전보건기준에 관한 규칙 별표 4(사전조사 및 작업계획서 내용)

더 알아보기 사전조사 및 작업계획서 내용

작업명	사전조사 내용	작업계획서 내용
터널 굴착작업	보링(boring) 등 적절한 방법으로 낙반·출수 및 가스폭발 등으로 인한 근로자의 위험을 방지하기 위하여 미리 지형·지질 및 지층 상태를 조사	가. 굴착의 방법 나. 터널지보공 및 복공(覆工)의 시공방법과 용수의 처리방법 다. 환기 또는 조명시설을 설치할 때에는 그 방법

02 동영상은 거푸집 동바리를 보여준다. 동바리 점검 시 반드시 점검해야 하는 사항 3가지를 쓰시오.

해답
① 지주를 지반에 설치할 때에는 받침 철물 또는 받침목 등을 설치하여 부동침하 방지조치
② 강관지주(동바리) 사용 시 접속부 나사 등의 손상 상태
③ 이동식 틀비계를 지보공(동바리) 대용으로 사용할 때에는 바퀴의 제동장치

관련 법령 콘크리트공사표준안전작업지침 제7조(점검)

03 동영상은 강관틀비계를 보여준다. 강관틀비계를 조립하여 사용하는 경우 준수사항 3가지를 쓰시오.

> **해답**
> ① 비계기둥의 밑둥에는 밑받침 철물을 사용하여야 하며 밑받침에 고저차가 있는 경우에는 조절형 밑받침 철물을 사용하여 각각의 강관틀비계가 항상 수평 및 수직을 유지하도록 해야 한다.
> ② 높이가 20m를 초과하거나 중량물의 적재를 수반하는 작업을 할 경우에는 주틀 간의 간격을 1.8m 이하로 해야 한다.
> ③ 주틀 간에 교차 가새를 설치하고 최상층 및 5층 이내마다 수평재를 설치해야 한다.
> ④ 수직 방향으로 6m, 수평 방향으로 8m 이내마다 벽이음을 해야 한다.
> ⑤ 길이가 띠장 방향으로 4m 이하이고 높이가 10m를 초과하는 경우에는 10m 이내마다 띠장 방향으로 버팀기둥을 설치해야 한다.
>
> **관련 법령** 산업안전보건기준에 관한 규칙 제62조(강관틀비계)

04 동영상은 근로자가 밀폐공간에서 작업하는 모습을 보여준다. 밀폐공간에서 작업 시 착용해야 하는 개인보호구 3가지를 쓰시오.

> **해답**
> ① 송기마스크, ② 공기호흡기, ③ 안전대
>
> **관련 법령** 산업안전보건기준에 관한 규칙 제624조(안전대 등)

05 동영상은 아파트 건설현장을 보여주고 있다. 위와 같은 건설현장에서 물체의 낙하·비래 위험이 있는 경우 조치해야 할 사항 2가지를 쓰시오.

해답
① 낙하물 방지망 설치
② 수직보호망 또는 방호선반 설치
③ 출입금지 구역의 설정

관련 법령 산업안전보건기준에 관한 규칙 제14조(낙하물에 의한 위험의 방지)

06 동영상은 말비계를 보여준다. 말비계 사용 시 준수사항에 대한 다음 빈칸을 채우시오.

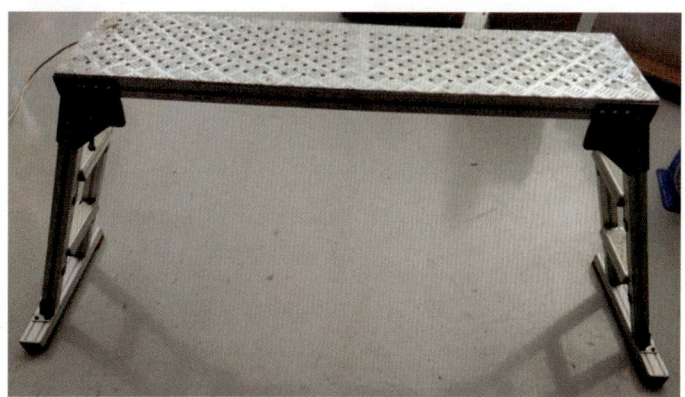

(1) 지주부재의 하단에는 (①)를 하고, 근로자가 양측 끝부분에 올라서서 작업하지 않도록 해야 한다.
(2) 지주부재와 수평면의 기울기를 (②)° 이하로 하고, 지주부재와 지주부재 사이를 고정시키는 보조부재를 설치해야 한다.
(3) 말비계의 높이가 (③)m를 초과하는 경우에는 작업발판의 폭을 (④)cm 이상으로 해야 한다.

해답
① 미끄럼 방지장치
② 75
③ 2
④ 40

관련 법령 산업안전보건기준에 관한 규칙 제67조(말비계)

07 동영상은 안전난간을 보여준다. 추락 등의 위험을 방지하기 위한 안전난간의 설치기준 3가지를 쓰시오.

해답
① 안전난간을 설치하는 경우 상부 난간대, 중간 난간대, 발끝막이판 및 난간기둥으로 구성한다.
② 상부 난간대는 바닥면·발판 또는 경사로의 표면으로부터 90cm 이상 지점에 설치하고, 상부 난간대를 120cm 이하에 설치하는 경우에는 중간 난간대는 상부 난간대와 바닥면 등의 중간에 설치해야 하며, 120cm 이상 지점에 설치하는 경우에는 중간 난간대를 2단 이상으로 균등하게 설치하고 난간의 상하 간격은 60cm 이하가 되도록 한다.
③ 발끝막이판은 바닥면 등으로부터 10cm 이상의 높이를 유지해야 한다.
④ 난간기둥은 상부 난간대와 중간 난간대를 견고하게 떠받칠 수 있도록 적정한 간격을 유지해야 한다.
⑤ 상부 난간대와 중간 난간대는 난간 길이 전체에 걸쳐 바닥면 등과 평행을 유지해야 한다.
⑥ 난간대는 지름 2.7cm 이상의 금속제 파이프나 그 이상의 강도가 있는 재료로 한다.
⑦ 안전난간은 구조적으로 가장 취약한 지점에서 가장 취약한 방향으로 작용하는 100kg 이상의 하중에 견딜 수 있는 튼튼한 구조이어야 한다.

관련 법령 산업안전보건기준에 관한 규칙 제13조(안전난간의 구조 및 설치요건)

08 동영상은 발파를 위해 장약작업을 하는 모습을 보여주고 있다. 이와 같은 장약작업 시 준수사항 3가지를 쓰시오.

해답
① 장약작업 장소 인근에서는 화기사용 및 흡연을 하지 않도록 할 것
② 장약작업 장소 인근에서는 전기용접 작업이나 동력을 사용하는 기계를 사용하지 않을 것
③ 장약작업을 하는 근로자가 안전모 등 적절한 보호구를 착용하도록 할 것
④ 기존의 발파에 사용된 발파공에는 장약하지 않도록 할 것
⑤ 약포는 1개씩 손을 사용하여 신중하게 장약봉으로 넣고, 약포 간에 간격이 없도록 그때마다 구멍길이의 차를 측정하면서 장약을 수행하도록 할 것
⑥ 장약봉은 곧바르고 견고하며, 마찰·충격·정전기 등에 대하여 안전한 부도체(플라스틱, 나무 등)를 사용하여 약포 지름보다 약간 굵고, 적당한 길이로 하고, 개수는 충분히 준비하게 할 것
⑦ 장약은 뇌관의 관체, 각선, 연결장치 등이 충격 또는 손상되지 않도록 주의하며, 각선의 길이는 결선작업을 고려하여 충분한 길이의 것을 사용하게 할 것
⑧ 초유폭약을 장약하는 경우 다음의 사항을 따를 것
　㉠ 장약 중에 흡습 또는 이물의 혼입을 방지하기 위한 조치를 강구할 것
　㉡ 갱내에서는 가스 등의 환기에 유의하고, 통기가 나쁜 장소에서는 사용하지 말 것
　㉢ 폭약을 장약한 후에는 신속하게 기폭할 것
⑨ 낙석 또는 붕락의 위험이 있는 뜬돌(부석) 등의 유무를 확인하고, 이를 제거하는 등 안전조치 후 작업하도록 할 것
⑩ 장약작업 중에는 관계 근로자가 아닌 사람의 출입을 금지할 것

관련 법령 발파 표준안전 작업지침 제13조(장약)

2부 | 기출복원문제

01 동영상은 목재 가공용 둥근톱으로 합판을 절단하는 작업을 보여준다. 이러한 작업 시 방호장치를 쓰시오.

> **해답**
> ① 반발예방장치
> ② 톱날접촉예방장치
>
> **관련 법령** 산업안전보건기준에 관한 규칙 제105조(둥근톱기계의 반발예방장치), 제106조(둥근톱기계의 톱날접촉예방장치)

02 동영상은 크레인을 이용한 인양작업을 보여준다. 크레인 설치작업 시 준수사항 3가지를 쓰시오.

> **해답**
> ① 작업순서를 정하고 그 순서에 따라 작업을 할 것
> ② 작업을 할 구역에 관계 근로자가 아닌 사람의 출입을 금지하고 그 취지를 보기 쉬운 곳에 표시할 것
> ③ 비, 눈, 그 밖에 기상 상태의 불안정으로 날씨가 몹시 나쁜 경우에는 그 작업을 중지시킬 것
> ④ 작업장소는 안전한 작업이 이루어질 수 있도록 충분한 공간을 확보하고 장애물이 없도록 할 것
> ⑤ 들어 올리거나 내리는 기자재는 균형을 유지하면서 작업을 하도록 할 것
> ⑥ 크레인의 성능, 사용조건 등에 따라 충분한 응력을 갖는 구조로 기초를 설치하고 침하 등이 일어나지 않도록 할 것
> ⑦ 규격품인 조립용 볼트를 사용하고 대칭되는 곳을 차례로 결합하고 분해할 것

> **관련 법령** 산업안전보건기준에 관한 규칙 제141조(조립 등의 작업 시 조치사항)

03 동영상은 가설계단을 보여준다. 계단 및 계단참의 설치기준 관련 (   ) 안에 적합한 내용을 쓰시오.

> (1) 계단 및 계단참을 설치하는 경우 매 m²당 (①) 이상의 하중에 견딜 수 있는 강도를 가진 구조로 설치해야 한다.
> (2) 높이가 3m를 초과하는 계단에 높이 (②) 이내마다 진행방향으로 길이 (③) 이상의 계단참을 설치해야 한다.
> (3) 바닥면으로부터 높이 (④) 이내의 공간에 장애물이 없도록 하여야 한다.

> **해답**
> ① 500kg
> ② 3m
> ③ 1.2m
> ④ 2m

> **관련 법령** 산업안전보건기준에 관한 규칙 제26조(계단의 강도), 제28조(계단참의 설치), 제29조(천장의 높이)

04 동영상은 용접작업을 보여준다. 용접작업 시 근로자가 착용해야 하는 보호구의 종류 3가지를 쓰시오.

해답
① 보안면, ② 용접 장갑, ③ 내화 앞치마, ④ 용접복

05 동영상은 차량계 건설기계를 보여준다. 건설기계의 명칭과 용도 2가지를 쓰시오.

해답
(1) 명칭 : 탠덤 롤러
(2) 용도 : ① 다짐작업, ② 아스팔트 포장

06 동영상은 이동식 비계 위에서 작업하는 장면을 보여준다. 이동식 비계에서 작업 시 재해예방을 위한 안전조치 사항 3가지를 쓰시오.

해답
① 이동식 비계의 바퀴에는 뜻밖의 갑작스러운 이동 또는 전도를 방지하기 위하여 브레이크·쐐기 등으로 바퀴를 고정시킨 다음 비계의 일부를 견고한 시설물에 고정하거나 아웃트리거를 설치하는 등 필요한 조치를 할 것
② 승강용 사다리는 견고하게 설치할 것
③ 비계의 최상부에서 작업을 하는 경우에는 안전난간을 설치할 것
④ 작업발판은 항상 수평을 유지하고 작업발판 위에서 안전난간을 딛고 작업을 하거나 받침대 또는 사다리를 사용하여 작업하지 않도록 할 것
⑤ 작업발판의 최대 적재하중은 250kg을 초과하지 않도록 할 것

관련 법령 산업안전보건기준에 관한 규칙 제68조(이동식 비계)

07 동영상은 공사현장에 설치된 임시 전력시설을 보여준다. 전기기계·기구의 감전 위험이 있는 충전전로 부분에서 작업하는 경우 감전을 예방하기 위한 조치사항을 2가지 쓰시오.

해답
① 충전전로를 정전시키는 경우에는 정전전로에서의 전기작업(안전보건규칙 제319조)에 따른 조치를 할 것
② 충전전로를 방호, 차폐하거나 절연 등의 조치를 하는 경우에는 근로자의 신체가 전로와 직접 접촉하거나 도전재료, 공구 또는 기기를 통하여 간접 접촉되지 않도록 할 것
③ 충전전로를 취급하는 근로자에게 그 작업에 적합한 절연용 보호구를 착용시킬 것
④ 충전전로에 근접한 장소에서 전기작업을 하는 경우에는 해당 전압에 적합한 절연용 방호구를 설치할 것
⑤ 고압 및 특별고압의 전로에서 전기작업을 하는 근로자에게 활선작업용 기구 및 장치를 사용하도록 할 것
⑥ 근로자가 절연용 방호구의 설치·해체작업을 하는 경우에는 절연용 보호구를 착용하거나 활선작업용 기구 및 장치를 사용하도록 할 것
⑦ 유자격자가 아닌 근로자가 충전전로 인근의 높은 곳에서 작업할 때에 근로자의 몸 또는 긴 도전성 물체가 방호되지 않은 충전전로에서 대지전압이 50kV 이하인 경우에는 300cm 이내로, 대지전압이 50kV를 넘는 경우에는 10kV당 10cm씩 더한 거리 이내로 각각 접근할 수 없도록 할 것
⑧ 유자격자가 충전전로 인근에서 작업하는 경우에는 다음의 경우를 제외하고는 노출 충전부에 접근한계거리 이내로 접근하거나 절연 손잡이가 없는 도전체에 접근할 수 없도록 할 것
　㉠ 근로자가 노출 충전부로부터 절연된 경우 또는 해당 전압에 적합한 절연장갑을 착용한 경우
　㉡ 노출 충전부가 다른 전위를 갖는 도전체 또는 근로자와 절연된 경우
　㉢ 근로자가 다른 전위를 갖는 모든 도전체로부터 절연된 경우

관련 법령 산업안전보건기준에 관한 규칙 제321조(충전전로에서의 전기작업)

08 동영상은 밀폐공간에서 작업하는 모습을 보여준다. 밀폐된 공간에서 작업시작 전 확인하여야 하는 사항 2가지를 쓰시오.

해답
① 작업 일시, 기간, 장소 및 내용 등 작업 정보
② 관리감독자, 근로자, 감시인 등 작업자 정보
③ 산소 및 유해가스 농도의 측정결과 및 후속조치 사항
④ 작업 중 불활성가스 또는 유해가스의 누출·유입·발생 가능성 검토 및 후속조치 사항
⑤ 작업 시 착용하여야 할 보호구의 종류
⑥ 비상연락체계

관련 법령 산업안전보건기준에 관한 규칙 제619조(밀폐공간 작업 프로그램의 수립·시행)

3부 | 기출복원문제

01 동영상에서 말비계를 보여주고 있다. 말비계 사용 시 준수사항 2가지를 쓰시오.

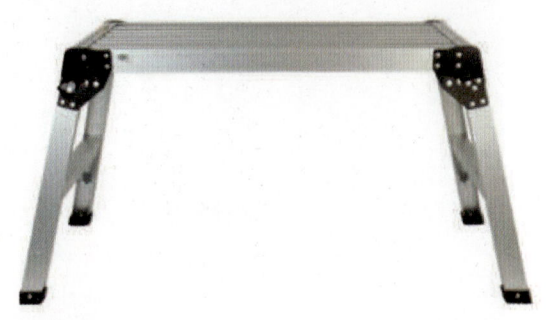

해답
① 사다리의 각부는 수평하게 놓아서 상부가 한쪽으로 기울지 않도록 하여야 한다.
② 각부에는 미끄럼 방지장치를 하여야 하며, 제일 상단에 올라서서 작업하지 말아야 한다.

관련 법령 가설공사 표준안전 작업지침 제12조(말비계)

02 동영상은 발파작업을 보여준다. 발파작업 시 작업계획서 포함내용 3가지를 쓰시오.

[해답]
① 발파작업 장소의 지형, 지질 및 지층의 상태
② 발파작업 방법 및 순서(발파패턴 및 규모 등 중요사항을 포함한다)
③ 발파작업 장소에서 굴착기계 등의 운행경로 및 작업방법
④ 토사·구축물 등의 붕괴 및 물체가 떨어지거나 날아오는 것을 예방하기 위한 안전조치
⑤ 뇌우나 모래폭풍이 접근하고 있는 경우 화약류 취급이나 사용 등 모든 작업을 중지하고 근로자들을 안전한 장소로 대피하는 방안
⑥ 발파공별로 시차를 두고 발파하는 지발식 발파를 할 때 비산, 진동 등의 제어대책

[관련 법령] 발파 표준안전 작업지침 제4조(일반 안전기준)

03 동영상은 해체작업을 보여준다. 해체공법의 종류 3가지를 쓰시오.

[해답]
① 브레이커 공법, ② 압쇄공법, ③ 절단공법, ④ 전도공법, ⑤ 발파공법, ⑥ 폭파공법

[관련 법령] 해체공사표준안전작업지침 제17조(압쇄기 사용공법), 제18조(압쇄공법과 대형브레이커 공법 병용), 제19조(대형브레이커 공법과 전도공법 병용), 제20조(철햄머 공법과 전도공법 병용), 제21조(화약발파공법)

04 동영상은 안전난간을 보여준다. 다음 ( ) 안에 적합한 내용을 쓰시오.

(1) 상부 난간대는 바닥면·발판 또는 경사로의 표면으로부터 (①)cm 이상 지점에 설치하고, 상부 난간대를 (②)cm 이하에 설치하는 경우에는 중간 난간대는 상부 난간대와 바닥면 등의 중간에 설치한다.
(2) 발끝막이판은 바닥면 등으로부터 (③)cm 이상의 높이를 유지해야 한다.
(3) 난간대는 지름 (④)cm 이상의 금속제 파이프나 그 이상의 강도가 있는 재료일 것
(4) 안전난간은 구조적으로 가장 취약한 지점에서 가장 취약한 방향으로 작용하는 100kg 이상의 하중에 견딜수 있는 튼튼한 구조일 것

해답
① 90, ② 120, ③ 10, ④ 2.7

관련 법령 산업안전보건기준에 관한 규칙 제13조(안전난간의 구조 및 설치요건)

더 알아보기 안전난간의 구조 및 설치요건

1. 안전난간을 설치하는 경우 상부 난간대, 중간 난간대, 발끝막이판 및 난간기둥으로 구성한다.
2. 상부 난간대는 바닥면·발판 또는 경사로의 표면으로부터 90cm 이상 지점에 설치하고, 상부 난간대를 120cm 이하에 설치하는 경우에는 중간 난간대는 상부 난간대와 바닥면 등의 중간에 설치해야 하며, 120cm 이상 지점에 설치하는 경우에는 중간 난간대를 2단 이상으로 균등하게 설치하고 난간의 상하 간격은 60cm 이하가 되도록 한다.
3. 발끝막이판은 바닥면 등으로부터 10cm 이상의 높이를 유지해야 한다.
4. 난간기둥은 상부 난간대와 중간 난간대를 견고하게 떠받칠 수 있도록 적정한 간격을 유지해야 한다.
5. 상부 난간대와 중간 난간대는 난간 길이 전체에 걸쳐 바닥면 등과 평행을 유지해야 한다.
6. 난간대는 지름 2.7cm 이상의 금속제 파이프나 그 이상의 강도가 있는 재료로 한다.
7. 안전난간은 구조적으로 가장 취약한 지점에서 가장 취약한 방향으로 작용하는 100kg 이상의 하중에 견딜 수 있는 튼튼한 구조이어야 한다.

05 동영상은 강관틀비계를 보여준다. 강관틀비계를 조립하여 사용하는 경우 준수사항에 대하여 (   ) 안에 적합한 내용을 쓰시오.

(1) 비계기둥의 밑둥에는 밑받침 철물을 사용하여야 하며 밑받침에 고저차가 있는 경우에는 조절형 밑받침 철물을 사용하여 각각의 강관틀비계가 항상 수평 및 수직을 유지하도록 해야 한다.
(2) 높이가 20m를 초과하거나 중량물의 적재를 수반하는 작업을 할 경우에는 주틀 간의 간격을 (①)m 이하로 해야 한다.
(3) 주틀 간에 (②)를 설치하고 최상층 및 5층 이내마다 수평재를 설치해야 한다.
(4) 수직 방향으로 (③)m, 수평 방향으로 (④)m 이내마다 벽이음을 해야 한다.
(5) 길이가 띠장 방향으로 (⑤)m 이하이고 높이가 (⑥)m를 초과하는 경우에는 (⑥)m 이내마다 띠장 방향으로 버팀기둥을 설치해야 한다.

해답

① 1.8, ② 교차 가새, ③ 6, ④ 8, ⑤ 4, ⑥ 10

관련 법령 산업안전보건기준에 관한 규칙 제62조(강관틀비계)

06 동영상은 건물의 해체작업을 보여준다. 영상에서와 같은 건물 해체작업 시 공법의 명칭과 작업계획서에 포함되어야 하는 사항 3가지를 쓰시오.

해답
(1) 명칭 : 압쇄공법
(2) 작업계획서에 포함되어야 할 사항
   ① 해체의 방법 및 해체순서 도면
   ② 가설설비·방호설비·환기설비 및 살수·방화설비 등의 방법
   ③ 사업장 내 연락방법
   ④ 해체물의 처분계획
   ⑤ 해체작업용 기계·기구 등의 작업계획서
   ⑥ 해체작업용 화약류 등의 사용계획서
   ⑦ 그 밖의 안전·보건에 관련된 사항

관련 법령 산업안전보건기준에 관한 규칙 별표 4(사전조사 및 작업계획서 내용)

07 동영상은 터널작업을 보여준다. 영상 속 공정의 명칭과 공정방법의 종류 2가지를 쓰시오.

> [!해답]
> (1) 명칭 : 숏크리트(shotcrete) 뿜칠공법
> (2) 공정방법의 종류 : ① 습식공법, ② 건식공법

> [!더 알아보기] 숏크리트(shotcrete, 뿜어붙이기 콘크리트)
> 모르타르 또는 콘크리트를 압축공기를 이용해 고압으로 분사하여 만드는 콘크리트이며 비탈면의 보호, 교량의 보수, 터널공사 등에 쓰인다.

08 동영상은 거푸집 작업을 보여준다. 거푸집 조립 시 준수사항 3가지를 쓰시오.

> **해답**
> ① 거푸집 지보공을 조립할 때에는 안전담당자를 배치하여야 한다.
> ② 거푸집의 운반, 설치작업에 필요한 작업장 내의 통로 및 비계가 충분한가를 확인하여야 한다.
> ③ 재료, 기구, 공구를 올리거나 내릴 때에는 달줄, 달포대 등을 사용하여야 한다.
> ④ 강풍, 폭우, 폭설 등의 악천후에는 작업을 중지시켜야 한다.
> ⑤ 작업장 주위에는 작업원 이외의 통행을 제한하고 슬래브 거푸집을 조립할 때에는 많은 인원이 한곳에 집중되지 않도록 하여야 한다.
> ⑥ 사다리 또는 이동식 틀비계를 사용하여 작업할 때에는 항상 보조원을 대기시켜야 한다.
> ⑦ 거푸집을 현장에서 제작할 때는 별도의 작업장에서 제작하여야 한다.

> **관련 법령** 콘크리트공사표준안전작업지침 제6조(조립)

2020년 제3회 과년도 기출복원문제

PART 03. 작업형

1부 | 기출복원문제

빈출 01 동영상은 철골작업을 보여준다. 철골작업을 중단해야 하는 경우 3가지를 쓰시오.

해답
① 풍속이 초당 10m 이상인 경우
② 강우량이 시간당 1mm 이상인 경우
③ 강설량이 시간당 1cm 이상인 경우

관련 법령 산업안전보건기준에 관한 규칙 제383조(작업의 제한)

02 동영상은 타워크레인 작업을 보여준다. 타워크레인 설치·조립·해체 시 작업계획서에 포함되어야 하는 내용 3가지를 쓰시오.

> [해답]
> ① 타워크레인의 종류 및 형식
> ② 설치·조립 및 해체순서
> ③ 작업도구·장비·가설설비 및 방호설비
> ④ 작업인원의 구성 및 작업근로자의 역할 범위
> ⑤ 지지방법
>
> [관련 법령] 산업안전보건기준에 관한 규칙 별표 4(사전조사 및 작업계획서 내용)

03 동영상은 차량계 건설기계 노면을 깎는 작업을 보여주고 있다. 건설기계의 명칭과 용도 2가지를 쓰시오.

> [해답]
> (1) 명칭 : 불도저
> (2) 용도 : ① 지반의 정지작업, ② 흙의 굴착작업, ③ 적재작업, ④ 운반작업

04 동영상은 건설현장에 설치된 이동식 비계를 보여주고 있다. 이동식 비계 사용 시 준수사항 3가지를 쓰시오.

해답
① 안전담당자의 지휘하에 작업을 행하여야 한다.
② 비계의 최대 높이는 밑변 최소폭의 4배 이하이어야 한다.
③ 작업대의 발판은 전면에 걸쳐 빈틈없이 깔아야 한다.
④ 비계의 일부를 건물에 체결하여 이동, 전도 등을 방지하여야 한다.
⑤ 승강용 사다리는 견고하게 부착하여야 한다.
⑥ 최대 적재하중을 표시하여야 한다.
⑦ 부재의 접속부, 교차부는 확실하게 연결하여야 한다.
⑧ 작업대에는 안전난간을 설치하여야 하며 낙하물 방지조치를 설치하여야 한다.
⑨ 불의의 이동을 방지하기 위한 제동장치를 반드시 갖추어야 한다.
⑩ 이동할 때에는 작업원이 없는 상태이어야 한다.
⑪ 비계의 이동에는 충분한 인원배치를 하여야 한다.
⑫ 안전모를 착용하여야 하며 지지로프를 설치하여야 한다.
⑬ 재료, 공구의 오르내리기에는 포대, 로프 등을 이용하여야 한다.
⑭ 작업장 부근에 고압선 등이 있는가를 확인하고 적절한 방호조치를 취하여야 한다.
⑮ 상하에서 동시에 작업을 할 때에는 충분한 연락을 취하면서 작업을 하여야 한다.

관련 법령 가설공사 표준안전 작업지침 제13조(이동식 비계)

05 동영상은 전기작업을 보여준다. 전기기계·기구 설치 시 고려해야 하는 사항 3가지를 쓰시오.

해답
① 전기기계·기구의 충분한 전기적 용량 및 기계적 강도
② 습기·분진 등 사용장소의 주위 환경
③ 전기적·기계적 방호수단의 적정성

관련 법령 산업안전보건기준에 관한 규칙 제303조(전기기계·기구의 적정설치 등)

06 동영상은 시스템 동바리 작업을 보여준다. 시스템 동바리 등의 조립 또는 해체작업 시 준수사항 3가지를 쓰시오.

[해답]
① 수평재는 수직재와 직각으로 설치해야 하며, 흔들리지 않도록 견고하게 설치할 것
② 연결철물을 사용하여 수직재를 견고하게 연결하고, 연결부위가 탈락 또는 꺾어지지 않도록 할 것
③ 수직 및 수평하중에 대해 동바리의 구조적 안정성이 확보되도록 조립도에 따라 수직재 및 수평재에는 가새재를 견고하게 설치할 것
④ 동바리 최상단과 최하단의 수직재와 받침 철물은 서로 밀착되도록 설치하고 수직재와 받침 철물의 연결부의 겹침길이는 받침 철물 전체길이의 1/3 이상 되도록 할 것

[관련 법령] 산업안전보건기준에 관한 규칙 제332조의2(동바리 유형에 따른 동바리 조립 시의 안전조치)

07 동영상은 터널작업을 보여준다. 터널공사 작업시작 전 자동경보장치에 대하여 이상을 발견하면 즉시 보수해야 할 사항 3가지를 쓰시오.

[해답]
① 계기의 이상 유무
② 검지부의 이상 유무
③ 경보장치의 작동 상태

[관련 법령] 산업안전보건기준에 관한 규칙 제350조(인화성 가스의 농도측정 등)

08 동영상은 굴착작업을 보여주고 있다. 낙반 등에 의하여 근로자가 위험해질 우려가 있는 경우 조치해야 할 사항을 2가지 쓰시오.

해답
① 터널 지보공 설치
② 록 볼트의 설치
③ 부석의 제거

관련 법령 산업안전보건기준에 관한 규칙 제351조(낙반 등에 의한 위험의 방지)

2부 | 기출복원문제

01 동영상은 항타기 작업을 보여준다. 항타기·항발기 조립·해체 시 준수사항 3가지를 쓰시오.

해답
① 항타기 또는 항발기에 사용하는 권상기에 쐐기장치 또는 역회전방지용 브레이크를 부착해야 한다.
② 항타기 또는 항발기의 권상기가 들리거나 미끄러지거나 흔들리지 않도록 설치해야 한다.
③ 그 밖에 조립·해체에 필요한 사항은 제조사에서 정한 설치·해체작업 설명서에 따라야 한다.

관련 법령 산업안전보건기준에 관한 규칙 제207조(조립·해체 시 점검사항)

02 동영상은 지게차를 이용하여 하역을 하던 중 운전원이 이탈한 후 지게차가 스스로 이동하면서 짐을 싣고 온 화물차에 부딪히는 사고가 발생하였다. 이 사고의 발생원인과 방지대책 각각 2가지를 쓰시오.

출처 : 고용노동부 중대재해 알림e - 중대재해 사이렌

해답
(1) 발생원인
　① 운전원 이탈 시 키를 꽂아 놓고 감
　② 유도자 미배치
(2) 방지대책
　① 운전원 이탈 시 키는 회수하도록 교육
　② 지게차 작업 시 유도자 배치 후 작업
　③ 하역장소 접근금지 조치 실시

03 동영상은 차량계 건설기계 작업을 보여준다. 영상 속 건설기계의 명칭을 쓰시오.

해답
콘크리트 펌프카

04 동영상은 상수도관 매설작업이다. 용접작업 중인 근로자들이 착용해야 하는 보호구의 종류를 3가지 쓰시오.

해답
① 보안면, ② 용접 장갑, ③ 내화 앞치마, ④ 용접복

05 동영상은 양중기를 이용하여 인양하는 작업을 보여준다. 다음 물음에 답하시오.

(1) 동영상에서 보여주는 건설기계의 명칭을 쓰시오.
(2) 양중기의 와이어로프 사용금지 기준을 3가지 쓰시오.

> 해답
(1) 명칭 : 이동식 크레인
(2) 사용금지 기준
  ① 이음매가 있는 것
  ② 와이어로프의 한 꼬임에서 끊어진 소선의 수가 10% 이상인 것
  ③ 지름의 감소가 공칭지름의 7%를 초과하는 것
  ④ 꼬인 것
  ⑤ 심하게 변형되거나 부식된 것
  ⑥ 열과 전기충격에 의해 손상된 것

> 관련 법령 산업안전보건기준에 관한 규칙 제63조(달비계의 구조), 제166조(이음매가 있는 와이어로프 등의 사용금지)

빈출 06 동영상은 거푸집 공사현장을 보여준다. 거푸집 점검 시 반드시 점검해야 하는 3가지를 쓰시오.

> 해답
① 직접 거푸집을 제작, 조립한 책임자가 검사
② 기초 거푸집을 검사할 때에는 터파기 폭
③ 거푸집의 형상 및 위치 등 정확한 조립 상태
④ 거푸집에 못이 돌출되어 있거나 날카로운 것이 돌출되어 있을 시에는 제거

> 관련 법령 콘크리트공사표준안전작업지침 제7조(점검)

07 동영상은 철골작업을 보여준다. 건립 중 강풍에 의한 풍압 등 외압에 대한 내력이 설계에 고려되어 있는지 확인하여야 하는 구조물 5가지를 쓰시오.

> **해답**
> ① 높이 20m 이상의 구조물
> ② 구조물의 폭과 높이의 비가 1 : 4 이상인 구조물
> ③ 단면 구조에 현저한 차이가 있는 구조물
> ④ 연면적당 철골량이 50kg/m² 이하인 구조물
> ⑤ 기둥이 타이플레이트(Tunnel Boring Machine)형인 구조물
> ⑥ 이음부가 현장용접인 구조물
>
> **관련 법령** 철골공사표준안전작업지침 제3조(설계도 및 공작도 확인)

08 동영상은 터널 록 볼트 천공작업을 보여준다. 록 볼트의 역할 3가지를 쓰시오.

>[!해답]
> ① 지반 봉합효과
> ② 보 형성효과
> ③ 내압효과
> ④ 아치 형성
> ⑤ 부석 방지

3부 | 기출복원문제

01 동영상은 사면을 백호로 굴착하는 장면을 보여주고 있다. 토석의 낙하위험 및 암석붕괴를 방지하기 위해 설치해야 하는 설비나 조치사항을 3가지 쓰시오.

해답
① 지반은 안전한 경사로 하고 낙하의 위험이 있는 토석을 제거하거나 옹벽, 흙막이 지보공 등을 설치해야 한다.
② 토사 등의 붕괴 또는 낙하 원인이 되는 빗물이나 지하수 등을 배제해야 한다.
③ 갱내의 낙반·측벽 붕괴의 위험이 있는 경우에는 지보공을 설치하고 부석을 제거하는 등 필요한 조치를 해야 한다.

관련 법령 산업안전보건기준에 관한 규칙 제50조(토사 등에 의한 위험 방지)

02 [빈출] 동영상은 추락방호망을 보여준다. 추락방호망의 설치기준 3가지를 쓰시오.

해답
① 추락방호망의 설치위치는 가능하면 작업면으로부터 가까운 지점에 설치하여야 하며, 작업면으로부터 망의 설치지점까지의 수직거리는 10m를 초과하지 않아야 한다.
② 추락방호망은 수평으로 설치하고, 망의 처짐은 짧은 변 길이의 12% 이상이 되도록 해야 한다.
③ 건축물 등의 바깥쪽으로 설치하는 경우 추락방호망의 내민 길이는 벽면으로부터 3m 이상 되도록 해야 한다.

관련 법령 산업안전보건기준에 관한 규칙 제42조(추락의 방지)

03 동영상은 흙막이를 보여준다. 흙막이 구조물에 사용되는 계측기의 종류와 각각의 용도를 4가지 쓰시오.

해답
① 지중경사계 : 배면지반의 거동 및 지중 수평변위 측정
② 간극수압계 : 굴착 및 성토에 의한 간극수압 변화 측정
③ 지하수위계 : 지하수위 변화 측정
④ 지표침하계 : 지표면의 침하량 변화 측정
⑤ 건물경사계 : 인접건물의 변형 파악
⑥ 균열계 : 주변 구조물, 지반 등의 균열 측정
⑦ 변형률계 : 흙막이 부재의 변형 파악
⑧ 하중계 : 버팀대(strut), 어스앵커(earth anchor)의 하중 변화 측정

관련 법령 KOSHA GUIDE C-103-2014(굴착공사 계측관리 기술지침)

04 동영상은 강관틀비계를 보여준다. 강관틀비계 사용 시 준수사항 3가지를 쓰시오.

해답
① 비계기둥의 밑둥에는 밑받침 철물을 사용하여야 하며 밑받침에 고저차가 있는 경우에는 조절형 밑받침 철물을 사용하여 각각의 강관틀비계가 항상 수평 및 수직을 유지하도록 해야 한다.
② 높이가 20m를 초과하거나 중량물의 적재를 수반하는 작업을 할 경우에는 주틀 간의 간격을 1.8m 이하로 해야 한다.
③ 주틀 간에 교차 가새를 설치하고 최상층 및 5층 이내마다 수평재를 설치해야 한다.
④ 수직 방향으로 6m, 수평 방향으로 8m 이내마다 벽이음을 해야 한다.
⑤ 길이가 띠장 방향으로 4m 이하이고 높이가 10m를 초과하는 경우에는 10m 이내마다 띠장 방향으로 버팀기둥을 설치해야 한다.

관련 법령 산업안전보건기준에 관한 규칙 제62조(강관틀비계)

빈출 05

동영상은 낙하물 방지망을 보여준다. 낙하물 방지망 설치기준에 대하여 다음 ( ) 안에 알맞은 내용을 쓰시오.

(1) 낙하물 방지망 설치높이는 (①)m 이내마다 설치하고, 내민 길이는 벽면으로부터 (②)m 이상으로 해야 한다.
(2) 수평면과의 각도는 (③)° 이상 (④)° 이하를 유지해야 한다.

해답
① 10, ② 2, ③ 20, ④ 30

관련 법령 산업안전보건기준에 관한 규칙 제14조(낙하물에 의한 위험의 방지)

더 알아보기 ▶ 낙하물에 의한 위험의 방지

1. 사업주는 작업장의 바닥, 도로 및 통로 등에서 낙하물이 근로자에게 위험을 미칠 우려가 있는 경우 보호망을 설치하는 등 필요한 조치를 하여야 한다.
2. 사업주는 작업으로 인하여 물체가 떨어지거나 날아올 위험이 있는 경우 낙하물 방지망, 수직보호망 또는 방호선반의 설치, 출입금지 구역의 설정, 보호구의 착용 등 위험을 방지하기 위하여 필요한 조치를 하여야 한다.
3. 2.에 따라 낙하물 방지망 또는 방호선반을 설치하는 경우에는 다음의 사항을 준수하여야 한다.
   가. 높이 10m 이내마다 설치하고, 내민 길이는 벽면으로부터 2m 이상으로 할 것
   나. 수평면과의 각도는 20° 이상 30° 이하를 유지할 것

06 동영상은 해체작업을 보여준다. 다음 물음에 답하시오.

(1) 동영상에서 보여주는 공법의 명칭을 쓰시오.
(2) 해체작업 시 작업계획서에 포함되어야 하는 사항 3가지를 쓰시오.

해답

(1) 명칭 : 압쇄공법
(2) 작업계획서의 포함사항
　　① 해체의 방법 및 해체순서 도면
　　② 가설설비·방호설비·환기설비 및 살수·방화설비 등의 방법
　　③ 사업장 내 연락방법
　　④ 해체물의 처분계획
　　⑤ 해체작업용 기계·기구 등의 작업계획서
　　⑥ 해체작업용 화약류 등의 사용계획서
　　⑦ 그 밖의 안전·보건에 관련된 사항

관련 법령 　산업안전보건기준에 관한 규칙 별표 4(사전조사 및 작업계획서 내용)

07 동영상은 아스콘 포장작업을 보여주고 있다. 차량계 건설기계의 명칭과 용도를 쓰시오.

해답
① 명칭 : 아스팔트 피니셔
② 용도 : 아스팔트 플랜트로부터 덤프트럭으로 운반된 아스콘 혼합재를 노면 위에 일정한 규격과 간격으로 깔아 주는 장비

08 동영상은 프리캐스트 콘크리트 설치작업을 보여준다. 프리캐스트 콘크리트의 장점을 3가지 쓰시오.

해답
① 제품을 공장에서 생산하므로 품질이 우수하다.
② 현장에서 크레인을 이용하여 조립하므로 공기 단축이 가능하다.
③ 자재 도착 시 바로 조립하므로 별도의 자재 보관장소가 필요 없다.

과년도 기출복원문제

1부 | 기출복원문제

01 동영상은 크레인 작업을 보여준다. 크레인을 사용하여 작업 시 관리감독자가 해야 할 유해·위험 방지업무 3가지를 쓰시오.

해답
① 작업방법과 근로자 배치를 결정하고 그 작업을 지휘하는 업무
② 재료의 결함 유무 또는 기구 및 공구의 기능을 점검하고 불량품을 제거하는 업무
③ 작업 중 안전대 또는 안전모의 착용 상황을 감시하는 업무

관련 법령 산업안전보건기준에 관한 규칙 별표 2(관리감독자의 유해·위험 방지)

02 동영상은 철골작업을 보여준다. 철골작업을 중단해야 하는 경우 3가지를 쓰시오.

해답
① 풍속이 초당 10m 이상인 경우
② 강우량이 시간당 1mm 이상인 경우
③ 강설량이 시간당 1cm 이상인 경우

관련 법령 산업안전보건기준에 관한 규칙 제383조(작업의 제한)

03 동영상은 이동식 비계 위에서 작업하는 모습을 보여준다. 이동식 비계를 조립하여 작업하는 경우 준수사항 3가지를 쓰시오.

> **해답**
> ① 이동식 비계의 바퀴에는 뜻밖의 갑작스러운 이동 또는 전도를 방지하기 위하여 브레이크·쐐기 등으로 바퀴를 고정시킨 다음 비계의 일부를 견고한 시설물에 고정하거나 아웃트리거를 설치하는 등 필요한 조치를 할 것
> ② 승강용 사다리는 견고하게 설치할 것
> ③ 비계의 최상부에서 작업을 하는 경우에는 안전난간을 설치할 것
> ④ 작업발판은 항상 수평을 유지하고 작업발판 위에서 안전난간을 딛고 작업을 하거나 받침대 또는 사다리를 사용하여 작업하지 않도록 할 것
> ⑤ 작업발판의 최대 적재하중은 250kg을 초과하지 않도록 할 것

관련 법령 산업안전보건기준에 관한 규칙 제68조(이동식 비계)

04 동영상은 리프트를 보여준다. 리프트 조립작업 시 준수사항 3가지를 쓰시오.

> **해답**
> ① 작업을 지휘하는 사람을 선임하여 그 사람의 지휘하에 작업을 실시할 것
> ② 작업을 할 구역에 관계 근로자가 아닌 사람의 출입을 금지하고 그 취지를 보기 쉬운 장소에 표시할 것
> ③ 비, 눈, 그 밖에 기상 상태의 불안정으로 날씨가 몹시 나쁜 경우에는 그 작업을 중지시킬 것

관련 법령 산업안전보건기준에 관한 규칙 제156조(조립 등의 작업)

05 동영상은 거푸집을 보여준다. 영상과 같은 작업발판 일체형 거푸집의 종류 3가지를 쓰시오.

해답
① 갱 폼
② 슬립 폼
③ 클라이밍 폼
④ 터널 라이닝 폼
⑤ 그 밖에 거푸집과 작업발판이 일체로 제작된 거푸집 등

관련 법령 산업안전보건기준에 관한 규칙 제331조의3(작업발판 일체형 거푸집의 안전조치)

06 동영상은 굴착작업 현장을 보여주고 있다. 굴착작업을 진행할 때 풍화암 굴착면 기울기의 기준을 쓰시오.

해답

1 : 1.0

관련 법령 산업안전보건기준에 관한 규칙 별표 11(굴착면의 기울기 기준)

더 알아보기 굴착면의 기울기 기준

지반의 종류	굴착면의 기울기
모래	1 : 1.8
연암 및 풍화암	1 : 1.0
경암	1 : 0.5
그 밖의 흙	1 : 1.2

07 동영상은 지게차로 하역하는 장면을 보여준다. 지게차로 하물을 들어 올리는 작업을 할 때 준수사항 3가지를 쓰시오.

해답
① 지상에서 5cm 이상 10cm 이하의 지점까지 들어 올린 후 일단 정지하여야 한다.
② 하물의 안전 상태, 포크에 대한 편심하중 및 그 밖에 이상이 없는가를 확인하여야 한다.
③ 마스트는 뒷쪽으로 경사를 주어야 한다.
④ 지상에서 10cm 이상 30cm 이하의 높이까지 들어 올려야 한다.
⑤ 들어 올린 상태로 출발, 주행하여야 한다.

관련 법령 운반하역 표준안전 작업지침 제55조(들어 올리기)

08 동영상은 가스용기를 차량으로 운송하고 있다. 가스용기를 취급하는 경우 준수사항 3가지를 쓰시오.

> **해답**
> ① 통풍이나 환기가 불충분한 장소, 화기를 사용하는 장소 및 그 부근, 위험물 또는 인화성 액체를 취급하는 장소 및 그 부근에서 사용하거나 해당 장소에 설치·저장 또는 방치하지 않도록 할 것
> ② 용기의 온도를 40℃ 이하로 유지할 것
> ③ 전도의 위험이 없도록 할 것
> ④ 충격을 가하지 않도록 할 것
> ⑤ 운반하는 경우에는 캡을 씌울 것
> ⑥ 사용하는 경우에는 용기의 마개에 부착되어 있는 유류 및 먼지를 제거할 것
> ⑦ 밸브의 개폐는 서서히 할 것
> ⑧ 사용 전 또는 사용 중인 용기와 그 밖의 용기를 명확히 구별하여 보관할 것
> ⑨ 용해아세틸렌의 용기는 세워 둘 것
> ⑩ 용기의 부식·마모 또는 변형 상태를 점검한 후 사용할 것
>
> **관련 법령** 산업안전보건기준에 관한 규칙 제234조(가스 등의 용기)

2부 | 기출복원문제

01 동영상은 리프트를 보여준다. 건설현장에서 사용하는 건설작업용 리프트의 방호장치 3가지를 쓰시오.

해답
① 과부하방지장치, ② 권과방지장치, ③ 비상정지장치, ④ 제동장치

관련 법령 산업안전보건 기준에 관한 규칙 제134조(방호장치의 조정)

02 동영상은 작업장의 조도를 보여준다. 초정밀작업, 정밀작업, 보통작업의 작업면 조도기준은 얼마인지 쓰시오.

해답
① 초정밀작업 : 750lx(럭스) 이상
② 정밀작업 : 300lx 이상
③ 보통작업 : 150lx 이상
④ 그 밖의 작업 : 75lx 이상

관련 법령 산업안전보건기준에 관한 규칙 제8조(작업장의 조도)

03 동영상은 항타기 작업을 보여준다. 항타기 작업 시 무너짐 방지방법 3가지를 쓰시오.

해답
① 연약한 지반에 설치하는 경우에는 아웃트리거·받침 등 지지구조물의 침하를 방지하기 위하여 깔판·받침목 등을 사용해야 한다.
② 시설 또는 가설물 등에 설치하는 경우에는 그 내력을 확인하고 내력이 부족하면 그 내력을 보강해야 한다.
③ 아웃트리거·받침 등 지지구조물이 미끄러질 우려가 있는 경우에는 말뚝 또는 쐐기 등을 사용하여 해당 지지구조물을 고정시켜야 한다.
④ 궤도 또는 차로 이동하는 항타기 또는 항발기에 대해서는 불시에 이동하는 것을 방지하기 위하여 레일 클램프 및 쐐기 등으로 고정시켜야 한다.
⑤ 상단 부분은 버팀대·버팀줄로 고정하여 안정시키고, 그 하단 부분은 견고한 버팀·말뚝 또는 철골 등으로 고정시켜야 한다.

관련 법령 산업안전보건기준에 관한 규칙 제209조(무너짐의 방지)

04 동영상은 공사현장의 개구부를 보여준다. 추락위험이 있는 개구부 등에서의 방호 조치사항 2가지를 쓰시오.

해답
① 개구부로서 근로자가 추락할 위험이 있는 장소에는 안전난간, 울타리, 수직형 추락방망 또는 덮개 등의 방호 조치를 충분한 강도를 가진 구조로 튼튼하게 설치해야 한다.
② 덮개를 설치하는 경우에는 뒤집히거나 떨어지지 않도록 설치해야 한다.
③ 어두운 장소에서도 알아볼 수 있도록 개구부임을 표시해야 한다.
④ 난간 등을 설치하는 것이 매우 곤란하거나, 작업의 필요상 임시로 난간 등을 해체해야 하는 경우 추락방호망을 설치하여야 한다.
⑤ 추락방호망을 설치하기 곤란한 경우에는 근로자에게 안전대를 착용하도록 해야 한다.

관련 법령 산업안전보건기준에 관한 규칙 제43조(개구부 등의 방호 조치)

05 동영상은 밀폐된 공간에서의 작업을 보여준다. 영상 속 작업 시 착용해야 하는 개인보호구 3가지를 쓰시오.

해답
① 안전대, ② 구명밧줄, ③ 공기호흡기 또는 송기마스크

관련 법령 산업안전보건기준에 관한 규칙 제624조(안전대 등)

06 동영상은 화물자동차에 짐을 싣는 장면을 보여준다. 화물자동차의 짐걸이로 사용해서는 안 되는 섬유로프의 조건 2가지를 쓰시오.

해답
① 꼬임이 끊어진 것
② 심하게 손상되거나 부식된 것

관련 법령 산업안전보건기준에 관한 규칙 제188조(꼬임이 끊어진 섬유로프 등의 사용금지)

07 동영상은 흙막이 시설이 설치되어 있는 현장을 보여주고 있다. 동영상의 흙막이 공법 명칭을 쓰시오.

해답
SCW(Soil Cement Wall) 공법

08 동영상은 시스템 비계를 보여준다. 다음 ( ) 안에 적합한 내용을 쓰시오.

(1) 수직 및 수평 하중에 의한 동바리 본체의 변위가 발생하지 않도록 각각의 단위 수직재 및 수평재에는 (①)를 견고하게 설치하도록 해야 한다.
(2) 동바리 최상단과 최하단의 수직재와 (②)의 연결부의 겹침길이는 (②) 전체 길이의 (③) 이상이 되도록 해야 한다.

해답
① 가새재
② 받침 철물
③ 1/3

관련 법령 산업안전보건기준에 관한 규칙 제332조의2(동바리 유형에 따른 동바리 조립 시의 안전조치)

더 알아보기 시스템 동바리 조립 시의 안전조치

1. 수평재는 수직재와 직각으로 설치해야 하며, 흔들리지 않도록 견고하게 설치할 것
2. 연결철물을 사용하여 수직재를 견고하게 연결하고, 연결부위가 탈락 또는 꺾어지지 않도록 할 것
3. 수직 및 수평하중에 대해 동바리의 구조적 안정성이 확보되도록 조립도에 따라 수직재 및 수평재에는 가새재를 견고하게 설치할 것
4. 동바리 최상단과 최하단의 수직재와 받침 철물은 서로 밀착되도록 설치하고 수직재와 받침 철물의 연결부의 겹침길이는 받침 철물 전체길이의 1/3 이상 되도록 할 것

3부 | 기출복원문제

빈출
01 화면은 목재 가공용 둥근톱으로 합판을 절단하는 모습을 보여준다. 둥근톱기계의 위험 방지장치 2가지를 쓰시오.

해답
① 반발예방장치
② 톱날접촉예방장치

관련 법령 산업안전보건기준에 관한 규칙 제105조(둥근톱기계의 반발예방장치), 제106조(둥근톱기계의 톱날접촉예방장치)

02 동영상은 타워크레인으로 비계 자재인 파이프를 1줄 걸이로 인양하는 장면을 보여준다. 5m 인상 중 파이프 1개가 낙하하여 밑을 지나가던 작업자가 맞는 사고가 발생했다. 이 사고의 위험요인 3가지를 쓰시오.

출처 : 세이프넷(safetynetwork.co.kr)

해답
① 인양물 하부 출입금지 조치 미실시
② 인양 자재 1줄 걸이로 인양하여 물체 떨어짐
③ 신호수 미배치

03 동영상은 도저형 건설기계를 보여준다. 이와 같은 도저형 건설기계의 종류 3가지를 쓰시오.

해답
① 불도저
② 스트레이트 도저
③ 틸트도저
④ 앵글도저
⑤ 버킷도저

관련 법령   산업안전보건기준에 관한 규칙 별표 6(차량계 건설기계)

04 동영상은 파이프 서포트를 이용한 동바리를 보여준다. 동바리로 파이프 서포트를 조립하는 경우 준수사항 3가지를 쓰시오.

해답
① 파이프 서포트를 3개 이상 이어서 사용하지 않도록 해야 한다.
② 파이프 서포트를 이어서 사용하는 경우에는 4개 이상의 볼트 또는 전용철물을 사용하여 이어야 한다.
③ 높이가 3.5m를 초과하는 경우에는 높이 2m 이내마다 수평 연결재를 2개 방향으로 만들고 수평 연결재의 변위를 방지해야 한다.

관련 법령 산업안전보건기준에 관한 규칙 제332조의2(동바리 유형에 따른 동바리 조립 시의 안전조치)

05 동영상은 건설현장에서 슬래브 거푸집을 설치하는 작업을 보여준다. 거푸집 조립 시 준수사항 2가지를 쓰시오.

해답
① 거푸집 지보공을 조립할 때에는 안전담당자를 배치하여야 한다.
② 거푸집의 운반, 설치작업에 필요한 작업장 내의 통로 및 비계가 충분한가를 확인하여야 한다.
③ 재료, 기구, 공구를 올리거나 내릴 때에는 달줄, 달포대 등을 사용하여야 한다.
④ 강풍, 폭우, 폭설 등의 악천후에는 작업을 중지시켜야 한다.
⑤ 작업장 주위에는 작업원 이외의 통행을 제한하고 슬래브 거푸집을 조립할 때에는 많은 인원이 한곳에 집중되지 않도록 하여야 한다.
⑥ 사다리 또는 이동식 틀비계를 사용하여 작업할 때에는 항상 보조원을 대기시켜야 한다.
⑦ 거푸집을 현장에서 제작할 때는 별도의 작업장에서 제작하여야 한다.

관련 법령 콘크리트공사표준안전작업지침 제6조(조립)

06 동영상은 굴착작업 현장을 보여주고 있다. 굴착작업 시 사전조사 사항 3가지를 쓰시오.

해답
① 형상·지질 및 지층의 상태
② 균열·함수·용수 및 동결의 유무 또는 상태
③ 매설물 등의 유무 또는 상태
④ 지반의 지하수위 상태

관련 법령 산업안전보건기준에 관한 규칙 별표 4(사전조사 및 작업계획서 내용)

더 알아보기 사전조사 및 작업계획서 내용

작업명	사전조사 내용	작업계획서 내용
굴착작업	가. 형상·지질 및 지층의 상태 나. 균열·함수·용수 및 동결의 유무 또는 상태 다. 매설물 등의 유무 또는 상태 라. 지반의 지하수위 상태	가. 굴착방법 및 순서, 토사 등 반출방법 나. 필요한 인원 및 장비 사용계획 다. 매설물 등에 대한 이설·보호대책 라. 사업장 내 연락방법 및 신호방법 마. 흙막이 지보공 설치방법 및 계측계획 바. 작업지휘자의 배치계획 사. 그 밖에 안전·보건에 관련된 사항

07 동영상은 철골 승강용 트랩을 보여준다. 트랩의 설치기준 2가지를 쓰시오.

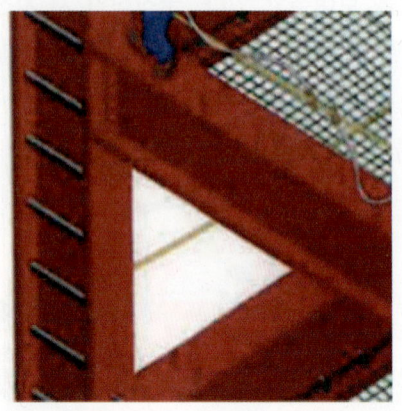

해답
① 기둥 승강설비로서 기둥 제작 시 16mm 철근 등을 이용하여 30cm 이내의 간격, 30cm 이상의 폭으로 트랩을 설치하여야 한다.
② 안전대 부착설비 구조를 겸용하여야 한다.

관련 법령 철골공사표준안전작업지침 제16조(재해방지 설비)

08 동영상은 발파작업을 보여준다. 발파 후 준수사항 3가지를 쓰시오.

해답
① 즉시 발파모선을 발파기에서 분리하여 단락시키는 등 재기폭되지 않도록 조치해야 한다.
② 발파기재는 발파작업책임자의 지휘에 따라 지정된 장소에 보관해야 한다.
③ 폭발하지 않은 뇌관의 수량을 확인하여 불발한 화약을 확인해야 한다.

관련 법령 발파 표준안전 작업지침 제33조(발파 후 조치)

과년도 기출복원문제

1부 | 기출복원문제

01 동영상은 낙하물 방지망을 보여준다. 낙하물 방지망의 설치기준 2가지를 쓰시오.

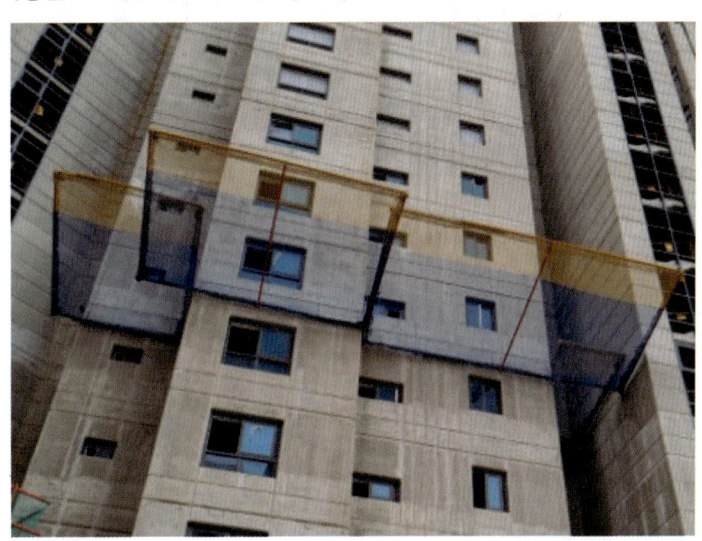

해답
① 높이 10m 이내마다 설치하고, 내민 길이는 벽면으로부터 2m 이상으로 할 것
② 수평면과의 각도는 20° 이상 30° 이하를 유지할 것

관련 법령 산업안전보건기준에 관한 규칙 제14조(낙하물에 의한 위험의 방지)

02 동영상은 비계를 보여준다. 동영상에서 보이는 비계의 명칭을 쓰시오.

해답
말비계

03 동영상은 리프트를 보여준다. 건설현장에서 사용하는 건설작업용 리프트 설치 시 준수사항 3가지를 쓰시오.

해답
① 작업을 지휘하는 사람을 선임하여 그 사람의 지휘하에 작업을 실시할 것
② 작업을 할 구역에 관계 근로자가 아닌 사람의 출입을 금지하고 그 취지를 보기 쉬운 장소에 표시할 것
③ 비, 눈, 그 밖에 기상 상태의 불안정으로 날씨가 몹시 나쁜 경우에는 그 작업을 중지시킬 것

관련 법령 산업안전보건기준에 관한 규칙 제156조(조립 등의 작업)

04 동영상은 거푸집 동바리 해체작업을 보여준다. 기둥·보·벽체, 슬래브 등의 거푸집 동바리 등을 조립하거나 해체하는 작업을 하는 경우 준수사항 3가지를 쓰시오.

해답
① 해당 작업을 하는 구역에는 관계 근로자가 아닌 사람의 출입을 금지할 것
② 비, 눈, 그 밖의 기상 상태의 불안정으로 날씨가 몹시 나쁜 경우에는 그 작업을 중지할 것
③ 재료, 기구 또는 공구 등을 올리거나 내리는 경우에는 근로자로 하여금 달줄·달포대 등을 사용하도록 할 것
④ 낙하·충격에 의한 돌발적 재해를 방지하기 위하여 버팀목을 설치하고 거푸집 및 동바리를 인양장비에 매단 후에 작업을 하도록 하는 등 필요한 조치를 할 것

관련 법령 산업안전보건기준에 관한 규칙 제333조(조립·해체 등 작업 시의 준수사항)

05 동영상에서는 차량계 건설기계 작업을 보여준다. 건설기계의 명칭과 용도 2가지를 쓰시오.

> [해답]
> (1) 명칭 : 드래그 라인
> (2) 용도 : ① 지반보다 낮은 곳의 굴착, ② 연약지반, 하천 등 수중 굴착

06 동영상은 고소작업 장면을 보여준다. 높이 2m 이상인 작업발판의 끝이나 개구부에서 작업 시 방호조치 시설 3가지를 쓰시오.

> [해답]
> ① 안전난간
> ② 울타리
> ③ 수직형 추락방망
> ④ 덮개(뒤집히거나 떨어지지 않는 구조)
> ⑤ 추락방호망

관련 법령 산업안전보건기준에 관한 규칙 제43조(개구부 등의 방호 조치)

더 알아보기 — 개구부 등의 방호 조치

1. 사업주는 작업발판 및 통로의 끝이나 개구부로서 근로자가 추락할 위험이 있는 장소에는 안전난간, 울타리, 수직형 추락방망 또는 덮개 등(이하 난간 등)의 방호 조치를 충분한 강도를 가진 구조로 튼튼하게 설치하여야 하며, 덮개를 설치하는 경우에는 뒤집히거나 떨어지지 않도록 설치하여야 한다. 이 경우 어두운 장소에서도 알아볼 수 있도록 개구부임을 표시해야 하며, 수직형 추락방망은 한국산업표준에서 정하는 성능기준에 적합한 것을 사용해야 한다.
2. 사업주는 난간 등을 설치하는 것이 매우 곤란하거나 작업의 필요상 임시로 난간 등을 해체하여야 하는 경우 기준에 맞는 추락방호망을 설치하여야 한다. 다만, 추락방호망을 설치하기 곤란한 경우에는 근로자에게 안전대를 착용하도록 하는 등 추락할 위험을 방지하기 위하여 필요한 조치를 하여야 한다.

07 동영상은 시스템 비계를 보여준다. 시스템 비계를 조립 작업하는 경우 준수사항 3가지를 쓰시오.

해답
① 비계 기둥의 밑둥에는 밑받침 철물을 사용하여야 하며, 밑받침에 고저차가 있는 경우에는 조절형 밑받침 철물을 사용하여 시스템 비계가 항상 수평 및 수직을 유지하도록 해야 한다.
② 경사진 바닥에 설치하는 경우에는 피벗형 받침 철물 또는 쐐기 등을 사용하여 밑받침 철물의 바닥면이 수평을 유지하도록 해야 한다.
③ 가공전로에 근접하여 비계를 설치하는 경우에는 가공전로를 이설하거나 가공전로에 절연용 방호구를 설치하는 등 가공전로와의 접촉을 방지하기 위하여 필요한 조치를 해야 한다.
④ 비계 내에서 근로자가 상하 또는 좌우로 이동하는 경우에는 반드시 지정된 통로를 이용하도록 주지시켜야 한다.
⑤ 비계 작업 근로자는 같은 수직면상의 위와 아래 동시 작업을 금지해야 한다.
⑥ 작업발판에는 제조사가 정한 최대 적재하중을 초과하여 적재해서는 아니 되며, 최대 적재하중이 표기된 표지판을 부착하고 근로자에게 주지시키도록 해야 한다.

관련 법령 산업안전보건기준에 관한 규칙 제70조(시스템 비계의 조립 작업 시 준수사항)

08 동영상은 터널 내부 라이닝의 모습을 보여주고 있다. 터널공사 시 콘크리트 라이닝의 시공 목적 2가지를 쓰시오.

>[!해답]
> ① 내구성 향상
> ② 외력에 대한 지지
> ③ 구조적 안전성 확보
> ④ 방수 및 차수 기능 향상

2부 | 기출복원문제

01 동영상은 거푸집 동바리를 보여준다. 시스템 동바리 조립 시 준수사항 3가지를 쓰시오.

해답
① 수평재는 수직재와 직각으로 설치해야 하며, 흔들리지 않도록 견고하게 설치할 것
② 연결철물을 사용하여 수직재를 견고하게 연결하고, 연결부위가 탈락 또는 꺾어지지 않도록 할 것
③ 수직 및 수평하중에 대해 동바리의 구조적 안정성이 확보되도록 조립도에 따라 수직재 및 수평재에는 가새재를 견고하게 설치할 것
④ 동바리 최상단과 최하단의 수직재와 받침 철물은 서로 밀착되도록 설치하고 수직재와 받침 철물의 연결부의 겹침길이는 받침 철물 전체길이의 1/3 이상 되도록 할 것

관련 법령 산업안전보건기준에 관한 규칙 제332조의2(동바리 유형에 따른 동바리 조립 시의 안전조치)

02 동영상은 펌프카를 이용하여 콘크리트를 타설하는 장면을 보여준다. 콘크리트 펌프카 사용 시 준수사항 3가지를 쓰시오.

> [해답]
> ① 작업을 시작하기 전에 콘크리트 타설장비(콘크리트 플레이싱 붐, 콘크리트 분배기, 콘크리트 펌프카 등)를 점검하고 이상을 발견하였으면 즉시 보수할 것
> ② 건축물의 난간 등에서 작업하는 근로자가 호스의 요동·선회로 인하여 추락하는 위험을 방지하기 위하여 안전난간 설치 등 필요한 조치를 할 것
> ③ 콘크리트 타설장비의 붐을 조정하는 경우에는 주변의 전선 등에 의한 위험을 예방하기 위한 적절한 조치를 할 것
> ④ 작업 중에 지반의 침하나 아웃트리거 등 콘크리트 타설장비 지지구조물의 손상 등에 의하여 콘크리트 타설장비가 넘어질 우려가 있는 경우에는 이를 방지하기 위한 적절한 조치를 할 것
>
> [관련 법령] 산업안전보건기준에 관한 규칙 제335조(콘크리트 타설장비 사용 시의 준수사항)

03 동영상은 절토작업을 보여준다. 절토작업 시 상·하부 동시 작업은 금지하여야 하나 부득이한 경우 작업해야 할 때 준수사항 3가지를 쓰시오.

> [해답]
> ① 견고한 낙하물 방호시설 설치
> ② 부석제거
> ③ 작업장소에 불필요한 기계 등의 방치 금지
> ④ 신호수 및 담당자 배치
>
> [관련 법령] 굴착공사 표준안전 작업지침 제7조(절토)

04 동영상은 사다리식 통로를 보여준다. 사다리식 통로 설치 시 준수사항 3가지를 쓰시오.

해답
① 견고한 구조로 해야 한다.
② 심한 손상·부식 등이 없는 재료를 사용해야 한다.
③ 발판의 간격은 일정하게 해야 한다.
④ 발판과 벽과의 사이는 15cm 이상의 간격을 유지해야 한다.
⑤ 폭은 30cm 이상으로 해야 한다.
⑥ 사다리가 넘어지거나 미끄러지는 것을 방지하기 위한 조치를 해야 한다.
⑦ 사다리의 상단은 걸쳐놓은 지점으로부터 60cm 이상 올라가도록 해야 한다.
⑧ 사다리식 통로의 길이가 10m 이상인 경우에는 5m 이내마다 계단참을 설치해야 한다.
⑨ 사다리식 통로의 기울기는 75° 이하로 할 것. 다만, 고정식 사다리식 통로의 기울기는 90° 이하로 하고, 그 높이가 7m 이상인 경우에는 다음의 구분에 따른 조치를 할 것
　㉠ 등받이울이 있어도 근로자 이동에 지장이 없는 경우 : 바닥으로부터 높이가 2.5m되는 지점부터 등받이울을 설치할 것
　㉡ 등받이울이 있으면 근로자가 이동이 곤란한 경우 : 한국산업표준에서 정하는 기준에 적합한 개인용 추락 방지 시스템을 설치하고 근로자로 하여금 한국산업표준에서 정하는 기준에 적합한 전신안전대를 사용하도록 할 것
⑩ 접이식 사다리 기둥은 사용 시 접혀지거나 펼쳐지지 않도록 철물 등을 사용하여 견고하게 조치해야 한다.

관련 법령 산업안전보건기준에 관한 규칙 제24조(사다리식 통로 등의 구조)

05 동영상은 밀폐공간에서 작업하는 모습을 보여준다. 밀폐공간에서 작업시작 전 확인해야 할 사항 3가지를 쓰시오.

해답
① 작업 일시, 기간, 장소 및 내용 등 작업 정보
② 관리감독자, 근로자, 감시인 등 작업자 정보
③ 산소 및 유해가스 농도의 측정결과 및 후속조치 사항
④ 작업 중 불활성가스 또는 유해가스의 누출·유입·발생 가능성 검토 및 후속조치 사항
⑤ 작업 시 착용하여야 할 보호구의 종류
⑥ 비상연락체계

관련 법령 산업안전보건기준에 관한 규칙 제619조(밀폐공간 작업 프로그램의 수립·시행)

06 동영상은 해체작업을 보여준다. 동영상에서의 해체공법의 명칭을 쓰시오.

해답
압쇄기 공법

관련 법령 해체공사표준안전작업지침 제3조(압쇄기)

더 알아보기 해체공법의 종류(해체공사 표준안전 작업지침 제3조~제13조)

1. 압쇄기 공법 : 압쇄기는 셔블에 설치하며 유압조작에 의해 콘크리트 등에 강력한 압축력을 가해 파쇄하는 공법이다.
2. 대형브레이커 공법 : 대형브레이커를 셔블에 설치하여 콘크리트 등을 파쇄하는 공법
3. 철제해머 공법 : 해머를 크레인 등에 부착하여 구조물에 충격을 주어 파쇄하는 공법
4. 화약발파 공법 : 화약을 이용하여 콘크리트를 파쇄하는 공법
5. 팽창제 공법 : 광물의 수화반응에 의한 팽창압을 이용하여 파쇄하는 공법
6. 절단톱 공법 : 회전날 끝에 다이아몬드 입자를 혼합 경화하여 제조한 절단톱으로 기둥, 보, 바닥, 벽체를 적당한 크기로 절단하여 해체하는 공법
7. 재키 공법 : 구조물의 부재 사이에 재키를 설치한 후 국소부에 압력을 가해 해체하는 공법
8. 쐐기타입기 공법 : 직경 30~40mm 정도의 구멍 속에 쐐기를 박아 넣어 구멍을 확대하여 해체하는 공법

07 동영상은 크레인의 양중작업을 보여준다. 영상 속 양중기의 와이어로프 사용금지 기준 3가지를 쓰시오.

해답
① 이음매가 있는 것
② 와이어로프의 한 꼬임에서 끊어진 소선의 수가 10% 이상인 것
③ 지름의 감소가 공칭지름의 7%를 초과하는 것
④ 꼬인 것
⑤ 심하게 변형되거나 부식된 것
⑥ 열과 전기충격에 의해 손상된 것

관련 법령 산업안전보건기준에 관한 규칙 제63조(달비계의 구조), 제166조(이음매가 있는 와이어로프 등의 사용금지)

08 동영상은 굴착기계로 터널을 굴착하는 모습을 보여준다. 이 터널굴착 공법의 명칭을 쓰시오.

해답
TBM(Tunnel Boring Machine) 공법

3부 | 기출복원문제

01 동영상은 고소작업을 보여준다. 추락할 위험이 있는 곳에서 작업 시 착용해야 하는 개인보호구 2가지를 쓰시오.

해답
① 안전모
② 안전대

관련 법령 산업안전보건기준에 관한 규칙 제32조(보호구의 지급 등)

02 동영상은 거푸집 동바리 작업을 보여준다. 동바리의 침하를 방지하기 위한 조치사항 3가지를 쓰시오.

해답
① 받침목이나 깔판의 사용, 콘크리트 타설, 말뚝박기 등 동바리의 침하를 방지하기 위한 조치를 할 것
② 동바리의 상하 고정 및 미끄러짐 방지조치를 해야 한다.
③ 상부·하부의 동바리가 동일 수직선상에 위치하도록 하여 깔판·받침목에 고정시켜야 한다.
④ 개구부 상부에 동바리를 설치하는 경우에는 상부 하중을 견딜 수 있는 견고한 받침대를 설치해야 한다.
⑤ U헤드 등의 단판이 없는 동바리의 상단에 멍에 등을 올릴 경우에는 해당 상단에 U헤드 등의 단판을 설치하고, 멍에 등이 전도되거나 이탈되지 않도록 고정시킬 것
⑥ 동바리의 이음은 같은 품질의 재료를 사용해야 한다.
⑦ 강재의 접속부 및 교차부는 볼트·클램프 등 전용철물을 사용하여 단단히 연결해야 한다.
⑧ 거푸집의 형상에 따른 부득이한 경우를 제외하고는 깔판이나 받침목은 2단 이상 끼우지 않도록 해야 한다.
⑨ 깔판이나 받침목을 이어서 사용하는 경우에는 그 깔판·받침목을 단단히 연결해야 한다.

관련 법령 산업안전보건기준에 관한 규칙 제332조(동바리 조립 시의 안전조치)

03 동영상은 가설통로를 보여준다. 가설통로 설치 시 준수사항 3가지를 쓰시오.

해답
① 견고한 구조로 할 것
② 경사는 30° 이하로 할 것
③ 경사가 15°를 초과하는 경우에는 미끄러지지 아니하는 구조로 할 것
④ 추락할 위험이 있는 장소에는 안전난간을 설치할 것
⑤ 수직갱에 가설된 통로의 길이가 15m 이상인 경우에는 10m 이내마다 계단참을 설치할 것
⑥ 건설공사에 사용하는 높이 8m 이상인 비계다리에는 7m 이내마다 계단참을 설치할 것

관련 법령 산업안전보건기준에 관한 규칙 제23조(가설통로의 구조)

04 동영상은 시스템 비계를 보여준다. 시스템 비계를 사용하여 비계를 구성하는 경우 준수사항 3가지를 쓰시오.

해답
① 수직재·수평재·가새재를 견고하게 연결하는 구조가 되도록 해야 한다.
② 비계 밑단의 수직재와 받침 철물은 밀착되도록 설치하고, 수직재와 받침 철물의 연결부의 겹침길이는 받침 철물 전체길이의 1/3 이상이 되도록 해야 한다.
③ 수평재는 수직재와 직각으로 설치하여야 하며, 체결 후 흔들림이 없도록 견고하게 설치해야 한다.
④ 수직재와 수직재의 연결철물은 이탈되지 않도록 견고한 구조로 해야 한다.
⑤ 벽 연결재의 설치간격은 제조사가 정한 기준에 따라 설치해야 한다.

관련 법령 산업안전보건기준에 관한 규칙 제69조(시스템 비계의 구조)

05 동영상은 굴착작업을 보여준다. 굴착작업에 있어서 지반의 붕괴 또는 토석의 낙하에 의하여 근로자에게 위험을 미칠 우려가 있는 경우, 그 위험을 방지하기 위한 조치사항 3가지를 쓰시오.

해답
① 흙막이 지보공의 설치
② 방호망의 설치
③ 근로자의 출입 금지
④ 측구를 설치하거나 굴착 경사면 보호

관련 법령 산업안전보건기준에 관한 규칙 제339조(굴착면의 붕괴 등에 의한 위험 방지), 제340조(굴착작업 시 위험 방지)

06 동영상은 교량작업을 보여준다. 교량작업 시 작성해야 하는 작업계획서의 내용 3가지를 쓰시오.

해답
① 작업방법 및 순서
② 부재의 낙하·전도 또는 붕괴를 방지하기 위한 방법
③ 작업에 종사하는 근로자의 추락 위험을 방지하기 위한 안전조치 방법
④ 공사에 사용되는 가설 철구조물 등의 설치·사용·해체 시 안전성 검토방법
⑤ 사용하는 기계 등의 종류 및 성능, 작업방법
⑥ 작업지휘자 배치계획

관련 법령 산업안전보건기준에 관한 규칙 별표 4(사전조사 및 작업계획서 내용)

07 동영상은 와이어로프를 보여준다. 근로자가 탑승하는 운반구를 지지하는 달기 와이어로프의 안전계수는 얼마인지 쓰시오.

해답
10 이상

관련 법령 산업안전보건기준에 관한 규칙 제163조(와이어로프 등 달기구의 안전계수)

더 알아보기 와이어로프 등 달기구의 안전계수

1. 근로자가 탑승하는 운반구를 지지하는 달기 와이어로프 또는 달기 체인의 경우 : 10 이상
2. 화물의 하중을 직접 지지하는 달기 와이어로프 또는 달기 체인의 경우 : 5 이상
3. 훅, 섀클, 클램프, 리프팅 빔의 경우 : 3 이상
4. 그 밖의 경우 : 4 이상

08 동영상은 굴착작업 현장을 보여주고 있다. 굴착작업 시 토사 등의 붕괴 또는 낙하에 의한 위험을 방지하기 위해 점검해야 하는 사항 2가지를 쓰시오.

해답
① 작업장소 및 그 주변의 부석·균열의 유무
② 함수·용수 및 동결의 유무 또는 상태의 변화

관련 법령 산업안전보건기준에 관한 규칙 제338조(굴착작업 사전조사 등)

2021년 제4회 과년도 기출복원문제

1부 | 기출복원문제

01 동영상은 거푸집 동바리 작업을 보여준다. 거푸집 동바리 조립작업 시 하중의 지지 상태를 유지할 수 있도록 하기 위해 준수해야 하는 사항을 3가지 쓰시오.

해답
① 받침목이나 깔판의 사용, 콘크리트 타설, 말뚝박기 등 동바리의 침하를 방지하기 위한 조치를 할 것
② 동바리의 상하 고정 및 미끄러짐 방지조치를 해야 한다.
③ 상부·하부의 동바리가 동일 수직선상에 위치하도록 하여 깔판·받침목에 고정시켜야 한다.
④ 개구부 상부에 동바리를 설치하는 경우에는 상부 하중을 견딜 수 있는 견고한 받침대를 설치해야 한다.
⑤ U헤드 등의 단판이 없는 동바리의 상단에 멍에 등을 올릴 경우에는 해당 상단에 U헤드 등의 단판을 설치하고, 멍에 등이 전도되거나 이탈되지 않도록 고정시킬 것
⑥ 동바리의 이음은 같은 품질의 재료를 사용해야 한다.
⑦ 강재의 접속부 및 교차부는 볼트·클램프 등 전용철물을 사용하여 단단히 연결해야 한다.
⑧ 거푸집의 형상에 따른 부득이한 경우를 제외하고는 깔판이나 받침목은 2단 이상 끼우지 않도록 해야 한다.
⑨ 깔판이나 받침목을 이어서 사용하는 경우에는 그 깔판·받침목을 단단히 연결해야 한다.

관련 법령 산업안전보건기준에 관한 규칙 제332조(동바리 조립 시의 안전조치)

02 동영상은 안전난간을 보여준다. 추락 등의 위험을 방지하기 위한 안전난간대의 설치조건 3가지를 쓰시오.

해답
① 안전난간을 설치하는 경우 상부 난간대, 중간 난간대, 발끝막이판 및 난간기둥으로 구성한다.
② 상부 난간대는 바닥면·발판 또는 경사로의 표면으로부터 90cm 이상 지점에 설치하고, 상부 난간대를 120cm 이하에 설치하는 경우에는 중간 난간대는 상부 난간대와 바닥면 등의 중간에 설치해야 하며, 120cm 이상 지점에 설치하는 경우에는 중간 난간대를 2단 이상으로 균등하게 설치하고 난간의 상하 간격은 60cm 이하가 되도록 한다.
③ 발끝막이판은 바닥면 등으로부터 10cm 이상의 높이를 유지해야 한다.
④ 난간기둥은 상부 난간대와 중간 난간대를 견고하게 떠받칠 수 있도록 적정한 간격을 유지해야 한다.
⑤ 상부 난간대와 중간 난간대는 난간 길이 전체에 걸쳐 바닥면 등과 평행을 유지해야 한다.
⑥ 난간대는 지름 2.7cm 이상의 금속제 파이프나 그 이상의 강도가 있는 재료로 한다.
⑦ 안전난간은 구조적으로 가장 취약한 지점에서 가장 취약한 방향으로 작용하는 100kg 이상의 하중에 견딜 수 있는 튼튼한 구조이어야 한다.

관련 법령 산업안전보건기준에 관한 규칙 제13조(안전난간의 구조 및 설치요건)

03 동영상은 크레인 양중작업을 보여준다. 크레인 양중작업 시 걸이작업의 준수사항을 3가지만 쓰시오.

해답
① 와이어로프 등은 크레인의 훅 중심에 걸어야 한다.
② 인양 물체의 안정을 위하여 2줄 걸이 이상을 사용하여야 한다.
③ 밑에 있는 물체를 걸고자 할 때에는 위의 물체를 제거한 후에 행하여야 한다.
④ 매다는 각도는 60° 이내로 하여야 한다.
⑤ 근로자를 매달린 물체 위에 탑승시키지 않아야 한다.

관련 법령 운반하역 표준안전 작업지침 제22조(걸이)

04 동영상은 지하실 작업장을 보여준다. 작업면의 조도를 초정밀작업, 정밀작업, 보통작업, 그 밖의 작업으로 구분하여 각각 기준을 쓰시오.

해답
① 초정밀작업 : 750lx(럭스) 이상
② 정밀작업 : 300lx 이상
③ 보통작업 : 150lx 이상
④ 그 밖의 작업 : 75lx 이상

관련 법령 산업안전보건기준에 관한 규칙 제8조(작업장의 조도)

05 동영상은 흙막이 작업을 보여준다. 화면에서 보여주는 흙막이 공법의 명칭과 계측기의 종류 및 용도를 3가지 쓰시오.

해답
(1) 명칭 : H-pile 토류벽 공법
(2) 계측기의 종류 및 용도
  ① 지중경사계 : 배면지반의 거동 및 지중 수평변위 측정
  ② 간극수압계 : 굴착 및 성토에 의한 간극수압 변화 측정
  ③ 지하수위계 : 지하수위 변화 측정
  ④ 지표침하계 : 지표면의 침하량 변화 측정
  ⑤ 건물경사계 : 인접건물의 변형 파악
  ⑥ 균열계 : 주변 구조물, 지반 등의 균열 측정
  ⑦ 변형률계 : 흙막이 부재의 변형 파악
  ⑧ 하중계 : 버팀대(strut), 어스앵커(earth anchor)의 하중 변화 측정

관련 법령 KOSHA GUIDE C-103-2014(굴착공사 계측관리 기술지침)

06 동영상은 전기작업을 보여준다. 전기기계·기구를 설치하려는 경우 고려사항 3가지를 쓰시오.

해답
① 전기기계·기구의 충분한 전기적 용량 및 기계적 강도
② 습기·분진 등 사용장소의 주위 환경
③ 전기적·기계적 방호수단의 적정성

관련 법령 산업안전보건기준에 관한 규칙 제303조(전기기계·기구의 적정설치 등)

07 동영상은 철골 용접작업을 보여준다. 용접작업 시 착용해야 하는 개인보호구 3가지를 쓰시오.

해답
① 보안면, ② 용접 장갑, ③ 내화 앞치마, ④ 용접복

08 동영상은 터널 굴착작업을 보여준다. 터널 굴착작업 전 사전조사 사항 3가지를 쓰시오.

해답
① 지형
② 지질
③ 지층 상태

관련 법령 산업안전보건기준에 관한 규칙 별표 4(사전조사 및 작업계획서 내용)

2부 | 기출복원문제

01 동영상은 교량작업을 보여준다. 교량의 설치작업 시 작업계획서의 내용을 3가지만 쓰시오.

해답
① 작업방법 및 순서
② 부재의 낙하·전도 또는 붕괴를 방지하기 위한 방법
③ 작업에 종사하는 근로자의 추락 위험을 방지하기 위한 안전조치 방법
④ 공사에 사용되는 가설 철구조물 등의 설치·사용·해체 시 안전성 검토방법
⑤ 사용하는 기계 등의 종류 및 성능, 작업방법
⑥ 작업지휘자 배치계획
⑦ 그 밖에 안전·보건에 관련된 사항

관련 법령 산업안전보건기준에 관한 규칙 별표 4(사전조사 및 작업계획서 내용)

02 동영상은 굴착작업을 보여준다. 굴착작업 시 굴착기계에 의한 위험 방지조치 사항 2가지를 쓰시오.

해답
① 굴착기계 등의 사용으로 가스도관, 지중전선로, 그 밖에 지하에 위치한 공작물이 파손되어 그 결과 근로자가 위험해질 우려가 있는 경우에는 그 기계를 사용한 굴착작업을 중지해야 한다.
② 굴착기계 등의 운행경로 및 토석 적재장소의 출입방법을 정하여 관계 근로자에게 주지시켜야 한다.

관련 법령 산업안전보건기준에 관한 규칙 제342조(굴착기계 등에 의한 위험방지)

03 동영상은 시스템 비계를 보여준다. 시스템 비계를 사용하여 비계를 조립작업하는 경우 준수해야 할 사항 3가지를 쓰시오.

> **해답**
> ① 비계 기둥의 밑둥에는 밑받침 철물을 사용하여야 하며, 밑받침에 고저차가 있는 경우에는 조절형 밑받침 철물을 사용하여 시스템 비계가 항상 수평 및 수직을 유지하도록 해야 한다.
> ② 경사진 바닥에 설치하는 경우에는 피벗형 받침 철물 또는 쐐기 등을 사용하여 밑받침 철물의 바닥면이 수평을 유지하도록 해야 한다.
> ③ 가공전로에 근접하여 비계를 설치하는 경우에는 가공전로를 이설하거나 가공전로에 절연용 방호구를 설치하는 등 가공전로와의 접촉을 방지하기 위하여 필요한 조치를 해야 한다.
> ④ 비계 내에서 근로자가 상하 또는 좌우로 이동하는 경우에는 반드시 지정된 통로를 이용하도록 주지시켜야 한다.
> ⑤ 비계 작업 근로자는 같은 수직면상의 위와 아래 동시 작업을 금지해야 한다.
> ⑥ 작업발판에는 제조사가 정한 최대 적재하중을 초과하여 적재해서는 아니 되며, 최대 적재하중이 표기된 표지판을 부착하고 근로자에게 주지시키도록 해야 한다.
>
> **관련 법령** 산업안전보건기준에 관한 규칙 제70조(시스템 비계의 조립 작업 시 준수사항)

04 화면은 밀폐공간 작업을 보여준다. 산소 결핍이 우려되는 밀폐공간에서 작업 시 시행해야 하는 밀폐공간 작업 프로그램을 3가지 쓰시오.

> **해답**
> ① 사업장 내 밀폐공간의 위치 파악 및 관리 방안
> ② 밀폐공간 내 질식·중독 등을 일으킬 수 있는 유해·위험요인의 파악 및 관리 방안
> ③ 밀폐공간 작업 시 사전 확인이 필요한 사항에 대한 확인 절차
> ④ 안전보건교육 및 훈련
> ⑤ 그 밖에 밀폐공간 작업 근로자의 건강장해 예방에 관한 사항
>
> **관련 법령** 산업안전보건기준에 관한 규칙 제619조(밀폐공간 작업 프로그램의 수립·시행)

05 동영상은 연마작업을 보여준다. 연마작업 시 착용해야 하는 보호구 3가지를 쓰시오.

해답
① 방진마스크, ② 보안경, ③ 청력보호구

06 동영상은 터널작업을 보여준다. 폭약을 발파공에 장약한 후 전색작업 시 준수사항을 3가지만 쓰시오.

해답
① 전색물은 적정한 수분을 함유한 모래나 점토 등 불연성 재료를 사용해야 한다.
② 불완전한 발파 및 발파 후 가스 유출 등을 방지하기 위해 충분한 양의 전색물을 사용해야 한다.
③ 공발(blown out)이 발생하지 않도록 다짐작업을 충분히 해야 한다.

관련 법령 발파 표준안전 작업지침 제13조(장약)

07 동영상은 경사로를 보여주고 있다. 가설 경사로 설치 시 준수사항 3가지를 쓰시오.

해답
① 시공하중 또는 폭풍, 진동 등 외력에 대하여 안전하도록 설계하여야 한다.
② 경사로는 항상 정비하고 안전통로를 확보하여야 한다.
③ 비탈면의 경사각은 30° 이내로 하고 미끄럼막이 간격은 정해진 간격에 의한다.
④ 경사로의 폭은 최소 90cm 이상이어야 한다.
⑤ 높이 7m 이내마다 계단참을 설치하여야 한다.
⑥ 추락방지용 안전난간을 설치하여야 한다.
⑦ 목재는 미송, 육송 또는 그 이상의 재질을 가진 것이어야 한다.
⑧ 경사로 지지기둥은 3m 이내마다 설치하여야 한다.
⑨ 발판은 폭 40cm 이상으로 하고, 틈은 3cm 이내로 설치하여야 한다.
⑩ 발판이 이탈하거나 한쪽 끝을 밟으면 다른 쪽이 들리지 않게 장선에 결속하여야 한다.
⑪ 결속용 못이나 철선이 발에 걸리지 않아야 한다.

관련 법령 가설공사 표준안전 작업지침 제14조(경사로)

08 동영상은 지게차 작업을 보여준다. 차량계 하역운반기계의 운전자가 운전위치를 이탈하고자 할 때 준수하여야 할 사항 3가지를 쓰시오.

해답
① 포크, 버킷, 디퍼 등의 장치를 가장 낮은 위치 또는 지면에 내려 둘 것
② 원동기를 정지시키고 브레이크를 확실히 거는 등 차량계 하역운반기계 등 차량계 건설기계의 갑작스러운 이동을 방지하기 위한 조치를 할 것
③ 운전석을 이탈하는 경우에는 시동키를 운전대에서 분리시킬 것

관련 법령 산업안전보건기준에 관한 규칙 제99조(운전위치 이탈 시의 조치)

3부 | 기출복원문제

01 동영상은 거푸집 설치작업을 보여준다. 거푸집 설계 시 고려해야 하는 하중 3가지를 쓰시오.

해답
① 연직방향 하중
② 횡방향 하중
③ 콘크리트의 측압
④ 특수하중

관련 법령 콘크리트공사표준안전작업지침 제4조(하중)

더 알아보기 거푸집 및 지보공(동바리) 설계 시 고려해야 할 하중

1. 연직방향 하중 : 거푸집, 지보공(동바리), 콘크리트, 철근, 작업원, 타설용 기계·기구, 가설설비 등의 중량 및 충격하중
2. 횡방향 하중 : 작업할 때의 진동, 충격, 시공오차 등에 기인되는 횡방향 하중 이외에 필요에 따라 풍압, 유수압, 지진 등
3. 콘크리트의 측압 : 굳지 않은 콘크리트의 측압
4. 특수하중 : 시공 중에 예상되는 특수한 하중
5. 1~4.의 하중에 안전율을 고려한 하중

02 동영상은 임시 분전반을 보여준다. 전기기계·기구에 설치된 누전차단기에 접속할 경우 준수사항과 관련하여 다음 (   ) 안에 알맞은 내용을 쓰시오.

전기기계·기구에 설치된 누전차단기는 정격감도전류가 (①) 이하이고 작동시간은 (②) 이내일 것. 다만, 정격전부하전류가 50A 이상인 전기기계·기구에 접속되는 누전차단기는 오작동을 방지하기 위하여 정격감도전류는 200mA 이하로, 작동시간은 0.1초 이내로 할 수 있다.

해답
① 30mA
② 0.03초

관련 법령 산업안전보건기준에 관한 규칙 제304조(누전차단기에 의한 감전 방지)

03 동영상은 공사현장의 개구부를 보여준다. 추락위험이 있는 개구부 등에서의 방호 조치사항 2가지를 쓰시오.

해답
① 작업발판 및 통로의 끝이나 개구부로서 근로자가 추락할 위험이 있는 장소에는 안전난간, 울타리, 수직형 추락방망 또는 덮개 등의 방호 조치를 충분한 강도를 가진 구조로 튼튼하게 설치해야 한다.
② 덮개를 설치하는 경우에는 뒤집히거나 떨어지지 않도록 설치해야 한다.
③ 어두운 장소에서도 알아볼 수 있도록 개구부임을 표시해야 한다.
④ 난간 등을 설치하는 것이 매우 곤란하거나, 작업의 필요상 임시로 난간 등을 해체해야 하는 경우 추락방호망을 설치하여야 한다.
⑤ 추락방호망을 설치하기 곤란한 경우에는 근로자에게 안전대를 착용하도록 해야 한다.

관련 법령 산업안전보건기준에 관한 규칙 제43조(개구부 등의 방호 조치)

04 동영상은 철골 공사현장에 설치한 추락방호망을 보여주고 있다. 추락방호망 설치기준 3가지를 쓰시오.

해답
① 추락방호망의 설치위치는 가능하면 작업면으로부터 가까운 지점에 설치하여야 하며, 작업면으로부터 망의 설치지점까지의 수직거리는 10m를 초과하지 않아야 한다.
② 추락방호망은 수평으로 설치하고, 망의 처짐은 짧은 변 길이의 12% 이상이 되도록 해야 한다.
③ 건축물 등의 바깥쪽으로 설치하는 경우 추락방호망의 내민 길이는 벽면으로부터 3m 이상 되도록 해야 한다.

관련 법령 산업안전보건기준에 관한 규칙 제42조(추락의 방지)

05 동영상은 사다리를 보여주고 있다. 사다리식 통로의 설치기준 3가지를 쓰시오.

해답
① 견고한 구조로 해야 한다.
② 심한 손상·부식 등이 없는 재료를 사용해야 한다.
③ 발판의 간격은 일정하게 해야 한다.
④ 발판과 벽과의 사이는 15cm 이상의 간격을 유지해야 한다.
⑤ 폭은 30cm 이상으로 해야 한다.
⑥ 사다리가 넘어지거나 미끄러지는 것을 방지하기 위한 조치를 해야 한다.
⑦ 사다리의 상단은 걸쳐놓은 지점으로부터 60cm 이상 올라가도록 해야 한다.
⑧ 사다리식 통로의 길이가 10m 이상인 경우에는 5m 이내마다 계단참을 설치해야 한다.
⑨ 사다리식 통로의 기울기는 75° 이하로 할 것. 다만, 고정식 사다리식 통로의 기울기는 90° 이하로 하고, 그 높이가 7m 이상인 경우에는 다음의 구분에 따른 조치를 할 것
　㉠ 등받이울이 있어도 근로자 이동에 지장이 없는 경우 : 바닥으로부터 높이가 2.5m되는 지점부터 등받이울을 설치할 것
　㉡ 등받이울이 있으면 근로자가 이동이 곤란한 경우 : 한국산업표준에서 정하는 기준에 적합한 개인용 추락 방지 시스템을 설치하고 근로자로 하여금 한국산업표준에서 정하는 기준에 적합한 전신안전대를 사용하도록 할 것
⑩ 접이식 사다리 기둥은 사용 시 접혀지거나 펼쳐지지 않도록 철물 등을 사용하여 견고하게 조치해야 한다.

관련 법령 산업안전보건기준에 관한 규칙 제24조(사다리식 통로 등의 구조)

06 동영상은 동바리를 보여주고 있다. 동바리로 파이프 서포트를 사용하는 경우 안전조치 사항 3가지를 쓰시오.

해답
① 파이프 서포트를 3개 이상 이어서 사용하지 않도록 해야 한다.
② 파이프 서포트를 이어서 사용하는 경우에는 4개 이상의 볼트 또는 전용철물을 사용하여 이어야 한다.
③ 높이가 3.5m를 초과하는 경우에는 높이 2m 이내마다 수평 연결재를 2개 방향으로 만들고 수평 연결재의 변위를 방지해야 한다.

관련 법령 산업안전보건기준에 관한 규칙 제332조의2(동바리 유형에 따른 동바리 조립 시의 안전조치)

07 동영상은 철골공사를 보여준다. 철골의 수평 이동 시 준수사항을 3가지 쓰시오.

해답
① 전선 등 다른 장해물에 접촉할 우려는 없는지 확인하여야 한다.
② 유도 로프를 끌거나 누르지 않도록 하여야 한다.
③ 인양된 부재의 아래쪽에 작업자가 들어가지 않도록 하여야 한다.
④ 내려야 할 지점에서 일단 정지시킨 후 흔들림을 정지시킨 다음 서서히 내리도록 하여야 한다.

관련 법령 철골공사표준안전작업지침 제8조(철골반입)

08 동영상은 공사현장에서의 인양작업을 보여주고 있다. 영상 속 양중기의 와이어로프 사용금지 기준 3가지를 쓰시오.

해답
① 이음매가 있는 것
② 와이어로프의 한 꼬임에서 끊어진 소선의 수가 10% 이상인 것
③ 지름의 감소가 공칭지름의 7%를 초과하는 것
④ 꼬인 것
⑤ 심하게 변형되거나 부식된 것
⑥ 열과 전기충격에 의해 손상된 것

관련 법령 산업안전보건기준에 관한 규칙 제63조(달비계의 구조), 제166조(이음매가 있는 와이어로프 등의 사용금지)

과년도 기출복원문제

1부 | 기출복원문제

01 동영상은 작업자가 반팔을 입은 상태에서 혼자서 철근을 끌며 운반하는 모습을 보여준다. 철근이 무거워 던지다시피 내려놓고 있으며, 주변에 다른 작업자들이 작업하는 상태이다. 동영상에서의 작업 위험요인 3가지를 쓰시오.

해답
① 반팔 작업복으로 인한 팔 긁힘 위험
② 철근을 2인 1조가 아닌 혼자서 운반
③ 주변 작업자들이 있는 상태에서 철근을 던져 리바운드 위험

02 동영상은 지게차 하역작업을 보여준다. 지게차 운전원이 작업시작 전 점검해야 하는 사항을 3가지 쓰시오.

해답
① 제동장치 및 조종장치 기능의 이상 유무
② 하역장치 및 유압장치 기능의 이상 유무
③ 바퀴의 이상 유무
④ 전조등·후미등·방향지시기 및 경보장치 기능의 이상 유무

관련 법령 산업안전보건기준에 관한 규칙 별표 3(작업시작 전 점검사항)

빈출
03 동영상은 용접작업을 보여준다. 용접작업 시 착용해야 할 개인보호구 3가지를 쓰시오.

> [해답]
> ① 보안면, ② 용접 장갑, ③ 내화 앞치마, ④ 용접복

04 동영상은 밀폐공간 작업을 보여준다. 밀폐공간에서 작업 시 시행해야 하는 작업 프로그램의 내용 3가지를 쓰시오.

> [해답]
> ① 사업장 내 밀폐공간의 위치 파악 및 관리 방안
> ② 밀폐공간 내 질식·중독 등을 일으킬 수 있는 유해·위험요인의 파악 및 관리 방안
> ③ 밀폐공간 작업 시 사전 확인이 필요한 사항에 대한 확인 절차
> ④ 안전보건교육 및 훈련
> ⑤ 그 밖에 밀폐공간 작업 근로자의 건강장해 예방에 관한 사항
>
> [관련 법령] 산업안전보건기준에 관한 규칙 제619조(밀폐공간 작업 프로그램의 수립·시행)

05 동영상은 차량계 건설기계 작업을 보여준다. 영상에서의 건설기계 명칭과 용도 2가지를 쓰시오.

해답
(1) 명칭 : 불도저
(2) 용도 : ① 고르지 못한 지면의 평탄화, ② 토사 굴착 및 이동

06 동영상은 흙막이를 보여주고 있다. 영상의 흙막이 공법의 명칭을 쓰시오.

해답
어스앵커 공법

07 동영상은 안전난간을 보여주고 있다. 다음 (   ) 안에 적합한 내용을 쓰시오.

(1) 안전난간은 (①), (②), (③) 및 (④)으로 구성해야 한다.
(2) (③)는 바닥면 등에서부터 (⑤)cm 이상의 높이를 유지해야 한다.

해답

① 상부 난간대, ② 중간 난간대, ③ 발끝막이판, ④ 난간기둥, ⑤ 10

관련 법령 산업안전보건기준에 관한 규칙 제13조(안전난간의 구조 및 설치요건)

더 알아보기 안전난간의 구조 및 설치요건

1. 안전난간을 설치하는 경우 상부 난간대, 중간 난간대, 발끝막이판 및 난간기둥으로 구성한다.
2. 상부 난간대는 바닥면·발판 또는 경사로의 표면으로부터 90cm 이상 지점에 설치하고, 상부 난간대를 120cm 이하에 설치하는 경우에는 중간 난간대는 상부 난간대와 바닥면 등의 중간에 설치해야 하며, 120cm 이상 지점에 설치하는 경우에는 중간 난간대를 2단 이상으로 균등하게 설치하고 난간의 상하 간격은 60cm 이하가 되도록 한다.
3. 발끝막이판은 바닥면 등으로부터 10cm 이상의 높이를 유지해야 한다.
4. 난간기둥은 상부 난간대와 중간 난간대를 견고하게 떠받칠 수 있도록 적정한 간격을 유지해야 한다.
5. 상부 난간대와 중간 난간대는 난간 길이 전체에 걸쳐 바닥면 등과 평행을 유지해야 한다.
6. 난간대는 지름 2.7cm 이상의 금속제 파이프나 그 이상의 강도가 있는 재료로 한다.
7. 안전난간은 구조적으로 가장 취약한 지점에서 가장 취약한 방향으로 작용하는 100kg 이상의 하중에 견딜 수 있는 튼튼한 구조이어야 한다.

08 동영상은 강관비계를 보여준다. 다음 (   ) 안에 알맞은 내용을 쓰시오.

(1) 띠장 간격은 (①)m 이하로 설치하여야 하며, 지상에서 첫 번째 띠장은 높이 (②)m 이하의 위치에 설치하여야 한다.
(2) 비계기둥 간의 적재하중은 (③)kg을 초과하지 아니하도록 하여야 한다.
(3) 벽연결은 수직으로 (④)m, 수평으로 (⑤)m 이내마다 연결하여야 한다.
(4) 기둥간격 (⑥)m 마다 (⑦)° 각도의 처마방향 가새를 설치해야 하며, 모든 비계기둥은 가새에 결속하여야 한다.

해답

① 1.5, ② 2, ③ 400, ④ 5, ⑤ 5, ⑥ 10, ⑦ 45

관련 법령 가설공사 표준안전 작업지침 제8조(강관비계)

2부 | 기출복원문제

빈출 01 동영상은 교량 상부에 콘크리트 펌프카를 사용하여 콘크리트 타설작업을 보여주고 있다. 콘크리트 펌프카 사용 시 준수사항을 3가지 쓰시오.

> **해답**
> ① 작업을 시작하기 전에 콘크리트 타설장비(콘크리트 플레이싱 붐, 콘크리트 분배기, 콘크리트 펌프카 등)를 점검하고 이상을 발견하였으면 즉시 보수할 것
> ② 건축물의 난간 등에서 작업하는 근로자가 호스의 요동·선회로 인하여 추락하는 위험을 방지하기 위하여 안전난간 설치 등 필요한 조치를 할 것
> ③ 콘크리트 타설장비의 붐을 조정하는 경우에는 주변의 전선 등에 의한 위험을 예방하기 위한 적절한 조치를 할 것
> ④ 작업 중에 지반의 침하나 아웃트리거 등 콘크리트 타설장비 지지구조물의 손상 등에 의하여 콘크리트 타설장비가 넘어질 우려가 있는 경우에는 이를 방지하기 위한 적절한 조치를 할 것
>
> **관련 법령** 산업안전보건기준에 관한 규칙 제335조(콘크리트 타설장비 사용 시의 준수사항)

02 동영상은 건설현장 거푸집을 보여주고 있다. 영상에서와 같은 작업발판 일체형 거푸집의 종류 3가지를 쓰시오.

해답
① 갱 폼
② 슬립 폼
③ 클라이밍 폼
④ 터널 라이닝 폼
⑤ 그 밖에 거푸집과 작업발판이 일체로 제작된 거푸집 등

관련 법령 산업안전보건기준에 관한 규칙 제331조의3(작업발판 일체형 거푸집의 안전조치)

03 동영상은 이동식 크레인을 이용하여 비계재료인 강관을 인양하고 있다. 이동식 크레인 작업 시 준수사항 3가지를 쓰시오.

해답
① 훅 해지장치를 사용하여 인양물이 훅에서 이탈하는 것을 방지하여야 한다.
② 크레인의 인양작업 시 전도 방지를 위하여 아웃트리거 설치 상태를 점검하여야 한다.
③ 이동식 크레인 제작사의 사용기준에서 제시하는 지브의 각도에 따른 정격하중을 준수하여야 한다.
④ 인양물의 무게 중심, 주변 장애물 등을 점검하여야 한다.
⑤ 슬링(와이어로프, 섬유벨트 등), 훅 및 해지장치, 섀클 등의 상태를 수시 점검하여야 한다.
⑥ 권과방지장치, 과부하방지장치 등의 방호장치를 수시 점검하여야 한다.
⑦ 인양물의 형상, 무게, 특성에 따른 안전조치와 줄걸이 와이어로프의 매단 각도는 60° 이내로 하여야 한다.
⑧ 이동식 크레인 인양작업 시 신호수를 배치하여야 하며, 운전원은 신호수의 신호에 따라 인양작업을 수행하여야 한다.
⑨ 충전전로에 인근작업 시 붐의 길이만큼 이격하거나 산업안전보건기준에 관한 규칙을 준수하고 신호수를 배치하여 고압선에 접촉하지 않도록 하여야 한다.
⑩ 인양물 위에 작업자가 탑승한 채로 이동을 금지하여야 한다.
⑪ 카고 크레인 적재함에 승·하강 시에는 부착된 발판을 딛고 천천히 이동하여야 한다.
⑫ 이동식 크레인의 제원에 따른 인양작업 반경과 지브의 경사각에 따른 정격하중 이내에서 작업을 시행하여야 한다.
⑬ 인양물의 충돌 등을 방지하기 위하여 인양물을 유도하기 위한 보조 로프를 사용하여야 한다.
⑭ 긴 자재는 경사지게 인양하지 않고 수평을 유지하여 인양토록 하여야 한다.

관련 법령 KOSHA GUIDE B-M-8-2025(이동식 크레인 안전보건작업 기술지원규정)

04 동영상은 화물자동차에 짐을 싣는 모습을 보여준다. 화물자동차의 짐걸이로 사용해서는 안 되는 섬유로프의 조건 2가지를 쓰시오.

해답
① 꼬임이 끊어진 것
② 심하게 손상되거나 부식된 것

관련 법령 산업안전보건기준에 관한 규칙 제188조(꼬임이 끊어진 섬유로프 등의 사용금지)

05 동영상은 낙하물 방지망을 보여준다. 낙하물 방지망 설치기준과 관련하여 다음 빈칸을 채우시오.

(1) 설치 간격 : 높이 (①)m 이내마다 설치
(2) 내민 길이 : 벽면으로부터 (②)m 이상
(3) 설치 각도 : 수평면과의 각도는 20° 이상 (③)° 이하

해답
① 10, ② 2, ③ 30

관련 법령 산업안전보건기준에 관한 규칙 제14조(낙하물에 의한 위험의 방지)

06 동영상은 철골 승강용 트랩을 보여준다. 다음 물음에 답하시오.

(1) 트랩의 답단 간격을 쓰시오.
(2) 트랩의 폭 기준을 쓰시오.

해답
(1) 답단 간격 : 30cm 이내
(2) 폭 기준 : 30cm 이상

관련 법령 철골공사표준안전작업지침 제16조(재해방지 설비)

더 알아보기 │ 철골건립 중 승강설비

철골건립 중 건립위치까지 작업자가 안전하게 승강할 수 있는 사다리, 계단, 외부비계, 승강용 엘리베이터 등을 설치해야 하며 건립이 실시되는 층에서는 주로 기둥을 이용하여 올라가는 경우가 많으므로 기둥승강 설비로서 그림과 같이 기둥제작 시 16mm 철근 등을 이용하여 30cm 이내의 간격, 30cm 이상의 폭으로 트랩을 설치하여야 하며 안전대 부착설비 구조를 겸용하여야 한다.

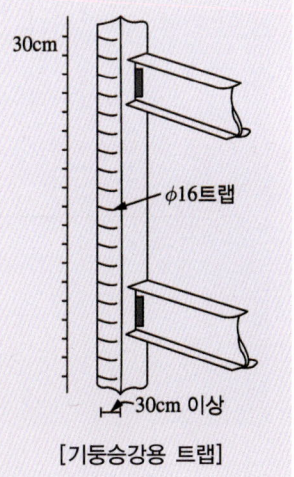

[기둥승강용 트랩]

07 굴착작업 시 지반의 붕괴 또는 토석의 낙하를 방지하기 위해 작업시작 전 조사해야 할 사항을 2가지 쓰시오.

해답
① 형상·지질 및 지층의 상태
② 균열·함수·용수 및 동결의 유무 또는 상태
③ 매설물 등의 유무 또는 상태
④ 지반의 지하수위 상태

관련 법령 산업안전보건기준에 관한 규칙 별표 4(사전조사 및 작업계획서 내용)

더 알아보기 사전조사 및 작업계획서 내용

작업명	사전조사 내용	작업계획서 내용
굴착작업	가. 형상·지질 및 지층의 상태 나. 균열·함수·용수 및 동결의 유무 또는 상태 다. 매설물 등의 유무 또는 상태 라. 지반의 지하수위 상태	가. 굴착방법 및 순서, 토사 등 반출방법 나. 필요한 인원 및 장비 사용계획 다. 매설물 등에 대한 이설·보호대책 라. 사업장 내 연락방법 및 신호방법 마. 흙막이 지보공 설치방법 및 계측계획 바. 작업지휘자의 배치계획 사. 그 밖에 안전·보건에 관련된 사항

08 동영상은 흙막이 시설이 설치되어 있는 현장을 보여주고 있다. 이 흙막이 공법의 명칭을 쓰시오.

해답
슬러리월(slurry wall) 공법

3부 | 기출복원문제

01 동영상은 굴착작업을 보여준다. 지하매설물이 있는 경우 사전조사를 실시해야 하는 사항 3가지를 쓰시오.

해답
① 매설물 종류, ② 매설 깊이, ③ 선형 기울기, ④ 지지방법

관련 법령 굴착공사 표준안전 작업지침 제20조(사전조사)

02 동영상은 덕트 설치작업을 위해 작업자가 고소작업대를 올린 상태로 이동 중 철구조물 하부와 고소작업대 난간 사이에 끼이는 사고를 보여준다. 이 사고의 위험요인 2가지를 쓰시오.

출처 : 고용노동부

해답
① 고소작업대를 올린 상태로 이동하였다.
② 고소작업대를 유도하는 유도자가 미배치되었다.
③ 이동통로에 있는 장애물을 확인하지 않았다.
④ 근로자를 태운 채로 이동하였다.

03 동영상은 소규모 구조물을 보여준다. 소규모 구조물 방호에 있어서 준수해야 할 사항 2가지를 쓰시오.

해답
① 맨홀 등 소규모 구조물이 있는 경우에는 굴착 전에 파일 및 가설가대 등을 설치한 후 매달아 보강하여야 한다.
② 옹벽, 블록벽 등이 있는 경우에는 철거 또는 버팀목 등으로 보강한 후에 굴착작업을 하여야 한다.

관련 법령 굴착공사 표준안전 작업지침 제25조(소규모 구조물)

04 동영상은 사면의 기울기를 보여준다. 굴착면의 기울기와 관련하여 다음 (　　) 안에 알맞은 내용을 쓰시오.

지반의 종류	굴착면의 기울기
모래	①
연암 및 풍화암	②
경암	③
그 밖의 흙	④

해답
① 1 : 1.8
② 1 : 1.0
③ 1 : 0.5
④ 1 : 1.2

관련 법령 산업안전보건기준에 관한 규칙 별표 11(굴착면의 기울기 기준)

05 동영상은 교량 건설작업을 보여준다. 교량건설 작업 시 준수해야 하는 사항 3가지를 쓰시오.

해답
① 작업을 하는 구역에는 관계 근로자가 아닌 사람의 출입을 금지할 것
② 재료, 기구 또는 공구 등을 올리거나 내릴 경우에는 근로자로 하여금 달줄, 달포대 등을 사용하도록 할 것
③ 중량물 부재를 크레인 등으로 인양하는 경우에는 부재에 인양용 고리를 견고하게 설치하고, 인양용 로프는 부재에 두 군데 이상 결속하여 인양하여야 하며, 중량물이 안전하게 거치되기 전까지는 걸이로프를 해제시키지 아니할 것
④ 자재나 부재의 낙하·전도 또는 붕괴 등에 의하여 근로자에게 위험을 미칠 우려가 있을 경우에는 출입금지 구역의 설정, 자재 또는 가설시설의 좌굴 또는 변형 방지를 위한 보강재 부착 등의 조치를 할 것

관련 법령 산업안전보건기준에 관한 규칙 제369조(작업 시 준수사항)

06 동영상은 토석이 붕괴되는 장면을 보여준다. 외적 원인을 5가지 쓰시오.

> **해답**
> ① 사면, 법면의 경사 및 기울기의 증가
> ② 절토 및 성토 높이의 증가
> ③ 공사에 의한 진동 및 반복하중의 증가
> ④ 지표수 및 지하수의 침투에 의한 토사 중량의 증가
> ⑤ 지진, 차량, 구조물의 하중작용
> ⑥ 토사 및 암석의 혼합층 두께
>
> **관련 법령** 굴착공사 표준안전 작업지침 제28조(토석붕괴의 원인)

> **더 알아보기** ▶ 토석이 붕괴되는 내적 원인
> 1. 절토 사면의 토질·암질
> 2. 성토 사면의 토질구성 및 분포
> 3. 토석의 강도 저하

빈출 07 동영상은 동바리를 보여준다. 지주를 점검할 때 반드시 점검해야 하는 사항 3가지를 쓰시오.

> **해답**
> ① 지주를 지반에 설치할 때에는 받침 철물 또는 받침목 등을 설치하여 부동침하 방지조치
> ② 강관지주(동바리) 사용 시 접속부 나사 등의 손상 상태
> ③ 이동식 틀비계를 지보공(동바리) 대용으로 사용할 때에는 바퀴의 제동장치
>
> **관련 법령** 콘크리트공사표준안전작업지침 제7조(점검)

08 동영상은 거푸집 해체작업을 보여준다. 거푸집 해체 시 준수해야 하는 사항 3가지를 쓰시오.

해답
① 해체작업을 할 때에는 안전모 등 안전 보호장구를 착용토록 하여야 한다.
② 거푸집 해체작업장 주위에는 관계자를 제외하고는 출입을 금지시켜야 한다.
③ 상하 동시 작업은 원칙적으로 금지하여 부득이한 경우에는 긴밀히 연락을 위하며 작업을 하여야 한다.
④ 거푸집 해체 때 구조체에 무리한 충격이나 큰 힘에 의한 지렛대 사용은 금지하여야 한다.
⑤ 보 또는 슬래브 거푸집을 제거할 때에는 거푸집의 낙하 충격으로 인한 작업원의 돌발적 재해를 방지하여야 한다.
⑥ 해체된 거푸집이나 각목 등에 박혀 있는 못 또는 날카로운 돌출물은 즉시 제거하여야 한다.
⑦ 해체된 거푸집이나 각목은 재사용 가능한 것과 보수하여야 할 것을 선별, 분리하여 적치하고 정리정돈을 하여야 한다.

관련 법령 콘크리트공사표준안전작업지침 제9조(해체)

1부 | 기출복원문제

01 동영상은 시스템 비계를 조립하는 장면을 보여준다. 시스템 비계를 조립 작업하는 경우 준수해야 하는 사항 3가지를 쓰시오.

해답
① 비계 기둥의 밑둥에는 밑받침 철물을 사용하여야 하며, 밑받침에 고저차가 있는 경우에는 조절형 밑받침 철물을 사용하여 시스템 비계가 항상 수평 및 수직을 유지하도록 해야 한다.
② 경사진 바닥에 설치하는 경우에는 피벗형 받침 철물 또는 쐐기 등을 사용하여 밑받침 철물의 바닥면이 수평을 유지하도록 해야 한다.
③ 가공전로에 근접하여 비계를 설치하는 경우에는 가공전로를 이설하거나 가공전로에 절연용 방호구를 설치하는 등 가공전로와의 접촉을 방지하기 위하여 필요한 조치를 해야 한다.
④ 비계 내에서 근로자가 상하 또는 좌우로 이동하는 경우에는 반드시 지정된 통로를 이용하도록 주지시켜야 한다.
⑤ 비계 작업 근로자는 같은 수직면상의 위와 아래 동시 작업을 금지해야 한다.
⑥ 작업발판에는 제조사가 정한 최대 적재하중을 초과하여 적재해서는 아니 되며, 최대 적재하중이 표기된 표지판을 부착하고 근로자에게 주지시키도록 해야 한다.

관련 법령 산업안전보건기준에 관한 규칙 제70조(시스템 비계의 조립 작업 시 준수사항)

02 동영상은 거푸집 작업을 보여준다. 거푸집을 점검할 때 반드시 점검해야 하는 사항 3가지를 쓰시오.

해답
① 직접 거푸집을 제작, 조립한 책임자가 검사
② 기초 거푸집을 검사할 때에는 터파기 폭
③ 거푸집의 형상 및 위치 등 정확한 조립 상태
④ 거푸집에 못이 돌출되어 있거나 날카로운 것이 돌출되어 있을 시에는 제거

관련 법령 콘크리트공사표준안전작업지침 제7조(점검)

03 동영상은 양중기를 보여준다. 양중기의 종류 3가지를 쓰시오.

[해답]
① 크레인, ② 이동식 크레인, ③ 리프트, ④ 곤돌라, ⑤ 승강기

[관련 법령] 산업안전보건기준에 관한 규칙 제132조(양중기)

04 동영상은 작업자가 지붕 설치 중 강판 끝부분을 밟고 미끄러지며 6m 아래로 떨어지는 사고를 보여준다. 작업자는 안전대를 착용하고 작업 중이었으나 고리체결은 하지 않았으며, 지붕 끝부분에는 안전난간대가 설치되어 있지 않았다. 이 사고의 위험요인 3가지를 쓰시오.

[해답]
① 지붕의 가장자리에 안전난간대 미설치
② 근로자 안전대 고리 미체결
③ 안전대 부착설비 미설치

05 동영상은 와이어로프를 이용하여 인양작업을 하는 모습을 보여준다. 영상 속 양중기의 와이어로프 사용금지 기준을 3가지 쓰시오.

해답
① 이음매가 있는 것
② 와이어로프의 한 꼬임에서 끊어진 소선의 수가 10% 이상인 것
③ 지름의 감소가 공칭지름의 7%를 초과하는 것
④ 꼬인 것
⑤ 심하게 변형되거나 부식된 것
⑥ 열과 전기충격에 의해 손상된 것

관련 법령 산업안전보건기준에 관한 규칙 제63조(달비계의 구조), 제166조(이음매가 있는 와이어로프 등의 사용금지)

빈출
06 동영상은 용접작업을 보여준다. 용접작업 중 작업자가 착용한 개인보호구 3가지를 쓰시오.

해답
① 보안면, ② 용접 장갑, ③ 내화 앞치마, ④ 용접복

07 동영상은 근로자가 작업 중 비계에서 작업하는 장면을 보여주고 있다. 영상에서 사용되는 비계의 명칭을 쓰시오.

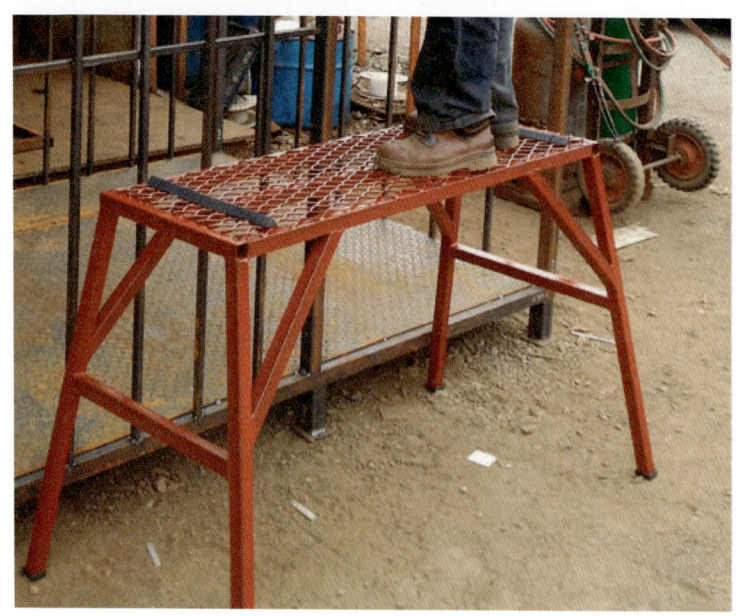

해답
말비계

08 동영상은 작업의자형 달비계를 보여준다. 달비계 추락 위험을 방지하기 위해 조치해야 하는 사항 2가지를 쓰시오.

해답
① 달비계에 구명줄을 설치할 것
② 근로자에게 안전대를 착용하도록 하고 근로자가 착용한 안전줄을 달비계의 구명줄에 체결하도록 할 것

관련 법령 산업안전보건기준에 관한 규칙 제63조(달비계의 구조)

2부 | 기출복원문제

01 동영상은 외부비계에 설치된 가설통로를 보여준다. 이러한 가설통로의 설치기준 3가지를 쓰시오.

해답
① 견고한 구조로 할 것
② 경사는 30° 이하로 할 것
③ 경사가 15°를 초과하는 경우에는 미끄러지지 아니하는 구조로 할 것
④ 추락할 위험이 있는 장소에는 안전난간을 설치할 것
⑤ 수직갱에 가설된 통로의 길이가 15m 이상인 경우에는 10m 이내마다 계단참을 설치할 것
⑥ 건설공사에 사용하는 높이 8m 이상인 비계다리에는 7m 이내마다 계단참을 설치할 것

관련 법령 산업안전보건기준에 관한 규칙 제23조(가설통로의 구조)

02 동영상은 발파작업을 위해 화약류를 운반하는 모습을 보여준다. 전기뇌관을 운반할 때 준수해야 할 사항 3가지를 쓰시오.

해답
① 각선의 피복 등이 벗겨지거나 손상되지 않도록 용기에 넣을 것
② 건전지 또는 전선의 피복이 벗겨진 전기기구를 휴대하지 말 것
③ 전등선, 동력선 기타 누전의 우려가 있는 것에 접근시키지 말 것

관련 법령 발파 표준안전 작업지침 제9조(사업장 내 운반)

03 동영상은 계단에서 작업을 하는 장면을 보여준다. 계단 작업면 조도기준을 쓰시오.

해답
150lx 이상

관련 법령 산업안전보건기준에 관한 규칙 제8조(조도)

더 알아보기 조도

작업의 종류	조도 기준
초정밀작업	750lx(럭스) 이상
정밀작업	300lx 이상
보통작업	150lx 이상
그 밖의 작업	75lx 이상

04 동영상은 지게차 작업을 보여준다. 차량계 하역운반기계의 운전자가 운전위치를 이탈하고자 할 때 준수하여야
할 사항 3가지를 쓰시오.

해답
① 포크, 버킷, 디퍼 등의 장치를 가장 낮은 위치 또는 지면에 내려 둘 것
② 원동기를 정지시키고 브레이크를 확실히 거는 등 차량계 하역운반기계 등 차량계 건설기계의 갑작스러운 이동을 방지하기
   위한 조치를 할 것
③ 운전석을 이탈하는 경우에는 시동키를 운전대에서 분리시킬 것

관련 법령 산업안전보건기준에 관한 규칙 제99조(운전위치 이탈 시의 조치)

05 동영상에서 말비계를 보여주고 있다. 말비계 사용 시 준수사항을 3가지 쓰시오.

해답
① 지주부재의 하단에는 미끄럼 방지장치를 하고, 근로자가 양측 끝부분에 올라서서 작업하지 않도록 해야 한다.
② 지주부재와 수평면의 기울기를 75° 이하로 하고, 지주부재와 지주부재 사이를 고정시키는 보조부재를 설치해야 한다.
③ 말비계의 높이가 2m를 초과하는 경우에는 작업발판의 폭을 40cm 이상으로 해야 한다.

관련 법령 산업안전보건기준에 관한 규칙 제67조(말비계)

06 동영상은 거푸집 작업을 보여준다. 상부에서 거푸집 설치 중인 작업자가 하부로 핀을 떨어뜨리면서 하부에 있던 작업자 눈에 맞는 사고가 발생하였다. 이 사고의 위험요인 2가지를 쓰시오.

해답
① 상하부 동시작업 실시
② 근로자 보안경 미착용

07 동영상은 거푸집 설치작업을 보여준다. 거푸집 설계 시 고려되어야 하는 하중 3가지를 쓰시오.

해답
① 연직방향 하중
② 횡방향 하중
③ 콘크리트의 측압
④ 특수하중

관련 법령 콘크리트공사표준안전작업지침 제4조(하중)

더 알아보기 거푸집 및 지보공(동바리) 설계 시 고려해야 할 하중

1. 연직방향 하중 : 거푸집, 지보공(동바리), 콘크리트, 철근, 작업원, 타설용 기계·기구, 가설설비 등의 중량 및 충격하중
2. 횡방향 하중 : 작업할 때의 진동, 충격, 시공오차 등에 기인되는 횡방향 하중 이외에 필요에 따라 풍압, 유수압, 지진 등
3. 콘크리트의 측압 : 굳지 않은 콘크리트의 측압
4. 특수하중 : 시공 중에 예상되는 특수한 하중
5. 1~4.의 하중에 안전율을 고려한 하중

08 동영상은 전기작업을 보여준다. 전기기계·기구에 설치된 누전차단기에 접속하는 경우 준수사항 3가지를 쓰시오.

해답
① 전기기계·기구에 설치되어 있는 누전차단기는 정격감도전류가 30mA 이하이고 작동시간은 0.03초 이내일 것
② 분기회로 또는 전기기계·기구마다 누전차단기를 접속할 것
③ 누전차단기는 배전반 또는 분전반 내에 접속하거나 꽂음접속기형 누전차단기를 콘센트에 접속하는 등 파손이나 감전사고를 방지할 수 있는 장소에 접속할 것
④ 지락보호전용 기능만 있는 누전차단기는 과전류를 차단하는 퓨즈나 차단기 등과 조합하여 접속할 것

관련 법령 산업안전보건기준에 관한 규칙 제304조(누전차단기에 의한 감전 방지)

3부 | 기출복원문제

빈출
01 동영상은 작업발판을 보여준다. 작업발판 및 통로의 끝이나 개구부 등 추락 위험이 있는 장소에 설치해야 하는 시설물 3가지를 쓰시오.

해답
① 안전난간
② 울타리
③ 수직형 추락방망
④ 덮개(뒤집히거나 떨어지지 않는 구조)
⑤ 추락방호망

관련 법령 산업안전보건기준에 관한 규칙 제43조(개구부 등의 방호 조치)

더 알아보기 개구부 등의 방호 조치

1. 사업주는 작업발판 및 통로의 끝이나 개구부로서 근로자가 추락할 위험이 있는 장소에는 안전난간, 울타리, 수직형 추락방망 또는 덮개 등(이하 난간 등)의 방호 조치를 충분한 강도를 가진 구조로 튼튼하게 설치하여야 하며, 덮개를 설치하는 경우에는 뒤집히거나 떨어지지 않도록 설치하여야 한다. 이 경우 어두운 장소에서도 알아볼 수 있도록 개구부임을 표시해야 하며, 수직형 추락방망은 한국산업표준에서 정하는 성능기준에 적합한 것을 사용해야 한다.
2. 사업주는 난간 등을 설치하는 것이 매우 곤란하거나 작업의 필요상 임시로 난간 등을 해체하여야 하는 경우 기준에 맞는 추락방호망을 설치하여야 한다. 다만, 추락방호망을 설치하기 곤란한 경우에는 근로자에게 안전대를 착용하도록 하는 등 추락할 위험을 방지하기 위하여 필요한 조치를 하여야 한다.

02 동영상은 연마기를 이용하여 연마작업하는 모습을 보여준다. 연마작업 시 착용해야 할 보호구 3가지를 쓰시오.

해답
① 방진마스크, ② 보안경, ③ 청력보호구

03 동영상은 굴착공사를 보여준다. 굴착공사에서 토사 붕괴 재해예방을 위한 점검사항 4가지를 쓰시오.

해답
① 전 지표면의 답사
② 경사면의 지층 변화부 상황 확인
③ 부석의 상황 변화의 확인
④ 용수의 발생 유무 또는 용수량의 변화 확인
⑤ 결빙과 해빙에 대한 상황의 확인
⑥ 각종 경사면 보호공의 변위, 탈락 유무

관련 법령 굴착공사 표준안전 작업지침 제32조(점검)

04 동영상은 차량계 건설기계 사진을 보여준다. 차량계 건설기계의 명칭과 용도 2가지를 쓰시오.

해답
(1) 명칭 : 로더
(2) 용도 : ① 싣기작업, ② 운반작업

05 동영상은 경사면을 보여준다. 경사면의 안전성을 확인하기 위해 검토해야 하는 사항 3가지를 쓰시오.

> 해답
① 지질조사(층별 또는 경사면의 구성 토질구조)
② 토질시험(최적함수비, 삼축압축강도, 전단시험, 점착도 등의 시험)
③ 사면붕괴 이론적 분석(원호활절법, 유한요소법 해석)
④ 과거의 붕괴된 사례 유무
⑤ 토층의 방향과 경사면의 상호 관련성
⑥ 단층, 파쇄대의 방향 및 폭
⑦ 풍화의 정도
⑧ 용수의 상황

관련 법령 굴착공사 표준안전 작업지침 제30조(경사면의 안정성 검토)

06 동영상은 토석붕괴를 보여준다. 토석붕괴의 내적 원인 3가지를 쓰시오.

> 해답
① 절토 사면의 토질·암질
② 성토 사면의 토질구성 및 분포
③ 토석의 강도 저하

관련 법령 굴착공사 표준안전 작업지침 제28조(토석붕괴의 원인)

> 더 알아보기 토석이 붕괴되는 외적 원인
> 1. 사면, 법면의 경사 및 기울기의 증가
> 2. 절토 및 성토 높이의 증가
> 3. 공사에 의한 진동 및 반복하중의 증가
> 4. 지표수 및 지하수의 침투에 의한 토사 중량의 증가
> 5. 지진, 차량, 구조물의 하중작용
> 6. 토사 및 암석의 혼합층 두께

07 동영상은 콘크리트 타설작업을 보여준다. 콘크리트 타설 시 반드시 점검해야 하는 사항 3가지를 쓰시오.

해답
① 콘크리트를 타설할 때 거푸집의 부상 및 이동방지 조치
② 건물의 보, 요철부분, 내민부분의 조립 상태 및 콘크리트 타설 시 이탈방지장치
③ 청소구의 유무 확인 및 콘크리트 타설 시 청소구 폐쇄 조치
④ 거푸집의 흔들림을 방지하기 위한 턴 버클, 가새 등의 필요한 조치

관련 법령 콘크리트공사표준안전작업지침 제7조(점검)

08 동영상은 개구부를 보여준다. 추락 위험이 있는 개구부 등의 장소에 설치해야 하는 방호 조치사항 2가지를 쓰시오.

해답
① 개구부로서 근로자가 추락할 위험이 있는 장소에는 안전난간, 울타리, 수직형 추락방망 또는 덮개 등의 방호 조치를 충분한 강도를 가진 구조로 튼튼하게 설치해야 한다.
② 덮개를 설치하는 경우에는 뒤집히거나 떨어지지 않도록 설치해야 한다.
③ 어두운 장소에서도 알아볼 수 있도록 개구부임을 표시해야 한다.
④ 난간 등을 설치하는 것이 매우 곤란하거나, 작업의 필요상 임시로 난간 등을 해체해야 하는 경우 추락방호망을 설치하여야 한다.
⑤ 추락방호망을 설치하기 곤란한 경우에는 근로자에게 안전대를 착용하도록 해야 한다.

관련 법령 산업안전보건기준에 관한 규칙 제43조(개구부 등의 방호 조치)

2022년 제4회 과년도 기출복원문제

PART 03. 작업형

1부 | 기출복원문제

01 동영상은 지붕 위에서의 작업을 보여준다. 지붕 위에서 작업 시 위험을 방지하기 위한 조치사항 3가지를 쓰시오.

해답
① 지붕의 가장자리에 안전난간을 설치해야 한다.
② 채광창에는 견고한 구조의 덮개를 설치해야 한다.
③ 슬레이트 등 강도가 약한 재료로 덮은 지붕에는 폭 30cm 이상의 발판을 설치해야 한다.

관련 법령 산업안전보건기준에 관한 규칙 제45조(지붕 위에서의 위험 방지)

02 동영상은 피트를 보여준다. 근로자가 작업 중 또는 통행 시 굴러떨어질 위험이 있는 장소 3곳과 조치사항 1가지를 쓰시오.

해답
① 장소 : 케틀, 호퍼, 피트
② 조치사항 : 90cm 이상의 울타리 설치

관련 법령 산업안전보건기준에 관한 규칙 제48조(울타리의 설치)

더 알아보기 울타리의 설치

사업주는 근로자에게 작업 중 또는 통행 시 굴러떨어짐으로 인하여 근로자가 화상·질식 등의 위험에 처할 우려가 있는 케틀(kettle, 가열 용기), 호퍼(hopper, 깔때기 모양의 출입구가 있는 큰 통), 피트(pit, 구덩이) 등이 있는 경우에 그 위험을 방지하기 위하여 필요한 장소에 높이 90cm 이상의 울타리를 설치하여야 한다.

03 동영상은 타워크레인을 보여준다. 타워크레인 설치 시 작성하는 작업계획서 내용 3가지를 쓰시오.

해답
① 타워크레인의 종류 및 형식
② 설치, 조립 및 해체순서
③ 작업도구, 장비, 가설설비 및 방호설비
④ 작업인원의 구성 및 작업근로자의 역할 범위
⑤ 지지방법

관련 법령 산업안전보건기준에 관한 규칙 별표 4(사전조사 및 작업계획서 내용)

04 동영상은 굴착기를 보여준다. 굴착기에 사람이 부딪히는 것을 방지하기 위해 설치해야 하는 장치 2가지를 쓰시오.

해답
① 후사경, ② 후방영상표시장치

관련 법령 산업안전보건기준에 관한 규칙 제221조의2(충돌위험 방지조치)

05 동영상은 인력 굴착을 보여준다. 인력 굴착작업 시 준수사항 3가지를 쓰시오.

> [해답]
① 안전담당자의 지휘하에 작업하여야 한다.
② 지반의 종류에 따라서 정해진 굴착면의 높이와 기울기로 진행시켜야 한다.
③ 굴착면 및 흙막이 지보공의 상태를 주의하여 작업을 진행시켜야 한다.
④ 굴착면 및 굴착심도 기준을 준수하여 작업 중 붕괴를 예방하여야 한다.
⑤ 굴착토사나 자재 등을 경사면 및 토류벽 천단부 주변에 쌓아두어서는 안 된다.
⑥ 매설물, 장애물 등에 항상 주의하고 대책을 강구한 후에 작업을 하여야 한다.
⑦ 용수 등의 유입수가 있는 경우 반드시 배수시설을 한 뒤에 작업을 하여야 한다.
⑧ 수중펌프나 벨트콘베이어 등 전동기기를 사용할 경우는 누전차단기를 설치하고 작동 여부를 확인하여야 한다.
⑨ 산소 결핍의 우려가 있는 작업장은 안전보건규칙의 규정을 준수하여야 한다.
⑩ 도시가스 누출, 메탄가스 등의 발생이 우려되는 경우에는 화기를 사용하여서는 안 된다.

> [관련 법령] 굴착공사 표준안전 작업지침 제6조(작업)

06 동영상은 추락방지망을 보여준다. 방망 사용금지 기준에 대하여 3가지를 쓰시오.

> [해답]
① 방망사가 규정한 강도 이하인 방망
② 인체 또는 이와 동등 이상의 무게를 갖는 낙하물에 대해 충격을 받은 방망
③ 파손한 부분을 보수하지 않은 방망
④ 강도가 명확하지 않은 방망

> [관련 법령] 추락재해방지표준안전작업지침 제12조(사용제한)

07 동영상은 굴착기로 화물을 인양하는 장면을 보여준다. 굴착기로 화물을 인양하기 위해 갖추어야 하는 조건 3가지를 쓰시오.

해답
① 굴착기의 퀵커플러 또는 작업장치에 달기구가 부착되어 있는 등 인양작업이 가능하도록 제작된 기계일 것
② 굴착기 제조사에서 정한 정격하중이 확인되는 굴착기를 사용할 것
③ 달기구에 해지장치가 사용되는 등 작업 중 인양물의 낙하 우려가 없을 것

관련 법령 산업안전보건기준에 관한 규칙 제221조의5(인양작업 시 조치)

08 동영상은 안전대를 보여준다. 안전대 점검사항 3가지를 쓰시오.

해답
① 벨트의 마모, 흠, 비틀림, 약품류에 의한 변색
② 재봉실의 마모, 절단, 풀림
③ 철물류의 마모, 균열, 변형, 전기단락에 의한 용융, 리벳이나 스프링의 상태
④ 로프의 마모, 소선의 절단, 흠, 열에 의한 변형, 풀림 등의 변형, 약품류에 의한 변색

관련 법령 추락재해방지표준안전작업지침 제18조(점검)

2부 | 기출복원문제

01 동영상은 흙막이를 보여준다. 흙막이 지보공 설치 시 정기점검 사항 2가지를 쓰시오.

해답
① 부재의 손상·변형·부식·변위 및 탈락의 유무와 상태
② 버팀대의 긴압의 정도
③ 부재의 접속부·부착부 및 교차부의 상태
④ 침하의 정도

관련 법령 산업안전보건기준에 관한 규칙 제347조(붕괴 등의 위험 방지)

02 동영상은 인양작업을 보여준다. 인양작업 시 양중기의 와이어로프 사용금지 기준 3가지를 쓰시오.

해답
① 이음매가 있는 것
② 와이어로프의 한 꼬임에서 끊어진 소선의 수가 10% 이상인 것
③ 지름의 감소가 공칭지름의 7%를 초과하는 것
④ 꼬인 것
⑤ 심하게 변형되거나 부식된 것
⑥ 열과 전기충격에 의해 손상된 것

관련 법령 산업안전보건기준에 관한 규칙 제63조(달비계의 구조), 제166조(이음매가 있는 와이어로프 등의 사용금지)

03 동영상은 이동식 사다리를 보여준다. 이동식 사다리를 설치하여 사용함에 있어 준수해야 하는 사항 3가지를 쓰시오

해답
① 길이가 6m를 초과해서는 안 된다.
② 다리의 벌림은 벽 높이의 1/4 정도가 적당하다.
③ 벽면 상부로부터 최소한 60cm 이상의 연장길이가 있어야 한다.

관련 법령 가설공사 표준안전 작업지침 제20조(이동식 사다리)

04 동영상은 교량작업을 보여준다. 교량작업 전 작업계획서에 포함되어야 하는 내용 3가지를 쓰시오.

해답
① 작업방법 및 순서
② 부재의 낙하·전도 또는 붕괴를 방지하기 위한 방법
③ 작업에 종사하는 근로자의 추락 위험을 방지하기 위한 안전조치 방법
④ 공사에 사용되는 가설 철구조물 등의 설치·사용·해체 시 안전성 검토방법
⑤ 사용하는 기계 등의 종류 및 성능, 작업방법
⑥ 작업지휘자 배치계획
⑦ 그 밖에 안전·보건에 관련된 사항

관련 법령 산업안전보건기준에 관한 규칙 별표 4(사전조사 및 작업계획서 내용)

05 동영상은 차량계 건설기계를 보여준다. 건설기계의 명칭을 쓰시오.

해답
스크레이퍼

06 동영상은 산업용 리프트를 보여준다. 사용장소에 따른 리프트의 종류 4가지를 쓰시오.

해답
① 건설용 리프트
② 산업용 리프트
③ 자동차정비용 리프트
④ 이삿짐운반용 리프트

관련 법령 산업안전보건기준에 관한 규칙 제132조(양중기)

07 동영상은 동바리 점검 장면을 보여준다. 동바리 점검 시 반드시 점검해야 하는 사항 3가지를 쓰시오.

해답
① 지주를 지반에 설치할 때에는 받침 철물 또는 받침목 등을 설치하여 부동침하 방지조치
② 강관지주(동바리) 사용 시 접속부 나사 등의 손상 상태
③ 이동식 틀비계를 지보공(동바리) 대용으로 사용할 때에는 바퀴의 제동장치

관련 법령 콘크리트공사표준안전작업지침 제7조(점검)

08 동영상은 콘크리트 타설 장면을 보여준다. 콘크리트 타설작업을 하는 경우 준수사항을 3가지 쓰시오.

해답
① 타설순서는 계획에 의하여 실시하여야 한다.
② 콘크리트를 치는 도중에는 거푸집, 지보공 등의 이상 유무를 확인하여야 하고, 담당자를 배치하여 이상이 발생한 때에는 신속한 처리를 하여야 한다.
③ 타설속도는 건설부 제정 콘크리트 표준시방서에 의한다.
④ 손수레를 이용하여 콘크리트를 운반할 때에는 다음의 사항을 준수하여야 한다.
　㉠ 손수레를 타설하는 위치까지 천천히 운반하여 거푸집에 충격을 주지 아니하도록 타설하여야 한다.
　㉡ 손수레에 의하여 운반할 때에는 적당한 간격을 유지하여야 하고 뛰어서는 안 되며, 통로구분을 명확히 하여야 한다.
　㉢ 운반 통로에 방해가 되는 것은 즉시 제거하여야 한다.
⑤ 기자재 설치, 사용을 할 때에는 다음의 사항을 준수하여야 한다.
　㉠ 콘크리트의 운반, 타설기계를 설치하여 작업할 때에는 성능을 확인하여야 한다.
　㉡ 콘크리트의 운반, 타설기계는 사용 전, 사용 중, 사용 후 반드시 점검하여야 한다.
⑥ 콘크리트를 한 곳에만 치우쳐서 타설할 경우 거푸집의 변형 및 탈락에 의한 붕괴사고가 발생되므로 타설순서를 준수하여야 한다.
⑦ 진동기는 적절히 사용되어야 하며, 지나친 진동은 거푸집 도괴의 원인이 될 수 있으므로 각별히 주의하여야 한다.

관련 법령 콘크리트공사표준안전작업지침 제13조(타설)

3부 | 기출복원문제

01 동영상은 공기순환기 설치공사 현장에서 근로자가 A형 사다리 위에서 지하 1층 복도 공조작업 중 몸의 중심을 잃고 사다리가 측면 방향으로 전도되면서 콘크리트 바닥으로 떨어지는 사고를 보여준다. 동영상에서 사고원인 2가지를 쓰시오.

출처 : 건설공사 안전관리 종합정보망(csi.go.kr)

해답
① 사다리를 작업발판 용도로 사용함
② 2인 1조 근무 미실시

02 동영상은 이동식 비계를 보여준다. 이동식 비계에서 작업 시 준수사항 3가지를 쓰시오.

> **해답**
> ① 이동식 비계의 바퀴에는 뜻밖의 갑작스러운 이동 또는 전도를 방지하기 위하여 브레이크·쐐기 등으로 바퀴를 고정시킨 다음 비계의 일부를 견고한 시설물에 고정하거나 아웃트리거를 설치하는 등 필요한 조치를 할 것
> ② 승강용 사다리는 견고하게 설치할 것
> ③ 비계의 최상부에서 작업을 하는 경우에는 안전난간을 설치할 것
> ④ 작업발판은 항상 수평을 유지하고 작업발판 위에서 안전난간을 딛고 작업을 하거나 받침대 또는 사다리를 사용하여 작업하지 않도록 할 것
> ⑤ 작업발판의 최대 적재하중은 250kg을 초과하지 않도록 할 것
>
> **관련 법령** 산업안전보건기준에 관한 규칙 제68조(이동식 비계)

03 동영상은 지게차 작업을 보여준다. 운전자가 운전위치에서 이탈 시 준수사항 3가지를 쓰시오.

> **해답**
> ① 포크, 버킷, 디퍼 등의 장치를 가장 낮은 위치 또는 지면에 내려 둘 것
> ② 원동기를 정지시키고 브레이크를 확실히 거는 등 차량계 하역운반기계 등 차량계 건설기계의 갑작스러운 이동을 방지하기 위한 조치를 할 것
> ③ 운전석을 이탈하는 경우에는 시동키를 운전대에서 분리시킬 것
>
> **관련 법령** 산업안전보건기준에 관한 규칙 제99조(운전위치 이탈 시의 조치)

04 동영상은 철골작업을 보여준다. 철골건립 준비 시 준수사항 3가지를 쓰시오.

해답
① 지상 작업장에서 건립준비 및 기계·기구를 배치할 경우에는 낙하물의 위험이 없는 평탄한 장소를 선정하여 정비하고 경사지에서는 작업대나 임시발판 등을 설치하는 등 안전하게 한 후 작업하여야 한다.
② 건립작업에 지장이 되는 수목은 제거하거나 이설하여야 한다.
③ 인근에 건축물 또는 고압선 등이 있는 경우에는 이에 대한 방호조치 및 안전조치를 하여야 한다.
④ 사용 전에 기계·기구에 대한 정비 및 보수를 철저히 실시하여야 한다.
⑤ 기계가 계획대로 배치되어 있는지, 윈치는 작업구역을 확인할 수 있는 곳에 위치하였는지, 기계에 부착된 앵카 등 고정장치와 기초구조 등을 확인하여야 한다.

관련 법령 철골공사표준안전작업지침 제7조(건립준비)

05 동영상은 근로자가 둥근톱을 사용하는 장면을 보여준다. 둥근톱기계의 방호장치 2가지를 쓰시오.

해답
① 반발예방장치
② 톱날접촉예방장치

관련 법령 산업안전보건기준에 관한 규칙 제105조(둥근톱기계의 반발예방장치), 제106조(둥근톱기계의 톱날접촉예방장치)

06 동영상은 이동식 사다리를 보여준다. 이동식 사다리 사용 시 준수사항 3가지를 쓰시오.

해답
① 길이가 6m를 초과해서는 안 된다.
② 다리의 벌림은 벽 높이의 1/4 정도가 적당하다.
③ 벽면 상부로부터 최소한 60cm 이상의 연장길이가 있어야 한다.

관련 법령 가설공사 표준안전 작업지침 제20조(이동식 사다리)

07 동영상은 도시가스 배관공사 현장에서 굴착 바닥면의 가스 배관 설치작업 중 수직으로 굴착된 굴착면 일부가 무너지면서 도시가스 배관을 청소하던 작업자가 토사와 콘크리트 더미에 매몰되는 사고를 보여준다. 사고의 원인 및 방지대책 각각 2가지를 쓰시오.

출처 : 세이프넷(safetynetwork.co.kr)

해답

(1) 사고원인
　　① 굴착면의 기울기 미확보
　　② 수직 굴착 시 천막덮개, 지보공 등 붕괴에 대한 조치 미실시
(2) 방지대책
　　① 굴착면 적정 기울기 확보
　　② 지하매설물 수직 굴착 시 지보공 등 설치

08 동영상은 철골작업을 보여준다. 철골 기둥승강용 트랩의 설치기준 2가지를 쓰시오.

해답
① 기둥제작 시 16mm 철근 등을 이용하여 30cm 이내의 간격, 30cm 이상의 폭으로 트랩을 설치하여야 한다.
② 안전대 부착설비 구조를 겸용하여야 한다.

관련 법령 철골공사표준안전작업지침 제16조(재해방지 설비)

더 알아보기 철골건립 중 승강설비

철골건립 중 건립위치까지 작업자가 안전하게 승강할 수 있는 사다리, 계단, 외부비계, 승강용 엘리베이터 등을 설치해야 하며 건립이 실시되는 층에서는 주로 기둥을 이용하여 올라가는 경우가 많으므로 기둥승강 설비로서 그림과 같이 기둥제작 시 16mm 철근 등을 이용하여 30cm 이내의 간격, 30cm 이상의 폭으로 트랩을 설치하여야 하며 안전대 부착설비 구조를 겸용하여야 한다.

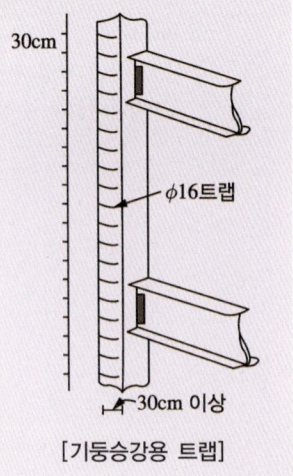

[기둥승강용 트랩]

2023년 제1회 과년도 기출복원문제

1부 | 기출복원문제

01 동영상은 프리캐스트 콘크리트(precast concrete) 작업을 보여준다. 이와 같은 공법의 장점 3가지를 쓰시오.

해답
① 제품을 공장에서 생산하므로 품질이 우수하다.
② 현장에서 크레인을 이용하여 조립하므로 공기 단축이 가능하다.
③ 자재 도착 시 바로 조립하므로 별도의 자재 보관장소가 필요 없다.

02 철골공사표준안전작업지침상 철골기둥을 앵커볼트에 고정시킬 경우 준수사항을 3가지를 쓰시오.

해답
① 기둥의 인양은 고정시킬 바로 위에서 일단 멈춘 다음 손이 닿을 위치까지 내리도록 한다.
② 앵커 볼트의 바로 위까지 흔들림이 없도록 유도하면서 방향을 확인하고 천천히 내려야 한다.
③ 기둥 베이스 구멍을 통해 앵커 볼트를 보면서 정확히 유도하고, 볼트가 손상되지 않도록 조심스럽게 제자리에 위치시켜야 한다. 이때 손, 발이 끼지 않도록 주의한다.
④ 바른 위치에 잘 들어갔는지 확인하고 앵커 볼트 전체의 균형을 유지하면서 확실히 조여야 한다.
⑤ 인양 와이어로프를 제거하기 위하여 기둥 위로 올라갈 때 또는 기둥에서 내려올 때는 기둥의 트랩을 이용하여야 한다.
⑥ 인양 와이어로프를 풀어 제거할 때에는 안전대를 사용해야 하며 섀클핀이 빠져 떨어지는 일 등이 발생하지 않도록 주의해야 한다.

관련 법령 철골공사표준안전작업지침 제10조(기둥의 고정)

03 사진에서와 같은 강관비계의 설치기준에 대하여 다음 (   ) 안에 알맞은 내용을 쓰시오.

(1) 비계기둥 간의 적재하중은 (①)kg을 초과하지 않도록 해야 한다.
(2) 작업발판의 폭은 (②)cm 이상으로 하고 발판재료 간의 틈은 (③)cm 이하로 해야 한다.

해답

① 400, ② 40, ③ 3

관련 법령 산업안전보건기준에 관한 규칙 제56조(작업발판의 구조), 제60조(강관비계의 구조)

04 [빈출] 동영상은 낙하물 방지망을 보여준다. 낙하물 방지망 또는 방호 선반을 설치하는 경우 사업주의 준수사항과 관련하여 다음 ( ) 안에 알맞은 내용을 쓰시오.

(1) 높이 (①)m 이내마다 설치하고 내민길이는 벽면으로부터 (②)m 이상으로 해야 한다.
(2) 수평면과의 각도는 (③)° 이상 (④)° 이하를 유지해야 한다.

해답

① 10, ② 2, ③ 20, ④ 30

관련 법령 산업안전보건기준에 관한 규칙 제14조(낙하물에 의한 위험의 방지)

05 동영상은 가스용기를 운반하는 장면을 보여준다. 금속의 용접, 용단 또는 가열에 사용되는 가스 등의 용기를 취급하는 경우에 위험을 방지하기 위해서 조치할 사항 3가지를 쓰시오.

해답
① 사용하는 가스의 명칭 및 최대 가스저장량을 가스장치실의 보기 쉬운 장소에 게시할 것
② 가스용기를 교환하는 경우에는 관리감독자가 참여한 가운데 할 것
③ 밸브·콕 등의 조작 및 점검요령을 가스장치실의 보기 쉬운 장소에 게시할 것
④ 가스장치실에는 관계근로자가 아닌 사람의 출입을 금지할 것
⑤ 가스집합장치로부터 5m 이내의 장소에서는 흡연, 화기의 사용 또는 불꽃을 발생할 우려가 있는 행위를 금지할 것
⑥ 도관에는 산소용과의 혼동을 방지하기 위한 조치를 할 것
⑦ 가스집합장치의 설치장소에는 소방시설 설치 및 관리에 관한 법률 시행령에 따른 소화설비 중 어느 하나 이상을 갖출 것
⑧ 이동식 가스집합용접장치의 가스집합장치는 고온의 장소, 통풍이나 환기가 불충분한 장소 또는 진동이 많은 장소에 설치하지 않도록 할 것
⑨ 해당 작업을 행하는 근로자에게 보안경과 안전장갑을 착용시킬 것

관련 법령 산업안전보건기준에 관한 규칙 제295조(가스집합용접장치의 관리 등)

06 동영상은 현장 내의 개구부를 보여준다. 작업발판 및 통로의 끝이나 개구부로서 근로자가 추락할 위험이 있는 장소에서 사업주의 방호조치 사항을 2가지만 쓰시오.

해답
① 개구부로서 근로자가 추락할 위험이 있는 장소에는 안전난간, 울타리, 수직형 추락방망 또는 덮개 등의 방호 조치를 충분한 강도를 가진 구조로 튼튼하게 설치해야 한다.
② 덮개를 설치하는 경우에는 뒤집히거나 떨어지지 않도록 설치해야 한다.
③ 어두운 장소에서도 알아볼 수 있도록 개구부임을 표시해야 한다.
④ 난간 등을 설치하는 것이 매우 곤란하거나, 작업의 필요상 임시로 난간 등을 해체해야 하는 경우 추락방호망을 설치하여야 한다.
⑤ 추락방호망을 설치하기 곤란한 경우에는 근로자에게 안전대를 착용하도록 해야 한다.

관련 법령 산업안전보건기준에 관한 규칙 제43조(개구부 등의 방호 조치)

07 동영상은 터널에서 작업 모습을 보여준다. 다음 물음에 답하시오.

(1) 영상에서 보이는 공법의 명칭을 쓰시오.
(2) 해당 공법의 작업계획에 포함되어야 하는 사항 5가지를 쓰시오.

해답
(1) 명칭 : 숏크리트 뿜칠공법
(2) 작업계획에 포함되어야 할 사항
　① 사용목적 및 투입장비
　② 건식공법, 습식공법 등 공법의 선택
　③ 노즐의 분사출력기준
　④ 압송거리
　⑤ 분진 방지대책
　⑥ 재료의 혼입기준
　⑦ 리바운드 방지대책
　⑧ 작업의 안전수칙

관련 법령 터널공사 표준안전 작업지침-NATM공법 제16조(작업계획)

08 동영상에서는 타워크레인을 보여주고 있다. 타워크레인에 설치해야 할 방호장치의 종류 3가지를 쓰시오.

해답
① 과부하방지장치
② 권과방지장치
③ 비상정지장치
④ 제동장치

관련 법령 산업안전보건기준에 관한 규칙 제134조(방호장치의 조정)

2부 | 기출복원문제

01 동영상에서는 사면을 보호하는 옹벽을 보여준다. 다음 물음에 답하시오.

(1) 동영상에서의 옹벽의 형상을 보고 명칭을 쓰시오.
(2) 영상에서와 같은 구조물에 의한 사면보호공법 2가지를 쓰시오.

해답
(1) 명칭 : 보강토 옹벽
(2) 구조물에 의한 사면보호공법 : ① 콘크리트블록 격자공법, ② 돌망태공법, ③ 블록쌓기공법, ④ 블록붙임공법, 돌붙임공법,
  ⑤ 콘크리트 뿜어붙이기공법, 모르타르 뿜어붙이기공법

빈출

02 동영상은 추락방호망을 보여준다. 추락방호망 설치 시 준수사항을 3가지 쓰시오.

해답
① 추락방호망의 설치위치는 가능하면 작업면으로부터 가까운 지점에 설치하여야 하며, 작업면으로부터 망의 설치지점까지의 수직거리는 10m를 초과하지 않아야 한다.
② 추락방호망은 수평으로 설치하고, 망의 처짐은 짧은 변 길이의 12% 이상이 되도록 해야 한다.
③ 건축물 등의 바깥쪽으로 설치하는 경우 추락방호망의 내민 길이는 벽면으로부터 3m 이상 되도록 해야 한다.

관련 법령 산업안전보건기준에 관한 규칙 제42조(추락의 방지)

03 동영상은 콘크리트 타설 장면을 보여준다. 콘크리트 타설작업을 하는 경우에 당일의 작업을 시작하기 전에 점검하고 이상이 있으면 보수할 사항 3가지를 쓰시오.

해답
① 거푸집 변형, 변위
② 동바리의 변형, 변위
③ 지반의 침하 유무

관련 법령 산업안전보건기준에 관한 규칙 제334조(콘크리트의 타설작업)

더 알아보기 콘크리트의 타설작업

사업주는 콘크리트 타설작업을 하는 경우에는 다음의 사항을 준수해야 한다.
1. 당일의 작업을 시작하기 전에 해당 작업에 관한 거푸집 및 동바리의 변형·변위 및 지반의 침하 유무 등을 점검하고 이상이 있으면 보수할 것
2. 작업 중에는 감시자를 배치하는 등의 방법으로 거푸집 및 동바리의 변형·변위 및 침하 유무 등을 확인해야 하며, 이상이 있으면 작업을 중지하고 근로자를 대피시킬 것
3. 콘크리트 타설작업 시 거푸집 붕괴의 위험이 발생할 우려가 있으면 충분한 보강조치를 할 것
4. 설계도서상의 콘크리트 양생기간을 준수하여 거푸집 및 동바리를 해체할 것
5. 콘크리트를 타설하는 경우에는 편심이 발생하지 않도록 골고루 분산하여 타설할 것

04 동영상은 파일 자재를 야적한 모습을 보여준다. 산업안전보건법령상 중량물의 적재 시 구름 위험 방지를 위해서 준수해야 할 사항을 2가지 쓰시오.

해답
① 구름멈춤대, 쐐기 등을 이용하여 중량물의 동요나 이동을 조절해야 한다.
② 중량물이 구를 위험이 있는 방향 앞의 일정거리 이내로는 근로자의 출입을 제한해야 한다.
③ 중량물을 보관하거나 작업 중인 장소가 경사면인 경우에는 경사면 아래로는 근로자의 출입을 제한해야 한다.

관련 법령 산업안전보건기준에 관한 규칙 제386조(중량물의 구름 위험 방지)

05 동영상은 차량계 건설기계를 보여준다. 영상 속 건설기계의 명칭과 용도 2가지를 쓰시오.

> **해답**
> (1) 명칭 : 롤러
> (2) 용도 : ① 지반다짐, ② 바닥 평탄화

06 동영상은 뿜어붙이기 콘크리트 타설 장면을 보여준다. 터널공사 시 뿜어붙이기 콘크리트의 최소 두께와 관련하여 다음 (　) 안에 알맞은 답을 쓰시오.

(1) 약간 취약한 암반 : (　①　)cm
(2) 약간 파괴되기 쉬운 암반 : (　②　)cm
(3) 파괴되기 쉬운 암반 : (　③　)cm
(4) 매우 파괴되기 쉬운 암반 : (　④　)cm(철망 병용)
(5) 팽창성의 암반 : (　⑤　)cm(강재지보공과 철망 병용)

> **해답**
> ① 2, ② 3, ③ 5, ④ 7, ⑤ 15
>
> **관련 법령**　터널공사 표준안전 작업지침-NATM공법 제17조(일반사항)

07 동영상은 지게차의 하역장면을 보여준다. 지게차가 화물을 들어 올릴 때 주의사항과 관련하여 다음 (   ) 안에 알맞은 내용을 쓰시오.

(1) 지상에서 (①)cm 이상 (②)cm 이하의 지점까지 들어 올린 후 일단 정지하여야 한다.
(2) 지상에서 (③)cm 이상 (④)cm 이하의 높이까지 들어 올려야 한다.

해답
① 5, ② 10, ③ 10, ④ 30

관련 법령 운반하역 표준안전 작업지침 제55조(들어 올리기)

더 알아보기 하물을 들어 올리는 작업 시 준수사항

1. 지상에서 5cm 이상 10cm 이하의 지점까지 들어 올린 후 일단 정지하여야 한다.
2. 하물의 안전 상태, 포크에 대한 편심하중 및 그 밖에 이상이 없는가를 확인하여야 한다.
3. 마스트는 뒷쪽으로 경사를 주어야 한다.
4. 지상에서 10cm 이상 30cm 이하의 높이까지 들어 올려야 한다.
5. 들어 올린 상태로 출발, 주행하여야 한다.

08 동영상은 굴착작업을 보여준다. 굴착기계 사용 시 안전을 위해서 점검할 사항을 3가지만 쓰시오.

해답
① 낙석, 낙하물 등의 위험이 예상되는 작업 시 견고한 헤드가드 설치 상태
② 브레이크 및 클러치의 작동 상태
③ 타이어 및 궤도차륜 상태
④ 경보장치 작동 상태
⑤ 부속장치의 상태

관련 법령 굴착공사 표준안전 작업지침 제10조(준비)

3부 | 기출복원문제

01 동영상은 강관틀비계를 보여준다. 강관틀비계를 조립하여 사용하는 경우 준수사항에 (   ) 안에 알맞은 답을 쓰시오.

(1) 높이가 (①)m를 초과하거나 중량물의 적재를 수반하는 작업을 할 경우에는 주틀 간의 간격이 (②)m 이하로 해야 한다.
(2) 주틀 간에 교차 가새를 설치하고 최상층 및 (③)층 이내마다 수평재를 설치해야 한다.
(3) 수직 방향으로 (④)m 수평 방향으로 (⑤)m 이내마다 벽이음을 해야 한다.
(4) 길이가 띠장 방향으로 (⑥)m 이하이고 높이가 (⑦)m를 초과하는 경우에는 (⑧)m 이내마다 띠장 방향으로 버팀기둥을 설치해야 한다.

해답
① 20, ② 1.8, ③ 5, ④ 6, ⑤ 8, ⑥ 4, ⑦ 10, ⑧ 10

관련 법령 산업안전보건기준에 관한 규칙 제62조(강관틀비계)

02 동영상은 파이프 서포트를 사용한 동바리를 보여준다. 이 경우 준수해야 하는 사항 3가지를 쓰시오.

해답
① 파이프 서포트를 3개 이상 이어서 사용하지 않도록 해야 한다.
② 파이프 서포트를 이어서 사용하는 경우에는 4개 이상의 볼트 또는 전용철물을 사용하여 이어야 한다.
③ 높이가 3.5m를 초과하는 경우에는 높이 2m 이내마다 수평 연결재를 2개 방향으로 만들고 수평 연결재의 변위를 방지해야 한다.

관련 법령 산업안전보건기준에 관한 규칙 제332조의2(동바리 유형에 따른 동바리 조립 시의 안전조치)

03 동영상에서는 목재 가공용 둥근톱기계를 사용하는 작업을 보여준다. 목재 가공용 둥근톱기계에 설치해야 할 장치 2가지를 쓰시오.

해답
① 반발예방장치, ② 톱날접촉예방장치

관련 법령 산업안전보건기준에 관한 규칙 제105조(둥근톱기계의 반발예방장치), 제106조(둥근톱기계의 톱날접촉예방장치)

04 동영상을 보고 불안전한 상태 2가지를 쓰시오.

해답
① 안전모 등 개인보호구 미착용
② 단부 작업 중 안전대 미착용 및 고리 미체결
③ 철근 위 이동통로 미설치

05 동영상은 크레인 작업을 보여준다. 크레인을 사용하여 작업을 하는 경우 작업에 종사하는 관계 근로자가 준수하도록 조치할 사항을 2가지 쓰시오.

해답
① 인양할 하물을 바닥에서 끌어당기거나 밀어내는 작업을 하지 아니할 것
② 유류드럼이나 가스통 등 운반 도중 떨어져 폭발하거나 누출될 가능성이 있는 위험물 용기는 보관함에 담아 안전하게 매달아 운반할 것
③ 고정된 물체를 직접 분리·제거하는 작업을 하지 아니할 것
④ 근로자의 출입을 통제하여 인양 중인 하물이 작업자의 머리 위로 통과하지 않도록 할 것
⑤ 인양하는 하물이 보이지 아니하는 경우에는 어떠한 동작도 하지 아니할 것

관련 법령   산업안전보건기준에 관한 규칙 제146조(크레인 작업 시의 조치)

06 동영상은 이동식 사다리를 보여준다. 이동식 사다리 사용 시 준수사항 3가지를 쓰시오.

출처 : 안전보건공단(사망재해 예방 길라잡이)

해답
① 길이가 6m를 초과해서는 안 된다.
② 다리의 벌림은 벽 높이의 1/4 정도가 적당하다.
③ 벽면 상부로부터 최소한 60cm 이상의 연장길이가 있어야 한다.

관련 법령   가설공사 표준안전 작업지침 제20조(이동식 사다리)

07 동영상은 리프트를 보여준다. 리프트의 운반구 이탈 등의 위험을 방지하기 위하여 설치해야 하는 장치 2가지를 쓰시오.

> [해답]
> ① 권과방지장치
> ② 과부하방지장치
> ③ 비상정지장치

> 관련 법령   산업안전보건 기준에 관한 규칙 제151조(권과 방지 등)

08 동영상은 항타기를 보여준다. 항타기 작업 시 무너짐 방지방법을 2가지 쓰시오.

해답
① 연약한 지반에 설치하는 경우에는 아웃트리거·받침 등 지지구조물의 침하를 방지하기 위하여 깔판·받침목 등을 사용해야 한다.
② 시설 또는 가설물 등에 설치하는 경우에는 그 내력을 확인하고 내력이 부족하면 그 내력을 보강해야 한다.
③ 아웃트리거·받침 등 지지구조물이 미끄러질 우려가 있는 경우에는 말뚝 또는 쐐기 등을 사용하여 해당 지지구조물을 고정시켜야 한다.
④ 궤도 또는 차로 이동하는 항타기 또는 항발기에 대해서는 불시에 이동하는 것을 방지하기 위하여 레일 클램프 및 쐐기 등으로 고정시켜야 한다.
⑤ 상단 부분은 버팀대·버팀줄로 고정하여 안정시키고, 그 하단 부분은 견고한 버팀·말뚝 또는 철골 등으로 고정시켜야 한다.

관련 법령 산업안전보건기준에 관한 규칙 제209조(무너짐의 방지)

제2회 과년도 기출복원문제

1부 | 기출복원문제

01 동영상은 터널공사를 보여준다. 터널공사 콘크리트 라이닝 공법 선정 시 검토사항을 2가지만 쓰시오.

해답
① 지질, 암질 상태
② 단면형상
③ 라이닝의 작업능률
④ 굴착공법

관련 법령 터널공사 표준안전 작업지침-NATM공법 제22조(콘크리트 라이닝)

02 동영상은 사다리를 보여준다. 사다리의 미끄러짐을 방지하기 위해 준수해야 할 사항 3가지를 쓰시오.

해답
① 사다리 지주의 끝에 고무, 코르크, 가죽, 강스파이크 등을 부착시켜 바닥과의 미끄럼을 방지하는 안전장치가 있어야 한다.
② 쐐기형 강스파이크는 지반이 평탄한 맨땅 위에 세울 때 사용하여야 한다.
③ 미끄럼 방지 판자 및 미끄럼 방지 고정쇠는 돌마무리 또는 인조석 깔기마감한 바닥용으로 사용하여야 한다.
④ 미끄럼 방지 발판은 인조고무 등으로 마감한 실내용을 사용하여야 한다.

관련 법령 가설공사 표준안전 작업지침 제21조(미끄럼 방지 장치)

03 동영상은 지반 굴착작업을 보여준다. 굴착 전 사전조사 사항 3가지를 쓰시오.

해답
① 형상·지질 및 지층의 상태
② 균열·함수·용수 및 동결의 유무 또는 상태
③ 매설물 등의 유무 또는 상태
④ 지반의 지하수위 상태

관련 법령 산업안전보건기준에 관한 규칙 별표 4(사전조사 및 작업계획서 내용)

더 알아보기 사전조사 및 작업계획서 내용

작업명	사전조사 내용	작업계획서 내용
굴착작업	가. 형상·지질 및 지층의 상태 나. 균열·함수·용수 및 동결의 유무 또는 상태 다. 매설물 등의 유무 또는 상태 라. 지반의 지하수위 상태	가. 굴착방법 및 순서, 토사 등 반출방법 나. 필요한 인원 및 장비 사용계획 다. 매설물 등에 대한 이설·보호대책 라. 사업장 내 연락방법 및 신호방법 마. 흙막이 지보공 설치방법 및 계측계획 바. 작업지휘자의 배치계획 사. 그 밖에 안전·보건에 관련된 사항

04 동영상은 거푸집 동바리 작업을 보여준다. 거푸집 동바리를 조립하거나 해체하는 작업을 하는 경우 준수사항 3가지를 쓰시오.

해답
① 해당 작업을 하는 구역에는 관계 근로자가 아닌 사람의 출입을 금지할 것
② 비, 눈, 그 밖의 기상 상태의 불안정으로 날씨가 몹시 나쁜 경우에는 그 작업을 중지할 것
③ 재료, 기구 또는 공구 등을 올리거나 내리는 경우에는 근로자로 하여금 달줄·달포대 등을 사용하도록 할 것
④ 낙하·충격에 의한 돌발적 재해를 방지하기 위하여 버팀목을 설치하고 거푸집 및 동바리를 인양장비에 매단 후에 작업을 하도록 하는 등 필요한 조치를 할 것

관련 법령 산업안전보건기준에 관한 규칙 제333조(조립·해체 등 작업 시의 준수사항)

05 동영상은 철근을 가스로 절단하는 모습을 보여준다. 가스절단을 할 때 유념하여야 하는 사항 3가지를 쓰시오.

해답
① 가스절단 및 용접자는 해당 자격 소지자이어야 하며, 작업 중에는 보호구를 착용하여야 한다.
② 가스절단 작업 시 호스는 겹치거나 구부러지거나 또는 밟히지 않도록 하고 전선의 경우에는 피복이 손상되어 있는지를 확인하여야 한다.
③ 호스, 전선 등은 다른 작업장을 거치지 않는 직선상 배선이어야 하며, 길이가 짧아야 한다.
④ 작업장에서 가연성 물질에 인접하여 용접작업할 때에는 소화기를 비치하여야 한다.

관련 법령 콘크리트공사표준안전작업지침 제11조(가공)

06 동영상은 가설도로를 보여준다. 공사용 가설도로를 설치하여 사용함에 있어 준수사항 3가지를 쓰시오.

> [해답]
① 도로의 표면은 장비 및 차량이 안전운행할 수 있도록 유지·보수하여야 한다.
② 장비사용을 목적으로 하는 진입로, 경사로 등은 주행하는 차량통행에 지장을 주지 않도록 만들어야 한다.
③ 도로와 작업장 높이에 차가 있을 때는 바리케이트 또는 연석 등을 설치하여 차량의 위험 및 사고를 방지하도록 하여야 한다.
④ 도로는 배수를 위해 도로 중앙부를 약간 높게 하거나 배수시설을 하여야 한다.
⑤ 운반로는 장비의 안전운행에 적합한 도로의 폭을 유지하여야 하며, 또한 모든 커브는 통상적인 도로폭보다 좀더 넓게 만들고 시계에 장애가 없도록 만들어야 한다.
⑥ 커브 구간에서는 차량이 가시거리의 절반 이내에서 정지할 수 있도록 차량의 속도를 제한하여야 한다.
⑦ 최고 허용경사도는 부득이한 경우를 제외하고는 10%를 넘어서는 안 된다.
⑧ 필요한 전기시설(교통신호 등 포함), 신호수, 표지판, 바리케이트, 노면표지 등을 교통 안전운행을 위하여 제공하여야 한다.
⑨ 안전운행을 위하여 먼지가 일어나지 않도록 물을 뿌려주고 겨울철에는 눈이 쌓이지 않도록 조치하여야 한다.

관련 법령 가설공사 표준안전 작업지침 제25조(가설도로)

07 동영상은 철골작업을 보여준다. 철골공사 건립준비 시 준수해야 하는 사항 3가지를 쓰시오.

> [해답]
① 지상 작업장에서 건립준비 및 기계·기구를 배치할 경우에는 낙하물의 위험이 없는 평탄한 장소를 선정하여 정비하고 경사지에서는 작업대나 임시발판 등을 설치하는 등 안전하게 한 후 작업하여야 한다.
② 건립작업에 지장이 되는 수목은 제거하거나 이설하여야 한다.
③ 인근에 건축물 또는 고압선 등이 있는 경우에는 이에 대한 방호조치 및 안전조치를 하여야 한다.
④ 사용 전에 기계·기구에 대한 정비 및 보수를 철저히 실시하여야 한다.
⑤ 기계가 계획대로 배치되어 있는지, 윈치는 작업구역을 확인할 수 있는 곳에 위치하였는지, 기계에 부착된 앵카 등 고정장치와 기초구조 등을 확인하여야 한다.

관련 법령 철골공사표준안전작업지침 제7조(건립준비)

08 동영상의 차량계 건설기계를 보고 다음 물음에 답하시오.

(1) 동영상에서 보여주는 차량계 건설기계 명칭을 쓰시오.
(2) 동영상에서 보여주는 차량계 건설기계의 용도 2가지를 쓰시오.

해답
(1) 명칭 : 스크레이퍼
(2) 용도 : ① 토사의 절토, ② 토사 운반작업

2부 | 기출복원문제

01 동영상은 사다리를 보여준다. 임의의 길이로 연장할 수 있는 연장사다리를 설치할 경우 준수해야 하는 사항 3가지를 쓰시오.

해답
① 총 길이는 15m를 초과할 수 없다.
② 사다리의 길이를 고정시킬 수 있는 잠금쇠와 브래킷을 구비하여야 한다.
③ 도르레 및 로프는 충분한 강도를 가진 것이어야 한다.

관련 법령 가설공사 표준안전 작업지침 제23조(연장사다리)

02 동영상은 굴착기로 터널 굴착을 하는 작업을 보여준다. 공법의 명칭을 쓰시오.

해답
TBM(Tunnel Boring Machine) 공법

03 동영상은 인력으로 철근을 운반하는 모습을 보여준다. 철근 인력 운반작업 시 주의사항 3가지를 쓰시오.

해답
① 1인당 무게는 25kg 정도가 적절하며, 무리한 운반을 삼가하여야 한다.
② 2인 이상이 1조가 되어 어깨메기로 하여 운반하는 등 안전을 도모하여야 한다.
③ 긴 철근을 부득이 한 사람이 운반할 때에는 한쪽을 어깨에 메고 한쪽 끝을 끌면서 운반하여야 한다.
④ 운반할 때에는 양 끝을 묶어 운반하여야 한다.
⑤ 내려놓을 때는 천천히 내려놓고 던지지 않아야 한다.
⑥ 공동작업을 할 때에는 신호에 따라 작업을 하여야 한다.

관련 법령 콘크리트공사표준안전작업지침 제12조(운반)

04 동영상은 가설통로를 보여준다. 통로발판을 설치하여 사용함에 있어서 사업주의 준수사항을 3가지 쓰시오.

해답
① 근로자가 작업 및 이동하기에 충분한 넓이가 확보되어야 한다.
② 추락의 위험이 있는 곳에는 안전난간이나 철책을 설치하여야 한다.
③ 발판을 겹쳐 이음하는 경우 장선 위에서 이음을 하고 겹침길이는 20cm 이상으로 하여야 한다.
④ 발판 1개에 대한 지지물은 2개 이상이어야 한다.
⑤ 작업발판의 최대폭은 1.6m 이내이어야 한다.
⑥ 작업발판 위에는 돌출된 못, 옹이, 철선 등이 없어야 한다.
⑦ 비계발판의 구조에 따라 최대 적재하중을 정하고 이를 초과하지 않도록 하여야 한다.

관련 법령 가설공사 표준안전 작업지침 제15조(통로발판)

05 동영상은 작업발판 일체형 거푸집을 보여준다. 영상에서와 같은 작업발판 일체형 거푸집의 종류 3가지를 쓰시오.

해답
① 갱 폼
② 슬립 폼
③ 클라이밍 폼
④ 터널 라이닝 폼
⑤ 그 밖에 거푸집과 작업발판이 일체로 제작된 거푸집 등

관련 법령 산업안전보건기준에 관한 규칙 제331조의3(작업발판 일체형 거푸집의 안전조치)

06 동영상은 말비계를 보여준다. 말비계 사용 시 준수사항 3가지를 쓰시오.

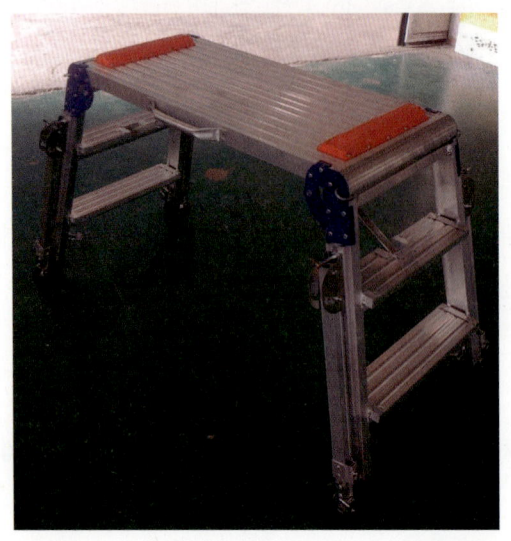

> [해답]
> ① 지주부재의 하단에는 미끄럼 방지장치를 하고, 근로자가 양측 끝부분에 올라서서 작업하지 않도록 해야 한다.
> ② 지주부재와 수평면의 기울기를 75° 이하로 하고, 지주부재와 지주부재 사이를 고정시키는 보조부재를 설치해야 한다.
> ③ 말비계의 높이가 2m를 초과하는 경우에는 작업발판의 폭을 40cm 이상으로 해야 한다.
>
> [관련 법령] 산업안전보건기준에 관한 규칙 제67조(말비계)

07 동영상은 이동식 비계를 보여준다. 영상에서 지시하는 이동식 비계의 구성요소 3가지를 쓰시오.

해답

① 난간틀, ② 작업발판, ③ 아웃트리거, ④ 교차 가새, ⑤ 발바퀴, ⑥ 주틀

관련 법령 KOSHA GUIDE C-28-2018(이동식 비계 설치 및 사용안전 기술지침)

더 알아보기 ▶ 이동식 비계

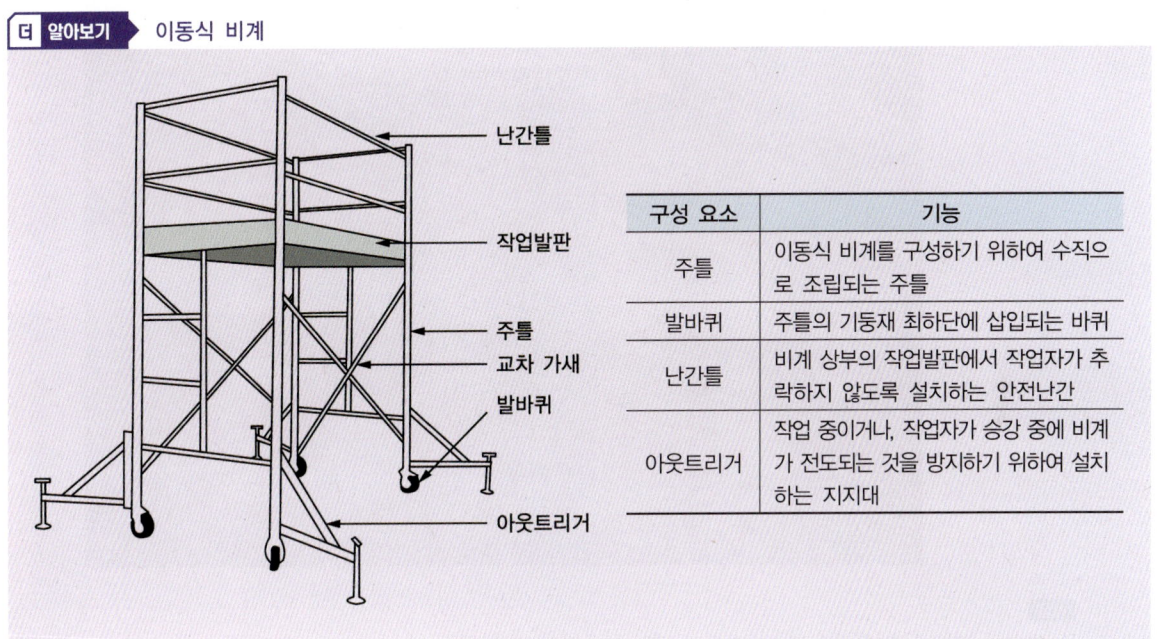

구성 요소	기능
주틀	이동식 비계를 구성하기 위하여 수직으로 조립되는 주틀
발바퀴	주틀의 기둥재 최하단에 삽입되는 바퀴
난간틀	비계 상부의 작업발판에서 작업자가 추락하지 않도록 설치하는 안전난간
아웃트리거	작업 중이거나, 작업자가 승강 중에 비계가 전도되는 것을 방지하기 위하여 설치하는 지지대

08 동영상은 발파작업을 보여준다. 전기뇌관을 운반할 때 준수사항 3가지를 쓰시오.

해답
① 각선의 피복 등이 벗겨지거나 손상되지 않도록 용기에 넣을 것
② 건전지 또는 전선의 피복이 벗겨진 전기기구를 휴대하지 말 것
③ 전등선, 동력선 기타 누전의 우려가 있는 것에 접근시키지 말 것

관련 법령 발파 표준안전 작업지침 제9조(사업장 내 운반)

3부 | 기출복원문제

01 동영상은 안전모를 착용하였으나 턱끈을 매지 않은 근로자가 용접을 하고 있다. 주변에 부직포 등이 있고 근로자 외에는 아무도 없다. 영상 속의 위험요인 3가지를 쓰시오.

해답
① 근로자 개인보호구 착용 미흡
② 화재감시자 미배치
③ 용접작업 주변에 인화물질 야적

02 동영상은 밀폐공간에서의 작업을 보여준다. 작업 시 근로자가 착용해야 하는 개인보호구 3가지를 쓰시오.

해답
① 안전대, ② 구명밧줄, ③ 공기호흡기 또는 송기마스크

관련 법령 산업안전보건기준에 관한 규칙 제624조(안전대 등)

03 동영상은 굴착작업을 보여준다. 다음 물음에 답하시오.

(1) 영상에서 보여주는 굴착기계의 명칭을 쓰시오.
(2) 굴착작업 시 작업계획서에 포함되어야 할 내용 3가지를 쓰시오.

해답

(1) 명칭 : 터널보링머신
(2) 작업계획서에 포함되어야 할 내용
　① 굴착방법 및 순서, 토사 등 반출방법
　② 필요한 인원 및 장비 사용계획
　③ 매설물 등에 대한 이설·보호대책
　④ 사업장 내 연락방법 및 신호방법
　⑤ 흙막이 지보공 설치방법 및 계측계획
　⑥ 작업지휘자의 배치계획
　⑦ 그 밖에 안전·보건에 관련된 사항

관련 법령 산업안전보건기준에 관한 규칙 별표 4(사전조사 및 작업계획서 내용)

더 알아보기 사전조사 및 작업계획서 내용

작업명	사전조사 내용	작업계획서 내용
굴착작업	가. 형상·지질 및 지층의 상태 나. 균열·함수·용수 및 동결의 유무 또는 상태 다. 매설물 등의 유무 또는 상태 라. 지반의 지하수위 상태	가. 굴착방법 및 순서, 토사 등 반출방법 나. 필요한 인원 및 장비 사용계획 다. 매설물 등에 대한 이설·보호대책 라. 사업장 내 연락방법 및 신호방법 마. 흙막이 지보공 설치방법 및 계측계획 바. 작업지휘자의 배치계획 사. 그 밖에 안전·보건에 관련된 사항

04 동영상은 시스템 비계를 보여준다. 시스템 비계를 조립 작업하는 경우 사업주의 준수사항을 3가지 쓰시오.

해답
① 비계 기둥의 밑둥에는 밑받침 철물을 사용하여야 하며, 밑받침에 고저차가 있는 경우에는 조절형 밑받침 철물을 사용하여 시스템 비계가 항상 수평 및 수직을 유지하도록 해야 한다.
② 경사진 바닥에 설치하는 경우에는 피벗형 받침 철물 또는 쐐기 등을 사용하여 밑받침 철물의 바닥면이 수평을 유지하도록 해야 한다.
③ 가공전로에 근접하여 비계를 설치하는 경우에는 가공전로를 이설하거나 가공전로에 절연용 방호구를 설치하는 등 가공전로와의 접촉을 방지하기 위하여 필요한 조치를 해야 한다.
④ 비계 내에서 근로자가 상하 또는 좌우로 이동하는 경우에는 반드시 지정된 통로를 이용하도록 주지시켜야 한다.
⑤ 비계 작업 근로자는 같은 수직면상의 위와 아래 동시 작업을 금지해야 한다.
⑥ 작업발판에는 제조사가 정한 최대 적재하중을 초과하여 적재해서는 아니 되며, 최대 적재하중이 표기된 표지판을 부착하고 근로자에게 주지시키도록 해야 한다.

관련 법령 산업안전보건기준에 관한 규칙 제70조(시스템 비계의 조립 작업 시 준수사항)

05 동영상은 가스용기를 운반하는 장면을 보여준다. 금속의 용접, 융단 또는 가열에 사용되는 가스 등의 용기를 취급하는 경우에 위험을 방지하기 위해서 조치할 사항을 3가지 쓰시오.

해답
① 통풍이나 환기가 불충분한 장소, 화기를 사용하는 장소 및 그 부근, 위험물 또는 인화성 액체를 취급하는 장소 및 그 부근에서 사용하거나 해당 장소에 설치·저장 또는 방치하지 않도록 할 것
② 용기의 온도를 40℃ 이하로 유지할 것
③ 전도의 위험이 없도록 할 것
④ 충격을 가하지 않도록 할 것
⑤ 운반하는 경우에는 캡을 씌울 것
⑥ 사용하는 경우에는 용기의 마개에 부착되어 있는 유류 및 먼지를 제거할 것
⑦ 밸브의 개폐는 서서히 할 것
⑧ 사용 전 또는 사용 중인 용기와 그 밖의 용기를 명확히 구별하여 보관할 것
⑨ 용해아세틸렌의 용기는 세워 둘 것
⑩ 용기의 부식·마모 또는 변형상태를 점검한 후 사용할 것

관련 법령 산업안전보건기준에 관한 규칙 제234조(가스 등의 용기)

06 동영상은 철골 용접작업을 보여준다. 화재위험작업 시 준수사항 3가지를 쓰시오.

해답
① 통풍이나 환기가 충분하지 않은 장소에서 화재위험작업을 하는 경우에는 통풍 또는 환기를 위하여 산소를 사용해서는 아니 된다.
② 사업주는 가연성 물질이 있는 장소에서 화재위험작업을 하는 경우에는 화재예방에 필요한 사항을 준수하여야 한다.
③ 불꽃·불티 등의 비산을 방지하기 위한 조치 등 안전조치를 이행한 후 근로자에게 화재위험작업을 하도록 해야 한다.
④ 화재위험작업이 시작되는 시점부터 종료 될 때까지 작업내용, 작업일시, 안전점검 및 조치에 관한 사항 등을 해당 작업장소에 서면으로 게시해야 한다.

관련 법령 산업안전보건기준에 관한 규칙 제241조(화재위험작업 시의 준수사항)

더 알아보기 화재예방에 필요한 사항

1. 작업 준비 및 작업 절차 수립
2. 작업장 내 위험물의 사용·보관 현황 파악
3. 화기작업에 따른 인근 가연성 물질에 대한 방호조치 및 소화기구 비치
4. 용접불티 비산방지덮개, 용접방화포 등 불꽃, 불티 등 비산방지조치
5. 인화성 액체의 증기 및 인화성 가스가 남아 있지 않도록 환기 등의 조치
6. 작업근로자에 대한 화재예방 및 피난교육 등 비상조치

07 동영상은 안전대를 보여준다. 안전대의 로프 폐기기준 3가지를 쓰시오.

[해답]
① 소선에 손상이 있는 것
② 페인트, 기름, 약품, 오물 등에 의해 변화된 것
③ 비틀림이 있는 것
④ 횡마로 된 부분이 헐거워진 것

[관련 법령] 추락재해방지표준안전작업지침 제21조(폐기)

08 동영상은 해체공사를 보여준다. 동영상 속 해체공법의 명칭을 쓰시오.

[해답]
압쇄공법

제4회 과년도 기출복원문제

1부 | 기출복원문제

01 동영상에 교량 설치작업을 보여준다. 교량작업 시 준수하여야 할 사항 3가지를 쓰시오.

해답
① 작업을 하는 구역에는 관계 근로자가 아닌 사람의 출입을 금지할 것
② 재료, 기구 또는 공구 등을 올리거나 내릴 경우에는 근로자로 하여금 달줄, 달포대 등을 사용하도록 할 것
③ 중량물 부재를 크레인 등으로 인양하는 경우에는 부재에 인양용 고리를 견고하게 설치하고, 인양용 로프는 부재에 두 군데 이상 결속하여 인양하여야 하며, 중량물이 안전하게 거치되기 전까지는 걸이로프를 해제시키지 아니할 것
④ 자재나 부재의 낙하·전도 또는 붕괴 등에 의하여 근로자에게 위험을 미칠 우려가 있을 경우에는 출입금지 구역의 설정, 자재 또는 가설시설의 좌굴 또는 변형 방지를 위한 보강재 부착 등의 조치를 할 것

관련 법령 산업안전보건기준에 관한 규칙 제369조(작업 시 준수사항)

빈출
02 동영상은 굴착작업을 보여준다. 굴착작업 전 사전조사 사항 3가지를 쓰시오.

해답
① 형상·지질 및 지층의 상태
② 균열·함수·용수 및 동결의 유무 또는 상태
③ 매설물 등의 유무 또는 상태
④ 지반의 지하수위 상태

관련 법령 산업안전보건기준에 관한 규칙 별표 4(사전조사 및 작업계획서 내용)

더 알아보기 사전조사 및 작업계획서 내용

작업명	사전조사 내용	작업계획서 내용
굴착작업	가. 형상·지질 및 지층의 상태 나. 균열·함수·용수 및 동결의 유무 또는 상태 다. 매설물 등의 유무 또는 상태 라. 지반의 지하수위 상태	가. 굴착방법 및 순서, 토사 등 반출방법 나. 필요한 인원 및 장비 사용계획 다. 매설물 등에 대한 이설·보호대책 라. 사업장 내 연락방법 및 신호방법 마. 흙막이 지보공 설치방법 및 계측계획 바. 작업지휘자의 배치계획 사. 그 밖에 안전·보건에 관련된 사항

03 동영상은 터널의 버력을 보여준다. 버력처리 장비 선정 시 고려해야 하는 사항 3가지를 쓰시오.

해답
① 굴착단면의 크기 및 단위발파 버력의 물량
② 터널의 경사도
③ 굴착방식
④ 버력의 상상 및 함수비
⑤ 운반 통로의 노면 상태

관련 법령 터널공사 표준안전 작업지침-NATM공법 제13조(버력처리)

04 동영상은 전기작업을 보여준다. 감전 방지용 누전차단기를 설치해야 하는 전기기계·기구 3가지를 쓰시오.

[해답]
① 대지전압이 150V를 초과하는 이동형 또는 휴대형 전기기계·기구
② 물 등 도전성이 높은 액체가 있는 습윤장소에서 사용하는 저압용 전기기계·기구
③ 철판·철골 위 등 도전성이 높은 장소에서 사용하는 이동형 또는 휴대형 전기기계·기구
④ 임시배선의 전로가 설치되는 장소에서 사용하는 이동형 또는 휴대형 전기기계·기구

[관련 법령] 산업안전보건기준에 관한 규칙 제304조(누전차단기에 의한 감전 방지)

05 동영상은 강관비계를 보여준다. 강관비계 조립 시 준수사항 3가지를 쓰시오.

[해답]
① 비계기둥에는 미끄러지거나 침하하는 것을 방지하기 위하여 밑받침 철물을 사용하거나 깔판·받침목 등을 사용하여 밑둥잡이를 설치하는 등의 조치를 해야 한다.
② 강관의 접속부 또는 교차부는 적합한 부속철물을 사용하여 접속하거나 단단히 묶어야 한다.
③ 교차 가새로 보강해야 한다.
④ 외줄비계·쌍줄비계 또는 돌출비계에 대해서는 벽이음 및 버팀을 설치해야 한다.
⑤ 가공전로에 근접하여 비계를 설치하는 경우에는 가공전로를 이설하거나 가공전로에 절연용 방호구를 장착하는 등 가공전로와의 접촉을 방지하기 위한 조치를 해야 한다.

[관련 법령] 산업안전보건기준에 관한 규칙 제59조(강관비계 조립 시의 준수사항)

06 동영상은 가설통로를 보여준다. 가설통로를 설치하는 경우 준수해야 할 사항 3가지를 쓰시오.

해답
① 견고한 구조로 할 것
② 경사는 30° 이하로 할 것
③ 경사가 15°를 초과하는 경우에는 미끄러지지 아니하는 구조로 할 것
④ 추락할 위험이 있는 장소에는 안전난간을 설치할 것
⑤ 수직갱에 가설된 통로의 길이가 15m 이상인 경우에는 10m 이내마다 계단참을 설치할 것
⑥ 건설공사에 사용하는 높이 8m 이상인 비계다리에는 7m 이내마다 계단참을 설치할 것

관련 법령 산업안전보건기준에 관한 규칙 제23조(가설통로의 구조)

07 동영상은 시스템 비계를 보여준다. 시스템 비계 설치 시 준수사항 3가지를 쓰시오.

> **해답**
① 비계 기둥의 밑둥에는 밑받침 철물을 사용하여야 하며, 밑받침에 고저차가 있는 경우에는 조절형 밑받침 철물을 사용하여 시스템 비계가 항상 수평 및 수직을 유지하도록 해야 한다.
② 경사진 바닥에 설치하는 경우에는 피벗형 받침 철물 또는 쐐기 등을 사용하여 밑받침 철물의 바닥면이 수평을 유지하도록 해야 한다.
③ 가공전로에 근접하여 비계를 설치하는 경우에는 가공전로를 이설하거나 가공전로에 절연용 방호구를 설치하는 등 가공전로와의 접촉을 방지하기 위하여 필요한 조치를 해야 한다.
④ 비계 내에서 근로자가 상하 또는 좌우로 이동하는 경우에는 반드시 지정된 통로를 이용하도록 주지시켜야 한다.
⑤ 비계 작업 근로자는 같은 수직면상의 위와 아래 동시 작업을 금지해야 한다.
⑥ 작업발판에는 제조사가 정한 최대 적재하중을 초과하여 적재해서는 아니 되며, 최대 적재하중이 표기된 표지판을 부착하고 근로자에게 주지시키도록 해야 한다.

> **관련 법령** 산업안전보건기준에 관한 규칙 제70조(시스템 비계의 조립 작업 시 준수사항)

08 동영상은 추락방지망을 보여준다. 추락방지망에 표시해야 하는 사항을 4가지 쓰시오.

> **해답**
① 제조자명
② 제조연월
③ 재봉치수
④ 그물코
⑤ 신품인 때의 방망의 강도

> **관련 법령** 추락재해방지표준안전작업지침 제13조(표시)

2부 | 기출복원문제

01 동영상은 동바리를 보여준다. 동바리로 강관틀을 사용하는 경우 준수해야 하는 사항 3가지를 쓰시오.

해답
① 강관틀과 강관틀 사이에 교차 가새를 설치할 것
② 최상단 및 5단 이내마다 동바리의 측면과 틀면의 방향 및 교차 가새의 방향에서 5개 이내마다 수평 연결재를 설치하고 수평 연결재의 변위를 방지할 것
③ 최상단 및 5단 이내마다 동바리의 틀면의 방향에서 양단 및 5개틀 이내마다 교차 가새의 방향으로 띠장틀을 설치할 것

관련 법령 산업안전보건기준에 관한 규칙 제332조의2(동바리 유형에 따른 동바리 조립 시의 안전조치)

02 동영상은 안전난간대가 없는 이동식 틀비계에서 근로자가 조적을 쌓고 있는 모습을 보여준다. 시멘트 포대를 작업발판 위에 두었으며 안전모를 쓰지 않고 작업 중이다. 이 영상에서 위험요인 3가지를 쓰시오.

해답
① 개인보호구를 착용하지 않았다.
② 틀비계에 안전난간대를 설치하지 않았다.
③ 작업발판 위에 자재 야적금지 사항을 위반하였다.

03 동영상은 중량물 취급작업을 보여준다. 중량물 취급작업 착수 전 작업계획서에 포함되어야 하는 내용 3가지를 쓰시오.

해답
① 추락위험을 예방할 수 있는 안전대책
② 낙하위험을 예방할 수 있는 안전대책
③ 전도위험을 예방할 수 있는 안전대책
④ 협착위험을 예방할 수 있는 안전대책
⑤ 붕괴위험을 예방할 수 있는 안전대책

관련 법령 산업안전보건기준에 관한 규칙 별표 4(사전조사 및 작업계획서 내용)

04 동영상은 차량계 건설기계 작업을 보여준다. 건설기계의 명칭과 용도를 쓰시오.

해답
① 명칭 : 콘크리트믹서 트럭
② 용도 : 콘크리트 재료를 공장에서 받아 혼합하면서 현장으로 굳지 않게 운송한다.

05 동영상은 굴착작업을 보여준다. 건설기계의 안전을 위하여 점검해야 할 사항을 3가지를 쓰시오.

해답
① 낙석, 낙하물 등의 위험이 예상되는 작업 시 견고한 헤드가드 설치 상태
② 브레이크 및 클러치의 작동 상태
③ 타이어 및 궤도차륜 상태
④ 경보장치 작동 상태
⑤ 부속장치의 상태

관련 법령 굴착공사 표준안전 작업지침 제10조(준비)

06 동영상은 거푸집 설치작업을 보여준다. 거푸집 및 동바리 설계 시 고려해야 하는 하중 3가지를 쓰시오.

> **해답**
> ① 연직방향 하중, ② 횡방향 하중, ③ 콘크리트의 측압, ④ 특수하중

관련 법령 콘크리트공사표준안전작업지침 제4조(하중)

> **더 알아보기** 거푸집 및 지보공(동바리) 설계 시 고려해야 할 하중
>
> 1. 연직방향 하중 : 거푸집, 지보공(동바리), 콘크리트, 철근, 작업원, 타설용 기계·기구, 가설설비 등의 중량 및 충격하중
> 2. 횡방향 하중 : 작업할 때의 진동, 충격, 시공오차 등에 기인되는 횡방향 하중 이외에 필요에 따라 풍압, 유수압, 지진 등
> 3. 콘크리트의 측압 : 굳지 않은 콘크리트의 측압
> 4. 특수하중 : 시공 중에 예상되는 특수한 하중
> 5. 1~4.의 하중에 안전율을 고려한 하중

07 동영상은 철골작업을 보여준다. 철골작업을 중지해야 하는 조건 3가지를 쓰시오.

> **해답**
> ① 풍속이 초당 10m 이상인 경우
> ② 강우량이 시간당 1mm 이상인 경우
> ③ 강설량이 시간당 1cm 이상인 경우

관련 법령 산업안전보건기준에 관한 규칙 제383조(작업의 제한)

08 동영상은 차량계 하역운반기계의 작업을 보여준다. 운전자가 운전위치에서 이탈할 때 운전자의 준수사항 3가지를 쓰시오.

해답
① 포크, 버킷, 디퍼 등의 장치를 가장 낮은 위치 또는 지면에 내려 둘 것
② 원동기를 정지시키고 브레이크를 확실히 거는 등 차량계 하역운반기계 등 차량계 건설기계의 갑작스러운 이동을 방지하기 위한 조치를 할 것
③ 운전석을 이탈하는 경우에는 시동키를 운전대에서 분리시킬 것

관련 법령 산업안전보건기준에 관한 규칙 제99조(운전위치 이탈 시의 조치)

3부 | 기출복원문제

01 동영상은 아파트 공사현장을 보여준다. 영상을 참고하여 근로자의 추락재해를 방지하기 위한 안전조치 2가지를 적으시오.

해답
① 비계를 조립하는 등의 방법으로 작업발판을 설치하여야 한다.
② 기준에 맞는 추락방호망을 설치해야 한다.
③ 근로자에게 안전대를 착용하도록 해야 한다.
④ 작업발판 및 추락방호망을 설치하기 곤란한 경우에는 근로자로 하여금 3개 이상의 버팀대를 가지고 지면으로부터 안정적으로 세울 수 있는 구조를 갖춘 이동식 사다리를 사용하여 작업을 하게 해야 한다.

관련 법령 산업안전보건기준에 관한 규칙 제42조(추락의 방지)

02 동영상은 흙막이 지보공 작업 장면을 보여준다. 흙막이 지보공을 설치할 때 점검사항 2가지를 적으시오.

> **해답**
> ① 부재의 손상·변형·부식·변위 및 탈락의 유무와 상태
> ② 버팀대의 긴압의 정도
> ③ 부재의 접속부·부착부 및 교차부의 상태
> ④ 침하의 정도
>
> **관련 법령** 산업안전보건기준에 관한 규칙 제347조(붕괴 등의 위험 방지)

03 동영상은 사면을 보여준다. 사면보호공법 중 구조물에 의한 보호공법 2가지를 적으시오.

> **해답**
> ① 콘크리트블록 격자공법
> ② 돌망태공법
> ③ 블록쌓기공법
> ④ 블록붙임공법, 돌붙임공법
> ⑤ 콘크리트 뿜어붙이기공법, 모르타르 뿜어붙이기공법

04 동영상은 건설현장의 흙막이 시설을 보여준다. 다음 물음에 답하시오.

(1) 동영상에서 보여주는 흙막이 공법의 명칭을 쓰시오.
(2) 동영상에서 보여주는 흙막이 공법의 구성요소 2가지를 쓰시오.

해답
(1) 명칭 : 버팀대 공법
(2) 구성요소 : ① 토류판(가로널), ② 버팀대, ③ 띠장

05 동영상은 추락방호망을 보여준다. 추락방호망의 설치기준 3가지를 쓰시오.

해답
① 추락방호망의 설치위치는 가능하면 작업면으로부터 가까운 지점에 설치하여야 하며, 작업면으로부터 망의 설치지점까지의 수직거리는 10m를 초과하지 아니할 것
② 추락방호망은 수평으로 설치하고, 망의 처짐은 짧은 변 길이의 12% 이상이 되도록 할 것
③ 건축물 등의 바깥쪽으로 설치하는 경우 추락방호망의 내민 길이는 벽면으로부터 3m 이상 되도록 할 것

관련 법령 산업안전보건기준에 관한 규칙 제42조(추락의 방지)

06 동영상은 차량계 건설기계 작업을 보여준다. 화물자동차 등에 싣거나 내리는 작업에 있어서 차량계 건설기계의 전도 또는 굴러떨어짐에 의한 위험을 방지하기 위하여 준수하여야 하는 사항 3가지를 쓰시오.

해답
① 싣거나 내리는 작업은 평탄하고 견고한 장소에서 할 것
② 발판을 사용하는 경우에는 충분한 길이·폭 및 강도를 가진 것을 사용하고 적당한 경사를 유지하기 위하여 견고하게 설치할 것
③ 가설대 등을 사용하는 경우에는 충분한 폭 및 강도와 적당한 경사를 확보할 것
④ 지정운전자의 성명·연락처 등을 보기 쉬운 곳에 표시하고 지정운전자 외에는 운전하지 않도록 할 것

관련 법령 산업안전보건기준에 관한 규칙 제174조(차량계 하역운반기계 등의 이송)

07 동영상은 근로자가 밀폐공간에서 작업하는 모습을 보여준다. 밀폐공간에서 작업 시 착용해야 하는 개인보호구 3가지를 쓰시오.

해답
① 안전대, ② 구명밧줄, ③ 공기호흡기 또는 송기마스크

관련 법령 산업안전보건기준에 관한 규칙 제624조(안전대 등)

08 동영상은 발파작업을 보여준다. 발파 후 준수해야 할 사항 3가지를 쓰시오.

해답
① 즉시 발파모선을 발파기에서 분리하여 단락시키는 등 재기폭되지 않도록 조치해야 한다.
② 발파기재는 발파작업책임자의 지휘에 따라 지정된 장소에 보관해야 한다.
③ 폭발하지 않은 뇌관의 수량을 확인하여 불발한 화약을 확인해야 한다.

관련 법령 발파 표준안전 작업지침 제33조(발파 후 조치)

제1회 최근 기출복원문제

1부 | 기출복원문제

01 동영상은 와이어클립을 보여주고 있다. 영상을 보고 다음 물음에 답하시오.

(1) 와이어로프 클립 체결방법이 적합한 것과 이유를 쓰시오.

①	②	③

(2) 클립수와 관련하여 ( ) 안에 적합한 답을 쓰시오.

와이어로프의 지름(mm)	클립수(개)
16 이하	(①)
16 초과 28 이하	5
28 초과	(②)

해답
(1) 클립의 새들은 와이어로프의 힘이 걸리는 쪽에 있어야 하므로 적합한 것은 ①번이다.
(2) ① 4, ② 6

관련 법령 KOSHA GUIDE B-M-12-2025(크레인 달기기구 및 줄걸이 작업용 와이어로프의 작업에 관한 기술지원규정)

02 동영상에서는 밀폐된 공간에서의 작업을 보여주고 있다. 작업 시 산소 결핍 기준 및 준수사항 3가지를 쓰시오.

해답
(1) 산소 결핍 기준 : 공기 중의 산소농도가 18% 미만인 상태
(2) 결핍 시 준수사항
  ① 산소 결핍 우려가 있는 경우에는 산소의 농도를 측정하는 사람을 지명하여 측정하도록 할 것
  ② 근로자가 안전하게 오르내리기 위한 설비를 설치할 것
  ③ 굴착 깊이가 20m를 초과하는 경우에는 해당 작업장소와 외부와의 연락을 위한 통신설비 등을 설치할 것

관련 법령 산업안전보건기준에 관한 규칙 제618조(정의), 제377조(잠함 등 내부에서의 작업)

03 동영상에서는 건설현장의 모습을 보여주고 있다. 영상을 보고 건설현장에 가설도로를 설치하는 경우 사업주의 준수사항 3가지를 쓰시오.

> [해답]
> ① 도로는 장비와 차량이 안전하게 운행할 수 있도록 견고하게 설치할 것
> ② 도로와 작업장이 접하여 있을 경우에는 울타리 등을 설치할 것
> ③ 도로는 배수를 위하여 경사지게 설치하거나 배수시설을 설치할 것
> ④ 차량의 속도제한 표지를 부착할 것

관련 법령 산업안전보건기준에 관한 규칙 제379조(가설도로)

04 동영상에서는 동바리를 조립하는 모습을 보여주고 있다. 영상을 보고 동바리의 침하를 방지하기 위한 준수사항 3가지를 쓰시오.

> [해답]
> ① 받침목이나 깔판의 사용, 콘크리트 타설, 말뚝박기 등 동바리의 침하를 방지하기 위한 조치를 할 것
> ② 동바리의 상하 고정 및 미끄러짐 방지조치를 해야 한다.
> ③ 상부·하부의 동바리가 동일 수직선상에 위치하도록 하여 깔판·받침목에 고정시켜야 한다.
> ④ 개구부 상부에 동바리를 설치하는 경우에는 상부 하중을 견딜 수 있는 견고한 받침대를 설치해야 한다.
> ⑤ U헤드 등의 단판이 없는 동바리의 상단에 멍에 등을 올릴 경우에는 해당 상단에 U헤드 등의 단판을 설치하고, 멍에 등이 전도되거나 이탈되지 않도록 고정시킬 것
> ⑥ 동바리의 이음은 같은 품질의 재료를 사용해야 한다.
> ⑦ 강재의 접속부 및 교차부는 볼트·클램프 등 전용철물을 사용하여 단단히 연결해야 한다.
> ⑧ 거푸집의 형상에 따른 부득이한 경우를 제외하고는 깔판이나 받침목은 2단 이상 끼우지 않도록 해야 한다.
> ⑨ 깔판이나 받침목을 이어서 사용하는 경우에는 그 깔판·받침목을 단단히 연결해야 한다.

관련 법령 산업안전보건기준에 관한 규칙 제332조(동바리 조립 시의 안전조치)

05 동영상은 작업발판을 보여준다. 동영상을 보고 다음 물음에 답하시오.

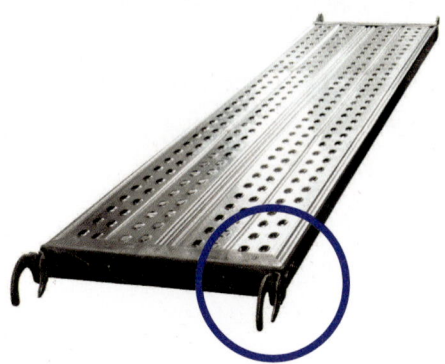

(1) 영상에서 지칭하는 부분의 명칭을 쓰시오.
(2) 작업발판의 설치기준을 쓰시오.

해답
(1) 걸침고리
(2) 작업발판의 폭은 40cm 이상으로 하고, 발판재료 간의 틈은 3cm 이하로 해야 한다.

관련 법령 산업안전보건기준에 관한 규칙 제56조(작업발판의 구조)

06 동영상은 운반하역작업을 보여준다. 길이가 긴 장척물을 운반할 때 준수사항 2가지를 쓰시오.

해답
① 단독으로 어깨에 메고 운반할 때에는 하물 앞부분 끝을 근로자 신장보다 약간 높게 하여 모서리, 곡선 등에 충돌하지 않도록 주의하여야 한다.
② 공동으로 운반할 때에는 근로자 모두 동일한 어깨에 메고 지휘자의 지시에 따라 작업하여야 한다.
③ 하역할 때에는 튀어오름, 굴러내림 등의 돌발사태에 주의하여야 한다.

관련 법령 운반하역 표준안전 작업지침 제9조(장척물)

07 동영상은 말비계를 보여준다. 말비계 사용 시 준수사항 3가지를 쓰시오.

해답
① 지주부재의 하단에는 미끄럼 방지장치를 하고, 근로자가 양측 끝부분에 올라서서 작업하지 않도록 해야 한다.
② 지주부재와 수평면의 기울기를 75° 이하로 하고, 지주부재와 지주부재 사이를 고정시키는 보조부재를 설치해야 한다.
③ 말비계의 높이가 2m를 초과하는 경우에는 작업발판의 폭을 40cm 이상으로 해야 한다.

관련 법령 산업안전보건기준에 관한 규칙 제67조(말비계)

08 동영상은 강관비계를 보여준다. 영상을 보고 강관비계 설치기준에 대해 (   ) 안에 적합한 답을 쓰시오.

(1) 비계기둥의 간격은 띠장 방향에서는 (①)m 이하, 장선 방향에서는 1.5m 이하로 할 것
(2) 띠장 간격은 (②)m 이하로 할 것. 다만, 작업의 성질상 이를 준수하기가 곤란하여 쌍기둥틀 등에 의하여 해당 부분을 보강한 경우에는 그러하지 아니하다.
(3) 비계기둥 간의 적재하중은 (③)kg을 초과하지 않도록 할 것

해답
① 1.85, ② 2.0, ③ 400

관련 법령 산업안전보건기준에 관한 규칙 제60조(강관비계의 구조)

더 알아보기 > 강관비계의 구조

1. 비계기둥의 간격은 띠장 방향에서는 1.85m 이하, 장선 방향에서는 1.5m 이하로 할 것. 다만, 다음의 어느 하나에 해당하는 작업의 경우에는 안전성에 대한 구조검토를 실시하고 조립도를 작성하면 띠장 방향 및 장선 방향으로 각각 2.7m 이하로 할 수 있다.
   가. 선박 및 보트 건조작업
   나. 그 밖에 장비 반입·반출을 위하여 공간 등을 확보할 필요가 있는 등 작업의 성질상 비계기둥 간격에 관한 기준을 준수하기 곤란한 작업
2. 띠장 간격은 2.0m 이하로 할 것. 다만, 작업의 성질상 이를 준수하기가 곤란하여 쌍기둥틀 등에 의하여 해당 부분을 보강한 경우에는 그러하지 아니하다.
3. 비계기둥의 제일 윗부분으로부터 31m되는 지점 밑부분의 비계기둥은 2개의 강관으로 묶어 세울 것. 다만, 브래킷(bracket, 까치발) 등으로 보강하여 2개의 강관으로 묶을 경우 이상의 강도가 유지되는 경우에는 그러하지 아니하다.
4. 비계기둥 간의 적재하중은 400kg을 초과하지 않도록 할 것

2부 | 기출복원문제

01 동영상은 작업장의 조명을 보여준다. 영상을 보고 (   ) 안에 산업안전보건법령상 조도기준을 쓰시오.

(1) 초정밀작업 : (①)lx 이상
(2) 정밀작업 : (②)lx 이상
(3) 보통작업 : (③)lx 이상
(4) 그 밖의 작업 : (④)lx 이상

해답

① 750, ② 300, ③ 150, ④ 75

관련 법령 산업안전보건기준에 관한 규칙 제8조(작업장의 조도)

02 동영상은 지게차를 이용하여 작업하는 모습을 보여준다. 지게차 사용 시 갖추어야 할 방호장치 3가지를 쓰시오.

> **해답**
> ① 전조등, ② 후미등, ③ 백레스트, ④ 헤드가드, ⑤ 안전띠

> **관련 법령** 산업안전보건기준에 관한 규칙 제179조(전조등 등의 설치), 제180조(헤드가드), 제181조(백레스트), 제183조(좌석 안전띠의 착용 등)

빈출

03 동영상에서는 콘크리트 타설작업을 보여준다. 영상을 보고 콘크리트 타설장비 사용 시 준수사항 3가지를 쓰시오

> **해답**
> ① 작업을 시작하기 전에 콘크리트 타설장비(콘크리트 플레이싱 붐, 콘크리트 분배기, 콘크리트 펌프카 등)를 점검하고 이상을 발견하였으면 즉시 보수할 것
> ② 건축물의 난간 등에서 작업하는 근로자가 호스의 요동·선회로 인하여 추락하는 위험을 방지하기 위하여 안전난간 설치 등 필요한 조치를 할 것
> ③ 콘크리트 타설장비의 붐을 조정하는 경우에는 주변의 전선 등에 의한 위험을 예방하기 위한 적절한 조치를 할 것
> ④ 작업 중에 지반의 침하나 아웃트리거 등 콘크리트 타설장비 지지구조물의 손상 등에 의하여 콘크리트 타설장비가 넘어질 우려가 있는 경우에는 이를 방지하기 위한 적절한 조치를 할 것

> **관련 법령** 산업안전보건기준에 관한 규칙 제335조(콘크리트 타설장비 사용 시의 준수사항)

04 동영상은 굴착기로 자재를 운반하는 모습을 보여준다. 영상을 보고 굴착기를 사용하여 인양작업 시 사업주의 준수사항 3가지를 쓰시오.

해답
① 굴착기 제조사에서 정한 작업설명서에 따라 인양할 것
② 사람을 지정하여 인양작업을 신호하게 할 것
③ 인양물과 근로자가 접촉할 우려가 있는 장소에 근로자의 출입을 금지시킬 것
④ 지반의 침하 우려가 없고 평평한 장소에서 작업할 것
⑤ 인양 대상 화물의 무게는 정격하중을 넘지 않을 것

관련 법령 산업안전보건기준에 관한 규칙 제221조의5(인양작업 시 조치)

05 동영상은 건물 외벽을 외장재로 마감하는 현장을 보여준다. 작업자 한 명이 2m 이상의 높은 곳에서 불량한 복장으로 작업을 진행하고 있으며, 안전난간이 미설치되어 있고, 분진이 발생하는 데 방진마스크는 착용하지 않았다. 다른 작업자 1명은 안전모를 미착용하고 위험하게 그 밑에서 작업 중이다. 영상에서 보이는 불안전한 행동과 상태 4가지를 쓰시오.

> **해답**
> ① 불량한 복장
> ② 안전난간 미설치
> ③ 안전대 미착용 및 고리 미체결
> ④ 안전모, 방진마스크 미착용
> ⑤ 상하 동시작업

06 동영상은 흙막이를 보여준다. 흙막이 지보공을 설치하였을 때 정기적으로 점검해야 하는 사항 3가지를 쓰시오.

해답
① 부재의 손상·변형·부식·변위 및 탈락의 유무와 상태
② 버팀대의 긴압의 정도
③ 부재의 접속부·부착부 및 교차부의 상태
④ 침하의 정도

관련 법령 산업안전보건기준에 관한 규칙 제347조(붕괴 등의 위험 방지)

07 다음 영상을 보고 강관틀비계의 구성요소 3가지를 쓰시오.

해답
① 주틀, ② 교차 가새, ③ 띠장, ④ 작업발판, ⑤ 안전난간, ⑥ 발끝막이판

관련 법령 KOSHA GUIDE C-30-2020(강관비계 안전작업 지침)

08 동영상은 터널작업을 보여준다. 영상을 보고 다음 물음에 답하시오.

(1) 터널공사 중 버력처리 장비 선정 시 고려사항 3가지를 쓰시오.
(2) 차량계 운반장비의 작업시작 전 점검 및 이상 발견 시 즉시 보수해야 하는 사항 3가지를 쓰시오.

해답

(1) 장비 선정 시 고려사항
 ① 굴착단면의 크기 및 단위발파 버력의 물량
 ② 터널의 경사도
 ③ 굴착방식
 ④ 버력의 상상 및 함수비
 ⑤ 운반 통로의 노면 상태
(2) 즉시 보수해야 하는 사항
 ① 제동장치 및 조절장치 기능 이상 유무
 ② 하역장치 및 유압장치 기능 이상 유무
 ③ 차륜의 이상 유무
 ④ 경광, 경음장치 이상 유무

관련 법령 터널공사 표준안전 작업지침-NATM공법 제13조(버력처리)

3부 | 기출복원문제

빈출
01 동영상은 안전난간을 보여준다. 다음 ( ) 안에 적합한 내용을 쓰시오.

> 상부 난간대는 바닥면·발판 또는 경사로의 표면으로부터 (①)cm 이상 지점에 설치하고, 상부 난간대를 (②)cm 이하에 설치하는 경우에는 중간 난간대는 상부 난간대와 바닥면 등의 중간에 설치해야 하며, (②)cm 이상 지점에 설치하는 경우에는 중간 난간대를 (③)단 이상으로 균등하게 설치하고 난간의 상하 간격은 (④)cm 이하가 되도록 해야 한다. 다만, 난간기둥 간의 간격이 (⑤)cm 이하인 경우에는 중간 난간대를 설치하지 않을 수 있다.

해답
① 90, ② 120, ③ 2, ④ 60, ⑤ 25

관련 법령 산업안전보건기준에 관한 규칙 제13조(안전난간의 구조 및 설치요건)

빈출
02 동영상은 인양작업을 보여준다. 인양작업 시 양중기의 와이어로프 사용금지 기준 3가지를 쓰시오.

해답
① 이음매가 있는 것
② 와이어로프의 한 꼬임에서 끊어진 소선의 수가 10% 이상인 것
③ 지름의 감소가 공칭지름의 7%를 초과하는 것
④ 꼬인 것
⑤ 심하게 변형되거나 부식된 것
⑥ 열과 전기충격에 의해 손상된 것

관련 법령 산업안전보건기준에 관한 규칙 제63조(달비계의 구조), 제166조(이음매가 있는 와이어로프 등의 사용금지)

03 동영상에서는 동바리 조립작업을 보여주고 있다. 동바리 조립 시 침하를 방지하기 위해 준수해야 할 사항 3가지를 쓰시오.

해답
① 받침목이나 깔판의 사용, 콘크리트 타설, 말뚝박기 등 동바리의 침하를 방지하기 위한 조치를 할 것
② 동바리의 상하 고정 및 미끄러짐 방지조치를 해야 한다.
③ 상부·하부의 동바리가 동일 수직선상에 위치하도록 하여 깔판·받침목에 고정시켜야 한다.
④ 개구부 상부에 동바리를 설치하는 경우에는 상부 하중을 견딜 수 있는 견고한 받침대를 설치해야 한다.
⑤ U헤드 등의 단판이 없는 동바리의 상단에 멍에 등을 올릴 경우에는 해당 상단에 U헤드 등의 단판을 설치하고, 멍에 등이 전도되거나 이탈되지 않도록 고정시킬 것
⑥ 동바리의 이음은 같은 품질의 재료를 사용해야 한다.
⑦ 강재의 접속부 및 교차부는 볼트·클램프 등 전용철물을 사용하여 단단히 연결해야 한다.
⑧ 거푸집의 형상에 따른 부득이한 경우를 제외하고는 깔판이나 받침목은 2단 이상 끼우지 않도록 해야 한다.
⑨ 깔판이나 받침목을 이어서 사용하는 경우에는 그 깔판·받침목을 단단히 연결해야 한다.

관련 법령 산업안전보건기준에 관한 규칙 제332조(동바리 조립 시의 안전조치)

04 동영상은 타워크레인 현장작업을 보여준다. 다음 (   ) 안에 적합한 내용을 쓰시오.

순간풍속이 초당 (①)m를 초과하는 경우 타워크레인의 설치·수리·점검 또는 해체작업을 중지하여야 하며, 순간풍속이 초당 (②)m를 초과하는 경우에는 타워크레인의 운전작업을 중지하여야 한다.

해답
① 10, ② 15

관련 법령 산업안전보건기준에 관한 규칙 제37조(악천후 및 강풍 시 작업 중지)

05 동영상은 항타기 작업을 보여준다. 항타기 작업 시 무너짐 방지방법 3가지를 쓰시오.

해답
① 연약한 지반에 설치하는 경우에는 아웃트리거·받침 등 지지구조물의 침하를 방지하기 위하여 깔판·받침목 등을 사용해야 한다.
② 시설 또는 가설물 등에 설치하는 경우에는 그 내력을 확인하고 내력이 부족하면 그 내력을 보강해야 한다.
③ 아웃트리거·받침 등 지지구조물이 미끄러질 우려가 있는 경우에는 말뚝 또는 쐐기 등을 사용하여 해당 지지구조물을 고정시켜야 한다.
④ 궤도 또는 차로 이동하는 항타기 또는 항발기에 대해서는 불시에 이동하는 것을 방지하기 위하여 레일 클램프 및 쐐기 등으로 고정시켜야 한다.
⑤ 상단 부분은 버팀대·버팀줄로 고정하여 안정시키고, 그 하단 부분은 견고한 버팀·말뚝 또는 철골 등으로 고정시켜야 한다.

관련 법령 산업안전보건기준에 관한 규칙 제209조(무너짐의 방지)

06 동영상은 밀폐공간에서 작업하는 모습을 보여준다. 폭발이나 화재를 방지하기 위해 가스의 농도를 측정하는 사람을 지명하고 가스 농도를 측정하도록 해야 하는 경우 3가지를 쓰시오.

해답
① 매일 작업을 시작하기 전
② 가스의 누출이 의심되는 경우
③ 가스가 발생하거나 정체할 위험이 있는 장소가 있는 경우
④ 장시간 작업을 계속하는 경우(4시간마다 가스 농도 측정)

관련 법령 산업안전보건기준에 관한 규칙 제296조(지하작업장 등)

07 동영상은 강관틀비계를 보여준다. 영상에서 보이는 강관틀비계와 연결되는 철물의 명칭과 설치기준을 쓰시오.

해답
(1) 명칭 : 벽이음
(2) 설치기준 : 강관틀비계의 경우 수직 방향으로 6m, 수평 방향으로 8m 이내마다 벽이음을 할 것

관련 법령 산업안전보건기준에 관한 규칙 제62조(강관틀비계)

08 동영상은 발파작업을 보여준다. 영상을 보고 전기발파를 위해 장전기를 사용하는 경우 준수사항 3가지를 쓰시오.

해답
① 장전기 호스는 정전기를 쉽게 제거할 수 있고, 또한 누설전류의 유입을 방지할 수 있는 것을 사용하고, 발파공의 길이보다 60cm 이상 긴 것을 사용할 것
② 장약작업 중에 발생하는 정전기를 제거하기 위해 접지가 가능한 구조의 장전기를 사용할 것
③ 장전기를 사용하여 장약할 때에는 정전기가 소산될 수 있도록 할 것
④ 장전기를 사용하여 화약 또는 폭약을 장약하는 때에는 정전기에 의해 전기뇌관이 기폭되는 것을 방지할 것

관련 법령 발파 표준안전 작업지침 제14조(장전기의 사용)

제2회 최근 기출복원문제

1부 | 기출복원문제

01 동영상은 개구부의 모습을 보여준다. 개구부에서 작업 시 추락 방지를 위한 안전조치사항 3가지를 쓰시오.

해답
① 개구부로서 근로자가 추락할 위험이 있는 장소에는 안전난간, 울타리, 수직형 추락방망 또는 덮개 등의 방호 조치를 충분한 강도를 가진 구조로 튼튼하게 설치해야 한다.
② 덮개를 설치하는 경우에는 뒤집히거나 떨어지지 않도록 설치해야 한다.
③ 어두운 장소에서도 알아볼 수 있도록 개구부임을 표시해야 한다.

관련 법령 산업안전보건기준에 관한 규칙 제43조(개구부 등의 방호 조치)

02 동영상은 건설용 리프트를 보여준다. 영상을 보고 사업주가 리프트의 운반구 이탈 등의 위험을 방지하기 위하여 설치해야 하는 필요 장치 3가지를 쓰시오.

해답
① 권과방지장치, ② 과부하방지장치, ③ 비상정지장치

관련 법령 산업안전보건 기준에 관한 규칙 제151조(권과 방지 등)

03 동영상에서는 이동식 비계를 보여준다. 영상을 보고 이동식 비계를 조립하여 작업을 하는 경우 사업주가 준수하여야 할 사항 3가지를 쓰시오.

> **해답**
> ① 이동식 비계의 바퀴에는 뜻밖의 갑작스러운 이동 또는 전도를 방지하기 위하여 브레이크·쐐기 등으로 바퀴를 고정시킨 다음 비계의 일부를 견고한 시설물에 고정하거나 아웃트리거를 설치하는 등 필요한 조치를 할 것
> ② 승강용 사다리는 견고하게 설치할 것
> ③ 비계의 최상부에서 작업을 하는 경우에는 안전난간을 설치할 것
> ④ 작업발판은 항상 수평을 유지하고 작업발판 위에서 안전난간을 딛고 작업을 하거나 받침대 또는 사다리를 사용하여 작업하지 않도록 할 것
> ⑤ 작업발판의 최대 적재하중은 250kg을 초과하지 않도록 할 것
>
> **관련 법령** 산업안전보건기준에 관한 규칙 제68조(이동식 비계)

04 동영상은 지반 굴착을 진행하는 모습을 보여준다. 다음 물음에 답하시오.

(1) 지반 굴착작업 시 사업주가 준수해야 할 연암 지반의 굴착면 기울기를 쓰시오.
(2) 사업주가 굴착작업을 할 때에 토사 등의 붕괴 또는 낙하에 의한 위험을 미리 방지하기 위하여 준수하여야 하는 사항 2가지를 쓰시오.

> **해답**
> (1) 굴착면 기울기 1:1.0
> (2) 준수사항
>   ① 작업장소 및 그 주변의 부석·균열의 유무
>   ② 함수·용수 및 동결의 유무 또는 상태의 변화
>
> **관련 법령** 산업안전보건기준에 관한 규칙 별표 11(굴착면의 기울기 기준), 제338조(굴착작업 사전조사 등)

> **더 알아보기** 굴착면의 기울기 기준

지반의 종류	굴착면의 기울기
모래	1 : 1.8
연암 및 풍화암	1 : 1.0
경암	1 : 0.5
그 밖의 흙	1 : 1.2

05 동영상에서는 가설통로를 보여준다. 영상을 보고 가설통로의 설치기준에 대한 (   ) 안에 적합한 답을 쓰시오.

(1) 경사는 (①)° 이하로 할 것. 다만, 계단을 설치하거나 높이 2m 미만의 가설통로로서 튼튼한 손잡이를 설치한 경우에는 그러하지 아니하다.
(2) 경사가 (②)°를 초과하는 경우에는 미끄러지지 아니하는 구조로 할 것
(3) 수직갱에 가설된 통로의 길이가 15m 이상인 경우에는 (③)m 이내마다 계단참을 설치할 것
(4) 건설공사에 사용하는 높이 8m 이상인 비계다리에는 (④)m 이내마다 계단참을 설치할 것

해답
① 30, ② 15, ③ 10, ④ 7

관련 법령 산업안전보건기준에 관한 규칙 제23조(가설통로의 구조)

06 동영상에서는 고소작업대를 보여준다. 고소작업대를 사용하는 경우 작업자의 안전을 위하여 준수해야 할 사항 3가지를 쓰시오.

해답
① 작업자가 안전모·안전대 등의 보호구를 착용하도록 할 것
② 관계자가 아닌 사람이 작업구역에 들어오는 것을 방지하기 위하여 필요한 조치를 할 것
③ 안전한 작업을 위하여 적정수준의 조도를 유지할 것
④ 전로에 근접하여 작업을 하는 경우에는 작업감시자를 배치하는 등 감전사고를 방지하기 위하여 필요한 조치를 할 것
⑤ 작업대를 정기적으로 점검하고 붐·작업대 등 각 부위의 이상 유무를 확인할 것
⑥ 전환스위치는 다른 물체를 이용하여 고정하지 말 것
⑦ 작업대는 정격하중을 초과하여 물건을 싣거나 탑승하지 말 것
⑧ 작업대의 붐대를 상승시킨 상태에서 탑승자는 작업대를 벗어나지 말 것

관련 법령 산업안전보건기준에 관한 규칙 제186조(고소작업대 설치 등의 조치)

07 동영상은 석축 붕괴현장을 보여준다. 영상을 보고 석축이 무너진 원인 3가지를 쓰시오.

해답
① 배수 불량으로 공극수압 증가
② 뒷채움 불량
③ 지반의 침하 및 지지력 부족
④ 석재 크기 및 배치 불균형
⑤ 석축 상부에 과하중, 진동 등 발생

08 동영상은 아파트 건축현장을 보여준다. 영상을 보고 물음에 적합한 답을 쓰시오.

(1) 작업으로 인하여 물체가 떨어지거나 날아올 위험이 있는 경우 필요한 조치사항 2가지를 쓰시오.
(2) 낙하물 방지망 또는 방호선반을 설치하는 경우 준수하여야 할 사항 2가지를 쓰시오.

해답
(1) 위험을 방지하기 위한 조치사항
  ① 낙하물 방지망, 수직보호망 또는 방호선반의 설치
  ② 출입금지 구역의 설정
  ③ 보호구의 착용
(2) 낙하물 방지망 또는 방호선반 설치 시 준수사항
  ① 높이 10m 이내마다 설치하고, 내민 길이는 벽면으로부터 2m 이상으로 할 것
  ② 수평면과의 각도는 20° 이상 30° 이하를 유지할 것

관련 법령 산업안전보건기준에 관한 규칙 제14조(낙하물에 의한 위험의 방지)

2부 | 기출복원문제

빈출
01 동영상은 추락방호망을 보여주고 있다. 영상을 보고 추락방호망 설치 시 사업주의 준수사항 3가지를 쓰시오.

해답
① 추락방호망의 설치위치는 가능하면 작업면으로부터 가까운 지점에 설치하여야 하며, 작업면으로부터 망의 설치지점까지의 수직거리는 10m를 초과하지 않아야 한다.
② 추락방호망은 수평으로 설치하고, 망의 처짐은 짧은 변 길이의 12% 이상이 되도록 해야 한다.
③ 건축물 등의 바깥쪽으로 설치하는 경우 추락방호망의 내민 길이는 벽면으로부터 3m 이상 되도록 해야 한다.

관련 법령 산업안전보건기준에 관한 규칙 제42조(추락의 방지)

빈출
02 동영상은 인양작업 중인 이동식 크레인을 보여준다. 크레인 아래로 근로자들이 지나다니고 있으며, 인양 중인 화물이 흔들리다가 그 중 하나가 떨어져 밑을 지나가던 근로자 어깨에 맞는 재해가 발생하였다. 다음 물음에 답하시오.

출처 : 세이프넷(safetynetwork.co.kr)

(1) 해당 영상에서 발생한 재해발생 형태는 무엇인지 쓰시오.
(2) 양중기의 와이어로프 사용금지 기준 4가지를 쓰시오.

> **해답**
> (1) 재해발생 형태 : 물체에 맞음
> (2) 양중기의 와이어로프의 사용금지 기준
>   ① 이음매가 있는 것
>   ② 와이어로프의 한 꼬임에서 끊어진 소선의 수가 10% 이상인 것
>   ③ 지름의 감소가 공칭지름의 7%를 초과하는 것
>   ④ 꼬인 것
>   ⑤ 심하게 변형되거나 부식된 것
>   ⑥ 열과 전기충격에 의해 손상된 것
>
> **관련 법령** 산업안전보건기준에 관한 규칙 제63조(달비계의 구조), 제166조(이음매가 있는 와이어로프 등의 사용금지)

빈출 03

동영상은 안전난간을 보여주고 있다. 영상을 보고 다음 (   ) 안에 적합한 답을 쓰시오.

(①)은 바닥면 등으로부터 (②) 이상의 높이를 유지할 것. 다만, 물체가 떨어지거나 날아올 위험이 없거나 그 위험을 방지할 수 있는 망을 설치하는 등 필요한 예방조치를 한 장소는 제외한다.

> **해답**
> ① 발끝막이판, ② 10cm
>
> **관련 법령** 산업안전보건기준에 관한 규칙 제13조(안전난간의 구조 및 설치요건)

04 동영상은 아파트 건설공사 현장에 설치된 타워크레인을 보여준다. 영상을 보고 타워크레인의 방호장치 3가지를 쓰시오.

해답
① 권과방지장치, ② 과부하방지장치, ③ 비상정지장치, ④ 제동장치

관련 법령 산업안전보건기준에 관한 규칙 제134조(방호장치의 조정)

05 동영상은 밀폐공간에서 작업하는 모습을 보여주고 있다. 영상을 보고 밀폐공간에서 작업을 시작하기 전 확인하여야 하는 사항 4가지를 쓰시오.

> [해답]
> ① 작업 일시, 기간, 장소 및 내용 등 작업 정보
> ② 관리감독자, 근로자, 감시인 등 작업자 정보
> ③ 산소 및 유해가스 농도의 측정결과 및 후속조치 사항
> ④ 작업 중 불활성가스 또는 유해가스의 누출·유입·발생 가능성 검토 및 후속조치 사항
> ⑤ 작업 시 착용하여야 할 보호구의 종류
> ⑥ 비상연락체계
>
> [관련 법령] 산업안전보건기준에 관한 규칙 제619조(밀폐공간 작업 프로그램의 수립·시행)

06 동영상은 가설통로를 보여준다. 영상을 보고 가설통로 설치 시 사업주의 준수사항과 관련하여 (   ) 안에 적합한 내용을 쓰시오.

> (1) 경사는 (①)° 이하로 할 것. 다만, 계단을 설치하거나 높이 (②)m 미만의 가설통로로서 튼튼한 손잡이를 설치한 경우에는 그러하지 아니하다.
> (2) 경사가 (③)°를 초과하는 경우에는 미끄러지지 아니하는 구조로 할 것

> [해답]
> ① 30, ② 2, ③ 15
>
> [관련 법령] 산업안전보건기준에 관한 규칙 제23조(가설통로의 구조)

07 다음 영상을 보고 안전난간 설치기준과 관련하여 (   ) 안에 적합한 답을 쓰시오.

상부 난간대는 바닥면·발판 또는 경사로의 표면으로부터 (①)cm 이상 지점에 설치하고, 상부 난간대를 (②)cm 이하에 설치하는 경우에는 중간 난간대는 상부 난간대와 바닥면 등의 중간에 설치해야 하며, 발끝막이판은 바닥면 등으로부터 (③)cm 이상의 높이를 유지해야 한다.

해답
① 90, ② 120, ③ 10

관련 법령 산업안전보건기준에 관한 규칙 제13조(안전난간의 구조 및 설치요건)

더 알아보기 ▶ 안전난간의 구조 및 설치요건

1. 안전난간을 설치하는 경우 상부 난간대, 중간 난간대, 발끝막이판 및 난간기둥으로 구성한다.
2. 상부 난간대는 바닥면·발판 또는 경사로의 표면으로부터 90cm 이상 지점에 설치하고, 상부 난간대를 120cm 이하에 설치하는 경우에는 중간 난간대는 상부 난간대와 바닥면 등의 중간에 설치해야 하며, 120cm 이상 지점에 설치하는 경우에는 중간 난간대를 2단 이상으로 균등하게 설치하고 난간의 상하 간격은 60cm 이하가 되도록 한다.
3. 발끝막이판은 바닥면 등으로부터 10cm 이상의 높이를 유지해야 한다.
4. 난간기둥은 상부 난간대와 중간 난간대를 견고하게 떠받칠 수 있도록 적정한 간격을 유지해야 한다.
5. 상부 난간대와 중간 난간대는 난간 길이 전체에 걸쳐 바닥면 등과 평행을 유지해야 한다.
6. 난간대는 지름 2.7cm 이상의 금속제 파이프나 그 이상의 강도가 있는 재료로 한다.
7. 안전난간은 구조적으로 가장 취약한 지점에서 가장 취약한 방향으로 작용하는 100kg 이상의 하중에 견딜 수 있는 튼튼한 구조이어야 한다.

08 동영상은 근로자가 이동식 비계에서의 작업 후 내려오다 떨어지는 사고를 보여준다. 영상을 보고 다음 물음에 답하시오.

출처 : 용인시 건설기초안전교육원

(1) 작업발판의 최대 적재하중을 쓰시오.
(2) 이동식 비계의 전도 방지장치의 명칭을 쓰시오.

해답
(1) 250kg
(2) 아웃트리거

관련 법령 산업안전보건기준에 관한 규칙 제68조(이동식 비계)

더 알아보기 이동식 비계

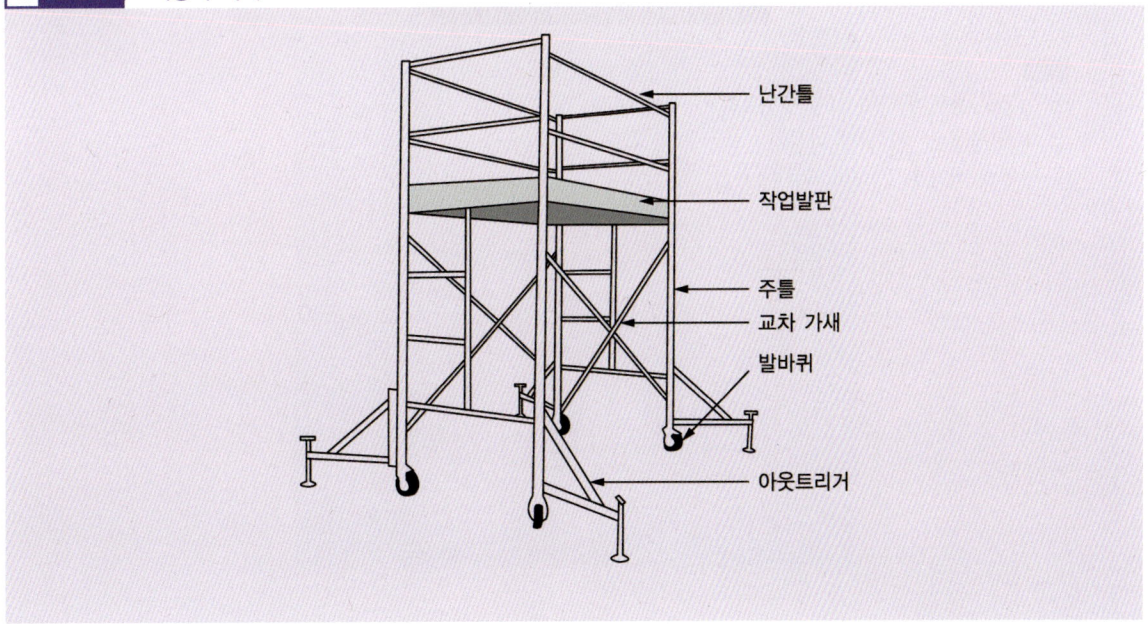

3부 | 기출복원문제

01 동영상은 이동식 비계에서 작업하는 모습을 보여준다. 안전모를 착용한 작업자 1명이 이동식 비계 옆으로 기어 올라가고 있으며, 비계의 바퀴가 고정되지 않아서 흔들린다. 이동식 비계 제일 위에서 각목으로 천장을 미는 작업을 하던 중 비계가 흔들리고 결국 추락한다. 이동식 비계 제일 위에 난간은 없으며, 안전대를 착용하지 않았다. 영상에서의 재해원인 3가지를 쓰시오.

해답
① 이동식 틀비계 바퀴 고정(아웃트리거) 상태 미흡
② 비계 상부에 안전난간 미설치
③ 안전대 미착용

02 동영상에서는 작업자가 해머드릴을 들고 벽에 구멍을 뚫는 작업을 하던 중 전기콘센트에 연결된 전선을 밟는 모습을 보여준다. 영상을 보고 다음 물음에 답하시오.

출처 : 세이프넷(safetynetwork.co.kr)

(1) 감전을 방지하기 위한 보호구 1가지를 쓰시오.
(2) 분진이 흩날리는 장소에서 착용하여야 하는 보호구 1가지를 쓰시오.

해답
(1) ① 절연장갑, ② 절연화, ③ 절연복
(2) ① 방진마스크, ② 보안경

03 동영상에서는 터널 굴착작업을 보여주고 있다. 다음 물음에 답하시오.

(1) 동영상에서 보여주는 터널 굴착공법의 명칭을 쓰시오.
(2) 동영상의 작업을 하는 경우 작업계획서에 포함되어야 할 사항 2가지를 쓰시오.

> [해답]
(1) 명칭 : TBM(Tunnel Boring Machine) 공법
(2) 작업계획서에 포함되어야 할 사항
　① 굴착의 방법
　② 터널지보공 및 복공의 시공방법과 용수의 처리방법
　③ 환기 또는 조명시설을 설치할 때에는 그 방법

관련 법령 산업안전보건기준에 관한 규칙 별표 4(사전조사 및 작업계획서 내용)

04 동영상에서는 시스템 비계를 보여주고 있다. 산업안전보건법령상 시스템 비계를 조립 작업하는 경우 사업주의 준수사항 3가지를 쓰시오.

> [해답]
① 비계 기둥의 밑둥에는 밑받침 철물을 사용하여야 하며, 밑받침에 고저차가 있는 경우에는 조절형 밑받침 철물을 사용하여 시스템 비계가 항상 수평 및 수직을 유지하도록 해야 한다.
② 경사진 바닥에 설치하는 경우에는 피벗형 받침 철물 또는 쐐기 등을 사용하여 밑받침 철물의 바닥면이 수평을 유지하도록 해야 한다.
③ 가공전로에 근접하여 비계를 설치하는 경우에는 가공전로를 이설하거나 가공전로에 절연용 방호구를 설치하는 등 가공전로와의 접촉을 방지하기 위하여 필요한 조치를 해야 한다.
④ 비계 내에서 근로자가 상하 또는 좌우로 이동하는 경우에는 반드시 지정된 통로를 이용하도록 주지시켜야 한다.
⑤ 비계 작업 근로자는 같은 수직면상의 위와 아래 동시 작업을 금지해야 한다.
⑥ 작업발판에는 제조사가 정한 최대 적재하중을 초과하여 적재해서는 아니 되며, 최대 적재하중이 표기된 표지판을 부착하고 근로자에게 주지시키도록 해야 한다.

관련 법령 산업안전보건기준에 관한 규칙 제70조(시스템 비계의 조립 작업 시 준수사항)

05 동영상에서는 현장에서 사용하는 가스용기를 보여주고 있다. 가스용기 취급 시의 주의사항 4가지를 적으시오.

해답
① 통풍이나 환기가 불충분한 장소, 화기를 사용하는 장소 및 그 부근, 위험물 또는 인화성 액체를 취급하는 장소 및 그 부근에서 사용하거나 해당 장소에 설치·저장 또는 방치하지 않도록 할 것
② 용기의 온도를 40℃ 이하로 유지할 것
③ 전도의 위험이 없도록 할 것
④ 충격을 가하지 않도록 할 것
⑤ 운반하는 경우에는 캡을 씌울 것
⑥ 사용하는 경우에는 용기의 마개에 부착되어 있는 유류 및 먼지를 제거할 것
⑦ 밸브의 개폐는 서서히 할 것
⑧ 사용 전 또는 사용 중인 용기와 그 밖의 용기를 명확히 구별하여 보관할 것
⑨ 용해아세틸렌의 용기는 세워 둘 것
⑩ 용기의 부식·마모 또는 변형상태를 점검한 후 사용할 것

관련 법령 산업안전보건기준에 관한 규칙 제234조(가스 등의 용기)

06 동영상에서는 철골공사 작업을 보여주고 있다. 영상을 보고 철골공사표준안전작업지침상 추락 재해방지 설비 3가지를 쓰시오.

해답
① 비계, ② 달비계, ③ 수평통로, ④ 안전난간대, ⑤ 추락방지용 방망, ⑥ 난간, ⑦ 울타리, ⑧ 안전대 부착설비, ⑨ 안전대, ⑩ 구명줄

관련 법령 철골공사표준안전작업지침 제16조(재해방지 설비)

07 동영상에서 낙하물 방지망을 보여주고 있다. 낙하물 방지망의 설치기준에 관하여 다음 (　) 안에 적합한 내용을 쓰시오.

(1) 낙하물 방지망 또는 방호선반을 설치하는 경우, 높이 (①)m 이내마다 설치하고, 내민 길이는 벽면으로부터 (②)m 이상으로 할 것
(2) 수평면과의 각도는 20° 이상 (③)° 이하를 유지할 것

해답
① 10, ② 2, ③ 30

관련 법령 산업안전보건기준에 관한 규칙 제14조(낙하물에 의한 위험의 방지)

08 동영상은 와이어로프를 보여준다. 영상을 보고 산업안전보건법령상 근로자가 탑승하는 운반구를 지지하는 달기 와이어로프의 안전계수와 관련하여 (   ) 안에 적합한 답을 쓰시오.

(1) 근로자가 탑승하는 운반구를 지지하는 달기 와이어로프 또는 달기 체인의 경우 : (①) 이상
(2) 화물의 하중을 직접 지지하는 달기 와이어로프 또는 달기 체인의 경우 : (②) 이상
(3) 훅, 섀클, 클램프, 리프팅 빔의 경우 : (③) 이상
(4) 그 밖의 경우 : (④) 이상

해답
① 10, ② 5, ③ 3, ④ 4

관련 법령 산업안전보건기준에 관한 규칙 제163조(와이어로프 등 달기구의 안전계수)

2024년 제3회 최근 기출복원문제

PART 03. 작업형

1부 | 기출복원문제

빈출

01 동영상은 낙하물 방지망을 보여주고 있다. 영상을 보고 산업안전보건법령상 낙하물 방지망 설치기준에 대하여 ( ) 안에 적합한 답을 쓰시오.

(1) 높이 (①)m 이내마다 설치하고, 내민 길이는 벽면으로부터 (②)m 이상으로 할 것
(2) 수평면과의 각도는 (③)° 이상 (④)° 이하를 유지할 것

해답

① 10, ② 2, ③ 20, ④ 30

관련 법령 산업안전보건기준에 관한 규칙 제14조(낙하물에 의한 위험의 방지)

02 동영상은 와이어로프 지지 타워크레인을 보여준다. 영상을 보고 (   ) 안에 적합한 답을 쓰시오.

> 와이어로프 설치각도는 수평면에서 (①)° 이내로 하되, 지지점은 (②)개소 이상으로 하고, 같은 각도로 설치할 것

해답
① 60, ② 4

관련 법령 산업안전보건기준에 관한 규칙 제142조(타워크레인의 지지)

03 동영상은 가설통로를 보여준다. 영상을 보고 가설통로를 설치하는 경우 준수사항에 대해 (   ) 안에 적합한 답을 쓰시오.

> 수직갱에 가설된 통로의 길이가 (①) 이상인 경우에는 (②) 이내마다 계단참을 설치할 것

해답
① 15m, ② 10m

관련 법령 산업안전보건기준에 관한 규칙 제23조(가설통로의 구조)

04 동영상은 교량 설치작업을 보여주고 있다. 교량 설치 및 해체작업 시 작성해야 하는 작업계획서의 내용 3가지를 쓰시오.

해답
① 작업방법 및 순서
② 부재의 낙하·전도 또는 붕괴를 방지하기 위한 방법
③ 작업에 종사하는 근로자의 추락 위험을 방지하기 위한 안전조치방법
④ 공사에 사용되는 가설 철구조물 등의 설치·사용·해체 시 안전성 검토방법
⑤ 사용하는 기계 등의 종류 및 성능, 작업방법
⑥ 작업지휘자 배치계획
⑦ 그 밖에 안전·보건에 관련된 사항

관련 법령 산업안전보건기준에 관한 규칙 별표 4(사전조사 및 작업계획서 내용)

05 동영상은 차량계 건설기계 작업을 보여준다. 건설기계 명칭과 용도 2가지를 쓰시오.

해답
① 명칭 : 쇄석기
② 용도 : 발파된 원석이나 자갈원석 등을 적당한 크기로 파쇄하여 원하는 입경의 골재를 만드는 데 사용

06 동영상은 안전난간을 보여주고 있다. 영상을 보고 안전난간과 관련하여 (   ) 안에 적합한 답을 쓰시오.

(1) 안전난간을 설치하는 경우 상부 난간대, 중간 난간대, (①) 및 난간기둥으로 구성할 것
(2) 상부 난간대는 바닥면으로부터 (②)cm 이상 지점에 설치하고, 상부 난간대를 (③)cm 이하에 설치하는 경우에는 중간 난간대는 상부 난간대와 바닥면 등의 중간에 설치해야 하며, (③)cm 이상 지점에 설치하는 경우에는 중간 난간대를 2단 이상으로 균등하게 설치하고 난간의 상하 간격은 (④)cm 이하가 되도록 할 것

해답
① 발끝막이판, ② 90, ③ 120, ④ 60

관련 법령 산업안전보건기준에 관한 규칙 제13조(안전난간의 구조 및 설치요건)

07 동영상은 발파작업을 보여준다. 발파 표준안전 작업지침에 의거하여 장약작업 시 준수해야 할 사항 3가지를 쓰시오.

해답
① 장약작업 장소 인근에서는 화기사용 및 흡연을 하지 않도록 할 것
② 장약작업 장소 인근에서는 전기용접 작업이나 동력을 사용하는 기계를 사용하지 않을 것
③ 장약작업을 하는 근로자가 안전모 등 적절한 보호구를 착용하도록 할 것
④ 기존의 발파에 사용된 발파공에는 장약하지 않도록 할 것
⑤ 약포는 1개씩 손을 사용하여 신중하게 장약봉으로 넣고, 약포 간에 간격이 없도록 그때마다 구멍길이의 차를 측정하면서 장약을 수행하도록 할 것
⑥ 장약봉은 곧바르고 견고하며, 마찰·충격·정전기 등에 대하여 안전한 부도체(플라스틱, 나무 등)를 사용하여 약포 지름보다 약간 굵고, 적당한 길이로 하고, 개수는 충분히 준비하게 할 것
⑦ 장약은 뇌관의 관체, 각선, 연결장치 등이 충격 또는 손상되지 않도록 주의하며, 각선의 길이는 결선작업을 고려하여 충분한 길이의 것을 사용하게 할 것
⑧ 초유폭약을 장약하는 경우 다음의 사항을 따를 것
　㉠ 장약 중에 흡습 또는 이물의 혼입을 방지하기 위한 조치를 강구할 것
　㉡ 갱내에서는 가스 등의 환기에 유의하고, 통기가 나쁜 장소에서는 사용하지 말 것
　㉢ 폭약을 장약한 후에는 신속하게 기폭할 것
⑨ 낙석 또는 붕락의 위험이 있는 뜬돌(부석) 등의 유무를 확인하고, 이를 제거하는 등 안전조치 후 작업하도록 할 것
⑩ 장약작업 중에는 관계 근로자가 아닌 사람의 출입을 금지할 것

관련 법령 발파 표준안전 작업지침 제13조(장약)

08 동영상은 굴착현장에서의 히빙 현상을 보여준다. 영상을 보고 히빙 현상 방지대책 3가지를 쓰시오.

해답
① 흙막이벽의 근입깊이 연장
② 점성토 지반 개량
③ 굴착면의 하중 증가
④ 흙막의 배면의 표토 제거

더 알아보기 히빙(heaving) 현상

흙막이나 흙파기를 할 때 아래쪽의 지반이 약하면 흙막이 바깥쪽에 있는 흙의 중량과 지표 자체의 중량 때문에 바닥면에 압력이 가해져 바닥의 흙이 붕괴된다. 이때 흙막이 바깥에 있는 흙이 안으로 밀려들어 불룩하게 되는데 이런 현상을 히빙 현상이라고 한다. 흙막이벽을 설계할 때는 예상되는 여러 상황에 대한 안전율을 계산하여 최소 안전율이 1.2 이상이 되도록 깊이를 결정해야 한다.

2부 | 기출복원문제

01 동영상은 터널공사 현장을 보여준다. 영상을 보고 터널공사에서 버력처리 장비 선정 시 고려사항을 2가지만 쓰시오.

해답
① 굴착단면의 크기 및 단위발파 버력의 물량
② 터널의 경사도
③ 굴착방식
④ 버력의 상상 및 함수비
⑤ 운반 통로의 노면 상태

관련 법령 터널공사 표준안전 작업지침-NATM공법 제13조(버력처리)

02 동영상은 개구부를 보여준다. 영상을 보고 작업발판 및 통로의 끝이나 개구부로서 추락 위험이 있는 장소의 방호조치 사항에 대하여 3가지를 쓰시오.

해답
① 안전난간, ② 울타리, ③ 수직형 추락방망, ④ 덮개(뒤집히거나 떨어지지 않는 구조), ⑤ 추락방호망

관련 법령 산업안전보건기준에 관한 규칙 제43조(개구부 등의 방호 조치)

03 동영상은 거푸집 동바리를 보여준다. 영상을 보고 거푸집 동바리 등을 조립하는 경우 사업주가 준수하여야 하는 사항 3가지를 쓰시오.

해답
① 받침목이나 깔판의 사용, 콘크리트 타설, 말뚝박기 등 동바리의 침하를 방지하기 위한 조치를 할 것
② 동바리의 상하 고정 및 미끄러짐 방지조치를 해야 한다.
③ 상부·하부의 동바리가 동일 수직선상에 위치하도록 하여 깔판·받침목에 고정시켜야 한다.
④ 개구부 상부에 동바리를 설치하는 경우에는 상부 하중을 견딜 수 있는 견고한 받침대를 설치해야 한다.
⑤ U헤드 등의 단판이 없는 동바리의 상단에 멍에 등을 올릴 경우에는 해당 상단에 U헤드 등의 단판을 설치하고, 멍에 등이 전도되거나 이탈되지 않도록 고정시킬 것
⑥ 동바리의 이음은 같은 품질의 재료를 사용해야 한다.
⑦ 강재의 접속부 및 교차부는 볼트·클램프 등 전용철물을 사용하여 단단히 연결해야 한다.
⑧ 거푸집의 형상에 따른 부득이한 경우를 제외하고는 깔판이나 받침목은 2단 이상 끼우지 않도록 해야 한다.
⑨ 깔판이나 받침목을 이어서 사용하는 경우에는 그 깔판·받침목을 단단히 연결해야 한다.

관련 법령 산업안전보건기준에 관한 규칙 제332조(동바리 조립 시의 안전조치)

04 동영상은 달대비계를 보여주고 있다. 영상을 보고 달대비계를 사용하여 작업 시 준수해야 하는 사항 3가지를 쓰시오.

해답
① 달대비계를 매다는 철선은 #8 소성철선을 사용하며 4가닥 정도로 꼬아서 하중에 대한 안전계수가 8 이상 확보되어야 한다.
② 철근을 사용할 때에는 19mm 이상을 쓴다.
③ 근로자는 반드시 안전모와 안전대를 착용하여야 한다.

관련 법령 가설공사 표준안전 작업지침 제11조(달대비계)

05 동영상은 철골구조물을 보여준다. 영상에서와 같은 구조안전의 위험이 큰 철골구조물의 건립 중 강풍에 의한 풍압, 외압 등에 대한 내력이 설계에 고려되었는지 확인해야 하는 구조물 4가지를 쓰시오.

해답
① 높이 20m 이상의 구조물
② 구조물의 폭과 높이의 비가 1:4 이상인 구조물
③ 단면 구조에 현저한 차이가 있는 구조물
④ 연면적당 철골량이 50kg/m² 이하인 구조물
⑤ 기둥이 타이플레이트(tie plate)형인 구조물
⑥ 이음부가 현장용접인 구조물

관련 법령 철골공사표준안전작업지침 제3조(설계도 및 공작도 확인)

06 동영상은 가설통로를 보여준다. 영상을 보고 가설통로 설치 시 계단참 설치 준수사항에 관련하여 (   ) 안에 적합한 답을 쓰시오.

> 수직갱에 가설된 통로의 길이가 (①)m 이상인 경우에는 (②)m 이내마다 계단참을 설치할 것

해답
① 15, ② 10

관련 법령 산업안전보건기준에 관한 규칙 제23조(가설통로의 구조)

07 동영상은 꽂음 접속기를 보여준다. 영상의 꽂음 접속기를 설치하거나 사용 시 사업주 준수사항 2가지를 쓰시오.

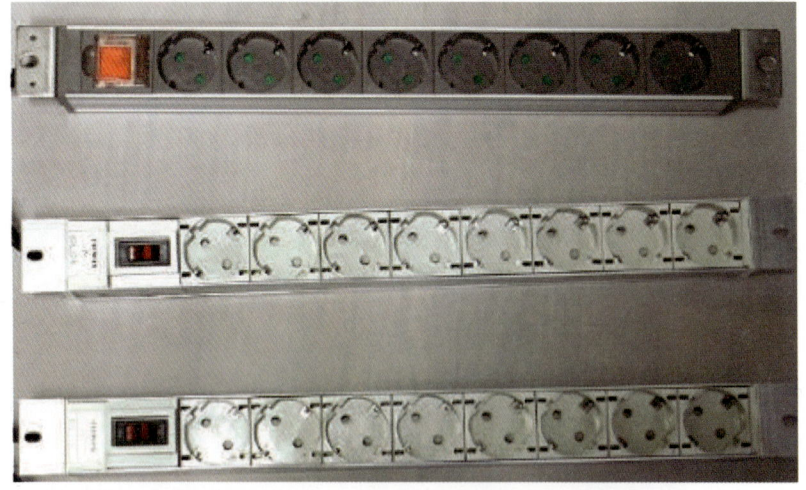

해답
① 서로 다른 전압의 꽂음 접속기는 서로 접속되지 아니한 구조의 것을 사용할 것
② 습윤한 장소에 사용되는 꽂음 접속기는 방수형 등 그 장소에 적합한 것을 사용할 것
③ 근로자가 해당 꽂음 접속기를 접속시킬 경우에는 땀 등으로 젖은 손으로 취급하지 않도록 할 것
④ 해당 꽂음 접속기에 잠금장치가 있는 경우에는 접속 후 잠그고 사용할 것

관련 법령 산업안전보건기준에 관한 규칙 제316조(꽂음 접속기의 설치·사용 시 준수사항)

08 동영상은 사다리식 통로를 보여준다. 영상을 보고 ( ) 안에 적합한 답을 쓰시오.

(1) 사다리의 상단은 걸쳐놓은 지점으로부터 (①)cm 이상 올라가도록 할 것
(2) 사다리식 통로의 기울기는 75° 이하로 할 것. 다만, 고정식 사다리식 통로의 기울기는 90° 이하로 하고, 그 높이가 (②)m 이상인 경우에는 바닥으로부터 높이가 (③)m되는 지점부터 등받이울을 설치할 것
(3) 발판과 벽과의 사이는 (④)cm 이상의 간격을 유지할 것
(4) 폭은 (⑤)cm 이상으로 할 것

해답
① 60, ② 7, ③ 2.5, ④ 15, ⑤ 30

관련 법령 산업안전보건기준에 관한 규칙 제24조(사다리식 통로 등의 구조)

3부 | 기출복원문제

01 동영상에서 보여주는 건설기계의 명칭과 용도를 쓰시오.

해답
① 명칭 : 불도저
② 용도 : 고르지 않은 지형을 블레이드로 고르게 하는 작업 시 사용

02 동영상은 크레인을 사용하여 근로자를 달아올린 상태에서 작업을 하고 있는 모습을 보여주고 있다. 화면의 탑승설비에 대한 안전대책 3가지를 쓰시오.

> [해답]
> ① 탑승설비가 뒤집히거나 떨어지지 않도록 필요한 조치를 할 것
> ② 안전대나 구명줄을 설치하고, 안전난간을 설치할 수 있는 구조인 경우에는 안전난간을 설치할 것
> ③ 탑승설비를 하강시킬 때에는 동력하강방법으로 할 것

> [관련 법령] 산업안전보건기준에 관한 규칙 제86조(탑승의 제한)

03 동영상에서는 사다리식 통로를 보여준다. 영상을 보고 산업안전보건법령상 사다리식 통로 설치 시 사업주의 준수사항에 대하여 ( ) 안에 적합한 답을 쓰시오.

> (1) 발판과 벽과의 사이는 (①)cm 이상의 간격을 유지할 것
> (2) 폭은 (②)cm 이상으로 할 것
> (3) 사다리식 통로의 길이가 10m 이상인 경우에는 (③)m 이내마다 계단참을 설치할 것

> [해답]
> ① 15, ② 30, ③ 5

> [관련 법령] 산업안전보건기준에 관한 규칙 제24조(사다리식 통로 등의 구조)

04 동영상에서는 추락방호망을 보여준다. 영상을 보고 추락방호망 설치 시 사업주의 준수사항에 관련하여 (   ) 안에 적합한 답을 쓰시오.

(1) 추락방호망의 설치위치는 가능하면 작업면으로부터 가까운 지점에 설치하여야 하며, 작업면으로부터 망의 설치지점까지의 수직거리는 (①)m를 초과하지 아니할 것
(2) 추락방호망은 수평으로 설치하고, 망의 처짐은 짧은 변 길이의 (②)% 이상이 되도록 할 것

해답
① 10, ② 12

관련 법령 산업안전보건기준에 관한 규칙 제42조(추락의 방지)

05 동영상은 충전전로에서의 작업을 보여준다. 영상을 보고 근로자가 충전전로를 취급하거나 그 인근에서 작업하는 경우 사업주의 준수사항과 관련하여 (   ) 안에 적합한 답을 쓰시오.

> 유자격자가 아닌 근로자가 충전전로 인근의 높은 곳에서 작업할 때에 근로자의 몸 또는 긴 도전성 물체가 방호되지 않은 충전전로에서 대지전압이 (①)kV 이하인 경우에는 (②)cm 이내로, 대지전압이 (③)kV를 넘는 경우에는 (④)kV당 (⑤)cm씩 더한 거리 이내로 각각 접근할 수 없도록 할 것

해답

① 50, ② 300, ③ 50, ④ 10, ⑤ 10

관련 법령 산업안전보건기준에 관한 규칙 제321조(충전전로에서의 전기작업)

06 동영상은 굴착작업을 보여준다. 영상을 보고 굴착기계 작업 시 기계가 전도되어 위험을 미칠 우려가 있는 경우 사업주의 조치사항 3가지를 쓰시오.

해답

① 유도자 배치
② 지반의 부동침하 방지조치
③ 갓길의 붕괴 방지조치

관련 법령 산업안전보건기준에 관한 규칙 제171조(전도 등의 방지)

07 동영상은 콘크리트 타설작업을 보여준다. 영상을 보고 콘크리트 타설 중 펌프카, 플레이싱 붐 등 타설장비 사용 시 준수사항 2가지를 쓰시오.

해답
① 작업을 시작하기 전에 콘크리트 타설장비(콘크리트 플레이싱 붐, 콘크리트 분배기, 콘크리트 펌프카 등)를 점검하고 이상을 발견하였으면 즉시 보수할 것
② 건축물의 난간 등에서 작업하는 근로자가 호스의 요동·선회로 인하여 추락하는 위험을 방지하기 위하여 안전난간 설치 등 필요한 조치를 할 것
③ 콘크리트 타설장비의 붐을 조정하는 경우에는 주변의 전선 등에 의한 위험을 예방하기 위한 적절한 조치를 할 것
④ 작업 중에 지반의 침하나 아웃트리거 등 콘크리트 타설장비 지지구조물의 손상 등에 의하여 콘크리트 타설장비가 넘어질 우려가 있는 경우에는 이를 방지하기 위한 적절한 조치를 할 것

관련 법령 산업안전보건기준에 관한 규칙 제335조(콘크리트 타설장비 사용 시의 준수사항)

08 동영상은 타워크레인 작업을 보여준다. 영상을 보고 강풍 발생 시 타워크레인의 작업 중지 기준을 쓰시오.

해답
① 순간풍속이 초당 10m를 초과하는 경우 타워크레인의 설치·수리·점검 또는 해체작업을 중지하여야 한다.
② 순간풍속이 초당 15m를 초과하는 경우에는 타워크레인의 운전작업을 중지하여야 한다.

관련 법령 산업안전보건기준에 관한 규칙 제37조(악천후 및 강풍 시 작업 중지)

우리 인생의 가장 큰 영광은 결코 넘어지지 않는 데 있는 것이 아니라
넘어질 때마다 일어서는 데 있다.

– 넬슨 만델라 –

얼마나 많은 사람들이 책 한권을 읽음으로써

인생에 새로운 전기를 맞이했던가.

− 헨리 데이비드 소로 −

참 / 고 / 사 / 이 / 트

- 건설공사 안전관리 종합정보망(csi.go.kr)

- 고용노동부 중대재해 알림e(labor.moel.go.kr/sasttc)

- 국가건설기준센터(www.kcsc.re.kr)

- 국가기술표준원(www.kats.go.kr)

- 국가법령정보센터(www.law.go.kr)

- 대한산업안전협회 블로그(blog.naver.com/safety1964)

- 산업안전포털 기술지원규정(코샤가이드)(portal.kosha.or.kr)

- 세이프넷(safetynetwork.co.kr)

- 용인시 건설기초안전교육원(blog.naver.com/yinsafety)

무단뽀 건설안전기사 실기(필답형 + 작업형) 기출문제집

초 판 발 행	2025년 07월 10일 (인쇄 2025년 06월 04일)
발 행 인	박영일
책 임 편 집	이해욱
편 저	이문호
편 집 진 행	윤진영 · 김달해 · 권기윤
표지디자인	권은경 · 길전홍선
편집디자인	정경일
발 행 처	(주)시대고시기획
출 판 등 록	제10-1521호
주 소	서울시 마포구 큰우물로 75 [도화동 538 성지 B/D] 9F
전 화	1600-3600
팩 스	02-701-8823
홈 페 이 지	www.sdedu.co.kr
I S B N	979-11-383-9409-3(13540)
정 가	39,000원

※ 저자와의 협의에 의해 인지를 생략합니다.
※ 이 책은 저작권법의 보호를 받는 저작물이므로 동영상 제작 및 무단전재와 배포를 금합니다.
※ 잘못된 책은 구입하신 서점에서 바꾸어 드립니다.

www.sdedu.co.kr

시대에듀의 100% 합격 비법!
건설안전기사 필기 + 실기

건설안전기사란?
건설현장의 재해요인을 예측하고 재해를 예방하기 위하여 건설안전 분야에 대한 전문지식을 갖춘 전문인력을 양성하고자 제정된 자격으로 건설재해예방계획 수립, 작업환경의 점검 및 개선, 유해·위험방지 등의 안전에 관한 기술적인 사항을 관리하며 건설물이나 설비작업의 위험에 따른 응급조치, 안전장치 및 보호구의 정기점검, 정비 등을 수행하는 직무이다.

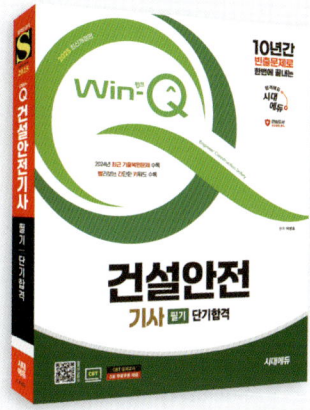

Win-Q 건설안전기사 필기 단기합격
- 최다 빈출 키워드만 모아 놓은 빨간키 수록
- 핵심이론+빈출문제+과년도·최근기출문제 3단 구성
- 2024년 최근 기출복원문제 수록

무단뽀 건설안전기사 실기 (필답형+작업형)
- 최신 개정 법령 및 관련 기준 완벽 반영
- 단기합격을 위한 핵심이론 수록
- 2015~2024년 기출복원문제 수록

※ 도서의 구성 및 이미지와 가격은 변경될 수 있습니다.

안전이 곧 경쟁력! 산업안전 시리즈

산업안전(산업)기사란?

제조 및 서비스업 등 각 산업현장에 소속되어 산업재해 예방계획 수립에 관한 사항을 수행하여 작업환경의 점검 및 개선에 관한 사항, 사고사례 분석 및 개선에 관한 사항, 근로자의 안전교육 및 훈련 등을 수행하는 직무이다.

산업안전지도사란?

외부전문가인 지도사의 객관적이고도 전문적인 지도·조언을 통하여 사업장 내에서의 기존의 안전상의 문제점을 규명하여 개선하고 생산라인 관계자에게 생산현장의 생산방식이나 공법 도입에 따른 안전대책 수립에 도움을 주는 직무이다.

무단뽀 산업안전기사 필기
+무료 동영상(기출) 강의

단기합격을 위한 핵심요약 이론
실제 기출 선지를 활용한 OX/빈칸문제
과년도+최근 기출(복원)문제 및 상세한 해설

기출이 답이다 산업안전산업기사
필기 9개년 기출문제집

최근 9개년 기출(복원)문제 수록
2025년 최신 출제기준 반영
개정 산업안전보건법 반영

기출이 답이다 산업안전지도사 1차
10개년 기출문제집

시험에 자주 나오는 문제를 분석한 핵심이론
최근 10개년 기출(복원)문제 수록
이론서가 필요 없는 자세한 해설 수록

기출이 답이다 산업안전지도사
2차+3차 건설안전공학

시험에 자주 나오는 문제를 분석한 핵심이론
2차 실기 12개년 기출문제 수록
3차 면접 기출복원문제 및 예상문제 수록

※ 도서의 구성 및 이미지는 변경될 수 있습니다.

미래 유망 국가 자격증
연구실안전관리사
1차/2차 한권으로 끝내기

합격 check Point

» 연구실안전관리 분야 전문가가 집필·검토
» 김찬양 교수 저자 직강! 현장 실무 맞춤 강의 (유료)
» 공식 연구실안전관리사 학습가이드 완벽 반영
» 적중률 높은 실전모의고사 및 기출복원문제 수록

※ 도서의 구성 및 이미지는 변경될 수 있습니다.